U0932294

气象科技发展战略研究

——“十四五”规划前期重大问题研究专题成果

《气象科技发展战略研究》编委会　**编著**

内 容 简 介

本书在对国内外气象科技发展现状、需求和趋势研究的基础上，以问题导向切入、以目标导向发力、以结果导向落脚，聚焦核心技术，聚力基础业务，提出适应气象事业中长期发展的业务技术体系和发展路径。全书分为六章，包括国际气象领域发展动态、中国气象科技进展与国家战略需求、气象科技发展思路与目标、气象业务技术体系架构、重点任务和关键技术、气象科技发展专项工程等内容，从外部环境，到目标任务，再到工程落实，为制定和实施全国气象发展“十四五”规划、加快建设气象强国提供科技支撑。

本书可供气象及相关行业、部门政策制定者、学术界和产业界参考。

图书在版编目（CIP）数据

气象科技发展战略研究 ：“十四五”规划前期重大问题研究专题成果 / 《气象科技发展战略研究》编委会编著. -- 北京 : 气象出版社, 2021.12
ISBN 978-7-5029-7617-0

Ⅰ. ①气… Ⅱ. ①气… Ⅲ. ①气象学－科技发展－发展战略－研究－中国 Ⅳ. ①P4

中国版本图书馆CIP数据核字(2021)第243649号

气象科技发展战略研究——“十四五”规划前期重大问题研究专题成果

Qixiang Keji Fazhan Zhanlüe Yanjiu——“Shisiwu”Guihua Qianqi Zhongda Wenti Yanjiu Zhuanti Chenghuo

出版发行：气象出版社
地　　址：北京市海淀区中关村南大街 46 号　　**邮政编码**：100081
电　　话：010-68407112(总编室)　010-68408042(发行部)
网　　址：http://www.qxcbs.com　　**E-mail**：qxcbs@cma.gov.cn
责任编辑：黄红丽　林雨晨　　**终　　审**：吴晓鹏
责任校对：张硕杰　　**责任技编**：赵相宁
封面设计：地大彩印设计中心
印　　刷：北京中石油彩色印刷有限责任公司
开　　本：787 mm×1092 mm　1/16　　**印　　张**：16.5
字　　数：422 千字　　**彩　　插**：6
版　　次：2021 年 12 月第 1 版　　**印　　次**：2021 年 12 月第 1 次印刷
定　　价：108.00 元

《气象科技发展战略研究》编委会

陈鹏飞　邵　楠　林　霖　周　勇　周自江　周毓荃
庞文静　郑永光　郑江平　赵现纲　赵培涛　赵鲁强
赵瑞霞　郝伊一　胡树贞　施丽娟　姜立鹏　姚　波
秦世广　贾小龙　徐　娜　徐　喆　高玉春　郭　然
郭启云　郭建侠　唐　历　唐　伟　唐世浩　陶　法
曹之玉　龚江丽　崔喜爱　崇　伟　商　建　梁　丽
梁　洪　梁中军　韩同欣　惠建忠　覃丹宇　靳军莉
雷　勇　虞　璐　慕建利　廖　军　廖　捷　漆成莉
薛　峰

统　稿：周　勇　陈鹏飞　龚江丽　郝伊一

发展理念与规划设计(序)

全国气象发展“十四五”规划前期重大问题研究是对未来气象科技发展方向如何与现实发展需求及实际能力和条件相适应的探索性工作，相对于实际规划的制定所涉及内容和面都要宽一些，大量可供参考的信息丰富了研究内容，也难免使最终如何合理取舍感到困惑，特别是一些可能对未来发展产生影响但目前尚不确定的问题，不易把握。既然是研究，可不必在意结论的唯一性，所有的成果也仅供参考。

从科技、业务层面，可以选择多种解决方案，是否为最佳，还需要实践检验。但在发展理念层面，则需要尽可能求同存异，形成相对一致的意见。如果没有符合发展规律和目标清晰的大局观，具体的发展规划也难以具备合理性，在研究过程的讨论中，这也是反复争论、斟酌的重点内容。

系统的开放性应作为未来气象科技、业务体系的重要特征，对此似无异议。但开放性不能仅停留在一种共识上，说起来都赞同，落地时又都成为一个个大小封闭系统。如果认为开放性对未来气象事业发展具有重要性，则应作为一条基本原则定下来，在规划制订和系统设计中都要体现，如：可供不同用户方便使用的业务服务平台、可以及时获取的数据和产品等，需要确定性地纳入规划设计。

业务体系的系统性设计与发展本也不应成为问题，但长期发展中已存在的缺乏系统构架的结果，成为进一步合理规划设计的障碍，原因不在于理念上的分歧，而是现实中纠偏的成本与技术实现。如数值预报模式框架的天气气候一体化发展设计，讨论时并无多大分歧，也符合国际发展趋势，但又都承认在实践中有相当难度，有技术问题、实现步骤问题，还涉及到管理层面的难点和障碍。气候系统包括大气、水、陆地、冰冻、生物五大圈层，如何从气象规划角度合理布局，把握好业务发展的边界，显然也是重要的系统性问题，需要整体把握。

构建全球化业务系统是气象部门“十三五”规划就已提出的任务，在近年来各类文件中又多次被进一步强调，中国气象局也已成为世界气象组织确定的重要世界气象中心之一。但无论是监测、数据、预报等基本业务，还是面向用户的各类服务，在全球化构建的过程中则必须对标国际水准，在高度信息化、公开化的国际竞争中，先进性是无法回避的，必须拿出满足全球需求的优质产品才能说实现了预期目标，需要海、陆、空、天的完整布局，但又不仅仅是空间覆盖的问题。

精密、精准、精细的要求对气象业务服务既是一项很高的标准，也是一个内涵颇深的科技问题。气象问题的解决往往与天气气候的时空尺度密切相关，在求精的同时，要充分考虑其中的科学适定性问题，即在解决不同尺度的问题时，要明确其中所对应的精度要求，而不能用同样的精度锚定所有尺度。换个角度，若确定了精度选择，则要从基础观测到模式网格等技术层面构建与目标相一致的业务体系，以及必须解决的科学问题。在预报要求的时空分辨率已细化到百米量级时，如果在基本探测能力上无法与其相适应，包括精细化动力、热力、地形等信息的完整获取，即便数值模式能做出相应精细的网格计算，但显然也会缺少必要基础条件的支撑。

在业务体系设计的研讨中，对要建立完整的检验评估系统的意见是趋于一致的，也认为是目前在业务系统中缺少的环节。不是完全没有，而是缺少系统性、完整性，未能在整体业务流程中实现闭合。获取的信息需要必要的检验，产品发出了需要反馈评估，工程建设除满足需求外，还应考虑成本效益，某个业务环节实现的进展需要与上下游衔接，业务中出现的问题需要查找到真实原因等，这些既是规划设计理念问题，也会涉及到具体技术细节和实现方式，还与管理体系密切相关，若能在未来的发展中得以落实，将有助于气象科技、业务能力的整体提升。

在研究讨论中遇到的较为复杂的问题是怎样面对各类新技术的快速涌现，这些变化与创新如何与未来的气象业务发展有机结合，具有很大不确定性，包括人工智能、通信网络、信息获取、计算能力、大数据等，在规划研究中进行了探讨，但在具体业务体系设计时还需要更加谨慎。技术的先进性与成熟度往往难以兼得，或许业务转化过程本身也应是在未来业务中需要设计的必要环节。

在研究中还涉及到不少与发展理念相关的问题，如：科技创新能力与人才环境、气象事业发展如何融入国家战略等。业务建设与技术实现不易，但理念的建立更具有指导性，如果不想使系统具备开放性，显然也不必考虑开放平台的设计建设问题；如果无意于及时发现问题并持续改进，也不想在发展中过多考虑成本效益问题，检验评估系统的建设或许就属于多余了；如果认为大气的变化仅涉及到大气环流自身的动力和热力影响，多圈层及其相互作用的难题也自然可以放弃。总之，规划研究中讨论了诸多问题，相信参与者都会有所收获，其中一些人还会参与最终规划的编写与审定，不少难点、问题仍需进一步讨论。好的规划设计需要先进的发展理念引导，但做到知行合一还需克服许多具体障碍。

许小峰
2021 年 3 月

前　　言

2021 年，达沃斯世界经济论坛连续第 5 次把极端天气定为发生可能性最高的全球十大风险之首，并把“气候行动失败(climate action failure)”列为影响程度最大的全球风险第二位(WEF,2021)。中国地处东亚季风区，受地理位置、地形地貌及气候特征等因素影响，气象灾害种类之多、发生之频、范围之广、影响之重超过世界上绝大多数国家。据国家气候中心分析预估，到 2035 年，中国经济社会安全受极端天气事件影响将进一步加重，天气气候条件对中国经济、社会和生态环境的影响将日益突出。

科技进步与创新是应对极端天气和气候变化、利用天气气候资源、发挥气象趋利避害作用的重要支撑。未来十几年，是实施创新驱动发展战略、加快气象科技创新、推进气象强国建设，实现中国气象业务科技从跟跑到并跑再到领跑的关键时期。2019 年起，中国气象局组织开展了全国气象发展“十四五”规划前期重大问题研究，以期集聚群智，为中国中长期气象发展政策措施制定提供坚实的科学依据。

本书是全国气象发展“十四五”规划前期重大问题研究的成果总结。该项研究以满足“生命安全、生产发展、生活富裕、生态良好”的气象服务保障需求，加快科技创新、实现“监测精密、预报精准、服务精细”、推动气象事业高质量发展为出发点，对“十四五”时期中国气象科技发展战略进行系统策划，并对 2035 年远景方向和趋势进行展望。

本书梳理了综合观测、预报预测、气象服务、数据资料、信息网络和检验评估等领域的国际科技发展趋势和前沿，结合中国气象业务科技发展现状和国家战略需求，分析了面向 2025 年中国气象业务科技的发展方向和预期目标，提出了各领域需要突破的关键技术、增强业务科技能力的重点任务，以及相关工程项目建设内容。基于对 2035 年及更远期地球系统模式跨学科发展的认识，本书进一步延展扫描其他领域科学技术发展态势，分析了在气象上具有广阔应用前景的部分跨领域前沿技术与潜在颠覆性技术。

全书共分 6 章：第 1 章以文献调研为基础，介绍世界气象组织、美国、欧洲等国家、地区和组织相关战略规划和计划，从宏观上把握国际气象发展动态和趋势；第 2 章以数据收集、综合评估和跨部门专家研讨为基础，介绍中国气象业务科技发展现状和国家重大战略对未来气象发展的需求；第 3 章在前两章的基础上，分析提出中国“十四五”时期气象科技发展的总体思路和预期目标，并对 2035 年远景方向和趋势进行展望；第 4 章从现代气象业务技术发展形势的特点出发，“自顶向下、逐层分解”，提出气象业务技术体系新架构；第 5 章在综合观测、预报预测、气象服务、数据资料、信息网络和检验评估等各子专题研究的基础上，提出未来 5 年气象业务科技发展的重点任务和关键技术；第 6 章围绕中国在建和拟建气象工程项目，提出提升气象业务科技水平相关的建设内容。

在全国气象发展“十四五”规划前期重大问题研究过程中，通过文献调研、专家研讨、意见征集等方式，广泛收集了各领域专家的意见和建议，在多位专家的共同执笔下，经反复研讨和修改，形成了国家战略需求和国际发展动态研究、重大科学和技术趋势研究、重大改革和重大政策研究、全国气象发展“十四五”规划重大工程研究、气象区域协调发展战略研究和气象事业发展指标体系研究等6个专题的研究报告，包含了广大气象科研、业务、服务和管理工作者的集体智慧。在此，对参加各专题研究和相关研讨、调研的所有同志表示衷心的感谢！

由于研究时间短、资料数据收集有限，加上编者水平有限，书中难免存在一些不足之处，敬请广大读者批评指正。

《气象科技发展战略研究》编委会

2021年2月

目　录

第 1 章　国际气象领域发展动态

从事气象科技发展战略研究，必须有开阔的视野，及时掌握国际发展动态，这需要从两个层面入手：一是宏观层面的整体发展趋势；二是微观层面的细分领域科技动态。本章内容针对前者，以国际组织和气象领域领先国家的发展战略、规划和计划为研究对象，分析梳理国际气象领域总体发展态势，为读者提供一个关于国际气象发展的全景视野。

1.1　世界气象组织发展动态

1.1.1　世界气象组织的战略规划体系

世界气象组织（World Meteorological Organization，WMO）的前身是成立于 1873 年的国际气象组织（International Meteorological Organization，IMO），旨在促进跨国界天气信息的交换。世界气象组织于 1950 年成立，并于 1951 年成为联合国的专门机构①。其职责涉及气象学（天气和气候）、水文学及相关的地球物理科学等领域。世界气象组织自成立以来，在致力于人类安全与福祉方面一直发挥着独特且有力的作用。世界气象组织促进了其会员之间的合作，推动了气象学在许多领域的应用。世界气象组织不断促进有关社会安全和保障、经济福祉及环境保护等相关信息的实时或近实时免费无限制交换，推动了在这些领域制定国家和国际性政策，并通过各项计划在监测和保护环境等国际工作中发挥着主导作用。

世界气象组织的战略规划体系建立在基于结果的管理理念上，是对各项规划、预算、执行、监测和报告进行管理的基础。世界气象组织的战略规划过程由三个相互关联的部分组成：

《世界气象组织战略计划》（WMO STRATEGIC PLAN）阐明世界气象组织的高级别愿景、使命、核心价值观和总体优先事项。当前采用的是《世界气象组织战略计划（2020—2023年）》（WMO Strategic Plan 2020—2023），确定了 2020—2023 年的重点发展领域，并概述了 2030 年的长期愿景。

《世界气象组织运行计划》（WMO OPERATING PLAN）通过确定待交付的产出（即较低级别的结果）和要实现的年度里程碑，将该战略转化为具体行动。《世界气象组织运行计划》的内容还包括已列入计划的任务，指出可用资源，并给出旨在衡量实现战略目标进展情况的绩效指标。

《世界气象组织基于结果的预算》（WMO RESULTS-BASED BUDGET）确定了实施战略计划的资源（即：经世界气象大会批准的最大支出），包括各组成机构和秘书处的运作费用等。

---

① https://public.wmo.int/en/about-us

1.1.2 《世界气象组织战略计划(2020—2023 年)》

1.1.2.1 概述

2019 年 6 月，第十八届世界气象大会通过的《世界气象组织战略计划(2020—2023 年)》(WMO，2019)，确定了 2020—2023 年的发展方向和优先事项，以及 2030 年的长期愿景，以促进世界气象组织全体会员能够改进其信息、产品和服务。

《世界气象组织战略计划(2020—2023 年)》提出：到 2030 年，所有国家，特别是最脆弱的国家，更有能力抗御极端天气、气候、水及其他环境事件的社会经济影响，通过提供尽可能最佳的陆地、海上或空中服务加强其可持续发展能力。为此，提出了三大总体优先事项：(1)加强防备，减少水文气象极端事件造成的生命损失、重要基础设施和财产损失；(2)支持气候智能决策以加强适应能力和抗御气候风险的能力；(3)提升天气、气候、水文和相关环境服务的社会经济价值。

在综合分析世界气象组织发展愿景、使命、核心价值和关键驱动因素的基础上，《世界气象组织战略计划(2020—2023 年)》提出了 5 项长期目标(图 1.1)。

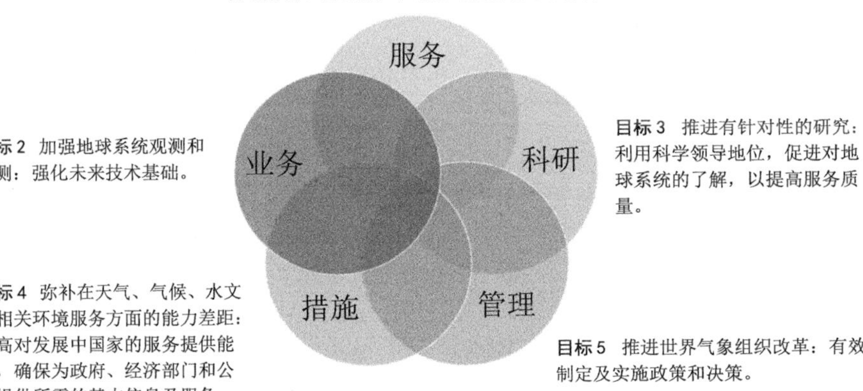

[彩]图 1.1 《世界气象组织战略计划(2020—2023 年)》主要目标和任务

1.1.2.2 战略目标和主要任务

(1)更好地服务于社会需求：提供权威的、易理解的、面向用户和目标导向的信息和服务

1)长期目标

提供准确可靠、目标导向和基于影响的天气、气候、水和相关环境服务，提高世界气象组织会员开发、获取和利用这些服务的能力，以支持最佳决策和行动，实现可持续发展并减轻与天气、气候和水相关的风险。

2)具体目标和 2020—2023 年的重点任务

目标一：加强国家多灾种早期预警/警报系统，扩大影响力以促进有效地应对相关风险。

天气、气候、水和其他环境极端事件预警对于生命和财产安全至关重要，是世界气象组织所有会员国家(或地区)气象水文部门(National Meteorological and Hydrological Services，NMHSs)的基础任务。在不少国家，预警能力不足的问题亟待解决，特别是要在那些最脆弱的、最不发达国家集中采取行动。

2020—2023 年的重点任务：

·加强基于影响的预报和基于风险的预警，以增强防范和应对水文与气象事件的能力。

·加强多灾种早期预警能力建设。

·加强全球用户获取官方权威气象和水文预报预警信息的能力，以满足全球和区域发展需求。

目标二：为决策和政策的制定提供更加丰富的气候信息与服务。

全球气候服务框架(Global Framework for Climate Services，GFCS)为指导和支持气候服务价值链中的各项活动提供了统一平台，有助于提高气候服务产品的可用性和可获取性，从而减少损失，惠及世界气象组织的所有会员。

2020—2023 年的重点任务：

·加强气候信息加工、交换和应用，推进气候服务信息系统建设，促进所有会员获取最佳气候信息服务。

·在全球气候服务框架(GFCS)优先领域内，支持会员制作和提供权威的官方气候信息产品和服务，参与各国(气候变化)应对计划，应对气候变化，减少损失并提高效益。

·完善关键气候指标、季节性展望和极端事件及其影响等世界气象组织产品，为国际气候相关政策的实施和联合国相关行动提供科学依据。

目标三：为可持续的水资源管理提供服务支持。

全球和区域水资源现状及预测信息对于降低风险与关联损失至关重要，但各方信息来源尚未统一。世界气象组织拟建立一个系统，提供水资源基础信息，支持基于水资源现状和预测信息的决策。

2020—2023 年的重点任务：

·促进更好地获取高质量水文服务、预报和预警，以便开展水资源、干旱和洪水风险管理和规划。

·通过全球水文监测与预测系统促进跨界资料和产品的交换，以提高对当前和未来水资源的了解。

·定期报告全球水资源状况。

目标四：突出价值和创新性，提供用于辅助决策的天气信息和服务。

提高交通、能源、农业、卫生、旅游、城市及其他行业的决策气象服务水平，促进提升劳动生产率、改善环境。创新服务提供方式，加强服务能力。

2020—2023 年的重点任务：

·把新技术融入服务，强化天气服务，建立质量管理体系，提供卓越服务。

·针对大城市及其他城市和地区的具体需求，创新天气和水预报服务。

·指导和协助国家气象水文部门开展天气和水服务的社会经济效益评估。

·完善公私合作原则，以“互助共赢”为基础，推进参与方与利益相关方之间的持续合作。

·推广国家最佳案例，全面制定和采用覆盖各领域的国际标准、质量控制机制及推荐规范。

(2)加强地球系统观测和预测：强化未来技术基础

1)长期目标

持续优化地球系统综合观测网络，提高自动化水平，确保有效的全球覆盖率。发展需求导向的可溯源观测，完善资料管理和资料加工机制，促进全球资料交换。

2)具体目标和2020—2023年的重点任务

目标一:通过世界气象组织全球综合观测系统(WMO Integrated Global Observing System,WIGOS)优化地球系统观测资料的获取。

世界气象组织所有地基和天基观测计划都将被并入一个综合系统——世界气象组织全球综合观测系统(WIGOS)。世界气象组织各项标准、原则和工具在全球的实施,将促进所有会员优化其观测网络,并将有助于会员利用其他观测系统(如:其他政府机构、研究实体、非营利组织及私营公司等运行的观测系统)和其他获取工具(如:众包和物联网)。

2020—2023年的重点任务:

· 通过协调全球和区域计划(如:全球基本观测网络(Global Basic Observing Network,GBON)和电子元数据清单(electronic metadata inventories)等)及质量监测平台,促进WIGOS加速实施。

· 健全标准和条例,改进观测网络的综合设计,解决观测资料覆盖率不足的问题。

· 加强监管和指导,促进在WIGOS框架下整合来自外部的观测资料。

目标二:通过世界气象组织信息系统(WMO Information System,WIS)加强地球系统观测资料及其反演产品的获取、交换和管理。

通过世界气象组织信息系统(WIS)提供无限制使用的观测资料(包括:大气成分、气候、水文和海洋等观测资料),用于支持科研、气候监测、再分析及其他应用。此外,世界气象组织还将对资料管理系统进行优化。

2020—2023年的重点任务:

· 促进世界气象组织信息系统(WIS)的持续发展,充分发挥世界气象组织会员的技术能力,并使所有会员能够持续获取世界气象组织全球综合观测系统(WIGOS)所有观测资料,以及在全球资料加工和预报系统下制作的所有资料。

· 进一步完善对国际数据交换的监管和指导,并强化政策合规性监督。

· 通过世界气象组织信息系统(WIS)整合开发世界气象组织资料管理系统,以确保能够妥善存档所有观测资料和关键产品。

目标三:通过世界气象组织无缝隙全球资料加工和预报系统,获取和使用所有时间和空间尺度的数值分析和地球系统预测产品。

提前一周以上做出主要天气形势预测,提前几天准确预测热带气旋登陆,并提高小尺度、高影响局地灾害性天气的预报提前量,以减少灾害损失。世界气象组织将进一步促进地球系统的开发,推进全球各中心数值模式发展,提升无缝隙预报能力,帮助所有会员提高预报水平。

2020—2023年的重点任务:

· 发展全球数据处理和预报系统(Global Data Processing and Forecasting System,GDPFS),加强概率预报和耦合地球系统模拟,提高短期、次季节到季节、长期气候等各时间尺度天气气候事件的预测能力。

· 加强全球数据处理和预报系统(GDPFS)的运行监管和指导。

· 基于定量模式和基于影响的预报,强化全球数据处理和预报系统(GDPFS)对所有会员提高其自身预测水平的支撑能力。

(3)推进有针对性的研究:利用科学领导地位,促进对地球系统的了解,以提高服务质量

1)长期目标

调动全球科研力量，促进对地球系统的了解，提高无缝预报预测技术，为相关政策的制定提供科技支撑。促进科研与业务结合，提高所有会员预报服务效益。

2)具体目标和 2020—2023 年的重点任务

目标一：增进对地球系统的科学认知。

在应对涉及地球系统根本科学问题的挑战和机遇方面，世界气象组织将利用自身独特优势，并将依托各国气象水文部门和科研机构，引领全球研究工作。

2020—2023 年的重点任务：

· 科学应对地球系统科研、模拟、分析和观测等方面的挑战。这些挑战包括：大气成分、海洋—大气—陆地耦合、冰冻圈、云和环流、水利用率、干旱和洪水、区域海平面和海岸影响、高影响天气以及气候变率和变化等。

· 组织实施科研计划，动员全球科研资源，加强对地球系统（天气、水和气候及各圈层关系）的认知。

· 促进世界气象组织优先重点科学评估和服务。

目标二：强化科研成果转化，通过科技进步提高预报能力。

世界气象组织认识到，强化科研成果转化，可以提高业务服务水平，更好地发挥社会经济效益。

2020—2023 年的重点任务：

· 提高重点领域预报预测能力。包括：高影响天气预报、次季节/季节到年代预测、极地预测、城市和环境预测以及水循环预测。

· 加强产品和服务的实用性和效益。推进自然科学和社会科学跨学科融合，促进自然科学团体与社会科学团体之间的合作，鼓励用户因地制宜开展本地化应用。

目标三：为制定政策提供科学支撑。

未来，国家和国际政策及相关行动的制定将更加离不开科技支撑。世界气象组织将加强开放合作，促进气候评估和预估，发布权威的全球温室气体（及其他大气组分）报告，提供全球碳、能源和水循环量化产品。

2020—2023 年的重点任务：

· 建设全球综合温室气体信息系统，以使世界气象组织会员国家（或地区）能够提高本国（或本地区）温室气体排放清单的质量和可信度。

· 为政府间气候变化委员会（Intergovernmental Panel on Climate Change，IPCC）和世界其他科学、评估机构提供支持。

· 通过提高次季节至季节预报预测能力，加强对水资源管理决策的科技支撑。

(4)弥补在天气、气候、水文及相关环境服务方面的能力差距：提高对发展中国家的服务提供能力，确保为政府、经济部门和公民提供所需的基本信息及服务

1)长期目标

利用区域和全球监测预测系统，为发展中国家（尤其是最不发达国家、小岛屿国家等）提供更优的天气、气候和水信息及服务。具体措施包括：战略投资、技术转让、知识和经验共享等，并兼顾社会包容及性别因素。

2)具体目标和 2020—2023 年的重点任务

目标一：满足发展中国家需求，使其能够提供和使用基本的天气、气候、水文及相关环境

服务。

自然灾害和极端天气事件对社会经济的影响日益加深，许多国家（尤其是最不发达国家、小岛屿国家等）在业务服务能力方面存在严重不足。世界气象组织需要依托各成员国家和地区（特别是发达国家）气象水文部门的业务技术能力，促进互助，并推进与联合国其他机构和合作伙伴共同投资，共同加强能力建设。

2020—2023 年的重点任务：

· 加强对各发展中国家需求的了解，并根据其在技术、制度和人力资源等方面的具体需求，协调提供所需的天气、气候、水文及相关服务，以更好地保护生命财产安全，促进经济发展。

· 帮助世界气象组织会员的气象水文部门制定长期战略和计划，以提升能力。

· 通过评估和宣传气候变化和极端天气事件对最不发达国家和小岛屿发展中国家的影响，提高这些会员的气象水文部门的影响力和业务水平。

目标二：发展专业知识，保持核心竞争力。

一方面，许多国家和地区面临天气、气候、水文及相关环境服务方面人才短缺的问题。另一方面，对国家气象水文部门人员进行持续培训，有助于提高科技创新和公共沟通能力。所以，世界气象组织将持续推进相关培训和教育活动。

2020—2023 年的重点任务：

· 鼓励会员结合世界气象组织标准和建议，组织开展相应教育和培训活动，吸引具备必要资质和能力的工作人员。

· 支持发展中国家会员与发达国家会员开展合作，并对世界气象组织区域培训中心加以充分利用。

目标三：强化伙伴关系，提高基础设施投资的可持续性和成本效益，扩大服务供给。

提供全方位的天气、气候和水文服务，以保护生命、财产、环境、粮食生产、能源和水资源安全。扩大投资合作，提高投资效益。

2020—2023 年的重点任务：

· 加强伙伴关系，注重结对互助，促进知识和技术共享。

· 推进与联合国其他相关机构、政府间和非政府组织、私营部门及学术界的合作，构建战略性、功能型和互惠式的伙伴关系。

· 建立气象领域全球公认的基础性原则，强化世界气象组织在权威发声、通用标准制定、资料和产品共享等方面的领导力。

(5)推进世界气象组织改革：有效制定及实施政策和决策

1)长期目标

围绕世界气象组织的战略目标，改革组织机构，提高工作效率和效益，更好地推进本战略计划的实施。

2)具体目标和 2020—2023 年的重点任务

目标一：优化世界气象组织组织结构，提高决策效率。

突出世界气象组织重点战略行动，建立适应本战略计划实施需求的组织机构，更有效地利用各种资源（包括会员的资源）。

2020—2023 年的重点任务：

· 落实世界气象大会关于世界气象组织组织机构、过程管理和职责分工的决议，提高世界气象组织工作效率和效能。

目标二:精简世界气象组织计划。

世界气象组织各项业务科研计划均需由世界气象大会审定,以确保其与世界气象组织发展战略的一致性,并提高实施效益。此项工作将依据以下原则:质量管理原则、成本效益原则、(特约专家和秘书处)最佳支持原则。

2020—2023 年的重点任务:

· 精简世界气象组织科学、技术和服务计划,使本组织能够更好地实现战略计划中设定的总体目标和具体目标,同时确保战略框架、计划框架和财政框架之间具有连贯性和一致性。

目标三:促进在治理、科技合作及决策中的平等和包容。

因为尊重多样性和重视性别平等,有利于提高组织管理水平,提高绩效和创造力,所以,在应对气候变化和灾害风险,推进实现可持续发展目标中,性别平等尤为关键。

2020—2023 年的重点任务:

· 在治理和决策相关工作中,促进本组织的性别平等,有效落实世界气象组织性别平等政策。

· 使所有人(不论其性别),特别是来自边缘化群体的人们可以平等地获取、理解及使用信息和服务。

· 通过树立榜样、优化人力资本,吸引更多女性(包括年轻女性)和来自边缘化群体的人员在国家气象水文部门就业。

1.1.2.3　监测指标

与《世界气象组织战略计划(2020—2023 年)》相配套,世界气象组织在《综合运行计划(2020—2023 年)》(WMO,2019)中提出了计划活动和项目的进度安排、以结果为导向的预算及监测指标(表 1.1),并将据此监测和评估战略计划的实施进展。

表 1.1　《世界气象组织综合运行计划(2020—2023 年)》中的监测指标

战略目标	监控指标
1　更好地服务于社会需求:提供权威的、易理解的、面向用户和目标导向的信息和服务	
1.1　加强国家多灾种早期警报预警系统,扩大影响力,以促进有效地应对相关风险	1.1.1　参与全球预警系统的会员数 1.1.2　在国家减少灾害风险计划(disaster risk reduction,DRR)管理系统中集成的多灾种早期预警系统(Multi-Hazard Early Warning Systems,MHEWS)数量 1.1.3　使用世界气象组织标准唯一标识符对高影响天气、天气和气候事件进行编目的国家数量
1.2　提供更多支持政策和决策的气候信息和服务	1.2.1　落实气候服务基本制度的会员数 1.2.2　气候服务信息系统(Climate Services Information System,CSIS)能力得到增强的会员数 1.2.3　在全球金融服务中心优先领域内提供量身定制产品的会员数 1.2.4　使用区域气候中心(Regional Climate Centre,RCC)或区域气候展望论坛(Regional Climate Outlook Forums,RCOFs)的会员数 1.2.5　用户(或利益相关者)对世界气象组织旗舰产品的相关性、实用性和及时性的评估(例如全球气候声明、厄尔尼诺事件展望等)

续表

战略目标	监控指标
1.3　进一步开发支持可持续水资源管理的服务	1.3.1　参与世界气象组织实况和预测系统的会员数 1.3.2　开展洪水预报的会员数 1.3.3　运行干旱预警系统的会员数
1.4　提升价值，强化创新，为决策提供天气信息和服务	1.4.1　加入航空、海运、早期预警系统等服务质量管理体系的会员数 1.4.2　进行近十年社会经济效益分析的会员数 1.4.3　国家气象水文部门与私营部门、学术组织签署服务提供和网络维护协议的会员数 1.4.4　使用网络应用程序和社交媒体提供服务的会员数
2　加强地球系统观测和预测：强化未来技术基础	
2.1　通过世界气象组织全球综合观测系统（WIGOS）优化地球系统观测资料的获取	2.1.1　全球观测覆盖度（特别是水圈、冰冻圈，发展中国家、最不发达国家、小岛屿国家） 2.1.2　符合世界气象组织观测标准的会员数 2.1.3　建立国家观测系统的会员数
2.2　通过世界气象组织信息系统（WMO Information System，WIS）加强地球系统观测资料及其反演产品的获取、交换和管理	2.2.1　建立国家业务监控和数据管理系统的会员数 2.2.2　根据世界气象组织第25、40和60号决议，落实数据交换政策的会员数
2.3　通过世界气象组织无缝隙全球资料加工和预报系统，获取和使用所有时间和空间尺度的数值分析和地球系统预测产品	2.3.1　使用定量模式制作产品并提供服务的会员数 2.3.2　向生产中心提供验证数据的会员数
3　推进有针对性的研究：利用科学领导地位，促进对地球系统的了解，以提高服务质量	
3.1　增进对地球系统的科学认知	3.1.1　由世界气象组织领导的研究项目，在各成员国和联合国相关工作中发挥的效益（如：先进性、相关性、应用效果等）
3.2　强化科研成果转化，通过科技进步提高预报能力	3.2.1　次季节性到季节预测（Subseasonal-to-Seasonal Prediction Project，S2S）数据库的下载量（单位：兆字节）
3.3　为制定政策提供科学支撑	3.3.1　建立国家温室气体监测系统以支持气候行动的会员数 3.3.2　具有十年预测能力的会员数
4　弥补在天气、气候、水文及相关环境服务方面的能力差距：提高对发展中国家的服务提供能力，确保为政府、经济部门和公民提供所需的基本信息及服务	
4.1　满足发展中国家需求，使其能够提供和使用基本的天气、气候、水文及相关环境服务	4.1.1　制定战略计划和相关法规的国家气象水文部门数量 4.1.2　加入国家适应计划（National Adaptation Plans，NAPs）和国家自主贡献计划（Nationally Determined Contributions，NDCs）的国家气象水文部门数 4.1.3　基于国家概况数据库（Country Profile Database，CPDB）自我评估，服务能力得到提升的国家气象水文部门数量
4.2　发展专业知识，保持核心竞争力	4.2.1　在世界气象组织培训中心接受培训，或在世界气象组织资助下得到培训的学员数量 4.2.2　人力资源能够满足国家发展需求的国家气象水文部门数量

续表

战略目标	监控指标
4.3　强化伙伴关系，提高基础设施投资的可持续性和成本效益，扩大服务供给	4.3.1　得到世界气象组织技术支持和技术援助的国家气象水文部门数量 4.3.2　受益于世界气象组织发展项目的会员数 4.3.3　世界气象组织推进的发展项目投资总额 4.3.4　依法开展公私合作的会员数
5　推进世界气象组织改革，有效制定及实施政策和决策	
5.1　优化世界气象组织组织结构，提高决策效率	5.1.1　会员满意度（从世界气象组织结构、效率和运作方式等角度）
5.2　精简世界气象组织计划	5.2.1　会员满意度（世界气象组织各项计划对会员提高业务服务水平的促进作用）
5.3　促进在治理、科技合作及决策中的平等和包容	5.3.1　参加世界气象组织成员机构和会议的男女代表比例 5.3.2　组成机构（工作组、专家组）男女成员比例

1.1.3　《全球大气监测计划(GAW)实施方案(2016—2023 年)》

1.1.3.1　全球大气监测计划(GAW)概述

1989 年，世界气象组织将早期建设的空气本底污染监测网（Background Air Pollution Monitoring Network，BAPMoN）和全球臭氧监测网（Global Ozone Observing System，GO_3OS）合并，形成了全球大气监测（Global Atmosphere Watch，GAW）计划，目的是协调有关成员国的观测站网开展系统、可靠的观测，以获取全球大气成分及其相关物理、化学特性的长期变化信息，为研究全球大气成分对天气、气候、环境和生态系统的影响，以及减缓与调控其不良趋势等提供准确可靠的基础观测资料（张晓春 等译，2020）。

全球大气监测计划的主要任务有：

1)降低社会的环境风险，满足环境公约的要求。

2)加强对气候、天气和空气质量的预测能力。

3)为支撑环境政策的科学评估做出贡献。

实施手段或途径包括：

1)维持并利用全球大气化学成分及特定大气物质特征的长期监测。

2)强化质量评估与质量控制。

3)向所有相关用户提供完善的产品及服务。

控制不同尺度大气成分的物理和化学过程非常复杂，如图 1.2 所示。针对这一复杂过程，全球大气监测计划将温室气体、臭氧、气溶胶、反应性气体、大气沉降和紫外辐射等作为观测的重点领域，并在每一个领域中又包含了一系列与天气、气候、环境和人体健康等有重要关系的关键参数，以提高对控制大气成分变化过程的认识。

除了约 100 个世界气象组织会员正在参加全球大气监测计划的测量和研究活动外，参与全球大气监测计划的合作伙伴和合作组织还包括：

- 联合国环境规划署（UNEP）
- 世界卫生组织（WHO）

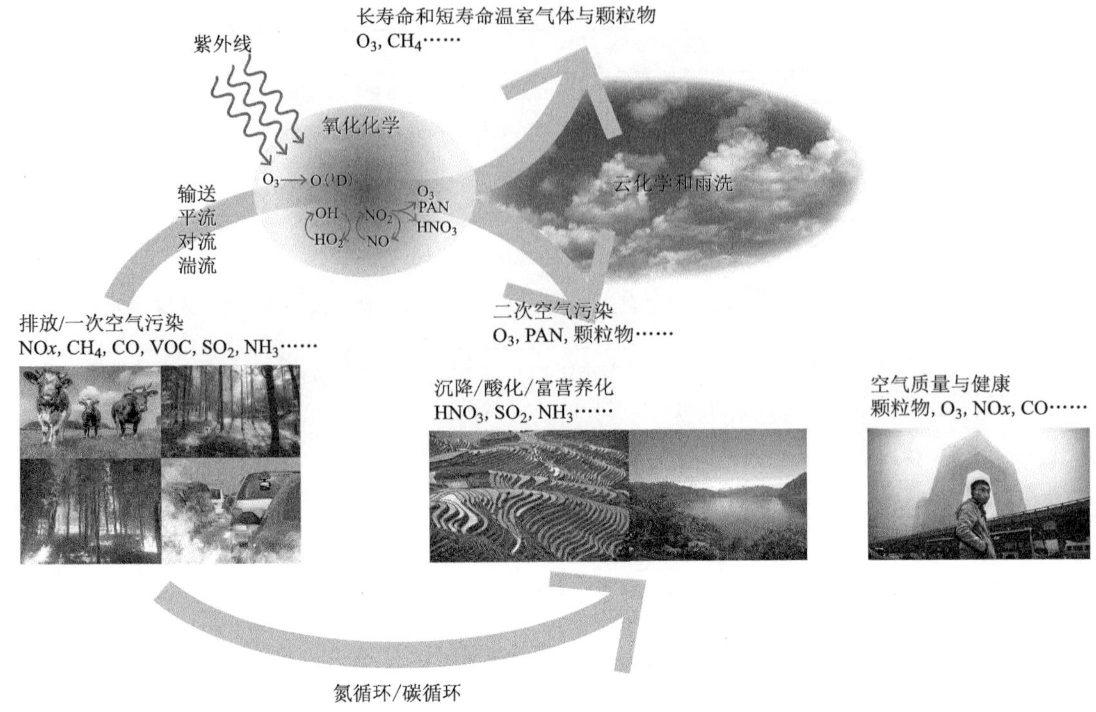

图 1.2　在不同尺度下控制大气成分的物理和化学过程(张晓春 等译,2020)

- 国际原子能机构(IAEA)
- 世界银行
- 国际海洋学委员会
- 国际度量衡局(BIPM)
- 国际度量衡委员会(CIPM)
- 联合国欧洲经济委员会远程跨境空气污染公约(UNECE-LRTAP)和欧洲监测与评估计划(EMEP)
- 北极监测与评估计划(AMAP)
- 国际大气化学与全球污染委员会(iCACGP)
- 国际全球大气化学项目(IGAC)
- 综合土地生态系统—大气过程研究(iLEAPs)
- 国际臭氧委员会(IO3C)
- 海洋环境保护科学方面联合专家组(GESAMP)
- 平流层—对流层过程及其在气候中的作用(SPARC)
- 国际地表—海洋—低层大气研究(SOLAS)

全球大气监测计划的研究活动得到了图 1.3 所示的基础条件的支持。

全球大气监测计划的主体结构包括观测系统、质量保证体系、数据和产品管理系统,以及由科学顾问组、专家团队和指导委员会组成的管理层。在世界气象组织大气科学委员会(CAS)及其环境污染和大气化学科学指导委员会(EPAC SSC)的监督下,组建了全球大气监测计划专家组。大气化学科学指导委员会负责该计划的战略领导,并协调全球大气监测计划

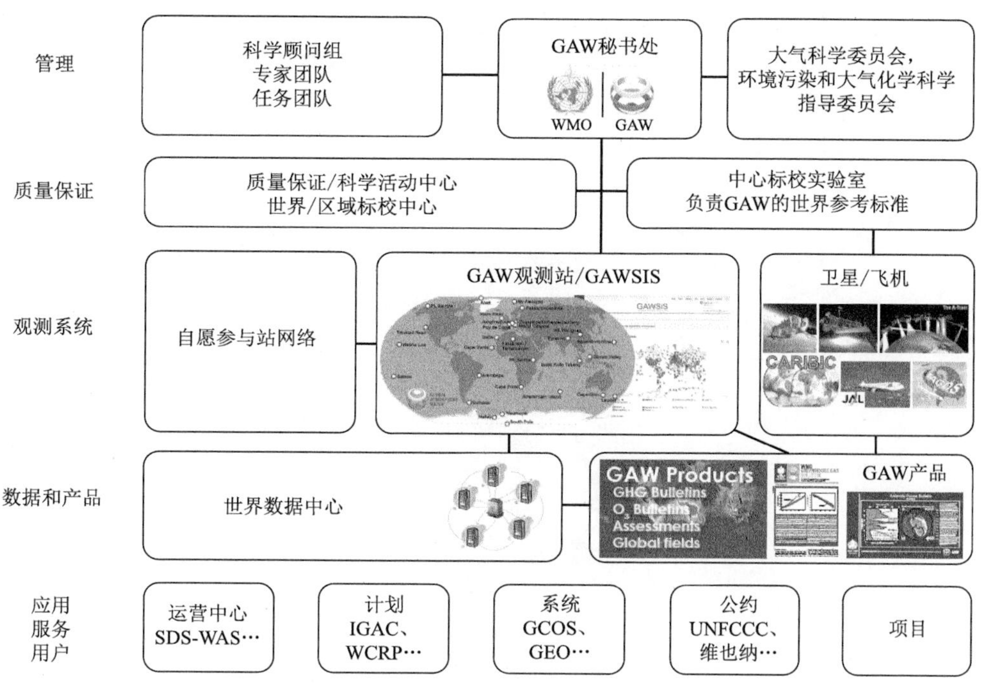

图 1.3 全球大气监测计划的组成及运作环境(张晓春 等译,2020)

中的跨领域主题活动和总体活动。

经过近30年的发展,全球大气监测计划已经发展成为当前全球最大、功能最全的国际性大气成分(大气化学)观测网络,可以对天气、气候、环境、人体健康和生态等有重要影响的大气成分及其物理和化学特性进行长期、系统和准确的综合观测,得到了国际科学界的支持。目前,全球大气监测计划的观测网络已包括了31个全球大气本底观测站和400多个区域大气本底观测站以及100多个自愿参与站。全球大气监测计划已经取得的成果有:

1)提供了一整套高质量和长期的全球统一的大气成分数据集,以支持《联合国气候变化框架公约》(UNFCCC),特别是为世界气象组织全球气候观测系统(GCOS)、政府间气候变化委员会(IPCC)的执行计划以及全球气候服务框架(GFCS)的发展做出了贡献。

2)支撑了《关于消耗臭氧层物质的蒙特利尔议定书和后续修正案》。

3)支撑了《远距离跨境空气污染公约》(CLRTAP)。

4)提供了可靠的观测和预报工具,以支撑气溶胶(包括沙尘)和反应性气体时空变化的评估,并促进理解空气质量对人体健康、生态系统和基础设施安全的影响。

5)促进了高质量观测,并在业务服务和研究活动中加强质量控制数据和衍生产品的使用。

6)支撑了环境保护研究,包括保护海洋和其他生态系统的健康。

1.1.3.2 全球大气监测计划(GAW)2016—2023年行动要点

《全球大气监测计划(2016—2023年)》的愿景是:将高质量的大气观测国际网络覆盖到全球和局地尺度,推动高质量和有影响力的科技发展,同时合作研究开发新一代产品和服务。

图1.4给出了全球大气监测计划观测系统基础设施、观测数据、模式数据、质量控制、数据应用,以及从研究到服务的转化关系等。在2016—2023年期间,全球大气监测计划将持续关

注观测网络的研究和支撑，提供高质量的数据以推动科学发展。全球大气监测计划将更加重视把研究成果转化为制作更多的与社会相关的增值产品和服务，并支撑联合国 2030 年议程和可持续发展目标，包括气候、天气预报、人类健康、特大城市发展、陆地和水生生态系统、农业生产力、航空运营、可再生能源生产等。

图 1.4　全球大气监测计划中加强大气成分服务研究的基础（张晓春 等译，2020）

（1）加强大气成分服务研究

全球大气监测计划任务本质上是开展大气化学成分测量以及科学分析和建模等相互补充的综合性活动。在 2016—2023 年期间，继续推进全球大气监测计划的战略重点是：更加广泛地利用全球大气监测计划观测和研究活动，支持基于大气成分和相关参数信息的、具有高社会影响的服务。这些服务需要协同观测、基于观测的分析，以及多类型观测整合基础上的数值预报。其目的是提供信息产品，以满足改善环境、保障健康和福祉，以及促进世界经济发展的需求。

为了给用户提供产品和服务，并支持跨领域研究活动，全球大气监测计划根据时间和空间尺度确定了三个重点应用领域，以简化基于观测的研究。

1）大气成分观测：涵盖了从区域到全球尺度，与大气成分的时间和空间变化有关的评估和分析应用。这些应用包括：对大气成分、沉降和排放（例如，支持环境公约）等趋势的评估；气候再分析与发展研究；区域和全球化学输送模式及其表示过程的评估；卫星衍生大气成分变量反演的评估；支持以可持续发展为重点的公约和条约的相关监测；诸如南极臭氧公报和温室气体公报、国家/大气健康报告等产品。

2）大气成分变化及其引发的环境现象预报：涵盖从区域到全球尺度的应用（包括：沙尘暴预警、雾霾预报和化学天气预报等），水平分辨率接近全球数值天气预报分辨率（约 10 千米），并具有严格的时效性要求(近实时)。

3)为支持城市和人口稠密地区的服务提供大气成分信息:涵盖针对特大城市和大城市群(水平分辨率为几千米或更小)的应用,在某些情况下,具有严格的时效性要求。这类应用的一个显著特点是:采用试验和可行性示范等手段,加强科研对业务服务的支持(例如:空气质量预报业务)。

(2)强化大气成分相关的应用和服务

全球大气监测计划支持对多个应用领域的针对性服务(图 1.5)。

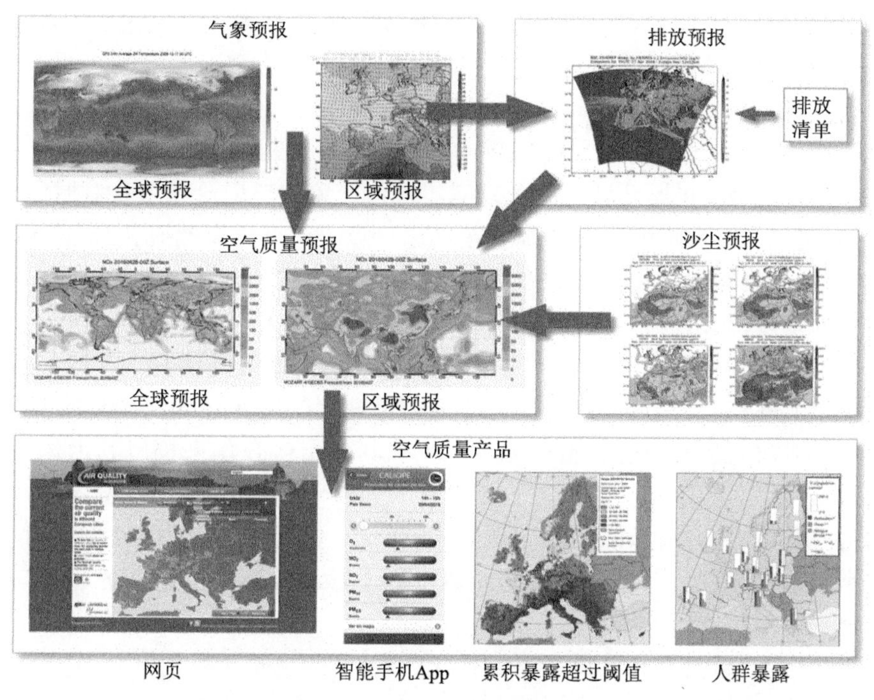

图 1.5　全球大气监测计划重点服务示意图(张晓春 等译,2020)

1)气候变化:人们认识到,大气成分的变化会改变大气辐射平衡并引起气候变化。对辐射强迫的理解,需要对气候强迫因子及其与辐射相互作用的过程进行全球观测。全球大气监测计划在观测反应性气体、温室气体、臭氧和气溶胶趋势方面发挥作用,已经并将继续有助于描述这些成分对地球辐射平衡的影响。需要进一步努力的是,提高气溶胶对气候影响的认识,以减少对全球或区域辐射强迫评估的不确定性。改进的辐射强迫评估,将有助于与气候变化有关的服务。通常用观测来评估气候模式的技巧(过去几十年),这是在将这些模式用于未来预测和作为未来气候服务应用基础之前所必需的验证步骤。为帮助成员国就气候因素减排进行谈判和支持国家的自主贡献,需要对关键温室气体的地面通量特征和特定的相关排放措施的变化进行研究。全球大气监测计划将主导全球温室气体综合信息系统(IG^3IS)开发,该系统旨在为成员国提供此类服务。全球温室气体综合信息系统(IG^3IS)还可对实际不同的变化进行评估,例如,土地利用变化减缓进入大气的碳量增速等。

在不断变化的气候中,水汽影响也是全球大气监测计划所考虑的一个不确定领域。目前,气候变化减缓战略考虑的是短寿命的气候因素(气溶胶、某些反应性气体),因此,现在对它们的物理、辐射和化学特性的描述是必不可少的。全球大气监测计划将通过改进观测网络和支持模式项目来支撑和进一步发展气候相关服务。在不断变化的气候条件下，全球大气监测计划还将提供高质量的数据和产品，以提高我们对空气质量的理解，并将考虑对未来气候(与世界气候研究计划(WCRP)特别相关的内容)进行更高质量的预测。全球大气监测计划开发的气候服务也将支持全球气候服务框架(GFCS)的实施。

2)城市服务(空气质量和健康):全球已有一半以上的人口居住在城市。在安全和社会经济影响方面，城市环境将处于最易受天气影响的灾难性事件之中，从洪水和空气污染到暴风雨和恶劣天气。城市尺度的综合预报系统，有可能帮助城市中心建立快速恢复能力，并为各种天气和环境条件提供早期预警系统。全球大气监测计划城市气象和环境研究项目(GAW Urban Research Meteorology and Environment，GURME)在开发与气象、大气成分、水文和气候过程等紧密耦合的城市尺度模式系统方面发挥着重要作用。通过全球温室气体综合信息系统(IG^3IS)的城市气象研究，将提升城市服务效率。城市气象和环境研究项目对城市健康问题特别感兴趣，预期用于实时预报的城市系统正在兴起。除了与世界天气研究计划(WWRP)协调外，城市气象和环境研究项目还将推进提高对城市过程及其预测的理解和建模的示范项目。随着城市系统的发展，城市气象和环境研究项目将通过与他人合作来确定能够支持评估并最终在这些尺度上进行同化的观测系统。通过与相关社团，尤其是与世界卫生组织的合作，提供减缓和适应政策实施相关的信息，是至关重要的。全球大气监测计划将继续支持空气污染和相关服务，包括环境预报，并通过与世界卫生组织和其他实体合作来扩展其工作力度，以支持特大城市和大城市群与健康有关的服务。全球大气监测计划社团将致力于观测系统(包括新兴测量技术、与健康相关的新示踪物的测量等)和建模工具的发展，以供卫生部门用于大气成分变化对人类影响的评估。全球大气监测计划还将通过与世界卫生组织的联合活动，为确定更为全面的健康影响指标而继续努力。

3)生态系统服务:自然生态系统既是大气化合物的源，也是大气化合物的汇。除碳循环相关研究外，在从事大气成分和生态系统研究的社团之间已经开展了一些合作。全球大气监测计划将巩固关于沉降、痕量成分的环境水平以及辐射和气象参数对生态系统的影响和反馈过程知识的研究。其中一项潜在的服务就是设法解决氮循环问题。

4)粮食安全:全球大气监测计划需要强化大气成分研究与农业研究之间的联系，例如调查大气成分(及其不同的循环)的沉降对生物圈的影响，以及挥发性碳氢化合物的排放或干沉降过程的效率对大气化学成分的影响。全球大气监测计划还认识到，大气成分的变化与农业(例如，化肥的使用是 N_2O 排放增加的主要原因，N_2O 是温室气体且会对平流层的臭氧产生威胁)之间有着许多双向联系。将农业和大气成分联系起来，可以作为生物循环服务的基础。特别是在全球气候服务框架(GFCS)的粮食安全重点任务背景下，农业气象学和全球大气监测计划活动间的联合活动将进一步增强。

5)公约和条约:如同《蒙特利尔议定书》及其修正案一样，《远程跨境空气污染公约》和《联合国气候变化框架公约》要求在全球和区域尺度范围内对不同大气成分进行长期观测。只有长期观测才能证实环境公约和议定书所采取的行动的有效性。同化/再分析产品对于全面了解所实施措施的变化和效率非常重要。通过支持成员国继续开展观测和记录大气状况，全球大气监测计划将加强其与政策引导相关的活动。

1.1.4 《世界气象组织全球综合观测系统(WIGOS)2040 年愿景》

1.1.4.1 世界气象组织全球综合观测系统(WIGOS)概述

在 2007 年召开的第十五届世界气象大会上，通过了第 30 号决议，批准同意加强世界气象组织各观测系统之间的综合集成，并将此举措定名为：世界气象组织全球综合观测系统(WMO Integrated Global Observing System，WIGOS)。大会同意，发展世界气象组织全球综合观测系统(WIGOS)应该是一个相互协调、全面和可持续发展的综合观测系统，确保其组成部分之间的互操作性。第十五届世界气象大会还决定，将世界气象组织全球综合观测系统(WIGOS)作为世界气象组织的战略发展目标之一(张文建，2010)。

世界气象组织全球综合观测系统(WIGOS)的主要宗旨是满足世界气象组织会员不断变化的观测需求。为此，世界气象组织提出：通过世界气象组织全球综合观测系统(WIGOS)建设，促进会员使用一系列由各个组织和计划共同拥有、管理和运行的系统制作的观测资料；通过共同运用国际公认的标准和推荐的做法及程序来实现世界气象组织全球综合观测系统(WIGOS)内观测系统的互可操作性(包括资料兼容性)；通过使用资料表征标准来支持资料兼容。

世界气象组织全球综合观测系统(WIGOS)覆盖了世界气象组织所有观测系统，以及世界气象组织共同发起的观测系统中世界气象组织管辖部分的框架，用来支持世界气象组织的各项计划和活动。已纳入世界气象组织全球综合观测系统(WIGOS)的观测系统包括(WMO，2019)：

- 世界天气监视网计划(WWW)的全球观测系统(GOS)
- 全球大气监视网(GAW)计划的观测部分
- 水文和水资源计划(HWRP)的 WMO 水文观测系统(WHOS)
- 全球冰冻圈监视网的观测部分(包括其地基和天基要素)
- 全球气候观测系统(GCOS)部分观测内容
- 全球海洋观测系统(GOOS)部分观测内容

上述各分观测系统包括世界气象组织与其他组织共同发起系统中由世界气象组织管辖的部分，如：全球气候观测系统(GCOS)和全球海洋观测系统(GOOS)是世界气象组织与联合国教科文组织(UNESCO)的政府间海洋学委员会(IOC)、联合国环境规划署(UNEP)和国际科学理事会(ISC)的联合计划。

世界气象组织全球综合观测系统(WIGOS)的实施和运行遵循以下原则：

1)世界气象组织会员须对其境内与世界气象组织全球综合观测系统(WIGOS)的实施和运行有关的一切活动负责。

2)世界气象组织会员应尽可能地使用本国(或本地区)资源来实施和运行世界气象组织全球综合观测系统(WIGOS)，但在必要且有此要求的情况下，也可通过世界气象组织自愿合作计划(VCP)、其他双边或多边协议(包括且应最大程度地利用与联合国开发计划署的合作)等渠道获得部分帮助。

3)如果会员希望并有能力独自或联合提供设施和服务，做出更多贡献，应自愿参与境外(如外太空、海洋和南极)实施和运行世界气象组织全球综合观测系统(WIGOS)的活动。

世界气象组织全球综合观测系统(WIGOS)特别强调质量管理，提出：在世界气象组织质量管理框架(QMF)内，世界气象组织全球综合观测系统(WIGOS)提供与观测质量和观测元数据有关的程序和实践供会员使用，以支持其建设气象、水文、气候及其他相关环境观测的质量管理系统。此外，世界气象组织全球综合观测系统（WIGOS）建立了客户至上、统筹协调、专家参与、过程控制、系统方法、持续改进、科学决策、互惠互利等质量控制的八条原则。有兴趣的读者可参阅《世界气象组织技术规则 附录八——世界气象组织全球综合观测系统手册（2019 年版）》（WMO－No. 1160）相关内容。

2015 年，第十七届世界气象大会批准由世界气象组织基本系统委员会（CBS）牵头制定世界气象组织全球综合观测系统（WIGOS）到 2040 年的远景发展规划。这个新的远景发展规划作为世界气象组织的纲领性指导文件，充分地考虑到 2040 年可能出现或演进的新的气象服务需求（包括多种新的应用领域，例如：气候服务、空气质量预报和监测、水圈和冰雪圈的监测服务需求等），并对到 2040 年的全球观测系统布局和信息技术的发展进步进行预测。在此基础上，2019 年世界气象组织对该文件进行了修订，即目前最新的 2019 版《世界气象组织全球综合观测系统（WIGOS）2040 年愿景》。

1.1.4.2 世界气象组织全球综合观测系统（WIGOS）设计原则和发展理念

（1）需求牵引，评估指导

世界气象组织全球综合观测系统（WIGOS）的一项关键原则是根据具体要求设计建设观测系统。其主要根据是世界气象组织的滚动需求评估（Rolling Review of Requirements，RRR），其中收集、检查并记录了世界气象组织各应用领域（表 1.2）的观测要求，并对照观测能力进行了审查。

表 1.2 世界气象组织滚动需求评估（RRR）关注的观测应用领域

编号	WMO 应用领域
1	全球数值天气预报
2	高分辨率数值天气预报
3	短临预报[1]
4	次季节至更长期的预测
5	航空气象
6	大气成分预报
7	大气成分监测
8	提供大气成分信息，以支持城市和人口稠密地区的服务[2]
9	海洋应用
10	农业气象
11	水文
12	气候监测（全球气候观测系统（GCOS）） 以下全球气候观测系统（GCOS）报告被视为“指导说明”： —全球气候观测系统的现状 —全球气候观测系统：实施需求
13	空间天气
14	气候科学
15	气候应用（其他方面，由气候委员会负责）

注 1：原天气应用领域已合并入短临应用领域。

注 2：大气化学应用领域已被取代并拆分为三个新的应用领域：（1）大气成分预报，（2）大气成分监测，以及（3）提供大气成分信息，以支持城市和人口稠密地区的服务。

注 3：2018 年 1 月召开的世界气象组织基本系统委员会观测系统设计与演变跨计划专家组第三次会议上，决定终止气候应用（气候委员会负责的其他方面）领域，但会不断更新“指导说明”并仍可从该网页获得。气候委员会以往负责更新该“指导说明”，并确保气候委员会/气候应用方面的重要要求不会缺失。

观测系统在设计之初就必须能抗御各种自然和人为危害。举例而言，人类依赖电子设备用以采集、传输和处理数据，已大幅增加了这些系统对太阳风暴等自然事件的脆弱性。所以，用于描述太阳活动对地球环境的影响的空间天气已成为官方认可的世界气象组织应用领域。观测数据(特别是卫星数据)对于监测空间天气非常必要，而空间天气事件也可能对世界气象组织全球综合观测系统(WIGOS)各组成部分有潜在影响。

滚动需求评估(RRR)的一项根本原则是：各种需求由地球物理变量表达，因此与具体的观测系统没有直接关系。举例来说，滚动需求评估(RRR)将引用大气温度测量的要求，但它不会为卫星辐射计或现场温度传感器测量的各种温度提供系统要求。观测系统的具体要求可以而且应该从滚动需求评估(RRR)列出的总体要求得出。但是，对它们的评估主要是实施组织和机构的责任。虽然滚动需求评估(RRR)提供的指导材料确实包括了对可用技术的参考信息，但在使用哪些特定技术以满足要求方面，它仍努力保持公正。

(2)开放共享，提高效益

仅仅实施一个在覆盖范围和质量上符合要求的系统是不够的。为了为人所用，世界气象组织全球综合观测系统(WIGOS)的观测结果还需要可被用户发现，并且被视为重要的观测结果必须及时向用户提供。因而，世界气象组织信息系统(WIS)的持续发展以及国家气象水文部门(NMHS)在其运行中的领导地位对于世界气象组织全球综合观测系统(WIGOS)的成功至关重要，且这两个系统需要并行发展。对信息技术的广泛依赖还导致了易受以“网络攻击”形式存在的恶意人类活动的影响。世界气象组织信息系统(WIS)有望就网络复原力问题提供关键指导，特别是在信息技术安全方面。世界气象组织信息系统(WIS)的另一个重要作用是继续其保护电磁频谱重要部分的工作，以保障重要的通信和遥感能力。

根据世界气象组织水文资料与产品的交换相关决议(编号：决议 25(Cg-13))、气象及相关资料和产品交换的政策与规范(编号：决议 40(Cg-12))，包括商业化气象活动关系指南、世界气象组织为支持全球气候服务框架的实施而开展气候资料和产品国际交换的政策(编号：决议 60(Cg-17))，以及相关的世界气象组织全球综合观测系统(WIGOS)规章制度，世界气象组织全球综合观测系统(WIGOS)提供的观测数据将可供世界气象组织会员之间进行免费和不受限制的国际交换。世界气象组织全球综合观测系统(WIGOS)的指导意见提出：通常情况下，数据共享可使数据对社会的整体效益有效倍增，分享的数据越广泛，能够利用数据的社区就越大，而且经济回报就越高。基于世界天气监视网全球观测系统已取得的成功经验，国际共享天气观测数据的价值在世界气象组织得到了充分认可。此外，国际数据共享对其他地球科学学科也很有价值。一些案例研究还表明，开放数据交换在国家层面具有经济优势[参见《天气与气候估值：气象和水文服务的经济评估》(WMO-No. 1153)]。

(3)分层整合，多网协同

整合概念是世界气象组织全球综合观测系统(WIGOS)的核心。它指的是对观测网络进行整合，而不是对观测本身进行整合(例如：通过数据同化或制作最终用户产品来整合观测结果仍然不属于世界气象组织全球综合观测系统(WIGOS)的范围)。世界气象组织全球综合观测系统(WIGOS)整合工作注重强调以下五方面：

一是综合网络设计。在设计观测网络时，不仅必须考虑这些网络要满足的需求，而且要考虑其他世界气象组织全球综合观测系统(WIGOS)内观测系统将提供的内容，以及如何最佳地补充这些系统的观测数据。世界气象组织全球综合观测系统(WIGOS)网络设计原则对此进行了阐述，这是《WMO 全球综合观测系统手册》(WMO-No. 1160)的一部分。

二是综合的多用途观测网络。许多应用领域都有观测某些地球物理变量的需求，例如大气温度或地表压力等。世界气象组织全球综合观测系统(WIGOS)旨在建立综合的多用途观测网络，尽可能地为多个应用领域提供服务，而不是为气候监测、临近预报和数值天气预报、洪水和干旱预报等建立单独的网络，所有这些都需要对许多相同的变量进行观测，虽然这些应用有一些不同的要求。

三是综合观测系统提供方。世界气象组织全球综合观测系统(WIGOS)努力将国家气象水文部门(NMHS)和伙伴观测尽可能地整合入一个整体系统。在大多数国家，国家气象水文部门(NMHS)不再是观测的唯一提供方，还有若干其他组织正在运行与世界气象组织应用领域相关的观测系统，如：农业、能源、运输、旅游、环境、林业、水资源等部门建立的观测系统。特别是在部分国家，它们可能是非营利组织，也可能是商业实体。假设能够解决与数据质量、数据格式、通信线路和数据存储相关的技术问题，而且能够制定有关数据政策的协议，与这些外部运行方建立伙伴关系，对国家气象水文部门(NMHS)是有好处的，能够尽可能将其服务建立在最全面的观测数据集上。

四是由分层的观测网络系统组成。世界气象组织全球综合观测系统(WIGOS)由分层的观测网络组成，可提供跨不同性能级别的整合。层级的具体细分可能因学科或应用领域而异，但整个网络可视为由三层组成：综合网络、基线网络和基准网络。综合网络的特点是：数据覆盖面广，它在很大程度上是自组织的，且集中管理和控制的程度低。其元数据(尤其是涉及数据质量时)可能不完整。例如：天气综合网络可能包括众包观测和来自量产商业传感器的数据(包括用于智能手机和汽车上的传感器)。基线网络即我们今天所知的全球观测系统。它的覆盖范围在时间和空间上不够密集，但通过管理和协调，可以扩大覆盖面。元数据符合世界气象组织全球综合观测系统(WIGOS)标准，数据质量得到控制。基准网络包括性能级别最高的选定观测站。其观测范围通常在空间和时间上覆盖稀疏，仪器需要适当校准以提供高质量数据，并进行误差分析，加强对国际单位制(SI)测量的可追溯性。世界气象组织全球综合观测系统(WIGOS)基准网络建立在全球气候观测系统的基准网络基础之上，需要完全符合世界气象组织全球综合观测系统(WIGOS)元数据标准。用户可以根据服务需求合理选择使用不同层级的观测系统。例如，当监测灾害性天气时，因为及时性和时空分辨率比系统偏差更重要，所以需选择使用综合网络；而为了详细监测温度或本底大气成分的长期趋势，则需要使用基准网络的观测数据。

五是天基和地基综合观测系统[①]。世界气象组织全球综合观测系统(WIGOS)将天基和地基部分视为一个有助于满足应用需求的整体。一方面，天基观测更容易满足某些用户的需求，特别是全球覆盖和大区域的高空间分辨率观测；另一方面，某些变量难以从空间测量，或者所需的技术尚不成熟(例如：对地表气压或边界层化学成分的观测)，则需采用基于地表的测量。飞机和无线电探空仪观测的持续高影响可以证明：地基观测通常可以更好地获取精细尺度的垂直分辨率观测数据。例如在碳监测中，天基观测可用于实现全球覆盖的无云区域高空间分辨率温室气体浓度晴空观测，地基观测可用于持续多云地区观测和夜间观测，并可提供所

---

① 世界气象组织全球综合观测系统(WIGOS)文件中提到的“地基”观测，实际上包括我国气象综合观测系统中的“空基”(如：基于飞机的观测)、“陆基”(如：陆面自动气象站)和“海基”(如：水上浮标观测)。

需的额外信息，以便为人为排放的归因奠定坚实的基础。即使在天基能力较强的地区，地基观测对于校准和验证仍然很重要，所以提供地基观测也是没有气象卫星的国家积极参与卫星计划的一种方式。地基观测和天基观测可以互为参考。

1.1.4.3　天基观测系统发展趋势展望

(1)用户需求

与其目前的需求相比，预计到2040年用户将需要：

1)更高分辨率的观测和更好的时间与空间采样/覆盖度；

2)改进的数据质量和对误差的一致表征；

3)新型数据类型，可洞察迄今为止了解甚少的地球系统过程(包括空间天气)；

4)考虑到数据量将持续增长，需要有高效、互通的数据标准和传输方式。

即使在近期内，也需要使用现有技术进行某些额外的观测，以解决若干具体应用领域的迫切需求和差距。这些包括：

1)大气成分：对流层上层和平流层/中间层的临边探测，利用短波红外(SWIR)光谱仪进行的天底探测，痕量气体光探测和测距(激光雷达)；

2)水文和冰冻圈：激光和雷达测高，可见多频合成孔径雷达(SAR)和被动微波图像；

3)数值天气预报(NWP)云相位检测：亚毫米图像；

4)气溶胶和辐射估值：多角度、多极化辐射测量，激光雷达；

5)风：激光雷达和高光谱能力；

6)太阳风/太阳爆发：太阳风监测器、磁力计、高能粒子传感器，太阳极紫外(EUV)图像、日光层图像(L5点)和原位高能粒子通量(L1点)。

为了监测气候变化并有助于减缓气候变化工作以支持《巴黎协定》，必须将对温室气体和影响碳预算的其他因素的观测纳入全球碳监测系统。该系统将由多个要素组成，包括地基观测、天基观测和模拟工具，以将这些数据同化为大气传输模式，以估算温室气体通量。

此外，还需要有关可再生能源发电的最新和更好的信息，例如近地表风和太阳辐照度。

这些和其他新兴的需求，包括监测空气污染(由于空气污染对人类健康的影响导致其重要性日益增加)和全球降水的监测，都将需要对现有的业务卫星星座进行重大扩充。

(2)技术发展

《世界气象组织全球综合观测系统(WIGOS)2040年愿景》中主要介绍了与世界气象组织有关的卫星系统和计划的趋势。

1)传感器技术

遥感技术的快速发展将导致具有更高信号灵敏度传感器的发展，从而导致可达到更高的空间、时间、光谱和/或辐射分辨率。新型传感器将确保电磁频谱被更广泛地使用。

关键传感器技术发展趋势包括：

(a)具有改进的几何/辐射性能的传感器；

(b)更好地利用电磁频谱：紫外线(UV)、远红外线(IR)、微波(MW)；

(c)对地静止地球轨道(GEO)和其他地方的高光谱UV、可见光(VIS)、近红外(NIR)、远红外线(IR)、微波(MW)传感器；

(d)具备气候敏感性探测能力的新型空间传感器；

(e)建立轨道可追溯性的最先进传感器/任务；

(f)激光雷达；

(g)有源/无源技术的结合；

(h)扩展的极化测量能力(包括多频合成孔径雷达(SAR)图像)；

(i)偏振或入射角配对；

(j)多种无线电掩星技术；

(k)近红外测量分子氧和水蒸气，提供晴空地表压力和云顶高度估算，精度接近1百帕斯卡(hPa)，柱水蒸气估算精度接近1毫米。

卫星观测的内容和覆盖范围受观测技术的限制，例如：高分辨率光谱的发射辐射可以估算出地球白天和夜晚对流层中部及以上的痕量气体浓度，但几乎不能提供近地表浓度的信息。相比之下，高分辨率光谱的反射太阳光可提供更多有关地表附近痕量气体浓度的信息，但仅可在阳光照射的半球上工作，并且依赖于云和气溶胶以及光照一观测几何条件。

业务气象卫星系统仍将是能够明确监测地球气候变化指标的天基气候观测系统的主要方式。因此，鼓励卫星机构考虑开发气候应用的新卫星仪器，特别是从近紫外到微波的电磁频谱观测需要具有足够的精度和持续时间，可追溯到国际单位制，并采样以确保全球代表性，从而尽可能在最短的时间尺度内探测到变化。完善的气候观测需要在校准和不确定性等方面进行显著改进，把精度提高一个数量级。严格的仪器表征和改进的发射前校准是改进观测不确定性表征的先决条件。基于国际单位制(SI)的参考标准(包括地面和在轨)将提高整个系统的数据质量。因为需要访问原始数据，所以测量可追溯性对于使用气候监测的观测数据至关重要。需要采用多种其他观测方式，为天基观测提供具有足够时空覆盖范围的参考值，这将需要国际空间机构协调并支持全球气候系统观测。必须遵循全球气候观测系统(GCOS)气候监测原则。应根据气候监测的既定关键要求来制作基本气候变量(ECV)，以满足气候监测的要求。空间机构应开展研究工作，以解决基本气候变量(ECV)监测中存在的问题。

需要加强监测地球能源、水和生物地球化学循环及相关通量的观测能力，并需要开发测量相关物理和化学方面的新技术。

2)轨道位置

卫星观测还受到轨道选择的限制。越来越多的航天国家为天基观测系统部分做出贡献，这需要地球观测卫星委员会(CEOS)和气象卫星协调组(CGMS)进行高级规划和协调工作，同时考虑到世界气象组织的要求，目标是最大限度地提高各个卫星计划的互补性和互可操作性，以及整个系统的稳健性。

未来的天基观测系统将依赖于经过验证的地球静止轨道和低地球轨道(LEO)太阳同步星座，包括：

(a)提供极地区域永久覆盖的高椭圆轨道；

(b)用于全球大气全面采样的低倾角或高倾角的低地球轨道(LEO)卫星；

(c)低轨平台，例如小卫星平台或专用卫星平台；

(d)星群，包括低成本的立方体卫星(CubeSat)。

例如需要从大型星群(例如3～10颗低地球轨道(LEO)卫星，其中至少一颗携带CO_2和CH_4激光雷达，以及3颗或更多对地静止地球轨道(GEO)卫星)进行测量，以连续获取高质量的CO_2和CH_4观测数据。除了持续多云的地区以外，观测间隔为每天至每周一次。通过用高椭圆轨道(HEO)卫星取代一些低地球轨道(LEO)卫星，可能会减少所需的卫星总数。

载人空间站(例如国际空间站)可用于示范和地球静止卫星仪器的交叉参考校准/验证,而在天基和地基观测系统的重叠区域,气球或无人驾驶飞行器的亚轨道飞行也将有所贡献。

通过低轨道卫星的更频繁观测,弥补地球静止轨道卫星昼夜周期观测间隔问题。轨道的多样性将提高系统的整体稳健性,但需要特别强调互操作性和敏捷性。统筹各类卫星计划:整个系统应以大型卫星计划为主,以提供稳定和可持续的长期基础性观测,并以短周期、小范围、高灵活性的小型卫星计划为辅。

鉴于电磁频谱的商业用途日益广泛(尤其是在通信领域),将会影响天基对地观测,需要国际组织合理分配和保护地球观测必要的电磁频谱资源。

实时数据处理和资料再分析业务需要保持数据的连续性,这要求整个数据链的可靠性。需要所有航天国家集体努力,建立应急计划,确保业务连续性,从而最大限度地提高数据可靠性。

参阅材料 1-1　立方体卫星(CubeSat)

立方体卫星(CubeSat)是由美国加州理工学院和斯坦福大学提出的一种卫星标准。斯坦福大学提出的立方体卫星(CubeSat)概念,规定质量 1 千克,结构尺寸 0.1 米×0.1 米×0.1 米的立方体为一个单元,使得立方体卫星(CubeSat)成为一种卫星的通用标准。根据任务的需要,可将立方体卫星(CubeSat)扩展为双单元,三单元,甚至六单元。立方体卫星(CubeSat)具有成本低、研制周期短及能够快速发射等优势,在空间演示验证及科学研究等领域具有重要的应用价值。2003 年 6 月 30 日,第一套立方体卫星(CubeSat)六星平台由俄罗斯运载火箭送入轨道。立方体卫星(CubeSat)入选美国《科学》杂志 2014 年十大科学突破(廖文和,2015)。

截至 2018 年底,全球共发射 1017 颗立方体卫星,占发射卫星总数的 11.35%,立方体卫星部署数量实现跨越式增长。从卫星规格看,全球部署的立方体卫星中,1U 卫星 189 颗,1.5U 卫星 50 颗,2U 卫星 80 颗,3U 卫星 631 颗,6U 卫星 55 颗,其他规格的卫星 12 颗。1U 和 3U 立方体卫星占绝大多数,达总数的 81%。从技术领域看,立方体卫星已经超越了早期对其技术试验卫星的定位,在对地观测、通信、科学、技术试验、深空探测、空间安全等多个应用领域发挥了独特的作用。其中,对地观测和技术试验是两个应用最广的领域(何慧东,2019)。

3)卫星计划

《世界气象组织全球综合观测系统(WIGOS)2040 年愿景》对卫星计划的演变做了如下假设:

(a)天基观测系统将继续依靠业务和研发任务,致力于实现不同的目标并确定不同的优先重点;

(b)卫星和航天国家的数量不断增长,将增加数据来源,需要健全实时数据传输和处理协调机制;

(c)气象卫星协调组(CGMS)和地球观测卫星委员会(CEOS)等国际论坛将联合推进统筹规划、业务协调和广泛合作。

(3)系统建设

天基观测系统由 4 个主要子系统组成,其中 3 个适用于世界气象组织全球综合观测系统

(WIGOS)2040 年愿景。第 4 个子系统涉及未来潜在功能和性能。

将观测能力细分为 4 个子系统并没有优先顺序，即在涉及其他子系统的要素之前，不一定要实现子系统 1 的所有系统。各子系统之间的主要区别在于：当前关于最优测量方法的一致水平，特别是该方法的成熟度：与子系统 2 相比，子系统 1 的能力有更强的一致性。各组之间的界限可能会随着时间的推移而发生变化，例如当前列在子系统 2 中的某些功能可能会转移到子系统 1。

1)子系统 1：具有指定轨道配置和测量方法的骨干系统

此子系统应作为会员承诺的基础，并应响应其重要的数据需求。此外，此子系统应以当前的气象卫星协调组(CGMS)基线为基础(气象卫星协调组(CGMS)基线-对全球观测系统的持续贡献，已由气象卫星协调组(CGMS)于 2018 年 6 月在班加罗尔批准)，但具有完全部署(全球)覆盖范围和新近成熟的能力。此子系统构成和涉及的主要仪器及用途详见表 1.3。

表 1.3　具有指定轨道配置和测量方法的骨干系统

仪器	地球物理变量和现象
至少五颗卫星提供完整地球覆盖率的地球静止核心星群	
快速重复周期的多光谱 VIS/IR 成像仪	云量、云型、云顶高度/温度；风(通过跟踪云和水汽特征)；海表/地表温度；降水；气溶胶含量和物理特性；积雪；植被覆盖率；反照率；大气稳定性；火灾特性；火山灰；沙尘暴；对流初生(多光谱图像结合 IR 探空仪数据)
IR 超谱探空仪	大气温度，湿度；风(通过跟踪云和水汽特征)；快速发展的中尺度特征；海表/地表温度；云量和云顶高度/温度；大气成分(气溶胶、臭氧、温室气体、痕量气体)
闪电测绘仪	总闪电(尤其是，云间闪电)、对流初生和强度、对流系统的生命周期、NOx 的产生
UV/VIS/NIR 探空仪	臭氧、痕量气体、气溶胶、湿度、云顶高度
在三个轨道面(上午、下午、晨昏)的太阳同步核心星群卫星	
IR 超谱探空仪	大气温度和湿度；海表/地表温度；云量、含水量和云顶高度/温度；降水；大气成分(气溶胶、臭氧、温室气体、痕量气体)
MW 探空仪	
VIS/IR 图像；实现昼/夜波段	云量、云型、云顶高度/温度；风(高纬度，通过跟踪云和水汽特征)；海表/地表温度；降水；气溶胶特性；积雪和(海)冰覆冰量；冰流分布；植被覆盖率、反照率；大气稳定性；火山灰；沙尘暴；对流初生
MW 成像仪	海冰范围和密度及反演的参数(例如冰运动)；总柱水汽；水汽廓线；降水；海面风速和风向；云液态水；海表/地表温度；土壤水分；陆地雪
散射计	海面风速和风向；表面应力；海冰；土壤水分；积雪范围和雪水当量(SWE)
在另外 3 个跨赤道时间的太阳同步卫星，旨在更健全且改进时间取样，尤其是对于监测降水	
其他低地轨道卫星上的仪器	
宽幅雷达测高仪，以及高纬度、侧斜、高精度轨道测高仪	洋面地形学；海平面；海浪高度；湖泊水位；海冰和陆地冰特征；海冰上的雪
IR 双视角成像仪	海面温度(气候监测质量)；气溶胶；云的特性
MW 表面温度图像	海面温度(全天候)
低频 MW 图像	土壤水分；海洋盐度；海面风；海冰厚度；积雪范围和 SWE
MW 跨轨平流层上部和中间层探空仪	平流层和中间层的大气温度廓线

续表

仪器	地球物理变量和现象
UV/VIS/NIR 探空仪、天底和临边	大气成分(臭氧、气溶胶、活性气体)
降水雷达和云雷达	降水(液态和固态);云相;云顶高度;云粒分布和云量及廓线;气溶胶;尘;火山灰
倾斜轨道 MW 探空仪和图像	总柱水汽;降水;海面风速和风向;云液态水;海表/地表温度;土壤水分
绝对校准的宽带辐射计和总太阳辐照度及太阳光谱辐照度辐射计	宽带辐射通量;地球辐射收支;太阳总辐照度;谱太阳辐照度
全球导航卫星系统(GNSS)无线电掩星(基本星群)	大气温度和湿度;电离层电子密度;天顶电离层总电子含量;总可降水量
窄带或超谱成像仪	海色;植被(包括过火面积);气溶胶特性;云特性;反照率
高分辨率多光谱 VIS/IR 成像仪	土地利用、植被;洪水、滑坡监测;浮冰分布;海冰范围/密度;积雪范围和特性;多年冻土
合成孔径雷达(SAR)成像仪和测高计	海况;海面高度;海冰运动;海冰类别;浮冰几何形状;冰盖;土壤水分;洪水;多年冻土
重力测量任务	地下水;海洋学;冰和雪质量
其他任务	
L1 上的太阳风、原位等离子体和高能粒子和磁场	粒子通量、能量谱和磁场(辐射风暴、地磁风暴)
L1 上的太阳日冕仪和无线电光谱计	太阳成像和无线电波谱(探测日冕物质抛射和太阳活动监测)
GEO 和 LEO 上的原位等离子探针、高能粒子分光计和磁强计;GEO 上的磁场	高能粒子通量和能量谱;地磁场(辐射风暴、地磁风暴)
GEO 上的 X 射线光谱计	太阳 X 射线通量(太阳耀斑)
VIS/NIR、IR 的在轨测量参照标准;MW 绝对校准	

2)子系统 2:具有开放式轨道位置和可灵活实施的骨干系统

此子系统作为世界气象组织会员公开贡献的基础,并响应针对性数据目标。此子系统构成和涉及的主要仪器和用途详见表 1.4。

表 1.4　具有开放式轨道位置和可灵活实施的骨干系统

仪器	地球物理变量和现象
GNSS 反射计(GNSS-R)任务、被动 MW;SAR	海面风和海况;多年冻土变化/融化;陆地水储量变化;冰盖测高仪;雪深;SWE;土壤水分
激光雷达(多普勒和双/三频后向散射)	风和气溶胶廓线
激光雷达(单波长)(除了子系统 1 提及的雷达任务)	海冰厚度;雪深(仅在指向精度极为准确的情况下)
干涉仪雷达测高仪	海冰参数;出水高度/海冰出水高度
亚毫米成像	云微物理参数(例如云相)
NIR/SWIR 成像光谱	日耀半球的 CO_2、CH_4 和 CO 的空间分辨率二维地图
痕量气体激光雷达	夜间和高纬度冬季的 CO_2 和 CH_4 柱
多角度、多偏振辐射计	气溶胶特性;辐射收支

续表

仪器	地球物理变量和现象
多偏振合成孔径雷达(SAR);超谱 VIS	高分辨率陆地、海洋和海冰范围;海冰类型
高时频 MW 探空星群	大气温度、湿度和风;海表/地表温度;云量、含水量和云顶高度/温度;大气成分(气溶胶、臭氧、痕量气体)
UV/VIS/NIR/IR/MW 临边探空仪	臭氧;活性痕量气体;气溶胶特性;湿度;云顶高度
持续极地覆盖(北极和南极)的 VIS/NIR/SWIR/IR 任务	海冰运动;冰类型;云量;云顶高度/温度;云微物理学;风(通过跟踪云和水汽特征);温室气体及其他痕量气体;海表/地表温度;降水;气溶胶;积雪;植被覆盖;反照率;大气稳定性;火灾;火山灰
太阳磁强计、太阳 EUV/X 射线图像和 EUV/X 射线辐照度,两者在地-日线上以及不在地-日线上	太阳活动(探测太阳耀斑、日冕物质抛射和前体事件);地磁活动
不在地-日线上的太阳风原位、等离子体、高能粒子和磁场	太阳风;高能粒子;行星际磁场;地磁活动
太阳日冕仪和日光层成像,两者在地-日线上和不在地-日线上(例如 L5 点)	日光层成像(探测和监测到达地球的日冕物质抛射)
磁层高能粒子和磁强计	高能粒子通量、能量谱和地磁场(辐射风暴、地磁风暴)

3)子系统 3:业务探索和科技示范系统

此子系统应响应研发需求,其构成和涉及的主要仪器和用途详见表 1.5。

表 1.5　业务探索和科技示范系统

仪器	地球物理变量和现象
GNSS 无线电掩星、用于加强大气/电离层探测(包括极化)的附加星群,包括为大气探测而优化的附加频率 LEO-LEO 无线电掩星	大气温度和湿度;降水探测;电离层电子密度;天顶电离层总电子含量;总可降水量
NIR 分光计	表面气压;云顶高度;气溶胶特性(厚度、高度)
微分吸收光雷达(DIAL)	大气湿度廓线
用于植被测绘的雷达和激光雷达	植被参数;地表生物量
超谱 MW 传感器	大气温度、湿度和风;海表/地表温度;云量、含水量和云顶高度/温度;大气成分(气溶胶、臭氧、痕量气体)
	海面洋流和混合层深度
	高分辨率地表水和海洋地形学测量
超谱 UV/NIR 传感器	水质
太阳日冕磁场成像;超出 L1 的太阳风	太阳风;地磁活动
UV 谱成像(例如 GEO、HEO、中地球轨道、LEO)	电离层、热层和极光
中性和离子质量光谱计	热层中性组分和电离层组分热球中性和电离层成分
质量加速度表	中性密度
微型卫星搭载的小型仪器	

4)子系统 4:其他能力子系统

此子系统包括世界气象组织会员的其他贡献,也包括学术和私营部门的贡献。如:采用全球导航卫星系统(GNSS)无线电掩星观测设备,对大气温度和湿度、降水、电离层电子密度、天顶电离层总电子含量、总可降水量等地球物理变量和现象进行测量。

1.1.4.4　地基观测系统发展趋势展望①

(1)用户需求

与其目前的需求相比，预计到 2040 年用户需求将呈现出如下变化趋势：

1)用户应用的数量以及观测的地球物理变量将继续增长；

2)根据全球气候观测系统(GCOS)气候监测原则，这一增长将主要体现在空间天气等应用领域和支持基本气候变量(ECV)监测的观测中；

3)添加到地基部分的新要素将持续增长，一些成熟的研发能力将投入业务应用；

4)用于全球交换(而不是区域交换)的观测数据的范围和数量将大大增加；

5)将开发区域观测网络以促进中尺度预报；

6)为应对局地天气或环境状况监测需求，需要发展专业观测，以应对需要额外观测数据或得不到常规观测数据的情况；

7)通过传感器小型化、云技术、众包以及物联网，将可提供新的信息；

8)观测数据提供方和用户之间将加强互动，包括来自数据同化中心有关观测质量信息的反馈。

(2)技术发展

地基观测系统技术发展趋势包括：

1)如果全自动观测系统具有成本效益并符合用户需求，利用新观测技术和信息技术开发此类系统的趋势将会持续下去；

2)促进获取实时和原始数据；

3)观测系统试验基地将用于比较和评估新系统，并用于制定关于观测平台整合及其实施的指南；

4)对以数字形式收集和传输观测数据，必要时将高度压缩；

5)利用计算技术、卫星和移动通信等信息技术，进行观测数据的分发、存储和加工；

6)开发高效交互技术来管理和提供观测数据；

7)为用户按需提供产品；

8)批量生产并安装在各类平台上的小型廉价传感器将成为传统观测系统的有益补充。这些设备提供的观测数据将自动传输至数据中心，并将为其中一些系统开发自动和自主的校准系统；

9)针对广泛的地球物理变量开发商用传感器；

10)基本网络和基准网络将进一步整合；

11)推进仪器和观测方法标准化；

12)将日益依赖基准网络来制定作为参考基线的标准；

13)改进观测数据校准和减少不确定性，并提供元数据，确保数据的一致性以及对国际单位制(SI)的可溯源性，并确保数据可被理解；

14)改进质量控制以及表征误差和不确定性的方法；

15)改进各项程序(包括管理技术变革)，以确保观测数据的持续性和可靠性；

16)提高现有观测系统与新建系统之间的互操作性；

17)提高数据格式的一致性并通过世界气象组织信息系统(WIS)分发。

---

①　包括我国气象综合观测系统中的“空基”(如：基于飞机的观测)、“陆基”(如：陆面自动气象站)和“海基”(如：水上浮标观测)。

(3)系统建设

地基观测系统的规划明显不同于天基观测系统的规划，它更为集中并可提前数十年进行规划。虽然天基观测系统的开发周期可采用稳健的分层法，但是，地基观测系统将视具体情况，针对不同类型的仪器或观测(例如地面天气和气候观测)采用分层法。表 1.6 所列信息为地基观测系统未来发展趋势(含：高空和地面观测、江河和湖泊近地观测、海洋水下观测、冰冻圈观测、空间天气观测、科研观测和业务探索)。

表 1.6(a)　高空和地面观测发展趋势

仪器/观测类型	地球物理变量和现象	发展趋势
高空天气和气候观测	风、温度、湿度、气压	·将优化无线电探空网络，尤其是在水平密度方面，这可减少一些数据密集区域，同时考虑对平流层的观测数据的需求以及其他廓线系统的观测数据的可用性。 ·将提供更高垂直分辨率的所有无线电探空仪廓线，在气球爆裂后的下降过程中提供廓线并根据要求由各应用领域使用。 ·将全面支持全球气候观测系统(GCOS)高空网(GUAN)作为区域基本观测网(RBON)的一部分。 ·将扩展全球气候观测系统(GCOS)基准高空网(GRUAN)，并将提供标准质量的观测数据以支持气候及其他应用。 ·将增加自动无线电探空系统的数量，尤其是部署在偏远地区的系统。 ·定向下投式无线电探空仪将继续加以使用，并可能通过发展无人机(UAV)而增加使用。 ·偏远的无线电探空站将予以保留并加以保护。 ·对小岛屿和发展中国家的支持将包括改进通信、可持续供电以及测量方法和仪器维护的培训。 ·通过开展湿度基准测量将促进对上对流层和下平流层的监测，例如通过霜点湿度表和莱曼－阿尔法技术。 ·将开发无人机观测设备(陆地、海岸和基于船舶的观测)。
基于飞机的观测	风、温度、气压、湿度、湍流、积冰、降水、火山灰和气体、大气成分变量(云、气溶胶物理特性和化学成分、臭氧、温室气体、降水化学变量、活性气体)	·各种自动的业务、具成本效益以及优化飞机观测(ABO)的系统将成为提供高质量全球高空数据的广泛观测系统的一部分，并且将是对其他业务高空观测系统补充。 ·根据气象及航空用户界确义的需求，全球飞机观测系统将成为一个综合系统，由其各自国际组织监管，并由世界气象组织及其国际伙伴的共同管理。 ·机载天气雷达数据将与飞机观测(ABO)系统向地传输，以补充固定站天气雷达。 ·飞机观测(ABO)系统将根据用户需求提供廓线，尤其是高垂直分辨率廓线，且地理位置可选。廓线将由与航空业合作在区域层面优化的系统提供。 ·由于有些飞机飞行高度更高，因此，可提供扩展的廓线。 ·将扩大飞机观测(ABO)系统所提供的气象和大气成分变量的范围。例如全球观测系统现役飞机计划等研究计划亦可提供来自飞机的湿度观测数据，这类计划最终将从研究转化为业务。 ·飞机观测(ABO)系统将提供全球覆盖的完善的水汽信息。 ·飞机观测(ABO)系统将与相关国际航空组织合作，进一步提供标准湍流信息。

续表

仪器/观测类型	地球物理变量和现象	发展趋势
遥感高空观测	风、云底和云顶、液态云、温度、湿度、气溶胶、雾、能见度	·有些国家的雷达风廓线仪网络已比较完善，将加以扩充。 ·具成本效益的多普勒激光雷达系统进行的测风将进一步用于边界层的测量。 ·拉曼激光雷达系统将以运行方式提供高精度气溶胶特性、湿度和温度廓线的测量。 ·微分吸收光雷达(DIAL)系统将提供气溶胶特性和湿度廓线的高分辨率测量供业务使用。 ·微波辐射计将提供有关温度和湿度(垂直分辨率有限)、总柱水汽和云液态水路径的信息。 ·云幂仪将更多用于提供云和气溶胶廓线的信息，并可部分由低成本的微分吸收光雷达(DIAL)系统取代。 ·云雷达(Ka 波段或 W 波段)将用于改进对雾、云和降水结构的定量监测。 ·将更多使用摄像机(例如在飞机场)来支持局地预报，包括临近预报和航空气象学。 ·将更多使用红外摄像机来支持云的识别、云高以及支持局地预报、临近预报。这些红外摄像机也将提供向下红外测量。
大气成分高空观测	大气成分变量(气溶胶特性、臭氧、温室气体、降水化学变量、活性气体)	·将通过全球大气监视网(GAW)并与国际伙伴合作，恢复、维护和扩大全面的业务臭氧探空仪全球网络。 ·将扩大使用自动无人机进行空气质量测量。 ·将利用大气取样系统测量平流层中部至地面的痕量气体(例如 Air-Core)。 ·将利用地基傅里叶变换光谱计反演温室气体柱平均丰度。总碳柱观测网络(TCCON)是提供此类数据的网络实例)。 ·将利用更多的激光雷达反演气溶胶变量廓线。 ·将采用其他遥感技术(如差分吸收光谱技术(DOAS))测量对流层和平流层下部的活性气体廓线。
全球导航卫星系统(GNSS)接收器观测	总柱水汽、湿度、雪深、土壤水分、雪水当量	·将在所有陆地区域扩大地基全球导航卫星系统(GNSS)接收器网络，以提供总柱水汽观测及其他变量的全球覆盖，并在国际范围进行数据交换。
闪电探测系统	闪电变量(位置、密度、放电速率、极性、体积分布)	·地基闪电探测系统网络将发展成为对新天基系统的补充。 ·远程闪电探测系统将提供具成本效益、定位精度更高的全球数据，同时显著提高数据稀疏地区的覆盖率，包括海洋和极地地区。 ·定位精度更高以及云间和云地识别的闪电探测系统将支持选定地区的临近预报及其他应用。 ·将建立通用格式和闪电观测档案。

续表

仪器/观测类型	地球物理变量和现象	发展趋势
天气雷达	降水(水凝物粒径分布、相态、类型)、风、湿度(根据折射率)、沙尘暴变量、某些生物变量(例如鸟类密度)	·将把多普勒和偏振天气雷达扩展至发展中国家,包括提供有关加工和判读以及能力开发方面的培训,以便处理海量的数据。 ·新兴技术将得到广泛使用:电子扫描(相控阵)自适应雷达将以非常规方式获取数据,需通过数据交换和加工基础设施来适应。 ·天气雷达数据交换框架将服务于所有用户,并实现均一的数据格式用于国际交换。 ·雷达技术和数据将用于其他用途,例如城市天气、大气环境、火山灰烟羽监测等
自动船载航空平台(ASAP)观测	风、温度、湿度、气压	·将把商船设计为能够促进开展气象海洋观测,包括安装和使用自动船载航空平台(ASAP)系统。
地面天气和气候观测	地面气压、空气温度、湿度、风;能见度;云;降水;降水类型、地面辐射变量;土壤温度;土壤水分;雪深;降雪;雪密度	·将建立分层网络:气候基准网络、基线网络(包括区域基本观测网(RBON))和综合网络,包括非国家气象水文部门(NMHS)和自愿观测网络/国家中尺度网。 ·将收集和分发众包近地观测数据,并与国家气象水文部门(NMHS)及其他观测数据进行整合。 ·将在所有 WMO 区域部署自动气候基准网络台站(温度和降水),以促进对国家变率和趋势的测量。 ·将在国际层面收集和分发气候质量逐日、逐时和小时以内(到 5 分钟)数据。 ·将保持人工和自动观测之间的协同作用,特别是降水等所需的要素,以确保有效的空间覆盖率。 ·将扩大使用自动网络,以提高观测的时间分辨率。 ·将扩大无线或卫星数据传输,用于从台站实时分发到中央设施。 ·将扩大非国家气象水文部门(NMHS)网络,包括自愿网络和私营部门网络,并向国家档案中心自动分发/收集。 ·将建立管理机制以保存生命周期的测量,从数据及其元数据的收集到其存档,认识到数据管理的重要性并符合相应要求。 ·将加大使用摄像机(例如在飞机场)以支持局地预报。 ·将更多使用全球导航卫星系统(GNSS)地面网络获取湿度、雪深和雪水当量信息。例如预计将进一步使用车辆进行地面观测。
大气成分地面观测	大气成分变气溶胶特性、温室气体、臭氧、总大气沉降、活性气体)	·更多的区域网络将被纳入有质量控制的观测网络。 ·低成本传感器将在提供空气污染数据方面发挥更重要的作用,并将开发更多设施用于其描述和校准。 ·气象/气候测量将与空气质量测量相结合。 ·将扩大全球和区域测量,包括通过全球大气监视网(GAW),特别侧重于数据稀疏地区,以及特别侧重于将数据提供给具有高社会影响的应用领域(例如人类健康、粮食安全和生物多样性损失)。 ·将开发大气成分基线基准网络。

续表

仪器/观测类型	地球物理变量和现象	发展趋势
特定应用观测（道路天气、飞机场/直升机场天气台站、农业气象台站、城市气象等）	特定应用变量和现象	·将建立城市基准网络，以提供对城市气象学/气候学至关重要的观测数据。 ·道路天气网络将近实时传输数据，在国家档案中心收集并存档数据。 ·农业气象台站将维持并扩大从近地面到 0.1 米的土壤水分/温度测量。 ·将强化机场观测系统，旨在进行特定的航空观测，例如风切变、尾流湍流和倾斜能见度。
地基（固定）冰观测台	固定冰范围、冰脊、冰运动、冰间水道	·将有经济型的自主雷达和目测观测系统。 ·观测台将作为可持续网络的一部分部署在北极和南极及其边缘海域。
生物圈的观测	植被、碳（地上和土壤）	

表 1.6(b)　江河和湖泊近地观测发展趋势

仪器/观测类型	地球物理变量和现象	发展趋势
水文和冰冻圈观测	降水、雪深、积雪、雪水当量和冰川、蒸发和蒸散、水汽压/相对湿度、湖泊和江河冰层厚度、冻结和解冻日期、开始融化日期、水位、水流、地表水储量、水质、水的利用、植被类型、土壤水分/土壤湿度、土壤温度、输沙（悬浮沉积物和碎石）、河道流量流域特性、降水、雪深、雪水当量、湖泊和江河冰层厚度的冻结和解决日期、开始融化日期、水位、水流、水质、土壤水分、土壤温度、输沙量、河道流量、湖泊和江河的冰密集度、冰级（浮冰、固定冰）、发展阶段；浮冰/陆地冰的展布范围、冰面温度、冰缝（冰间水道、冰隙、冰裂缝）、冰变形、冰脊（高度、覆冰量）、冰地层学、河冰堰塞、河水结冰（层层结冰）、最大水位	·将促进水文数据交换以支持业务水资源管理，尤其是在流域尺度，特别侧重于跨界流域。 ·降雪/雪深的自动测量将进一步增加人工测量。 ·将维护目前的降雪监测点，并进行国际数据交换。 ·将在现有站点安装传感器来扩大自动土壤水分/温度测量的数量。 ·对湖泊/江河结冰/融化日期的自愿观测数据将进行国际分发并存档。 ·将建立和维护基准观测站。 ·将同时测量河道形态；收集水质数据（温度、浑浊度、海藻等）、安设河道流量测流站以及碎石监测站和浊度计。 ·将通过发展公共观测网络和社交媒体（包括影响报告），获得有关洪水及河道干涸等众包信息。 ·卫星数据将增加在一些关键地区（例如林区）的高时空分辨率数据。 ·将进一步完善一些天基方法，以绘制洪泛区或大型河流系统的洪水范围和持续时间。 ·改进的数字高程数据将增加对湿地、大型洪泛区及河口的地表水储量观测。 ·通过虚拟星群网络，来自卫星和新兴降水网的信息将提供改进的降水信息，可用于洪水预报。 ·将更好地利用基于雷达、实时收集的降雨信息，以提供更准确的山洪预报。 ·将通过扩展和标准化、专项土壤水分任务以及改善土壤水分数据网络规划、观测标准和数据交换的协调来巩固现有的基础设施，从而运行全球实地土壤水分测量网络。 ·建立和维护传统陆地观测法以及天基系统将增加有关积雪、雪深以及水当量和冰川方面的信息。 ·将在国家和地方层面上整合用水信息，促进水资源管理以及评估潜在的河水自然水流。

续表

仪器/观测类型	地球物理变量和现象	发展趋势
地下水观测	地下水位、地下水通量、地下水化学、含水层特征	·将在国家层面建立地下水监测网，并将收集的数据进行国际交换。 ·大型地下水体的重力观测技术的有效性将在业务环境中进行展示。 ·水管理机构将获取及使用活水井水位和干枯水井水位的众包信息。 ·含水层监测结果将可在线获取，以支持地下水流模拟以及综合地表-地下水流模拟。

表 1.6(c) 海洋近海面观测发展趋势

仪器/观测类型	地球物理变量和现象	发展趋势
海上(海洋、岛屿、海岸和固定平台/台站等地点)地基观测站以及海岸台站，包括冰雷达	表面气压、温度、湿度、风；能见度；云量、云型和云底高度；降水；海面温度；定向和 2D 波谱；潮汐；海冰；表面辐射变量；表层流冰厚度、冰类型、地形测量和冰运动与大气一海洋交换有关的大气成分变量	·将为偏远自动台站建立较高数据速率和更价廉的卫星数据电信。 ·将利用更多的海岸高频雷达，仪器更加标准化，且数据国际共享。 ·北极：海岸台站可能建立在固定冰和漂浮海冰附近。 ·南极：因现有基础设施，南极固定冰网络(AFIN)站点可能持续存在。 ·海岸台站将提供对大气组分的测量(例如 CO_2 和 DMS)，以帮助描述痕量气体的大气-海洋交换。
基于船舶的观测	表面气压、温度、湿度、风；能见度；云量、云型和云底高度；降水；天气；海面温度；波向；周期和高度；盐度；洋流；测深法；CO_2 浓度；表面辐射变量海冰厚度、密集度、类型、浮冰大小、海冰地貌冰山观测	·将指定和配备商业船舶促进开展海洋气象观测。 ·将更多使用 X-波段雷达进行波浪观测和海冰脊观测。 ·将在船舶上进行更系统的红外辐射计测量，以供卫星验证。 ·更系统地使用温盐计和声学多普勒流速剖面仪(ADCP)(船载 ADCP(SADCP)和低位 ADCP(LADCP))用于科研船测量近海面洋流剖面。 ·将利用在数据稀疏地区航行的旅游船只(例如极地地区、南大洋)。 ·假设可协商适当的数据政策，将利用捕鱼船。 ·将解决船舶安全问题(移除对最终用户遮蔽的船舶识别)。 ·将扩大在预定或目标航线航行的自主自动气象站船舶。 ·将实时分发来自科研船舶的高分辨率和高精度数据。 ·自主或半自主传感器系统将取代人工南极海冰过程和气候(ASPeCt)/北极船载海冰标准化工具(ASSISE)海冰观测。 ·增加极地地区的运输将有助于及时观测冰。 ·基于船舶的观测将能被同化到日常业务冰图的制作中，用于每日海冰类型和密集度验证。 ·利用来自 ASPeCt 和 ASSIST 的标准化海冰协议可便捷地使用海冰观测数据。随机船舶可参与提供此类信息。 ·随着新一代破冰船问世，为用于海冰和雪观测的标准化自动或半自动在航系统提供了空间。 ·将在更多船舶配备仪器，测量在海水和大气中溶解的 CO_2，同时描述大气-海洋通量。

续表

仪器/观测类型	地球物理变量和现象	发展趋势
浮标观测-系泊和漂流	表面气压、气温、湿度、风、能见度、海面温度、海面盐度、定向和二维波谱、近海面速度、表面辐射变量、降水、洋流、CO_2浓度、pH 值、海色	·将开发自适应采样智能技术，以应对特定环境条件，优化浮标的持续时间。 ·将开发可再生能源电源。 ·将优化漂流浮标和系泊浮标，以及用全球和近实时卫星数据电信技术配备更多仪器，从而实现更高的数据传输速率。 ·将以更高的时空分辨率提供数据。 ·将在全球成批部署基于 GNSS 和微机电系统多自由度技术的波浪和海况漂流浮标。 ·将利用声学传感器测量风和降水。 ·易遭破坏的系泊浮标系统将配备视频和/或图像设备功能，用于探查破坏事件和行为；将加强针对破坏有关系泊浮标系统的执法力度。 ·将收集来自浮球式波高计的更多可溯源的波浪观测数据，和来自漂流浮标的全球波浪观测数据。
冰浮标观测	冰运动学、表面气压、温度、风、冰厚度、冰和海洋上层温度、雪深、雪温、海冰运动等海冰积雪和积雪成层、雪化学和同位素含量。	·海冰浮标将携带统一的传感器，部署在可持续的网格中(国际北极浮标计划和国际南极浮标计划)。 ·将有更小、更经济的冰浮标，带有更多的仪器，卫星数据电信的成本将会降低，而且数据传输速率将会更高。 ·将改进浮标技术并设更多传感器，并将可空投。 ·将通过 WIS 自动提供基础海冰数据。更多数据将以降低的传输成本向科学首席调研员传输。 ·将能在冰浮标上用即插即用技术添加传感器(例如为融水池设置视频系统)，以支持特定的科学(海冰)研究。
海平面观测	海面高度、表面气压、风、盐度、水温、重力测量(针对海洋大地水准面)	·将系统使用全球导航卫星系统进行地理定位以及实时数据传输。
自主洋面运载工具	表面气压、温度、湿度、风、能见度、海面温度、定向和 2D 波谱	·将更系统地使用自主洋面运载工具(例如波浪滑翔机、无人驾驶帆船)，能够利用可再生能源推进并能在预定或目标航线上航行。
冰上安装的仪器	固定冰观测：冰和雪的厚度、出水高度、冰吃水深度、垂直温度廓线(大气-雪-冰-海洋)、海冰生物量	·固定冰观测将通过北极和南极固定冰站(AFIN 类型)进行。因已有的基础设施，AFIN 站点有可能在南极洲得到维护。
实地浮冰观测	冰和雪的厚度、出水高度、冰和雪地层学、化学成分、顶面和底面廓线、生物量、生态系统和生物参数	·将有短期至数周(乃至季节)海冰台站：北极的 Camp North Pole 等，并将有期限更短但更密集、船舶支持的冰采样的趋势。 ·新一代破冰船可支持更多的浮冰作业。
其他	冰山：位置、形态、大小、密集度、运动、高度/宽度/长度、冰山吃水深度、水下三维形态	

表 1.6(d)　海洋水下观测发展趋势

仪器/观测类型	地球物理变量和现象	发展趋势
剖面浮筒	温度、盐度、洋流、溶解氧、CO_2 浓度、各类生物-地球化学变量	·浮筒浮出水面的时间将更少,使之有更长的生命期并提供更长时间序列的测量。 ·将在边缘海域和冰下进行系统测量。 ·海洋剖面将延至更深(大于 6000 米)。 ·将进行更多的多学科测量。 ·将进行更多高分辨率的近表面观测。 ·在诸如风暴/飓风来临之前,将成群部署剖面浮筒。在特定情况下,可在现有地区改变浮筒群剖面任务。
自主水下运载工具	温度、盐度、洋流、溶解氧、CO_2 浓度、各类生物-地球化学变量、海冰吃水深度	·自主水下运载工具将能够沿着预定路线收集海洋剖面并开展调查。 ·将使用声学通信技术通过远程部署的设备传输数据。自主水下运载工具将有能力在冰下运行并在船上记录测量值。一旦具备将数据中继到地面的能力,它们将传输这些测量值。(大多数情况下,数据仅在延时模式下可用)。 ·将有用于水下滑翔机的水下停靠站,水下滑翔机将可远程操作。 ·更经济的设备和传感器套件将能使更多国家参与海洋观测,大批部署将使高分辨观测(在空间和时间上)可行。 ·新型传感器将能够测量更多的变量,尤其是与"地球系统方法"所需的生物地球化学和生物学相关的变量。
漂流浮标和系泊浮标水下观测	温度、盐度、洋流、CO_2 浓度、pH 值、海冰吃水深度	·将使用优化的声学剖面流速仪。 ·易遭破坏的系泊浮标系统将配备以视频和/或图像设备功能,用于探查破坏事件和行为;将加强破坏有关系泊浮标系统的执法力度。
随机船舶	温度、盐度、海色、洋流	·将更好地设计和配备商船,以促进开展海洋气象观测(例如安装 XBT/XCTD 自动发射装置)。 ·ADCP(SADCP、LADCP)将更系统地用于流速剖面。
水下电信电缆的平台上进行观测	海底和水下多学科测量、海啸监测(地震、海啸波)	·随着数据传输速率更高以及传输成本降低,将不需要将数据传输给水面浮标(它会受到蓄意破坏而且部署和维护成本昂贵)。
冰系留平台观测	温度、盐度、洋流、固定冰观测	·将支持更高的数据传输速率,同时传输成本降低。 ·海洋剖面将延至更深(6000 米)。 ·将开展更多的多学科测量。 ·将使用冰系泊 AFIN 传感器组件。
装带仪器的海洋动物	温度、盐度、海冰吃水深度	·将更加系统地使用装带仪器的海洋动物(海洋哺乳动物、一些被跟踪的鱼类、海龟)。

表 1.6(e)　冰冻圈观测:海冰观测发展趋势

仪器/观测类型	地球物理变量和现象	发展趋势
冰浮标观测	表面压力、表面气温、风、冰厚度、冰和海洋上层温度、雪深、雪温、海冰运动等;海冰上积雪;积雪成层、雪化学和同位素含量	·将有更小、更经济的冰浮标,带更多的仪器,将降低卫星数据电信成本,而且数据传输速率更高。 ·将改进浮标技术,将布设更多传感器并将空投。 ·将通过 WIS 自动提供基础海冰数据。更多数据将以降低的传输成本向科学首席调研员传输。 ·带即插即用功能(如建立融水池视频系统)的冰浮标将可添加传感器,以支持特定的科学(海冰)研究。
基于船舶的观测	海冰厚度、密集度、类型、浮冰尺寸以及地形学	·增加极地地区的运输将可及时观测冰。 ·基于船舶的观测可纳入日常业务冰图,用于每日海冰类型和密集度验证。 ·利用来自 ASSIST 或 ASPeCt 的标准化海冰协议可更便捷地使用海冰观测数据。
海岸台站	冰厚度、冰类型和地形学	·北极:海岸台站将可能建立在固定冰和漂浮海冰附近。 ·南极:由于已建基础设施,南极固定冰网络(AFIN)站点将可能持续存在。

表 1.6(f)　冰冻圈观测:冰盖、冰川和多年冻土观测发展趋势

仪器/观测类型	地球物理变量和现象	发展趋势
多方式结合	表面累积和消融、表面温度、表面反照率、冰盖边界、冰盖厚度、冰移动速度、冰/粒雪温度廓线、积雪、雪廓线直接和间接测量冰盖运动、跟踪接地线迁移、融水径流、冰盖重量导致的水压、水从冰盖转至冰面下,以及融水和底层地下水系统之间的相互作用冰川:质量平衡(累积、消融)、平衡线高度、冰川厚度、冰流速度、裂冰通量、冰川放水、雪/粒雪/冰温度廓线、表面反照率、冰川上的雪(成层、化学和同位素含量)多年冻土:地面温度、活动层厚度、岩石冰川蠕变速度、岩石冰川放水、岩石冰川泉温、季节性霜冻荒地/沉降、表面高度变化、陆地冰体积、海岸后退、土壤水分	·在冰盖表面运行并独立供电的自动天气站(AWS)将充分准确地测量所有相关参数,包括所有辐射通量,以缩小表面能量平衡。 ·反照率变率将通过光学卫星遥感和地面观测共同确定,有适当的误差校准。 ·可部署具有较小观测足迹的无人机,用实地观测反照率来填补空间尺度差距。 ·测雪雷达覆盖率将结合冰川表面的新、高精度数字高程模式(来自机载激光雷达或卫星平台)。 ·将在国家和区域层面建立更系统的冰川和多年冻土监测,作为科研机构与业务机构之间的伙伴关系,并将数据标准化以及进行国际交换。 ·科研台站需要有长期可持续性,以促进气候记录的可用性。

表 1.6(g)　空间天气观测发展趋势

仪器/观测类型	地球物理变量和现象	发展趋势
太阳短波谱观测	白光、H-阿尔法和钙 K 图像、太阳黑子、耀斑、暗条、日珥,冕洞	·新望远镜将能够分辨更多空间细节。 ·更高的观测频率将能够对太阳结构的动态行为提供更好的时间分辨率。 ·类似观测数据的国际分发将提供 24 小时太阳监测能力。

续表

仪器/观测类型	地球物理变量和现象	发展趋势
太阳射电观测-光谱计和离散频率	日冕物质抛射、射电暴、太阳活动(10.7 厘米通量)	·新望远镜将能够分辨更多空间细节。 ·更高的观测频率将能够对太阳结构的动态行为提供更好的时间分辨率。 ·类似观测数据的国际分发将提供 24 小时太阳监测能力。
电离层观测-电离层探测器	测量电离层反射各种频率和高度的高频无线电波的能力	·将提高时间分辨率。 ·将实现电离图分析自动化。 ·将扩大电离层探测器网络。
电离层观测-电离层电磁吸收测定仪	测量电离层对无线电噪声的“不传导”、吸收事件	·将扩大电离层电磁吸收测定仪网络。
电离层观测-全球导航卫星系统(GNSS)	电离层总电子含量、电离层梯度、电离层闪烁	·将通过广泛扩大全球导航卫星系统(GNSS)接收器地基网络来提高空间分辨率。 ·将提高时间分辨率。
地磁观测	测量地球磁场和磁扰	·将通过广泛扩大磁强计地基网络来提高空间分辨率。 ·将提高时间分辨率。 ·将改进实时数据反演。
宇宙射线观测	辐射测量中子和介子监测器	·宇宙射线观测的新技术将可用于满足空间天气观测的需求。 ·将提高实时数据质量。

表 1.6(h)　科研项目、科学试验和业务探索相关观测——实例

仪器/观测类型	地球物理变量和现象	发展趋势
无人机	风、温度、湿度、大气成分、雪深、河道形态、痕量气体和气溶胶浓度	·将需要更大的平台。 ·将使用无人机对低层大气和无法到达的区域进行测量。 ·将使大气成分仪器的小型化,从而可装在无人机上进行温室气体和气溶胶浓度测量。
基于飞机的观测	雷暴、总含水量、不同谱范围和方向的辐射、尘粒/沙粒	·将更广泛地使用私营公司的成批的无人机,它能够长距离飞行,以可再生能源为动力并可半永久性部署,用于科研观测活动和业务应用(例如满足对闪电探测、研究火山灰、灾害天气预报(降雨、空间天气等相关的预报)的需求)。 ·将利用电磁场和射频仪器改进闪电探测。 ·将扩大使用水汽测量(WVM)系统。 ·定压气球将在平流层下部运行。
吊篮观测	风、温度、湿度	
低成本传感器	气溶胶、活动气体和温室气体浓度	·测量技术的小型化和进步将允许使用低成本系统观测颗粒物(PM)、一氧化碳(CO)、氮氧化物(NOx)、二氧化碳(CO_2)和甲烷(CH_4);系统的质量将随着时间而提高。
地基和天基遥感观测结合	风、温度、湿度、气溶胶、大气化学	·将结合风廓线仪、雷达风和云移动数据以制作测风产品。 ·地基微波和红外辐射计将与天基观测相结合,以解析温度和湿度的整体垂直廓线。 ·地基激光雷达、DOAS 和 TCCON 将与天基观测相结合,以提供联合垂直廓线。

1.1.5 《世界天气研究计划(WWRP)实施方案(2016—2023 年)》

1.1.5.1 世界天气研究计划(WWRP)概述

(1)世界天气研究计划(WWRP)发展历程

世界天气研究计划(WWRP)于 1998 年启动,最初意向是通过科学工作组与特定领域专项研发,提升社会对高影响天气事件的预报预测和应对能力。作为世界气象组织牵头的国际计划,世界天气研究计划(WWRP)着力推进与天气预报有关的国际和国家研究项目,并使它们更有效地发挥作用。世界天气研究计划(WWRP)活动由世界气象组织大气科学技术委员会监督实施。

自成立以来,世界天气研究计划(WWRP)便发起、认可或推动了众多国际研究活动。中尺度高山计划(Mesoscale Alpine Program,1999)是世界天气研究计划(WWRP)的第一个科研项目,旨在改进对山区大气和水文过程的预报。支持悉尼 2000 年奥运会预报示范项目(FDP),旨在展示当时的先进预报系统功能,并量化分析实时临近预报服务的效益(尤其是针对城市气象服务)。自悉尼 2000 年奥运会预报示范项目(FDP)以来,又举办了几届奥运会的预测示范项目(包括 2008 年北京奥运会预报示范项目(FDP2008)),每次都反映出局地到区域范围内气象科学和服务领域的最新发展。此外,自世界天气研究计划(WWRP)成立以来,四年一度的国际热带气旋讲习班(IWTC)为研究员和预报员之间的协作与交流提供了重要平台。

世界气象组织于 2003 年制定了一项国际大气研究与开发计划,即观测系统研究与可预测性实验(THORPEX)。作为一项为期 10 年的重要计划,观测系统研究与可预测性实验(THORPEX)建立在 1967 年全球大气研究计划(GARP)的基础之上。观测系统研究与可预测性实验(THORPEX)的主要目标是"为适应社会、经济和环境需求,加快提高 1 天至 2 周高影响天气预报的准确性"。观测系统研究与可预测性实验(THORPEX)促进了学术研究界与国家气象水文部门(NMH)之间的合作。观测系统研究与可预测性实验(THORPEX)的主要成就包括:通过野外活动来挖掘有针对性的观测潜力,增进对动力学过程的理解,开发和评估新的数据同化技术,提高大型多模式集合预测系统数据库。此外,观测系统研究与可预测性实验(THORPEX)还在促进开发和应用新的评估方法以改进天气预报质量(特别是临近预报和中尺度预报)方面也取得了进展。

在 2013 年的世界气象组织大气科学委员会第 16 届会议期间,确定了在未来 10 年内出现的 6 个方面新的社会和技术挑战与机遇。这些挑战中的 4 个:高影响天气、水、城市化和技术革新都属于世界天气研究计划(WWRP)的研究范围。面对这些新的挑战,世界天气研究计划(WWRP)要求与世界气象组织的其他计划和国际倡议建立新的、更强大的协同关系,共享专业知识以实现共同目标,并使所有参与者受益。会议提出,世界天气研究计划(WWRP)将建立在工作组、专家团队和 3 个新的世界天气研究计划(WWRP)核心项目的基础上,并进一步扩展到以下项目:次季节到季节项目(S2S),极地天气预报项目(PPP)和高影响天气项目(HI-Weather)。每个项目都有助于促进天气研究,从天气科学的进步中获得更多的社会效益。

2014 年,首届世界天气开放科学会议(WWOSC—2014)在加拿大蒙特利尔举行,以纪念观测系统研究与可预测性实验(THORPEX)的成就并确定无缝隙预测地球系统的未来研究议程(从分钟到几个月的无缝预测,WMO-No. 1156,2015 年)。这次重要的国际会议为评估天气科学的现状提供了重要基础，并为设定未来研究方向提供了重要动力。

世界气象组织提出，在过去的几十年中，全球天气预报水平取得了长足的进步，包括电信、计算和观测在内的技术基础设施日益完善。同时，气象服务用户的期望也越来越高。伴随科学技术的进步，未来 3～10 天的预报技术水平平均每 10 年增加约 1 天；现在 6 天的预测与 10 年前 5 天的预测一样准确。观测系统研究与可预测性实验(THORPEX)对提高预报水平做出了重大贡献。因此，已经具备定期发布高质量的 5～7 天概率预报的条件。预报水平的提高，有效地挽救了更多生命，减轻了经济损失和其他危害。但是，若要更大程度地发挥气象服务的效益，还有更多工作要做。

(2)世界天气研究计划(WWRP)目的和目标

世界气象组织世界天气研究计划(WWRP)的目的在于：促进全球范围跨学科研究，提高从几分钟到几个月的无缝隙预报的准确率和可靠性，并提升社会对高影响天气事件的应对能力，充分发挥气象信息和服务的应用价值。

作为众多参与者(国际组织、国家气象服务部门、大学、研究中心、民间组织、志愿者等)实施行动的平台，世界天气研究计划(WWRP)的发展目标有：

· 促进科研与业务融合。

· 与投资机构和决策者共同搭建从科学研究到社会效益的平台。

· 建立发达国家与发展中国家的协作网络。

为实现上述目标，世界气象组织提议增加跨学科科学家参与世界天气研究计划(WWRP)，通过其工作组和正在进行的重大国际研究与开发项目，促进合作并加速发展。合作包括以下方式：

· 充当天气研究的国际联络点。世界天气研究计划(WWRP)发起、领导、支持或参与适合国际合作的大型国际野外活动和天气研究项目。

· 点到点的研发项目(RDP)。点到点的研发项目(RDP)极大地提高了对大气过程(特别是高影响天气)的认知和预测能力。

· 开展预报示范项目(FDP)。预报示范项目(FDP)鼓励利用天气预报科研成果来推进业务发展，从而助力世界气象组织相关计划的实施，并服务其会员。

· 发起和协调数据储存中心建设。使来自数据储存中心的数据易于访问，以更好地支持公众和科研使用。同时，加强跨界合作，提升数据的使用价值。

· 促进国际合作与科技交流。通过举办会议和讲习班、发行出版物、组织培训等多种方式，促进科研成果应用。

· 发展气象信息与服务的社会经济应用技术，对相关示范项目进行评估并提供支持。

(3)世界天气研究计划(WWRP)工作组织

围绕世界气象组织大气科学委员会(CAS)所提出的高影响天气、水、城市化和技术革新等社会发展面临的四方面挑战，世界天气研究计划(WWRP)组织了 3 个核心工程(core projects)和 8 个专项工作组(working groups)。

1)数据同化和观测系统工作组(The Working Group on Data Assimilation and Observing Systems，DAOS)旨在为世界天气研究计划(WWRP)提供指导，以优化当前世界气象组织全球观测系统(GOS)。数据同化和观测系统工作组(DAOS)将促进从对流尺度到行星尺度的数据同化和观测方法，以及在数小时到数周时间范围内预报的发展。

2)数值实验工作组(The Working Group on Numerical Experimentation,WGNE):由世界气候研究计划(WCRP)的联合科学委员会(JSC)与世界气象组织的大气科学委员会(CAS)共同组建,负责开发各个时间尺度的天气、气候、水和环境预测的大气环流模型并诊断和解决其缺陷。

3)临近预报和中尺度研究工作组(Nowcasting and Mesoscale Research Working Group,NMR)旨在提高临近预报和中尺度预报技术,并促进和协助国家气象水文部门(NMHS)及终端用户发展临近预报系统、数值模式和高分辨率数据。

4)预报检验研究联合工作组(The Joint Working Group on Forecast Verification Research,JWGFVR)推进预报质量检验方法的开发和应用,以评估和改进天气预报的质量,并与数值实验工作组(WGNE)和世界气候研究计划(WCRP)合作进行预报检验。

5)社会经济应用研究工作组(The Societal and Economic Research Applications Working Group,SERA)旨在推进气象信息和服务的社会经济应用,并审查和协助与社会经济相关的示范项目。

6)变更天气专家组①(The Expert Team on Weather Modification,ETWM)旨在通过组织每四年一次的变更天气科学会议来促进相关领域的科研与实践。

7)可预测性、动力学和集合预报工作组(The Working Group for Predictability, Dynamics and Ensemble Forecasting,PDEF)旨在推进动力气象学和可预测性科研发展,并将其应用于集合预报中,以促进集合预报的发展和业务化应用。

8)热带气象研究工作组(The Working Group on Tropical Meteorology Research,TMR)旨在推动各国(特别是热带国家)国家气象水文部门(NMH)与大学或研究机构合作,强化对热带气旋和季风的研究,更好地保障社会经济发展。

各工作组的成员均是来自气象部门和学术界的知名专家。此外,世界天气研究计划(WWRP)还提出了三个核心项目:次季节到季节项目、极地预测项目和高影响天气项目。

1.1.5.2 世界天气研究计划(WWRP)2016—2023 年任务要点

未来几年,世界天气研究计划(WWRP)将围绕 4 个主题(或称“4 方面挑战”)开展 18 个领域的行动(图 1.6)。

对于每个行动领域,世界天气研究计划(WWRP)工作组和核心项目都提出了具体目标和任务。主要包括:

1)高影响天气:在气候变化背景下,开展基于影响的预报

基于气候多样性和气候变化背景,分析局地天气气候的不确定性,使用完全耦合模型,开发应用程序,进行应用验证。

2)水:对水循环进行建模和预测,以增强减少灾害风险和资源管理的能力

针对完整的综合水循环系统,评估并改进观测,增进对降水过程的认识和预测,并考虑与水文不确定性之间的联系。

3)城市化:大城市和大型城市综合体的研究和服务

通过了解需求、改进观测和预报,努力提高城市预报预测水平,以支持决策。

① 就“变更天气(Weather Modification)”的目标和任务而言,相当于我国常说的“人工影响天气”科研与业务。

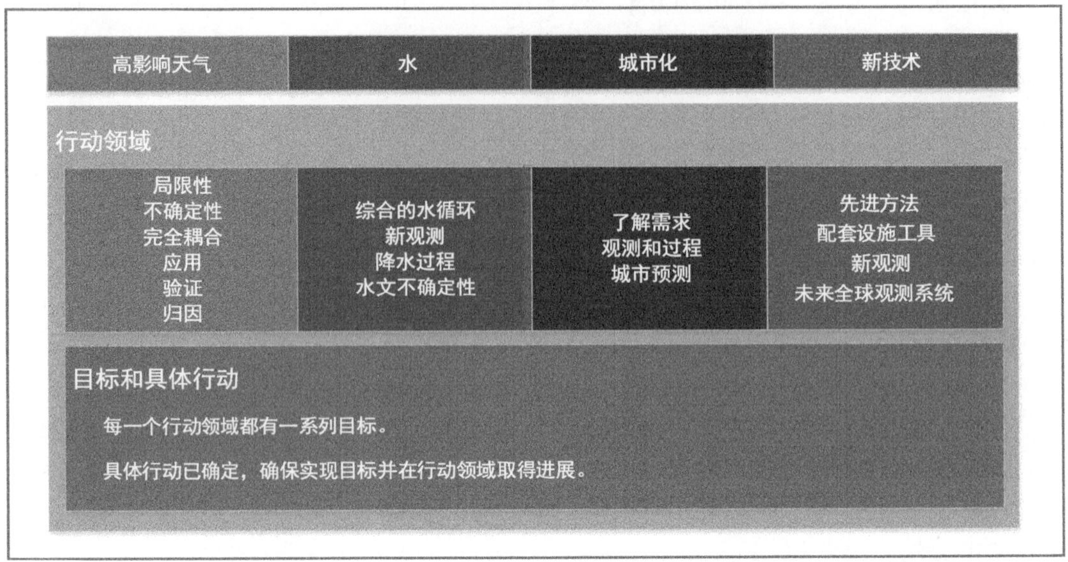

[彩]图 1.6　世界天气研究计划(WWRP)的 18 个行动领域
(图片来源：WWRP Implementation Plan 2016—2023)

4)技术革新：对科技及其应用的影响

投资研发先进方法，加强全球基础设施的共享共用，支持未来全球观测系统的设计。

1.1.6　世界气象组织改革

为适应气象科技、业务和服务的发展变化，世界气象组织正在进行内部改革。改革的大方向是：建立更加集约开放的组织架构、更突出需求牵引的技术体系架构和更有利于科技转化的研发体系架构，以及更有利于多元协作的开放发展体系。世界气象组织改革的最终目的是：更好地响应全球对天气、气候和水相关专业资源日益增长的需求，同时提高效率和成本效益。

本轮世界气象组织改革中，组织机构、数据政策和公私伙伴关系等方面的改革特别值得关注。

1.1.6.1　改革组织机构

2015 年，世界气象大会要求执行理事会提供有关其组织机构结构的建议，包括：技术委员会、区域协会和执行理事会的新结构(图 1.7)。大会还要求就组成机构、世界气象组织官员(主席、副主席等)的产生规则、程序、流程、工作机制和职责，以及他们与秘书处之间的关系提出建议。

2018 年 6 月，执行理事会第七十次届会(EC-70)批准设立两个常设机构：政策咨询委员会和技术协调委员会，以及如下委员会：

- 观测、基础设施和信息系统委员会(COIIS)
- 天气、气候、水和相关环境服务与应用委员会(CSA)
- 天气、气候、水和环境研究理事会
- WMO/IOC 海洋学和海洋气象学联合委员会(JCOM)
- 科学咨询专家委员会

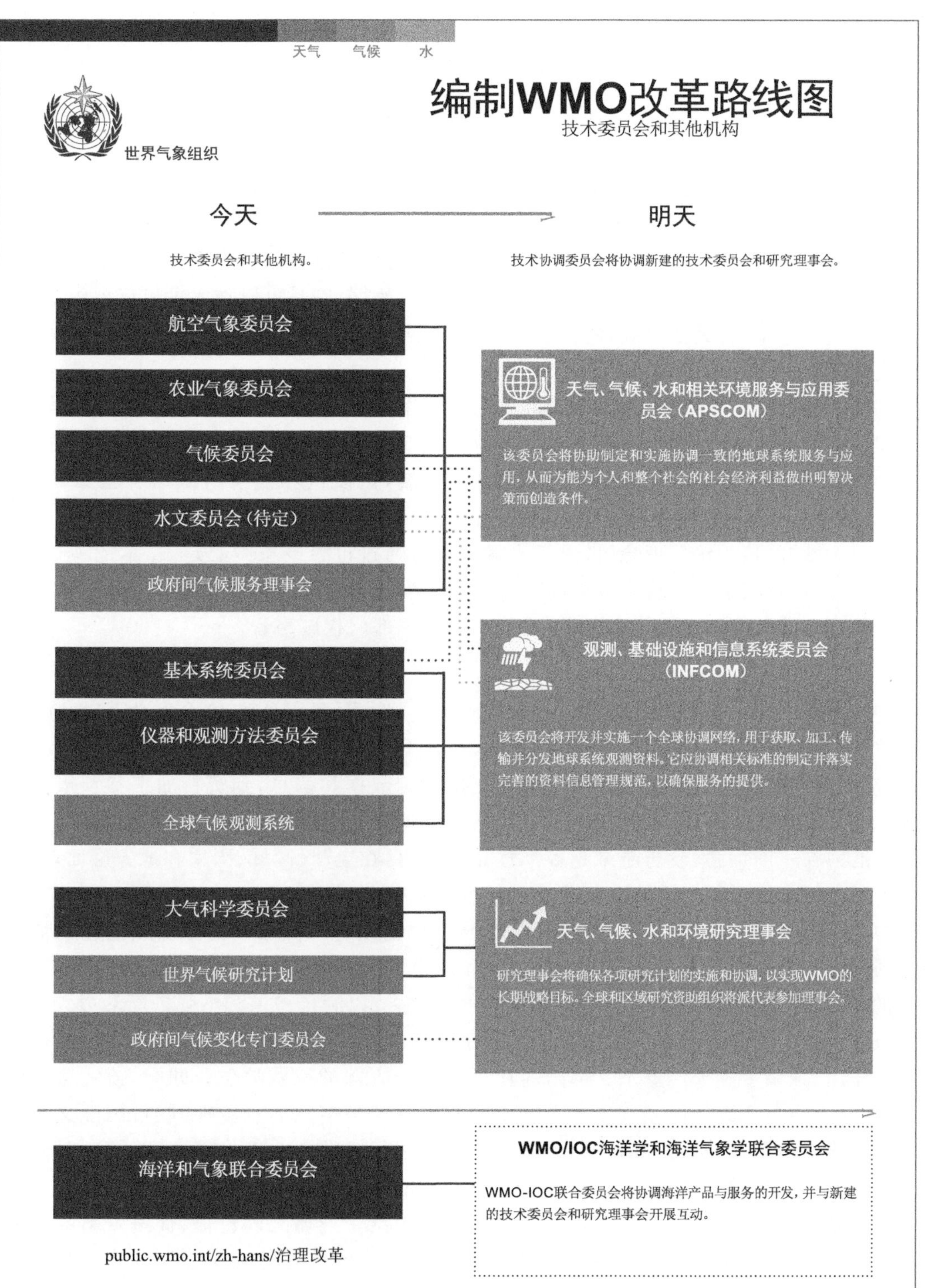

[彩]图 1.7 世界气象组织技术委员会和其他机构改革路线图

(来源:WMO 官方网站)

此外，该届会还决定，在政策咨询委员会(PAC)和技术协调委员会(TCC)成立后，还需要对其他机构职能进行调整。

1.1.6.2 改进数据政策

世界气象组织第十七次大会(Cg-17，2015 年)要求执行理事会(EC)研究新兴数据问题及大数据应用技术，提交综述报告，为会员应用新兴数据和数据技术提供指引，即《世界气象组织关于新兴数据问题的导则》。

世界气象组织认为，修改数据政策将带来如下益处：一是可以加大世界气象组织会员间气象数据共享力度和广度，推动无缝隙地球系统监测预报；二是可以加大世界气象组织与其他组织(包括私营企业)的合作，以获得更广泛的地球系统数据；三是可以加大世界气象组织与各方力量(企业、科研院校、其他组织)的技术合作，加强数据融合与挖掘，实现数据驱动业务与服务的颠覆性变革。

基于无缝隙地球系统预报的目标，世界气象组织将推动更加开放的数据政策，加强与私营企业和其他组织的合作，加大与地球环境其他管理部门的合作。这一趋势是明确的，在改革议题、新兴资料问题、公私伙伴关系、跨机构协调机制，以及世界气象组织综合全球观测系统(WIGOS)业务手册修改等方面都充分反映出来。同时，基于“不使一个会员掉队”以及“不让会员孤立无助”的核心价值理念，世界气象组织也将通过世界气象中心建设、示范项目和定向援助等途径，促使气象发达会员以更高时空分辨率模式产品助力欠发达会员气象事业发展，以更先进技术支持欠发达会员能力建设，发出水文气象部门权威声音。

1.1.6.3 改善伙伴关系

2019 年 6 月，第十八届世界气象大会在历史上首次召开了公私对话会议，并批准了有关公私关系的《日内瓦宣言——2019：构建天气、气候和水行动共同体》。宣言强调，需要加强整个天气、气候和水服务价值链——从获取和交换观测数据和信息，到资料加工和预报，再到服务提供——以满足不断增长的社会需求。同时，在加强价值链所有环节并加速创新方面，私营部门的能力在不断增强，参与越来越多。宣言还提出，在全球、区域、国家和地方层面，公共、私营和学术等部门以及民间团体之间应建立包容性伙伴关系。

为实现该目标，宣言呼吁各国政府采取措施，包括促进在国家和国际层面上的对话；维护并加强国家气象和水文部门的权威声音；努力完善立法和制度，以实现有效的跨部门伙伴关系。世界气象组织希望私营部门更多地参与气象服务，以满足需求和增强创新活力。

该宣言强化了世界气象组织在全球基本系统协调、国际标准制定、全球资料交换等方面的职责和作用，强调了国家气象水文部门的在预警发布方面的权威地位。同时，该宣言还提出：(1)各国政府要立法确保国家气象水文部门发布气象预警信息的权威性，履行国际义务，促进建立国内伙伴关系；(2)欢迎私营部门、学术机构和国际援助资金机构等更广泛参与解决与天气、气候和水有关的社会问题；(3)为不发达国家气象部门的能力建设提供支持。

为推动实现世界气象组织战略目标，该宣言还提出了遵循共同价值、促进资料共享、推动可持续发展、营造公平竞争环境、相互诚信、尊重主权、确保透明度、实现共同进步等原则。

1.2　美国政府气象部门发展动态

1.2.1　美国政府气象战略规划体系简介

美国政府的整体性气象发展战略，自上而下包括：美国联邦气象服务和支持研究委员会（FCMSSR）、美国国家海洋大气局（NOAA），以及美国国家天气局（NWS）等三个层次的战略规划。此外，还有针对不同业务技术领域的专项战略规划。

美国联邦气象服务和支持研究委员会（FCMSSR）成立于 1964 年，为联邦协调机构提供政策层面的代理和指导，以解决机构的优先级、需求以及与业务、服务和科研相关的问题，组织架构如图 1.8 所示。

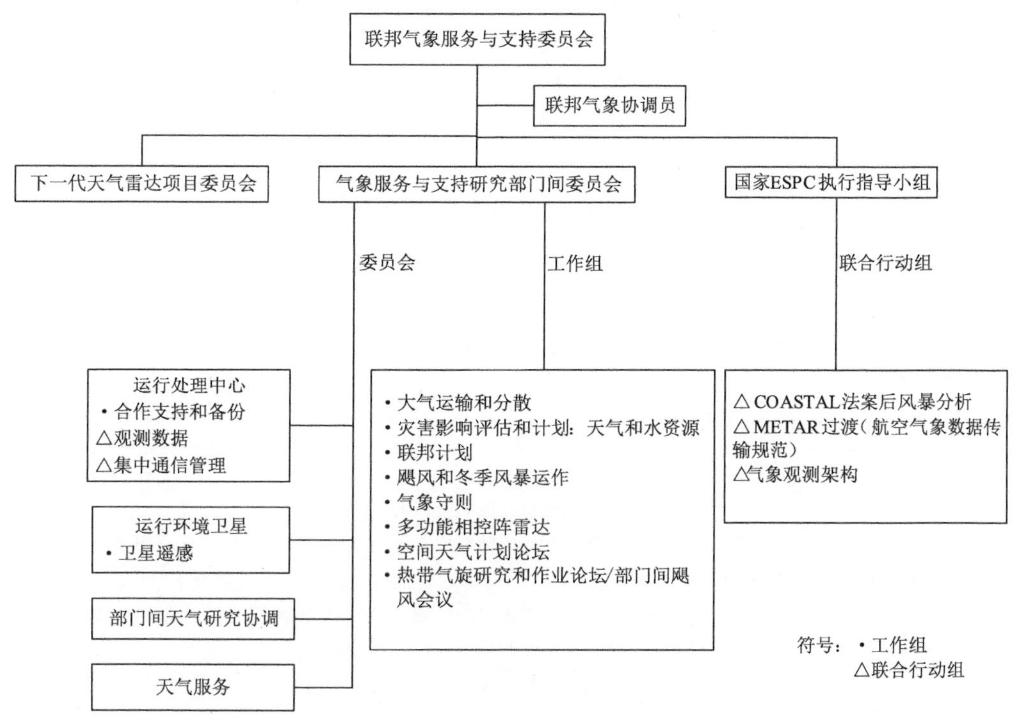

图 1.8　美国联邦气象组织机构基础框架

联邦气象服务和支持研究委员会（FCMSSR）由 15 个联邦机构的代表组成，包括：参与气象活动或支持研究、对气象服务有重大需求，以及为此类服务和研究制定政策和方向的相关机构部门代表，分别来自：农业部（USDA）、商务部（DOC）、国防部（DOD）、能源部（DOE）、国土安全部（DHS）、内政部（DOI）、运输部（DOT）、环境保护局（EPA）、国家航空航天局（NASA）、国家科学基金会（NSF）、国家运输安全委员会（NTSB）、核管理委员会（NRC）、管理和预算办公室（OMB）、科技政策办公室（OSTP）等部门。商务部副部长（同时也是国家海洋大气局的主管），担任联邦气象服务和支持研究委员会主席。联邦气象服务和支持研究委员会（FCMSSR）战略计划的规划期至少为 5 年，目前生效的最新战略计划从 2018 到 2022 财年。

美国政府气象工作实行联邦政府体制内的垂直领导管理方式，由美国商务部(DOC)下属的美国国家海洋大气局(NOAA)领导。美国国家海洋大气局(NOAA)主要负责为美国及其属地、邻近水域及海洋地区提供天气、水文及气候预报和警报，以保护生命财产和国家经济。美国国家海洋大气局(NOAA)的主要职责是关注、了解和预测地球大气和海洋环境变化，维护和管理海洋及沿海资源，以适应国家经济、社会和环境发展需求。美国国家海洋大气局(NOAA)战略规划的期限一般为5年，但在实施过程中可随时滚动修订。

美国国家天气局(NWS)是美国国家海洋大气局(NOAA)下属部门之一，致力于通过提供最佳的观测、预报和预警，将这些信息直接提供给所有社区，以保证人民的安全和生计。目前发布的最新战略规划是《美国国家天气局战略计划(2019—2022年)》。

此外，美国国家海洋大气局(NOAA)还根据不同专业领域的发展，编制了大批专项战略规划，如云计算战略、人工智能科技规划、气象高性能计算发展战略等。

1.2.2 美国《联邦天气事业协调战略计划(2018—2022财年)》

美国《联邦天气事业协调战略计划(2018—2022财年)》(FCMSSR，2017)主要内容包括：愿景、使命、战略目标和保障措施等，较为宏观。虽然目录中并未单列出“主要任务”，但主要任务可见于“战略目标”中。

愿景：协调联邦天气服务和科研，以满足国家不断变化的需求。

使命：通过鼓励和促进联邦气象服务的协调发展，并支持联邦气象科研，促进联邦气象资源的有效利用。

战略目标：在当前的战略规划阶段(2018—2022财年)，共设定了6项战略目标，并细分为19个子目标(表1.7)。

表1.7 美国《联邦天气事业协调战略计划(2018—2022财年)》战略目标

目标	子目标
目标1：提高全球观测的时空分辨率、信息含量和可持续性。	1.1 加强观测系统规划阶段的跨部门协商。 1.2 建立正规化的跨部门工作流程，专题研讨和促进通用系统的发展、部署与维持。 1.3 协调数据格式、处理、通信和管理等标准，以优化地球观测数据交换，提高及时性、可用性和价值。 1.4 合作研发新型观测技术和观测信息挖掘技术。
目标2：增强所有时空尺度预报的适应性。	2.1 加强预报中心间协作，以提供准确、及时、精确的天气产品、信息和服务。 2.2 确保从短期到长期预报的跨组织通用性(数据类型、精度、网络服务等)。 2.3 完善规划，提高资源协同处理水平，增强国家计算能力，以改进数据同化和模式系统。
目标3：加强跨机构合作，提供有效和一致的决策产品、信息和服务。	3.1 协调机构间的服务，提供决策和风险管理所需的天气和水相关信息。 3.2 提高联邦天气事业决策产品、风险管理、信息和服务的一致性。 3.3 基于跨机构合作互动经验，改进决策支持工具。
目标4：开展有效协同的跨机构研究工作。	4.1 加强跨部门协调，在国际天气研究活动中发挥领导作用。 4.2 在规划起始阶段，就推动提出跨机构合作研究计划。 4.3 加强在美国国家科学院研究计划的任务设置和资金支持中的协调作用。 4.4 推进研究数据和信息跨机构应用。

续表

目标	子目标
目标 5:发展、招募和维持一个专业和多样化的联邦天气人员队伍。	5.1　协调人事管理办公室对气象相关岗位的设置,确保工作人员具备必备的技能和经验。 5.2　通过教育、招聘,以及其他多样性和包容性的举措,协调利用外部人力资源。 5.3　加强职业生涯规划、培训机会、多样性和包容性、职业发展计划、助学计划等信息的互通。
目标 6:加强对联邦天气事业中优先事项和需求的信息传递。	6.1　与执行委员和立法部门协调对优先事项的投入,并将这些优先事项传达给没有参与联邦天气事业的联邦政府机构。 6.2　在把联邦天气事业的优先事项传递给学术界、专业和行业协会、非联邦政府实体以及公众的过程中进行协调。

保障措施——联邦气象服务和支持研究协调员办公室(OFCM)工作规程

1)自愿参加。各机构根据自身资源,量力而行,自愿为联邦气象服务和支持研究协调员办公室(OFCM)提供维持运作所需的资金或人力支持。

2)有限介入。一般情况下,联邦气象服务和支持研究协调员办公室(OFCM)只对涉及至少三家联邦机构的工作进行协调,若无明确要求,联邦气象服务和支持研究协调员办公室(OFCM)将不介入两家机构间双边事务。而且,这种协调工作仅限于在具体问题上,提供跨机构的行政协助及管理支持。

3)全程参与。在提供和改进产品与服务的全过程中,联邦气象服务和支持研究协调员办公室(OFCM)都将寻找机会,积极协调,推动跨部门合作。

4)完备记录。特别是当跨部门协调工作未能或难以取得成效时,更需要以书面形式进行记录。

5)公开透明。为督促参与机构能够各负其责,将在适当条件下,通过社交媒体等方式向社会公开档案记录。

6)简政高效。对于新任务,优先考虑在已有委员会、工作组和联合行动小组内合理分配,再酌情增加工作组。

1.2.3　国家海洋大气局《2035 年情景:长期趋势、挑战与不确定性》

情景分析法(scenario analysis)是通过假设、预测和模拟等手段生成未来情景,并分析情景对目标产生影响的方法,已经被西方国家广泛应用于战略研究和规划设计领域,以应对未来发展的不确定性和复杂性。

美国国家海洋和大气局(NOAA)采用情景分析法,编制了《2035 年情景:长期趋势、挑战与不确定性》(NOAA,2009),对美国国家海洋和大气局(NOAA)未来长期发展趋势、挑战与不确定性进行了预测,为其后续战略规划的编制提供参考依据。《2035 年情景:长期趋势、挑战与不确定性》基于众多机构和专家学者的预测意见,提出了未来的 3 种可能情景,并进行了详细分析。

未来情景一:“太少、太晚?”(Too Little, Too Late?)

尽管经济增长已转向基于替代能源和可持续发展，而且在环境政策上也开展了政府合作，但阻止气候变化及其对社会、经济和环境的影响可能为时已晚，主要表现为：

· 对替代能源的投资和全球贸易成为促进经济增长的强劲动力

· 对于环境风险的认知水平，观测和预测业务技术能力不断提高

· 在气候变化领域开展了强有力的国际合作

· 政府能够有效推动新兴市场建设，促进社会转型

· 对矿物燃料仍有很大需求，无力阻止环境进一步恶化

· 天气和地球生态系统正在发生动荡和大规模的变化

· 对于是否需要把应对气候变化的策略从延缓转为适应，专家意见不一

未来情景二：“绿色混乱”(Green Chaos)

虽然政府的环境政策零散且混乱，但经济增长已转向替代能源和可持续发展，并且市场供求关系也促进了人与自然的和谐，主要表现为：

· 市场能够有效地应对环境变化的不确定性

· 跨国公司、风险投资公司和发展中国家的国有企业积极投资于绿色发展和可持续发展

· 美国国家碳税政策、区域及地方政府相关政策构成了差异化政策体系

· 环境变化和经济发展的不确定性使政府决策者不知所措

· 对外部定价机制和严格资源使用管制引发经济后果的担忧，多数都只是过度炒作

未来情景三：“碳嗜瘾者”(Carbon Junkies)

虽然各国政府制定了新的政策和协作机制，但“一切照旧”的力量很强大，仍是主流。环境开始发生重大变化，而美国和世界其他地区似乎无法应对。其主要表现为：

· 发达国家和发展中国家仍处于旧经济体系中，依赖廉价化石能源来拉动经济增长

· 科学家的许多长期预测得到证实：世界用碳的时间已来日无多了

· 美国农业生产用地显著减少

· 随着气候急剧变暖，夏季的北极冰层消失了

· 科学家们一致认为，即使在全球范围内为减缓气候变化做出几十年的重大努力，气候系统仍会发生无法逆转的大规模变化

《2035 年情景：长期趋势、挑战与不确定性》采用两种方式对 2035 年的情景进行了描述：一是用讲述故事的方式，对每种情景进行形象描述；二是用表格方式，对每种场景的趋势和特点进行详细对比。

1.2.4 美国《国家天气局战略计划(2019—2022 年)》

2011 年，美国国家天气局(NWS)提出了“天气常备国家(Weather-Ready Nation)”的战略构想，并在此后的一系列战略计划中持续推进落实。

在最近一版的美国国家天气局《战略计划(2019—2022 年)》(NWS，2019)中，美国国家天气局提出了如下愿景：通过不断提高科技水平，提供准确的天气、水文、气候数据和预报预警，具备随时应对灾害事件的能力，为国家奉献最好的气象服务，做出降低气象灾害性影响的决策，以实现天气常备国家的战略构想。

美国国家天气局《战略计划(2019—2022 年)》提出了三个战略目标。

战略目标一：通过改变人们获取、理解和处理信息的方式，降低天气、水文和气候等事件带

来的影响。

1)改进基于影响的决策服务支持系统(IDSS)

基于影响的决策服务支持系统(IDSS)用于向各类机构提供极端天气、水文和气候相关信息和服务,使其能随时做好准备并科学应对。对基于影响的决策服务支持系统(IDSS)的改进主要包括:一是强化预报预警信息与公共安全、应急管理、水资源管理、国家经济安全等决策的关联,尤其是要确保有序、协调、有效地应对极端天气;二是充分发挥专家在预报关键天气事件中的解释、咨询作用,实现有效沟通;三是提供有针对性的气象科普宣传,确保公众能够正确认知和理解极端天气事件,并做好相应准备,科学应对;四是加强社会合作,借助社会组织的力量,最大限度地降低灾害影响,保障公众安全和经济活力。

2)为决策提供更优质的信息

具体内容包括:①加强对预报预警的定量分析,提高预报准确性;②推进海、陆模式结合,改进对沿海地区水资源总量的预报;③量化分析大气和水文信息,提供从分钟到月的河流预报;④结合地质信息,制作洪水灾害预报;⑤提供便捷的信息获取方式,保证公众能访问和浏览全面的环境信息和预报产品。

3)及时发布内容一致的信息

①利用最新的气象数据制作滚动预报;②由国家气象局(NWS)统一发布预报预警信息,并借助社会组织扩大预报预警信息的发布范围。

战略目标二:利用尖端科技和工程,提供最佳的观测、预报和预警

1)研发先进模式

具体内容包括:①与企业合作,采取"众包"开发方式,建立世界上预测能力最好的集成数字地球系统;②把集合预报(Ensemble modeling)作为国家气象局(NWS)预报业务的起点,量化确定性(quantify certainty)并确保各项服务的一致性;③采用下一代高性能计算技术,推进对极端和高影响事件的预测。

2)发展综合观测

具体内容包括:①确保雷达、卫星等基础观测设备持续运行,并应用新技术降低成本、提高观测分辨率;②调动社会资源开展综合观测,增强对大气、地表、海洋和冰层的监测能力以及对天气形势的感知能力,提高数据可信度。

3)改进系统、技术和工具

具体内容包括:①采用先进的系统、技术和工具,确保基于影响的决策服务支持系统(IDSS)能用于任何时间和地点;②综合运用预测分析、认知计算、人工智能和自动化等技术,实现预报信息与影响信息的结合;③利用社会组织的专业知识推动数据分析、数据可视化、技术合作和社会科学的发展;④提高社会组织对天气、水和气候数据的理解能力、分析能力和交互应用能力,以保障公共安全、经济增长和创新发展。

4)推进研究与业务的结合——以研究指导业务、以业务促进研究(R2O/O2R)

与美国海洋和大气研究办公室、各气象研究团体及其他合作伙伴相配合,简化流程,提高效率,推进最新科技的业务应用。

战略目标三:重视人才培养、伙伴关系和组织绩效,推动国家气象局创新发展

1)健全人才队伍

具体内容包括:①优化人才结构,引进和培养科学、技术、工程和数学等领域的急需人才;

②增强人才的归属感、包容性和多样性；③促进组织健康和文化创造力，提升组织绩效和职员满意度；④培养持续学习和专业化发展的研究氛围；⑤更有效管理职员劳资关系；⑥实施全面的培训和发展计划，重点加强对决策、核心任务支持能力（包括工程、技术和管理）方面的培训，确保职员能够满足预测业务发展对综合技能的要求。

2）加强组织协调

具体内容包括：①改进预报过程，优化国家、区域和地方的职责分工，确保各级预报结论的准确性和一致性，增强国家气象局的凝聚力；②健全国家气象局的运行机制和组织机构，明确定位；③整合资源，扩大服务范围、提高服务质量，满足客户日益变化的需求，保证基于影响的决策服务支持系统（IDSS）在各级同步运行；④帮助落后地区和机构建立与国家气象局标准一致的预报产品和服务。

3）强化伙伴关系

①借助社会组织，满足日益增长的气象信息和服务需求；②深化公私伙伴关系，加快社会组织的创新进程，加强合作，分享经验，持续发展。

4）优化业务运行

①简化行政管理流程，提高决策速度，减少不必要的重复劳动，提高对紧急事件的应对能力；②完善绩效指标，把客户体验感、满意度和对合作伙伴决策的影响度作为新增指标加入到绩效考核中。

1.3 欧洲气象领域发展动态

1.3.1 欧洲中期天气预报中心(ECMWF)战略规划简介

欧洲中期天气预报中心（European Centre for Medium-Range Weather Forecasts，ECMWF）是一个由 34 个国家支持的独立政府间组织，既是一个研究机构，也是一个全天候的业务服务机构，为其会员国、合作国家以及全球用户提供全球数值天气预报和其他数据，并提供高级培训和参与其他国际项目。此外，欧洲中期天气预报中心（ECMWF）还是北大西洋公约组织（NATO）、欧洲委员会（CoE）、欧洲航天局（ESA）、经济合作与发展组织（OECD），以及欧洲气象卫星应用组织（EUMETSAT）等 6 个国际组织的成员。

欧洲中期天气预报中心（ECMWF）的高性能计算机设施（以及相关的数据档案）在欧洲处于领先地位，并提供约四分之一的计算资源给各成员国使用。除成员国的国家气象部门可以获得欧洲中期天气预报中心（ECMWF）的全部数据外，该中心还向全球企业和其他商业客户销售数据。

欧洲中期天气预报中心（ECMWF）的核心使命是：

1）制作数值天气预报和进行地球系统监测；

2）开展科学技术研究，提高预报水平；

3）保存气象资料档案。

欧洲中期天气预报中心（ECMWF）的战略区间一般为 10 年，每 5 年更新一次。如：从 2011 年到 2020 年战略、从 2016 年到 2025 年战略等。目前正在实施的是 2021—2030 年战略，即《欧洲中期天气预报中心战略（2021—2030 年）》。

1.3.2 《欧洲中期天气预报中心战略(2021—2030 年)》

《欧洲中期天气预报中心战略(2021—2030 年)》重申了欧洲中期天气预报中心(ECMWF)的使命、愿景和价值观,提出了由战略支柱(pillars)、目标和战略行动构成的战略框架,制定了“科学技术”战略行动、“深度影响”战略行动及“组织与人才”战略行动等三大战略行动计划(ECMWF,2021)。

1.3.2.1 战略框架

为了在战略规划中说清“谁做什么?”和“为什么做?”,欧洲中期天气预报中心(ECMWF)新战略提出了“三大支柱”,对每个“支柱”提出两个高级别目标,然后提出实现目标所需的战略行动,最后列出各个战略行动的预期成果。

(1)支柱一:科学技术

研发并应用前沿科学技术,最大限度发挥其作用,并在欧洲和世界范围内提供合作机会。具体包括两项目标:

目标一:世界领先的天气和地球系统科学。通过一体化模式,最大限度地利用当前和未来的观测数据,建立涵盖真实水、能量和碳循环的无缝隙集合地球系统。

目标二:数值预报领域的前沿技术与计算科学。利用先进的高性能计算、大数据和人工智能方法,取得实际突破,构建数字孪生地球。

(2)支柱二:深度影响

最大限度地提高欧洲中期天气预报中心(ECMWF)产品的质量、实用性和可访问性,为成员国提供物超所值的服务。具体包括两项目标:

目标一:按需提供高质量产品。详细模拟过去,现在和未来的地球系统,以预测未来几周的极端和特殊高影响天气事件,并根据用户需求(尤其是成员国的需求)对环境进行监测。

目标二:高效便捷地获取产品。通过有效的制作流程、技术创新和数据政策,提供可靠、有弹性、易于访问和使用的丰富数据和产品,允许广大用户进行探索,从而发挥最大社会经济效益。

(3)支柱三:组织与人才

成为一个灵活的、具有前瞻性思维的创新型组织,激励并聘请最优秀专家。具体包括两项目标:

目标一:高效的组织。建成具有前瞻性和启发性的组织,保持最具创新性、效率和环境友好的一致做法。

目标二:以人为本。营造出协作、多样化的有利工作环境,支持中心吸引、激励和培养完成其任务所需的合格员工。

1.3.2.2 “科学技术”战略行动

“科学技术”战略行动涉及强化观测资料应用、数据同化、模式发展和新技术应用,以及计算科学和业务流程等内容。

(1)强化在地球系统数据同化方面的领先地位

1)预期成果

使用对流解析模式(convection-permitting model,CPM)提供准确的全球预报初值。

同化方法的一致性、地球系统各个组成部分之间的最佳耦合水平得以增强。

2)行动要点

欧洲中期天气预报中心(ECMWF)将通过在耦合同化、算法开发和方法集成等领域的进步来增强其在数据同化方面的领导地位。这将包括整合的机器学习技术,以及结合了机器学习技术的四维变分数据同化(4D-Var data assimilation)。——因为这两个领域具有共同的理论基础并使用相似的计算工具,所以四维变分数据同化具备独特优势,可以从与机器学习技术的结合中受益。

欧洲中期天气预报中心(ECMWF)将确保同化系统满足其成员国不断变化的需求。为此,欧洲中期天气预报中心(ECMWF)将使用对流解析模式来提供准确的中期预报初值,努力实现从数据同化集合到集合预测系统的无缝集成。

对地球系统各个组成部分(例如:海洋、陆地、雪和海冰,以及大气成分等)进行初始化,是一项日趋复杂的问题,欧洲中期天气预报中心(ECMWF)将致力于解决这一难题。这将需要多方共同努力,合作研发适用于所有地球系统组成部分的同化算法,朝着符合大气分析需要的更先进的集合一变分混合框架(ensemble-variational framework)方向发展。为了提高地球系统多个组成部分初始状态的物理一致性,大气四维变分数据同化(4D-Var)将逐步扩展,以包括对大气可预报性有很大影响的界面场,确定同化过程中的最佳耦合度,并对所有组成部分进行统一监测。

(2)加强对现有和未来观测的使用

1)预期成果

从陆地、冰雪和海冰卫星数据中提取的信息的阶跃变化(Step change in information)。

有效利用第三代地球同步轨道气象卫星(MTG)、欧洲第二代极轨卫星系统(EPS-SG)和哨兵卫星(Sentinel satellite)数据。

增强与物理过程(云,雨,闪电)相关观测的使用。

2)行动要点

欧洲中期天气预报中心(ECMWF)将继续在观测数据的先进应用和描述方面发挥领导作用。在此战略阶段,欧洲中期天气预报中心(ECMWF)将开展一项堪与卫星数据“全天候”(all-sky)成功应用相媲美的长期研发活动,以创建“全天候,全地表”(all-sky and all-surface)方法。卫星数据将不仅可以在晴朗、多云和多雨的条件下得到充分利用,而且对地球表面,无论是海洋、陆地、雪还是海冰,都具有高度的灵敏度。这些进展与耦合数据同化的发展相结合,将使卫星数据得到更加充分的利用,从而显著提升预报质量。

对新的欧洲气象卫星开发组织(EUMETSAT)第三代地球同步轨道气象卫星(MTG)、欧洲第二代极轨卫星系统(EPS-SG)、哥白尼计划扩展高优先级候选任务(HPCM)和欧洲航天局(ESA)的哨兵卫星等所提供的大量、多样的新型观测资料的应用,将起到根本性作用。欧洲中期天气预报中心(ECMWF)将继续与欧洲气象基础设施组织(EMI)的相关合作伙伴密切协作,以充分利用所有提供者的观测数据(特别是新型观测系统,如:物联网)。为了给对流解析模式(convection-permitting models)提供更好的初始条件,将更加关注与物理过程相关的观测(例如:来自欧洲航天局的 EarthCare 任务和第三代地球同步轨道气象卫星(MTG)的云/雨和闪电观测)。欧洲中期天气预报中心(ECMWF)将继续强化在与空间机构和世界气象组织合作中的关键作用,共同谋划全球观测系统的长远发展并提供支持。

(3)改进无缝隙地球系统模式

1)预期成果

取得科学上的进展,以支持3~4千米对流集合预报业务。

地球系统描述的广度、一致性和准确性得以扩展和提高,再分析和预报明显受益。

2)行动要点

在未来十年里,地球系统模式自然仍将是科学发展的核心。欧洲中期天气预报中心(ECMWF)将推动科学发展,解决灰区物理(grey-zone physics)、初始化以及非流体动力内核(non-hydrostatic dynamical core)问题,使全球集合预报实现在对流解析分辨率。欧洲中期天气预报中心(ECMWF)将致力于降低模式偏差,从而提高所有时间尺度的预测质量。重点将放在界面建模(例如:大气-陆地、大气-波浪-海洋-冰)上,以提高近地表天气参数的预报技巧,尤其是在春季和秋季等过渡季节,以及对流(参数化和解析)的建模及其大尺度耦合。

地球系统方法将在水、能量和碳循环方面提供更多的现实性。对自然和人为过程及其不确定性关系(如:大气成分和火灾、干旱等地表过程)的更全面描述,将改进对这些重要过程的预测,并更好地描述其对气象的反馈作用。在无缝隙建模方法中,将初始预测从2周提高到更大范围将是一个主要焦点,也将是一个前沿科学挑战。

对预报的改进需要基础的可预报性研究、新观测资料的应用、(耦合)数据同化和模式的改进。减少系统模式误差是提高大范围预报能力的关键。为了更好地开发利用潜在的可预测性源(potential sources of predictability),理解和改进对遥相关(teleconnections)的描述也至关重要。此外,在科研模式中,还将研究分辨率逐步变化(对于大气和海洋)以及进一步增强模型复杂性的改进效果。

(4)将高性能计算技术和计算科学用于数值预报

1)预期成果

实现预报业务系统在GPU/CPU混合架构高性能计算机系统上运行,提高时效、降低能耗。

在支持"数字孪生(Digital Twins)"的世界领先的高性能计算机系统上,建立下一代综合预报系统(Integrated Forecasting System,IFS)模式的原型系统和编程架构。

2)行动要点

高性能计算和数据中心服务对于支持欧洲中期天气预报中心(ECMWF)的大多数战略行动并最大程度发挥其影响力至关重要。鉴于会员国在本国设施建设时也会采用与欧洲中期天气预报中心(ECMWF)类似的流程,欧洲中期天气预报中心(ECMWF)将与会员国一起,共同对即将到来的颠覆性高性能计算技术的业务应用潜力进行调研。欧洲中期天气预报中心(ECMWF)将致力于运营具有弹性、节能和成本效益的计算资源(高性能计算、云、存储等)、数据中心服务和生产流程,并将研究资源整合技术。

为了能够合理利用未来的异构高性能计算技术,欧洲中期天气预报中心(ECMWF)将基于可扩展性计划(Scalability Programme)的经验,为其预报系统开发可移植的高性能代码库,并研究实现其性能最大化的科学方式。这将需要在计算科学方面做出更大的努力,并将为与会员国、学术界、高性能计算中心和工业界的合作与协同增效提供更多机会。除了用于业务的异构高性能计算技术外,还必须与会员国和高性能计算社区(HPC community)合作,对新的颠覆性高性能计算技术和体系结构进行跟踪调研。此外,对用于地球系统建模的特定的人工智能架构也将开展调研。

(5)应用人工智能和机器学习

1)预期成果

在生产流程中,实现由机器学习支持的高效数据处理。

在模式和数据同化中集成机器学习方法,以支持性能增强和不确定性表达(uncertainty formulation)。

为机器学习应用社区(the community for machine learning applications)提供气象参考数据集和工具。

2)行动要点

在下一战略时期,人工智能(尤其是机器学习)将继续在地球系统建模中得到广泛的推广应用。人工智能和机器学习的潜在应用范围非常广泛:从观测过程和数据同化、替代模式组件、后处理、产品生成和数据管理,到对实时和存档数据的挖掘和融合应用等。欧洲天气云将通过创建一个平台支持机器学习应用开发,为用户提供定制的环境来帮助他们的研究。

(6)优化系统设计及研发与业务之间的互动

1)预期成果

整合数值天气预报和哥白尼计划,共同合作开发。

2)行动要点

为达到最高效率,加强不同系统(如中期到季节性系统、数值天气预报到哥白尼计划)间的协同,以融合和巩固业务流程。简化合作方式,开放源代码,允许接入外部代码且使过程透明化。对软件研发基础设施进行现代化改造,关注研究成果向业务应用的转化,发布具有世界领先水平的产品。

1.3.2.3 “深度影响”战略行动

(1)满足用户对世界领先产品的需求

1)预期成果

具有经济与社会价值的高影响天气事件预报提前到两周。

对极端温度异常和水文影响(如干旱)的技巧预报平均提前到三周。

对天气和环境灾害进行全球再分析和再预报,监测出1950年以后高影响事件的变化模式和可预测性。

建立技巧性(skillful)次季节到季节多模式预测。

2)行动要点

通过与其他成员国在欧洲主要倡议(如:哥白尼计划和欧洲绿色协议)等方面开展协同工作,欧洲中期天气预报中心(ECMWF)及其他成员国能够提供持续的、多样的天气和环境信息,包括对地球系统的再分析和预测,涵盖空气质量、洪水、火灾、干旱和气候监测等。以用户为重点,动态响应用户要求,确保提供一致、及时和高质量的服务,并通过加强验证和诊断来监测产品的质量。

(2)优化资源的供给和共享

1)预期成果

业务采用的弹性运算和云存储基础设施使欧洲中期天气预报中心(ECMWF)高分辨率集成数据的增值研发成为可能。

有效的政策、产品和售后使高效、用户友好的集成数据开发发挥出社会经济效益。

2)行动要点

在世界范围内提供服务,并通过综合服务协议和关键性能指标持续监控服务质量。欧洲中期天气预报中心(ECMWF)将通过冗余数据存储和处理以及灾难恢复能力确保业务的连续性。在与成员国共享资源方面,像欧洲天气云这样的联合平台将发挥关键作用。云存储也有助于改善对欧洲中期天气预报中心(ECMWF)数据档案的访问,释放其在机器学习应用中的巨大潜力。

(3)开放数据

1)预期成果

在开放资料政策的指导下开放相关数据集。

2)行动要点

开放数据是最大化社会经济效益的最主要工具之一,数据库访问的容易度是扩大开放的重要条件,这对传统数据中心形成挑战。数据服务需要提供基础的处理选项(如服务器端处理),以保持合理的检索数据量,并为不同用户提供不同格式和标准的主流数据。

(4)教育和沟通

1)预期成果

自助式服务、免费培训资源和用户专属服务的有效整合。

2)行动要点

良好的教育和沟通是加强合作伙伴的基础,欧洲中期天气预报中心(ECMWF)将继续通过组织研讨会和专家咨询会等形式促进科学家的参与。加强视频或面对面的培训和学习活动,支持欧洲和世界气象组织会员的培训项目。增强职员的工作责任心和自豪感,同时吸引人才和资金。

(5)加强伙伴关系和协作

1)预期成果

与欧洲气象基础设施组织(EMI)的战略合作关系得到加强。

对世界气象组织专家小组活动做出贡献。

对加强全球观测网络提供支持。

对欧洲绿色协议做出贡献。

2)行动要点

作为欧洲气象基础设施组织(EMI)的必要组成部分,欧洲中期天气预报中心(ECMWF)通过在与成员国、合作国及财团在专业知识、共同发展、资源、产品和服务等方面的互惠互利中受益。除此之外,建立与世界气象组织和欧洲航天局(ESA)的合作关系,与欧盟委员会开展包括哥白尼计划、欧洲绿色协议和欧盟委员会数字战略在内的第三方活动,并探索资助发展中国家的机会。

1.3.2.4　组织与人才战略行动

(1)建立多元化的团体文化

1)预期成果

全面运转的、综合的多元化组织。

2)行动要点

欧洲中期天气预报中心(ECMWF)作为一个多元化的组织机构,需要一个有凝聚力的文化和工作方法,并从每个专业领域的站点受益。开发和实施一套专门和有效的内部沟通系统,并审查和重新设计跨站点的业务所需的组织架构和业务流程。聚焦职员的发展规划和合作平台将是关键点。

(2)提升环境可持续性

1)预期成果

遵守欧洲委员会的2030年气候和能源框架。

2)行动要点

欧洲中期天气预报中心(ECMWF)致力于成为一个环保模范组织。为减少碳足迹、提高能源效率和进一步探索使用可再生能源,必须提高环境意识,并将其融入组织文化中,在建设过程中尽量采用能够减少对环境影响的技术方法。

(3)推动一个多元化、相互协作的环境

1)预期成果

与欧洲多样性和包容性策略保持一致。

2)行动要点

多元化是创造一个启发性和创新性环境的关键驱动力,欧洲中期天气预报中心(ECMWF)将进一步改善多元化的工作环境,并推行不分性别、文化或国籍、不歧视及机会平等的包容文化,促进机构内及其成员国之间的协作和团队合作文化,并为职员提供最好的工作条件。

(4)发展一个灵活的工作环境

1)预期成果

建立吸引、留住、动员和激励人才所需的灵活工作环境。

2)行动要点

提供弹性的工作环境是吸引、保留、动员和激励发展过程的一部分。为在聘请最优秀专业人才方面保持竞争力,欧洲中期天气预报中心(ECMWF)将对中心与职员之间的合约关系做出重大改变,使培养、借调和招聘人才成为可能。利用信息技术,进一步发展分散、灵活和有弹性的工作方法,吸引、留住和激励员工,并提高生产力。

第 2 章　中国气象科技进展与国家战略需求

进行气象科技发展战略研究，掌握国情与跟踪国际动态同样重要。只有做到“知己知彼”，才能做出既具有前瞻性又具有可行性的研究成果。进而，发展研究型业务，促进科研与业务相结合，必须紧扣国家战略需求。就气象科技发展而言，一要立足中国气象发展现状，二是要面向国家战略需求。

2.1　中国气象科技进展

中国气象事业紧跟国家科技发展步伐和世界气象科技发展趋势，气象科技创新体系不断完善，形成了由气象部门和中国科学院、高等院校、军队、相关行业、企业等构成的气象科技创新体系，气象科技创新能力持续增强。全球区域一体化同化预报系统(GRAPES)(沈学顺 等，2017)基本实现了核心技术自主可控，全球气候系统模式跻身国际前列，第二代气象卫星技术达到国际先进水平。中国气象科技创新由以跟踪为主发展到跟踪和并跑并存的新阶段。2017 年，中国气象局已经被世界气象组织正式认定为全球 9 个世界气象中心之一，也标志着中国气象科技和业务服务的整体水平迈入世界先进行列。

2.1.1　综合观测网络

中国已基本建成地基、空基、天基观测手段互补、协同运行、交叉检验的综合气象观测体系，基本形成了“部门为主、行业协作、社会参与”的综合观测新格局，气象卫星、雷达等监测能力位居世界前列。各类气象台站设置比较科学、全面地考虑了中国不同地域特点、不同气候带气象观测的覆盖率和代表性。

到 2019 年，已建成 10701 个国家级地面气象观测站(图 2.1)，全国业务布局的 32 项地面气象观测项目已全部实现仪器自动观测和自动综合判识。建成省级气象观测站(区域自动气象观测站)54534 个，乡镇覆盖率达到 99.6%(图 2.2)。成功发射了 17 颗风云系列气象卫星，其中 7 颗在轨业务运行，为全球 100 多个国家和地区提供服务。建成由 227 部新一代多普勒天气雷达、151 部风廓线雷达组成的气象灾害监测网。初步建立了生态、环境、农业、海洋、交通、旅游等专业气象监测网。

2.1.2　预报预测系统

中国气象预报业务已经从手工绘制天气图发展到自主创新数值天气预报，从站点预报发展到精细化智能网格预报，从传统单一天气预报发展到面向多领域的影响预报和风险预警，气象预报预测的准确率、提前量、精细化和智能化水平稳步提高。

数值预报模式和资料同化能力的不断提高。到 2020 年，全球数值预报水平分辨率精细到

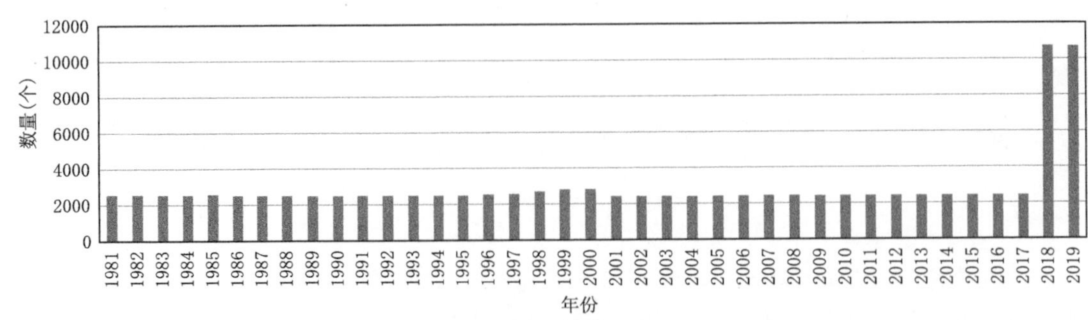

图 2.1　国家地面气象观测站建站数量(1981—2019 年)

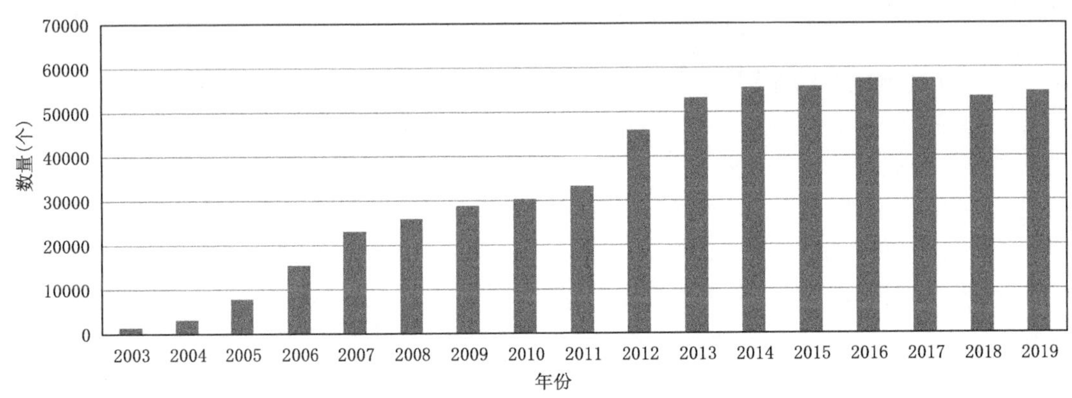

图 2.2　省级气象观测站(区域自动气象观测站)建站数量(2003—2019 年)

25 千米,可用预报时效达到 7.7 天,区域数值天气预报精细到 3 千米,实现每日 8 次循环同化更新。华北、华东和华南区域气象中心均建立了水平分辨率 1～3 千米、覆盖重点区域、逐 1～3 小时循环同化的区域高分辨率数值预报业务系统,实现产品全国共享,基本形成国家级和区域气象中心"1＋3"的区域数值预报业务模式发展格局,为全国强对流、极端天气预报预警和智能网格预报服务提供了有力支撑。国家级气候预测模式建立了新一代多圈层耦合的 110 千米中等分辨率业务系统(BCC-CSM2-MR),研发了全球 45 千米高分辨率气候系统模式(BCC-CSM2-HR)和 10～30 千米区域高分辨率气候模式(BCC_CWRF)①。

初步建立了从零时刻到月季年,从中国区域到全球,涵盖基本气象要素、灾害性天气和气候事件及影响预报等较为完整的无缝隙气象预报业务体系。常规天气预报质量稳步提升,全国暴雨预警准确率达到 88%,可提前 3～4 天对台风路径做出较为准确的预报。建立了重污染天气、沙尘暴、山洪地质灾害等专业气象预报业务。风能、太阳能资源监测评估精细到 1 千米,全国风能预报时间分辨率达到 15 分钟,未来 3 天太阳能光伏预报逐小时更新。

2.1.3　信息网络和数据业务

目前,中国气象局已经建成了由高速气象通信网络、海量气象数据存储系统、千万亿级气

① 信息来源:中国气象局,《数值预报业务发展规划(2021—2025 年)》(初稿)。

象高性能计算机系统等构成的功能先进的气象信息系统，以及涵盖历史资料数字化、全生命周期数据质量控制、数据产品加工制作与服务等全方位的气象数据业务。气象信息化建设从独立分散迈向集约统筹，数据、算力、算法支撑能力大幅提升。

气象数据资源建设筑牢基础。到 2020 年底，已经建成了陆面、海洋、三维大气等多源数据融合分析和系列产品，精度达到国际同类水平。建立了中国第一代全球大气再分析业务，产品时间分辨率 6 小时，水平分辨率 34 千米，垂直层次 64 层，与国际主流全球大气再分析产品具有很好的可比性，改变中国对国际同类数据产品依赖。依托全国综合信息共享系统(CIMISS)建设，加强了对全国乃至全球气象数据资源的管理，为气象科研、业务和服务提供了统一的数据环境。国家气象科学数据中心共享服务在科技部 20 家国家级科学数据中心排名中位居前列。

气象算力资源持续快速提升。“十三五”时期，国家气象信息中心建设了浮点运算峰值达 9800 万亿次/秒高性能计算机系统。初步建成“天擎”气象大数据云平台，设计算力达到 9 万核、存储容量接近 100 PB。气象通信发展主要经历数次重大技术体制变革(图 2.3)，发展到现阶段以地面宽带专网为主、卫星通信为辅的“天地结合”的气象通信网络系统，国—省间骨干网络带宽达到 400～800 Mbps，为进一步推进“云＋端”业务模式发展提供了基础。

	1950	1960	1970	1980	1990	2000	2010—
莫尔斯通信	50—60年代中期						
电传通信	50年代中后期—80年代中期						
无线传真		60年代—90年代中期					
计算机通信				80年代中期开始——			
网络通信					90年代中后期——		
卫星广播					90年代后期——		
宽带网络通信							21世纪初——

图 2.3　气象通信网络发展主要阶段

2.1.4　公共气象服务体系

进入 21 世纪，气象赋能经济社会发展的作用日趋重要。气象服务领域涵盖工业、农业、林业、商业、能源、水利、生态环境、自然资源、建筑、旅游、卫生、教育、体育等诸多行业领域，已经成为覆盖面最广、社会普及度最高的公共服务之一。

截至 2020 年底，已经建成了覆盖全国的统一的突发事件预警信息发布系统，融合了广播、电视、网络等多种信息传播渠道，面向公众的预警信息覆盖率达到 86.4%①，发布速度达到分钟级。气象灾害防御取得了显著经济社会效益，气象灾害经济损失占国内生产总值(GDP)的比重从 20 世纪 80—90 年代的年均 3%～6%，下降到近“十三五”时期的 0.4%，占新增 GDP 的比重由 5 年年均最高时的 31.49%，下降至 5.02%(图 2.4)。

人工影响天气事业取得了新发展。人工影响天气作业方式从过去的应急性、季节性向常

① 信息来源：中国气象局，《公共气象服务发展规划(2021—2025 年)》。

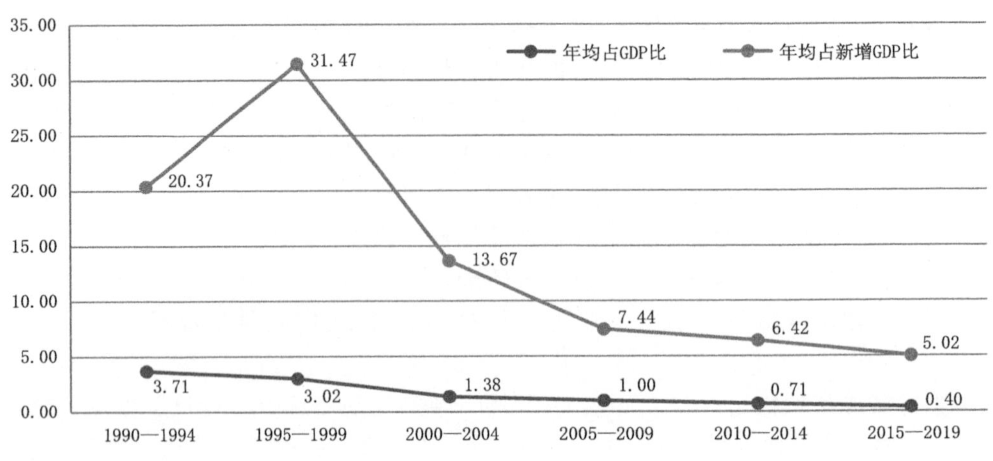

[彩]图 2.4　每 5 年年均气象灾害直接经济损失占 GDP 比重(单位:%)

态化、集约化转变,作业服务从单一的抗旱减灾向粮食安全、生态安全、水安全、能源安全等重要领域拓展,高性能人工影响天气作业飞机建设取得突破性进展,初步建成具有国际先进水平的国家级增雨飞机作业机群。到 2020 年,全国人工增雨(雪)作业覆盖面积约 500 万千米^2,人工防雹作业保护面积达 50 万千米^2。①

进入新媒体时代,气象服务信息终端已拓展到微博、微信、客户端,虚拟现实(VR)、增强现实(AR)和混合现实(MR)等技术得到广泛应用。融媒体传播气象信息得到快速发展,特别是天气类应用用户规模持续增加,气象官方微博、微信公众号等服务影响力越来越大,气象官方抖音也陆续上线。

2.1.5　气象科技创新体系

气象科学从新中国成立初期的单一学科发展至今包括大气探测学、大气物理学、天气学、气候学、气候变化、应用气象学、大气化学、动力气象学和数值天气预报、雷达气象学、卫星气象学、气象信息技术等多门类多学科。2005—2020 年的 15 年间,通过大力实施科技兴气象战略,打造高素质气象干部和人才队伍,形成了与国家气象科技创新体系和气象现代化发展相适应的气象人才体系,气象创新实力显著增强。

由气象部门和中国科学院、高等院校、军队、相关行业、企业等构成的气象科技创新体系已经形成。气象科技创新能力大幅增强,科技水平显著提高。中国在全球气象监测、预报、服务科技创新方面取得了长足进展,已经成为全球九大世界气象中心之一。先后有 100 多位中国科学家在世界气象组织、政府间气候变化专门委员会等国际组织中担任技术职务。中国气象科技创新由以跟踪为主发展到跟踪和并跑并存的新阶段。

① 资料来源:中国气象局,《全国人工影响天气发展规划(2021—2025 年)》。

2.2　国家战略需求

2.2.1　减少灾害风险对气象防灾减灾的需求

中国是世界上自然灾害最为严重的国家之一，灾害种类多，分布地域广，发生频率高，造成损失重。在各类自然灾害造成的损失中，气象灾害损失占 70%左右。在复杂的灾害链条中，气象因子往往处于最前端，扮演“导火索”角色。这些“天然基因”，决定了气象工作“第一道防线”的地位。当前，中国推动落实联合国 2030 年可持续发展议程和《2015—2030 年仙台减轻灾害风险框架》，推进综合防灾减灾救灾体制机制改革，在灾害防治的理念上已经发生了变化，即“坚持以防为主、防抗救相结合，坚持常态减灾和非常态救灾相统一，努力实现从注重灾后救助向注重灾前预防转变，从应对单一灾种向综合减灾转变，从减少灾害损失向减轻灾害风险转变”。尤其是在自然灾害防治上，要建立高效科学的自然灾害防治体系，提高全社会自然灾害防治能力，为保护人民群众生命财产安全和国家安全提供有力保障。这势必促使气象防灾减灾救灾理念转变，需要气象主管部门主动适应从一般灾害到极端灾害、从国内灾害到全球灾害、从气象灾害到综合灾害、从被动防御到主动防治的变化，充分发挥气象在国家综合防灾减灾救灾中的监测预报先导作用、预警发布枢纽作用、风险管理支撑作用、应急救援保障作用、统筹管理职能作用、国际减灾示范作用。

2.2.2　应对气候变化对气象支持科学决策的需求

中国是最早参与联合国政府间气候变化专门委员会(IPCC)工作的国家之一。长期以来，中国气象部门深度参与报告，广泛组织专家参与报告编写和评审，向国际社会充分反映中国关于气候变化问题的立场和原则，在应对气候变化进程中发挥了积极建设性作用。以生态文明思想为指导，随着对气候变化科学认知的不断深化，中国应对气候变化从“要我做”变成了“我要做”，从相对被动应对，向积极贡献、主动引导、争取引领的方向努力，无论是理念创新还是目标设定，无论是政策行动还是实施成效，都发生了变化。与此同时，全球气候治理格局已基本模糊了南北阵营的分界线，《巴黎协定》基本确立了未来国际气候制度的框架，无论美国退约“黑天鹅”事件是否发生，国际气候治理仍将遵循已确定的多方治理机制向前推进，且国际社会对适应气候变化的重视程度明显提升。在此背景下，推进气候变化应用基础研究和技术创新，服务于国家应对气候变化科学决策，助力中国参与全球气候治理显得尤为重要。推进全球变化监测网络建设、创新性数据集开发、气候变化事实和归因研究、地球系统模式研发、气候影响风险评估、气候适应技术示范等方面的工作亟待强化。

2.2.3　促进生产发展对专业气象服务的需求

生产发展是增进人民安全福祉的必然要求，是中国坚定走文明发展道路的基础环节。党的十九大提出深化供给侧结构性改革、实施乡村振兴战略、区域协调发展战略等一系列建设现代化经济体系、推动生产发展的战略任务，这都迫切要求气象保障发挥更重要作用。气象工作关系到生产发展，必须坚定不移地将气象保障生产发展、推动经济高质量发展作为第一要务。要主动服务和融入国家现代化经济体系建设，深化气象服务供给侧结构性改革，完善农业气象服务体系，助力乡村振兴；以服务保障国家区域协调发展战略为重点推进气象区域协调发展，以智慧气象为目标提升气象服务核心科技实力；推进气象国有企业优化布局、调整结构，支持社会多元力量开展气象服务，促进气象产业不断发展，培育国际气象服务合作和竞争新优势，打造现代经济体系气象服务新高地。要做好面向各行各业的气象服务，大力发展农业、城市、水利、交通、环境、海洋等专业气象服务，建立上下联动、合作共赢机制，激发全社会气象服务创造力和发展活力，实现专业气象服务更大发展，为经济更高质量、更有效率、更加公平、更可持续发展提供有力保障。

2.2.4　保障生活富裕对公共气象服务的需求

全心全意为人民服务是气象工作的根本宗旨，增进民生福祉是气象事业发展的根本目的。气象工作关系生活富裕，必须坚定不移地把着力保障民生摆在气象工作的突出位置，不断满足人民群众美好生活对气象服务日益增长的需求。要大力发展公共气象服务，面向人民群众衣食住行等新期待，强化互联网、人工智能、大数据等技术应用，创新气象服务业态和模式，为人民群众高品质生活提供更加智能、精准、普惠的特色服务，使人民群众对气象服务的获得感、幸福感、安全感更加充实、更有保障、更可持续。要聚焦重点地区气象灾害监测网络建设、基层防灾减灾标准化、人工影响天气、气候资源开发利用、智慧农业气象服务等工作，推进城乡气象服务均等化；强化人工影响天气能力建设，加气候资源开发利用力度。

2.2.5　保障生态良好对生态气象发展的需求

党的十九大提出坚持人与自然和谐共生、建设美丽中国的战略要求。气候是影响自然生态系统的活跃因素，是人类社会赖以生存和发展的基础。气象工作关系生态良好，必然要求充分发挥其在生态系统保护中的服务支撑作用、在绿色发展中的基础保障作用、在突出环境问题治理中的先导联动作用、在与生态环境和资源保护相关的法定职能作用。要加快构建覆盖多领域的生态文明气象服务保障体系，加强生态状况气象监测、生态风险气象预警、生态经济气象支撑、生态治理气象保障，打造气候资源开发利用、气候可行性论证、“气候标志”认证、卫星遥感应用等气候生态服务品牌；开展生态保护重点区域气象保障示范建设，建立国家生态文明先行示范区气象样板，加强海洋资源开发和生态环境保护气象保障，提高生态文明气象保障服务依法履职水平。要有力推动环境改善、生态修复，坚持趋利避害并举、适应减缓并重，开展重大生态修复工程气象保障服务，加强生态修复型人工影响天气工作，做好美丽中国建设的参与者、守护者和贡献者。

2.2.6　国际气象科技合作与竞争的需求

大气无国界，气象事业发展离不开国内和国际合作。世界各国在防御极端灾害、应对气候变化实现可持续发展等方面，拥有重大共同利益，面临着重大共同挑战，需要国际社会携手合作。中国气象事业的快速发展，离不开对外开放和广泛合作。到21世纪中叶建成现代化气象强国，实现中国气象“全球观测、全球预报、全球服务、全球创新”，必须坚持对外开放的基本国策，坚持打开国门搞建设。但是，当前国际贸易保护主义抬头，国家间竞争力的争夺逐步升温到科技领域，势必对气象科技国际合作造成一定负面影响。尤其是在数值天气预报模式上，中国与世界先进水平还存在较大差距。国际航班和远洋船舶的气象服务几乎被国外垄断。如何运用好气象科技领域的国际合作机会，推进自力更生与“引进、消化、吸收、再创新”相结合，夯实中国气象科技的关键核心技术基础，是必需着力解决的重大问题。

此外，市场化进程的加快和服务市场的开放，对气象部门在气象服务提供中的主体作用，以及开放气象服务市场和加强市场监管提出了新的挑战。2019 年，世界气象大会首次召开了公私对话会议，并批准了有关公私关系的《日内瓦宣言——2019：构建天气、气候和水行动共同体》(WMO，2019)，表明了私营部门的能力在不断增强，参与全球气象治理的动力越来越足。未来在全球、区域、国家和地方等各个层面上，公共、私营和学术等部门以及民间团体之间将建立并加强包容性伙伴关系。

第3章 气象科技发展思路与目标

3.1 发展思路

“十四五”时期，气象科技发展的总体思路是：牢牢把握气象工作关系生命安全、生产发展、生活富裕、生态良好的战略定位，坚持围绕新时代国家发展战略需求和建设气象强国的战略目标，对标国际科学技术发展趋势，强化基础研究，突出自主创新、重点突破、支撑发展、引领未来，推动数据、算力、算法和应用协调发展，提高关键核心技术水平，提高新技术应用能力，提高监测精密、预报精准、服务精细能力，尊重科学、注重人才，坚持全球视野，创新发展模式。

气象科技发展要紧扣国家需求。气象事业是经济建设、国防建设、社会发展和人民生活的基础性公益事业，关乎生命安全、生产发展、生活富裕、生态良好等各个方面，发展气象科技意义重大、责任重大。党的十九大作出中国特色社会主义进入新时代、中国社会主要矛盾发生转变的重大论断。在新的历史时期，要致力于解决好社会主义现代化强国建设需求与气象发展不平衡不充分之间的矛盾，紧密围绕科教兴国、人才强国、创新驱动发展、乡村振兴、区域协调发展、可持续发展战略，以及防范化解重大风险、污染防治等国家战略和经济社会发展需求，突出科技引领，聚焦核心技术，优化资源配置，大力提高气象科技自主创新能力。

气象科技发展要与多领域科技创新融合。面对新时期发展需求和以大数据、人工智能、物联网、云计算、5G等为标志的新一轮信息技术进步，气象科技未来发展将以完备的数据为基础、以数值预报模式为核心、以大数据和人工智能等技术为支撑，瞄准地球系统发展方向，走向无缝隙、全覆盖、智能化、数字化。所以，发展数字气象将成为“十四五”气象科技发展的大方向。

发展数字气象包括以下几层含义：一是“以数据立气象”，力求把气象科研、业务、服务和管理等各项工作建立在完备、可靠、高品质的数据基础之上；二是“以数据强气象”，通过发掘利用数据资源，形成大数据驱动型的科研创新模式，激发创新活力，促进科研与业务深度融合，打通气象科技创新和经济社会发展之间的通道，做强气象；三是“依靠数据治理气象”，通过建设数字气象，整合打通全行业乃至全社会气象数据资源，推进跨层级、跨地域、跨部门、跨业务的管理协同、业务协同和服务协同。

数字气象强调数据(data)、算力(computing power)、算法(algorithm)三要素的有机结合。

一要夯实数据基础。着眼于地球系统框架下多圈层基础观测数据的获取，以及大数据理念下多元综合数据的积累，努力实现气象行业数据(包括：气象科研、业务、服务和管理数据等)、非常规数据(包括：非常规观测数据和可提取出气象信息的各种非气象类数据)、空间地理数据、社会经济数据(如：水文、环境、农业、交通、能源、旅游、卫生、金融等)的数据融合，为全面展现地球气候系统的历史和现状、精准预报天气、制作基于影响的预报和风险预警提供完备可靠的数据资源。

二是提升算力资源。通过推进先进计算技术、存储技术、通信技术、智能技术、传感技术和可视化技术及产品在气象领域的应用，大力提升多源数据获取和存储能力、大数据管理和质量控制能力、数据处理的硬软件支撑能力（特别是高性能计算能力），以及智能数据产品加工与服务提供能力等"四大能力"，为气象科技发展提供基础保障。与数据和算法相比，算力资源的提升更多依赖投资拉动。

三是健全算法体系。多措并举、分级推进气象算法体系建设。一级算法以数值模式发展和应用为核心，现阶段以气候系统模式为起点，远期以地球系统模式为方向，鼓励科研院所、企业与政府部门协同研发。二级算法是对数值模式不确定性问题的认识、评估和改进，在加强对灾害性天气气候特征规律深入认识的基础上，发展以大数据、人工智能技术和方法为支撑的气象预报算法，支撑实况分析、监测评估、智能网格预报、影响预报、风险预警、专业预报等业务，实现气象预报产品客观化处理和数字化呈现，在数值模式基础上进一步提升预报预测精准度。三级算法是为了把气象信息转化为社会生产力，充分发挥气象服务的社会效益和经济效益。现阶段，三级算法的发展特别注重采用信息新技术，拓展环境、农业、海洋、航空、水文、能源、空间天气等专业算法，实现自然科学和社会科学理论与方法的结合。三级算法的研发可以采用以市场为主体的发展模式。在整个算法体系中，一级算法是重中之重，是发展气象科技、建设气象强国的立足之本。

发展气象科技是一项长期而艰巨的任务。要增强发展动能、实现可持续发展，就要强化基础、尊重科学、注重人才，坚持全球视野，创新发展模式。强化基础，就是要抓好基础研究、基础数据和基础平台建设工作，为"十四五"乃至更长期气象科技可持续发展奠定坚实基础。尊重科学，就是在制定目标和任务时，一定要实事求是、不能"贪功冒进"，要敢于直面问题、不追求不切实际的"国际领先"，要正确处理好技术引进和自主研发的关系。注重人才，就是要认识到大量流动的技术信息与能够运用这些信息的技术能力间的差异，理解后者才是气象科技进步的关键，且其依附于科技人才自身，并非花钱可以买到。

选择发展方式与选择发展方向一样，对于促进气象科技发展起着至关重要的作用，需要理论与实践相结合。

从一般规律看，国内外科技创新发展方式以各国的要素条件、市场体制和政府为基础，大致可以分为：政府驱动科学研究、政府驱动企业创新、市场驱动下政府支持企业创新、市场驱动下科研机构协同企业创新等几种类型（郭凤娥，2020）。中国气象科技发展从起步至今，一贯采用的是政府驱动科学研究方式，其他几种发展方式虽有萌芽，但其规模和作用尚远不能与政府驱动科学研究方式相提并论。值得反思的是，与航天行业相比，同样是采用政府驱动科学研究的发展方式，为什么气象科技却没能充分发挥出"举国体制"的优势呢？反倒在一些关键科技领域显得"小而散"、甚至与国际先进水平差距拉大呢？

以数值预报技术为例：1904 年大气运动方程组的概念被提出，1922 年理查森进行了数值预报试验（但以失败告终），直到在 1950 年，"计算机之父"冯·诺依曼和美国气象学家查尼，用刚刚诞生的世界上第一台电子计算机 ENIAC，成功进行了欧洲地区 24 小时数值预报（许小峰和张萌，2014）。仅过了 4 年，中国就于 1954 年开始了数值天气预报研究，是国际上较早开展数值天气预报的国家之一。虽然到目前为止，中国已经建立起自主研发的数值预报业务体系，但与国际主要数值天气预报业务中心相比，中国在全球预报能力和预报分辨率、卫星资料应用数量等指标上存在不小差距，还缺乏陆面、积雪、海温、海冰等资料同化系统，尚不能实现完全的业务闭合，尤其是缺乏面向未来发展、基于地球系统的预报预测技术研发基础与能力（沈学顺 等，2020）。除整体水平存在差距外，研发团队"小而散"的问题也很突出。在参加国际耦合模式比较计划的开发队伍中，德国马普气象研究所、美国国家大气研究中心、英国气象局哈德莱中心的模式研发人员均在 70 人以上，除了模式研发人员，还有约 15％的工程技术人员支撑模式研发工作。而中国每支队伍人数明显偏少，普遍在 20 人左右，国家气候中心研发人员不足美国国家大气研究中心的 1/4。借鉴航天行业经验，围绕数值模式发展，组织推动国家重大工程建设，凝聚科研院所和企业科技资源，是在"政府驱动科学研究"方式下发挥新型举国体制优势的一条可行路径。

此外，在国际气象领域发展中，企业在气象科技发展中发挥着日益活跃、积极的作用。随着社会对气候变化的重视和气象产业价值的认知，国际著名信息技术企业 IBM 公司、电子产品制造商松下公司、农业生物技术企业孟山都公司，以及金融机构世界银行等都纷纷"跨界"涉入气象行业，跨界颠覆式创新已成星火燎原之势。继 2016 年，松下公司声称自己研发出了"世界上最好的气象模式"之后，2019 年，国际著名信息技术企业 IBM 公司又高调宣布提供"世界上分辨率最高的全球数值天气预报模式"。虽然从纯学术角度上讲，松下公司的 PWS 模式和 IBM 公司的 GRAF 模式，还称不上对现有天气预报模式的"颠覆"，但也足见企业在气象科技发展中试图并已经占有一席之地。可以预见，随着人工智能、大数据、物联网等技术对未来气象科技发展的影响不断深化，国内外高新技术企业和气象服务企业将具备更强的竞争实力，成为推动气象科技发展的主力军之一。因此，"市场驱动下政府支持企业创新"和"市场驱动下科研机构协同企业创新"必将与"政府驱动科学研究"方式相结合，成为推动中国气象科技发展的重要驱动力。

3.2　预期目标

面向生命安全、生产发展、生活富裕、生态良好，提升监测精密、预报精准、服务精细能力，建成具有中国特色的、国际领先的现代化气象强国，是我国气象事业未来发展的总目标。实现这一目标，或许需要几十年时间的不懈努力。"十四五"时期是一个关键期，是先进信息技术与传统气象科技深度融合和转型发展的重要机遇期。在气象科技发展目标的设定上，既要对标国际最高水平，又要脚踏实地、立足自立自强。到 2025 年，要努力建成布局合理、开放高效、支撑有力、充满活力的气象科技创新体系。到 2035 年，气象科技整体实力达到同期世界先进水平，在若干领域达到或接近国际领先水平，气象强国基础更加坚实。

3.2.1　2025 年目标

到 2025 年，建成现代气象业务体系、服务体系、科技创新体系和治理体系，形成气象高质量发展新格局，气象对国家战略的支撑作用更加凸显，气象综合防灾减灾能力明显提升，公共气象服务供给更加优质，气象赋能经济社会发展成效显著，气象关键核心技术自主可控能力取得较大突破，气象综合实力达到世界先进水平，气象灾害预报预警、气象服务、气象卫星等领域保持世界领先。气象基础研究和应用基础研究水平显著提高，人工智能、大数据等新技术与气象融合应用取得重大进展。综合探测能力达到或接近国际先进水平，初步实现全球监测能力；卫星资料在数值模式资料同化中占比达 90％；非传统观测数据的收集应用能力大幅提升；气象装备国产化程度进一步提高。数值预报向天气气候一体化方向迈进，有效预报天数和时空分辨率进一步提高。建立起多尺度全覆盖智能网格预报体系。建成气象精细服务体系，专业气象服务技术水平达到或接近国际先进水平，具备全球服务能力。

观测方面。通过优化“广覆盖”的气象观测站网、发展“细分辨”的气象观测装备、提供“高精度”的气象观测数据、丰富“深应用”的气象观测产品体系，完善以自动化为基础、以数据为中心、以质量管理体系为保障的，布局统筹集约、流程高效顺畅的现代化综合气象观测业务技术体系。

预报方面。面向地球系统，建立无缝隙、全覆盖、精准化、智能型的预报预测业务体系，预报预测精准度达到世界领先水平，核心技术自主可控并进入世界先进行列，气象综合预报预测分析平台协同智能高效，为实现以“地球系统科学”为核心内容的气象预报预测业务现代化奠定坚实基础。

服务方面。全面建成精细化气象服务需求智能感知、服务产品精细化加工、气象服务按需供给的智慧业务服务体系，打造形成开放融合共享的气象服务生态。气象在保障国家重大战略、发展全球气象服务和服务人民中的作用显著增强。

数据和信息网络方面。初步形成全球覆盖、要素完备、质量可信、开放有序的地球系统数据体系，建成布局集约、技术先进、效能卓越、安全可控的国家气象高性能计算能力及关键共性技术平台，建立起一级部署、多级应用的“云＋端”气象业务技术体系，全面支撑智能观测、无缝隙预报和智慧服务研究、业务及应用创新。

3.2.2　2035 年目标

到 2035 年，初步建成气象强国。气象科技水平与创新能力大幅跃升，地球系统模式等关键核心技术实现重大突破，建立世界先进、面向全球的监测精密、预报精准、服务精细的气象业务体系，全社会气象防灾减灾能力大幅提升，实现气象基本公共服务均等化，气象保障国家重大战略和服务国计民生水平显著增强，气象综合实力达到同期世界先进水平，为我国全面建成社会主义现代化强国作出更大贡献。

第 4 章　气象业务技术体系架构

就气象部门而言，构建完整清晰的气象业务技术体系，对内有助于提高规划设计、组织管理和资源配置的科学性，对外有助于提升政府、企业、社会组织和公众对气象工作的了解和参与度。对已经从事或有意投入气象科研工作的科技人员和管理者而言，则能够通过气象业务技术体系了解气象研究型业务的构成及关联关系，获悉今后重点支持的领域，从而更好地选择研究方向。

4.1　总体架构

现代气象业务体系由服务业务、基础业务和支撑业务等三部分构成（图 4.1）。

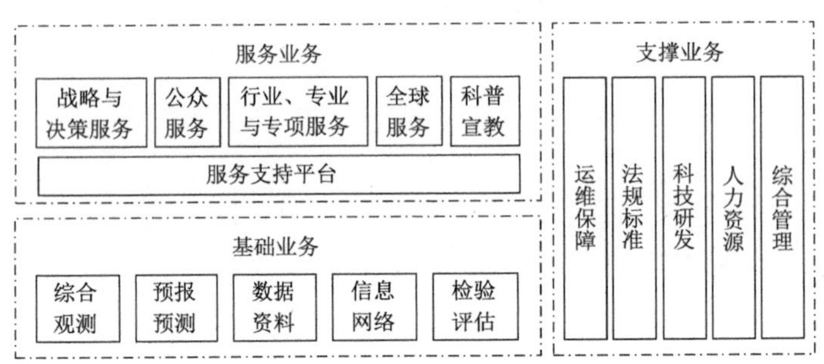

图 4.1　气象业务体系总体框架

服务业务面向政府部门、企业和社会公众等各类气象服务用户，以科学应对天气气候事件、满足生产生活需求和有效利用气象资源为目的，提供用户所需气象信息和相关技术支持，主要包括：战略与决策服务、公众服务、行业/专业/专项服务、全球服务、科普宣教和服务支持平台等内容。

基础业务面向各种天气气候等自然要素和状况，以精确感知、记录和准确预测为目的，为气象服务提供支持，主要包括：综合观测、预报预测、数据资料、信息网络和检验评估等内容。

支撑业务为基础业务和服务业务的运行与发展提供必要保障，主要包括：运维保障、法规标准、科技研发、人力资源、综合管理等内容。

4.2　服务业务

4.2.1　概述

根据服务对象和业务特点的差异，可以把服务业务划分为战略与决策服务、公众服务、行业/专业/专项服务、全球服务、科普宣教和服务支持平台等 6 项内容，共同构成适应时代发展需求的现代气象服务业务体系(图 4.2)。

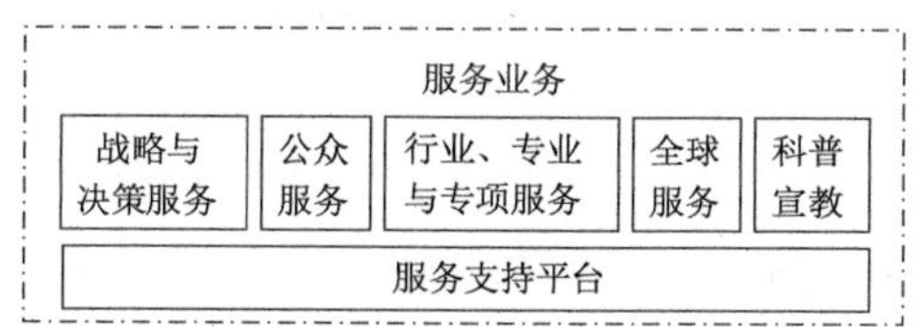

图 4.2　服务业务体系结构

服务业务各部分特点如表 4.1 所列。

表 4.1　服务业务各项内容及特点

序号	业务名称	主要服务对象	业务特点	服务提供主体	备注
1	战略与决策服务	政府部门	政策性强	气象部门为主体	
2	公众服务	社会公众	公益性强	气象部门主导，企业和社会团体参与	以无偿服务为主，也可以包括少量有偿服务。
3	行业、专业与专项服务	特殊需求用户	专属性强	企业为主体，气象部门参与并引导	服务内容包括人工影响天气、防雷、空间天气等。
4	全球服务	跨境用户	需要遵从国际规约	企业为主体，气象部门参与并引导	港澳台气象服务属于国内服务，参照全球服务方式开展。
5	科普宣教	所有用户	传播知识和方法	气象部门为主体	科教宣传是“授之以渔”，其他服务是“授之以鱼”。
6	服务支持平台	气象服务行业从业者	效益间接体现	气象部门与平台企业为共同主体	通过平台用户，间接发挥气象服务效益。

战略与决策服务主要面向各级政府部门的相关负责人，以辅助政府部门制定政策和科学决策为目的，政策性强、责任重大，一直由气象部门作为服务主体。

公众服务面向社会公众，注重社会效益，公益性强。由于往往需要较大投资且利润低(甚至是零利润或负利润)，难以依靠市场机制实现，需要以气象部门为服务主体并发挥主导作用，但也并不排斥企业和社会团体的参与。

行业、专业与专项服务主要面向各行各业主管机构和商业用户，服务的专属性强。根据具体用户的需求和特点，由气象部门与社会企业单独或共同承担。总体而言，采用市场机制、以企业为主体开展行业、专业与专项服务，有利于合理配置资源、提高服务质量。气象部门有限参与，主要承担一些投入大(如:发射空间气象卫星)、安全要求高(如:人影弹药管理)的业务。

全球服务面向跨境用户，除必须遵守中国的法律法规外，还要遵从国际惯例和其他国家(或地区)的法律法规，适合以社会企业为主体，气象部门发挥支撑、参与和引导作用。基于我国“一国两制”政策，港澳台气象服务可以参照全球服务方式开展。

科教宣传面向所有用户，与其他种类的气象服务不同，以传播知识和方法而非天气信息为目的，除特殊情况（如灾前紧急动员宣教）外，对时效性要求不是很高（这一点与气象预警信息发布服务截然不同）。出于其公益特性，以往一般有气象部门承担，但随着兼具旅游养生休闲等多功能科教宣传基地（如：气象公园、展馆等）的建设，盈利渠道有一定拓宽，市场机制或可发挥更大作用，供给侧结构也将发生变化。

服务支持平台面向气象服务行业从业者，为企业、组织或个人开展气象服务提供数据、算法、算力和政策环境等支撑。其服务效益一般通过平台用户的业绩间接体现。在“硬件”方面，平台的建设和运行管理，可以由气象部门与平台企业共同承担，部分有条件的地区也可以依托政府大数据平台开展服务。在“软件”方面，包括平台监管和配套政策等，仍将以气象部门为主。

4.2.2 战略与决策服务

战略与决策服务围绕国家发展战略，以各级政府部门为主要服务对象，提供防灾减灾、产业发展、市政运行管理和生态文明建设等方面所需的气象服务。根据服务性质，可以分为国家战略服务和辅助决策服务（图 4.3）。

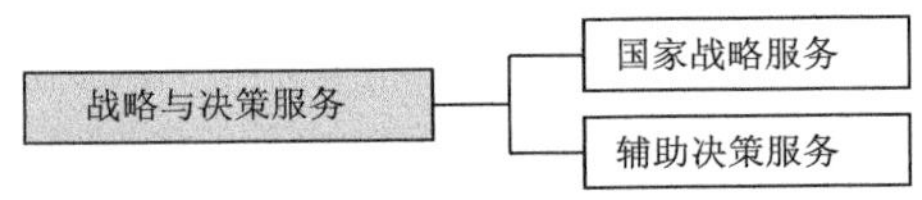

图 4.3 战略与决策服务内容结构

国家战略服务从属于国家战略，其内容不断随国家战略调整而发生变化，一般有较明确的时段要求，需要由中国气象局统一组织，制定专项规划、计划或方案，统筹实施。“十四五”时期，主要包括：乡村振兴战略气象服务、区域协调发展战略气象服务、创新驱动战略气象服务等。其中，区域协调发展战略气象服务又包括：京津冀协同发展气象服务、长江经济带气象服务、粤港澳大湾区气象服务、雄安新区建设气象服务、长三角一体化发展气象服务、黄河流域生态保护和高质量发展气象服务等。

辅助决策服务（或称“决策服务”）指为各级党、政、军领导和决策部门指挥生产、组织防灾减灾，以及在气候资源合理开发利用和环境保护等方面进行科学决策提供气象信息和技术支持，需要长期开展、不断深化。

4.2.3 公众服务

公众服务指通过电视、广播、互联网、报纸、电话、手机、电子显示屏、大喇叭等多种信息传播方式，向社会公众提供公益性气象信息。公众服务是直接面向广大人民群众的气象服务，公益性服务性质突出。现阶段公众服务主要包括：灾害性天气、气象灾害预报预警服务，面向公众生产生活的多样化气象服务，重大天气气候事件和实况监测资讯服务等（郑国光，2016）。“十四五”时期主要发展方向是：基于对用户行为的分析与感知，打造认识用户—分析用户—服务用户的气象服务新模式，实现基于位置和场景、精准推送的普惠化、分众式服务。

4.2.4 行业、专业与专项服务

一般常按服务的对象、性质、内容或手段等对气象服务进行分类。其中，按照服务对象可

以分为决策、公众、专业、专项四类。而历史上“专业气象服务”一词主要与气象部门的有偿服务联系在一起，将气象部门开展的成本补偿性气象服务叫作专业（有偿）气象服务。随着业务的不断发展，专业服务增加了许多面向全行业的、无偿的气象服务，且往往与决策服务、公众服务混杂在一起，如：地质灾害气象服务等。这就导致了分类的交叉、混乱①。因此，有必要把行业气象服务和专业气象服务、专项气象服务加以区分（图 4.4）。

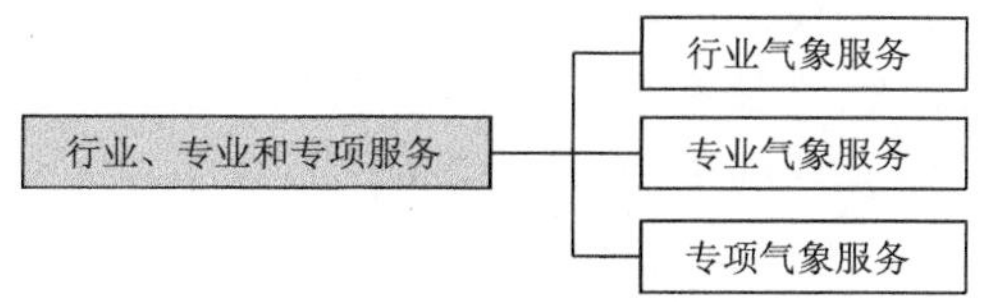

图 4.4　行业、专业和专项服务内容结构

实际工作中，虽然行业、专业与专项气象服务的界限有时存在交叉，但总体而言，其主要内容、服务对象、业务特点等各具特色（表 4.2）。

表 4.2　行业、专业与专项服务特点比较

序号	业务名称	主要内容	服务对象	业务特点	备注
1	行业气象服务	通过将气象与某特定行业或领域结合，针对特定需求，提供的专业化、精细化、个性化气象服务，如：农业气象服务、交通气象服务、旅游气象服务等。	以各行业主管部门为主，也包括社会公众、行业组织或相关企业	行业针对性强，有偿与无偿相结合。	
2	专业气象服务	同上。	企事业单位等商业用户	按市场机制运作，采用有偿服务方式。	气象部门提供专业气象服务，以成本补偿为准，与社会企业以营利为目的的“商业服务”不同。
3	专项气象服务	面向有非常规需求（如：改变天气、保障航天器发射等）的特定用户，提供特殊服务（如：人工影响天气、空间天气预报预警、防雷服务等）。	特定用户（如：活动组织者、工程建设者等）	针对非常规需求，有偿与无偿相结合。	含空间天气、人工影响天气、防雷气象服务等。

行业气象服务指通过将气象与某特定行业或领域结合，针对特定需求，提供的专业化、精细化、个性化气象服务。服务对象以各行业主管部门为主，也包括社会公众、行业组织或相关企业。主要包括：农业气象服务、交通气象服务、能源气象服务、旅游气象服务等。行业针对性强，采用有偿与无偿方式相结合。

专业气象服务指面向企事业单位等商业用户提供有偿服务。宜采用市场机制，以社会企业为主体，气象部门有限参与。同时，在部分领域，气象部门要协同其他政府部门，依法依规发挥监管和引导作用。气象部门和社会企业提供的专业服务，虽然同样属于有偿服务，但气象部门以成本补偿为准，与企业以营利为主要目的的“商业服务”有所区别。

---

① 孙健，关于明确“专业气象服务”与“行业气象服务”内涵界定的报告。

专项气象服务指为保障重大活动、重大工程、国防建设和应对突发公共事件等提供的气象服务(全国气象防灾减灾标准化技术委员会,2011)。如:向有非常规需求(如:改变天气、保障航天器发射等)的特定用户,提供特殊服务(如:人工影响天气、空间天气预报预警、防雷气象服务等)。由于所需投入大(如:发射空间天气卫星)、安全要求高(如:人影弹药管理),大部分以气象部门为主体。人工影响天气、防雷和空间天气业务等属于专项气象服务范畴。人工影响天气业务是应用大气物理基本原理,对云雾等实施人工影响的工程技术措施,以达到增减雨、防雹、消雾、防霜等目的。防雷气象服务指为保护建筑物、电力系统及其他装置和设施免受雷电损害而开展的气象专项服务。空间天气业务是传统气象关注的地球低层大气在空间上的延伸。随着供给侧改革的深入,防雷气象服务体制已经发生了重大变化,企业为主体、市场化运作的机制日趋完善。

4.2.5 全球服务

全球服务面向跨境用户,与国内气象服务最大的区别是:除必须遵守中国的法律法规外,还需要遵从相关国际惯例或其他国家(或地区)法律法规。基于我国"一国两制"政策,港澳台气象服务可以参照全球服务方式开展。根据服务特点,可以把全球服务分为全球常规服务和地区专属服务(图 4.5)。

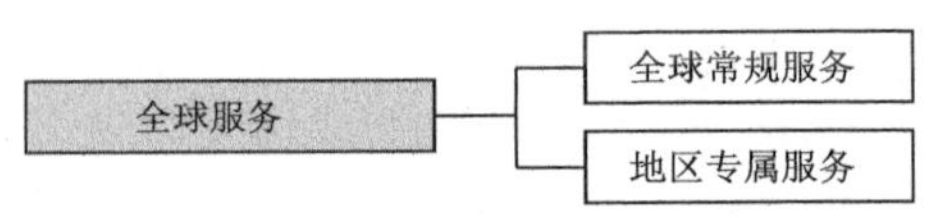

图 4.5 全球服务内容结构

全球常规服务涵盖全球范围,不特意区分国别(或地区),同等对待。根据是否签署国际合作协议或有无国际组织(如:世界气象组织)章程可循,可以分为"有规约全球服务"和"无规约全球服务"。前者有履约义务(如:参与世界气象组织要求的全球气象观测数据交换),后者有更大自主权,相当于"规定动作"和"自选动作"。但无论是否签署协议,都必须在国际公约框架下参照国际惯例实施。

地区专属服务面向境外不同国家或地区,从我国战略需求出发,采取相应的差异化服务策略。目前,需要特别关注的是周边国家气象服务、"一带一路"沿线国家和地区气象服务。此二者对于保障我国的国家安全和经济社会发展具有重要的特殊意义。此外,对不同国家或地区提供服务的方式和重点也所差异,比如在 21 世纪初,面向非洲的气象服务侧重技术和设备援助,面向欧美国家的气象服务侧重信息服务与科技合作。

4.2.6 科普宣教

科普宣教对于增强公众的公共安全意识、社会责任意识和自救、互救能力,提高各级组织的应急管理水平,最大程度地预防和减少气象灾害造成的损害,具有十分重要的意义。如果说,上述几类气象服务是对用户"授之于鱼",那么,科普宣教的目的就是"授之以渔",促使各类用户能够主动、正确地理解气象信息、科学应对。科普宣教主要包括科普教育和宣传报道两部分(图 4.6)。

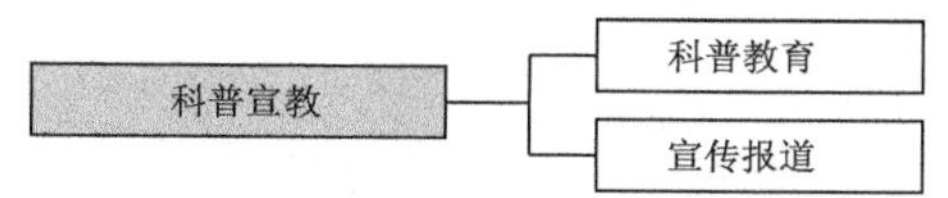

图 4.6　科普宣教内容结构

科普教育的目的是为了助力气象事业改革发展和全民科学素质提升，要坚持公益性基本定位，坚持以气象现代化建设为依托，以提升公民气象科学素质、加强气象科普能力建设为重点，深入推进气象科普社会化、专业化和品牌化发展。鼓励创新，切实提高气象科普的质量和效益，更好地服务于广大人民群众和经济社会发展，为建设创新型国家和世界科技强国作出新的更大的贡献①。

宣传报道是气象部门对外宣传发展路线、方针、政策，以及天气气候事件相关新闻要闻等的重要手段，在增强气象部门"软实力"和助推气象强国建设中起着不可忽视的作用。

4.2.7　服务支持平台

为了优化资源配置、促进跨界融通发展和改善政务服务、推动产业升级，各级政府非常重视"平台经济"和政府服务平台的建设。服务支持平台不是单纯的业务系统，而是代表了新的服务理念和模式。从组织和管理角度出发，气象服务支持平台按平台可以分为"自有服务平台"和"其他服务平台"两类(图 4.7)。

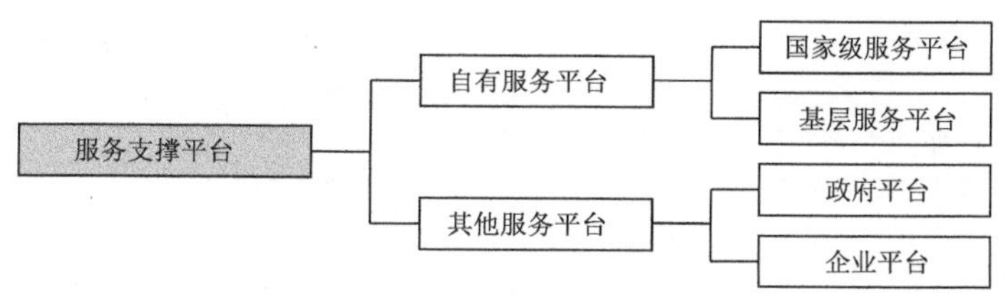

图 4.7　服务支持平台内容结构

自有服务平台指由气象部门单独管理的平台，按级别可以分为"国家级服务平台"和"基层服务平台"，两者管理主体和服务对象范围不同。

其他服务平台指不由气象部门单独管理的共建平台或第三方平台，按属性可以分为"政府平台"和"企业平台"。前者包括各级政府建设的大数据中心、云平台、"城市大脑"等，部分允许自愿接入，更多的则带有强制性，以实现政府公共服务的集约化和群众使用的便捷化；后者建立于市场基础之上，通过市场竞争逐步确立了优势地位，如微信、微博、阿里云、华为云、百度云等。

服务平台不仅供"内用"，也供"外用"，除了支撑气象部门开展国内外气象服务和科普宣教外，还支撑其他部门、科研院所、企业、社会组织或个人应用。

---

① 中国气象局，《气象科普发展规划(2019—2025 年)》。

4.3 基础业务

4.3.1 概述

基础业务面向各种天气气候等自然要素和状况，以精密监测和精准预报为目的，为气象服务提供支持。在现代气象业务体系中，除了要继续强化综合观测、预报预测和信息网络业务外，数据资料业务和检验评估业务的地位也有待提升(图 4.8)。

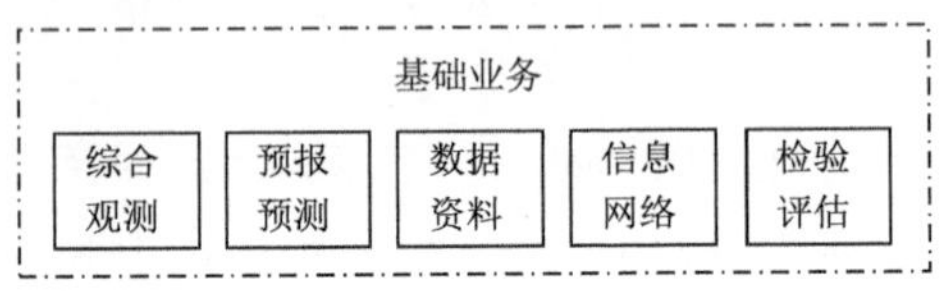

图 4.8 基础业务体系结构

基础业务各部分特点如表 4.3 所列。

表 4.3 各项基础业务定位、方向、布局与分工

序号	业务名称	业务定位	发展方向	业务布局与分工
1	综合观测	获取各种大气信息及相关地球物理参数	面向地球系统多圈层的智能化协同观测	从不同角度，可以把综合观测系统划分为多个子系统(或称观测站网、观测网络)，进行布局设计。 · 按观测方式，可分为：地基观测、空基观测和天基观测[1] · 按质量标准，可分为：基准网络、基线网络和综合网络[2] · 按功能定位，可分为：气候观测、天气观测和专项观测[3] 综合观测业务由国家统筹规划、各级分布实施、社会观测辅助。并在世界气象组织框架下开展全球观测。
2	预报预测	预测未来大气变化过程与状况，并对人类生产生活、经济社会发展和生态环境可能产生的影响进行分析预测。	智能化、数字化、无缝隙的“地球系统”精准预报	数值模式由国家和区域两级研发运行；智能网格预报“两级集约、三级布局”。[4] “十四五”时期，预报预测业务技术研发和产品制作向国家级和省级集中，产品应用和检验反馈业务向市级和县级下沉。[5]
3	数据资料	数据资源管理、加工和服务	有序开放共享气象大数据资源，并构建“数字大气”	数据资源管理向国家级集中；国省地县各级各有侧重开展数据加工应用业务。

续表

序号	业务名称	业务定位	发展方向	业务布局与分工
4	信息网络	提供计算、通信和存储资源	高效实用、智能绿色、安全可靠	高度集约的“云＋端”布局。“十四五”时期，气象信息网络重点在国省两级布局，技术上从“国省联通”两级架构向“国省协同”一级架构演变，国省协同打造气象大数据云平台，全面支撑气象业务、政务、科研和服务。省以下部门作为应用端或边缘站接入。[6]
5	检验评估	业务质量评测、分析与反馈	跨部门、跨业务、跨平台联动	重点在国省两级集约化布局，并以独立第三方评估作为补充。

注 1：郑国光，中国气象百科全书·综合卷[M]. 北京：气象出版社，2016.

注 2：WMO，《全球综合观测系统 2040 年愿景(2019 年版)》(WMO-No. 1243)。

注 3：参考《综合气象观测业务发展“十四五”规划(过程稿)》。《综合气象观测业务发展“十四五”规划(过程稿)》中提出“形成长期稳定、覆盖全面的气候及气候变化观测系统，更加精细立体的天气观测系统，服务国家重大需求的专业气象观测系统。”

注 4：中国气象局在《无缝隙全覆盖智能网格预报行动计划(2018—2025 年)》中提出“智能网格预报业务采用“两级集约、三级布局”，预报技术研发和网格预报产品制作在国家级和省级集约布局发展，预报业务及应用在国家级、省级和市县级布局，市县级重点做好预报应用服务。”

注 5：中国气象局，《气象预报业务发展规划(2021—2025 年)》(报批稿)。

注 6：中国气象局，《气象信息网络业务发展规划(2021—2025 年)》(初稿)。

综合观测业务以获取各种大气信息及相关地球物理参数为业务目标，向着地球系统多圈层观测、智能化协同化观测方向发展。从不同角度，可以把综合观测系统划分为多个子系统(或称观测站网、观测网络)。按照观测方式，可以分为：地基观测(在陆面或海面开展的气象观测业务)、空基观测(基于气球、飞机、火箭和其他浮空平台开展的气象观测业务)和天基观测(通过卫星开展的气象观测业务)。按照观测质量要求从高到低，可以分为：基准网络(性能级别要求最高，仪器需要适当校准以提供高质量数据，要进行误差分析，并保证观测数据的可追溯性，数据质量最好)、基线网络(性能级别要求略低于基准网络，元数据要符合世界气象组织全球综合观测系统标准，数据质量较好)和综合网络(覆盖面广，在很大程度上是自组织的，集中管理和控制程度低，元数据可能不完整。例如：众包观测、由智能手机或汽车上传感器采集的观测数据等，数据质量较差)。按照功能定位，可以分为：气候观测(长期稳定、覆盖全面的气候及气候变化观测业务)、天气观测(按照常规天气预报预警服务需求建设的观测站网)和专项观测(针对不同行业领域特殊需求开展的气象观测业务，往往具有特殊的布局原则或观测要素)。综合观测业务由国家统筹规划、各级分步实施，并以社会观测作为辅助手段。全球观测要在世界气象组织框架下开展。

预报预测业务以预测未来大气变化过程与状况，并对人类生产生活、经济社会发展和生态环境可能产生的影响进行分析预测为业务目标，向着智能化、数字化、无缝隙的“地球系统”精准预报方向发展。在业务布局上，数值模式由国家和区域两级研发运行，智能网格预报采用“两级集约、三级布局”，即：预报技术研发和网格预报产品制作在国家级和省级集约布局发展，预报业务及应用在国家级、省级和市县级布局，市县级重点做好预报应用服务①。“十四五”时

① 中国气象局，《无缝隙全覆盖智能网格预报行动计划(2018—2025 年)》。

期，预报预测业务技术研发和产品制作向国家级和省级集中，产品应用和检验反馈业务向市级和县级下沉。国家级加强基础科学研究、核心技术研发、通用技术和业务平台开发，负责开展数值预报、实况监测、短时、短中期、延伸期天气预报和气象灾害预警及其影响预报和风险预警业务，负责次季节、季节、年、年代际气候监测评估和预测、生态和气候资源预测、气候应用服务，强化国家级技术引领和产品支撑的牵头作用。省级开展本地实况监测、临近短时、短中期天气预报和气象灾害预警及其影响预报和风险预警业务，开展精细化的次季节、季节、年际和区域特色气候监测评估和预测、生态和气候资源预测、气候应用服务，组织下级做好精准预报预警业务，统筹市、县级业务人才开展预报客观算法研发和改进，强化省级技术引领和产品支撑的关键作用。市级开展责任区内实时监测、气象灾害预报预警和气候应用服务业务，提高本地实况、预报预测产品的应用能力，完善富有本地特色的气象预报服务。县级开展责任区内实时监测、气象灾害预报预警和气候应用服务业务，按需加强预报预测产品的服务应用①。

数据资料业务既包括与其他行业相似的数据管理和服务业务，也包括气象行业特有的数据再分析和数据集加工制作业务，并以后者为核心，目的是利用气象数据资料还原历史真相、揭示自然规律。其发展方向是有序开放共享并构建"数字大气"。在业务布局上，数据资源管理业务向国家级集中，数据加工应用业务在国省地县各级开展，各有侧重。

参阅材料 4-1　数字孪生大气、数字大气、数字地球、数字气象和智慧气象等概念辨析

在学术期刊、报纸或网络上，读者或许见到过数字孪生大气、数字大气、数字地球、数字气象和智慧气象等若干相似或相关的名字，有些是从外文资料翻译得来的，有些则是国内首先提出的。但对这些名字的含义，要么没说，要么说法各异，结果是名字越多越令人糊涂。本书无意纠缠于法律条文式的定义，但可以通过比较分析的方式，使读者对这些名字间的相互关系有个大致的认识。

排除各国语言文字和文化背景的差异，仅就汉语词意来分析，数字孪生大气、数字大气、数字地球、数字气象和智慧气象的相互关系如图 4.9 所示。

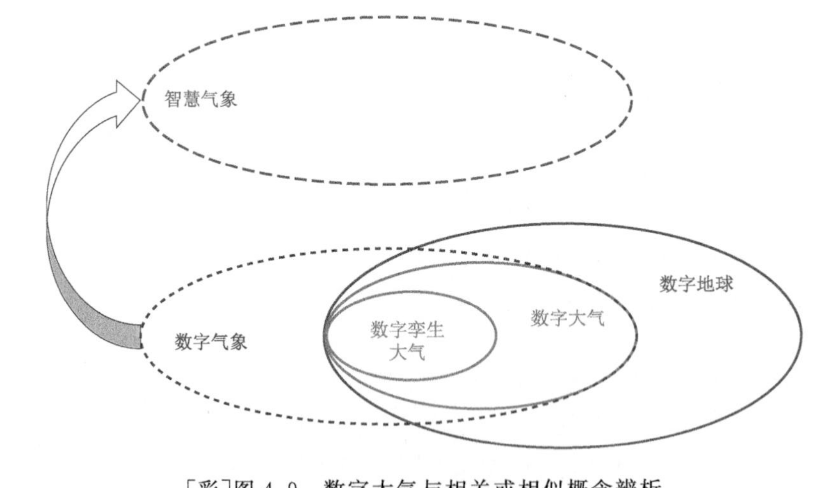

[彩]图 4.9　数字大气与相关或相似概念辨析

① 中国气象局，《气象预报业务发展规划(2021—2025 年)》(报批稿)。

“数字孪生大气”就是要用数字精确地描述地球大气的真实状态。“孪生”的核心要义就是“像”，即：要有都有，要没有都没有。而“数字大气”除了包含“数字孪生大气”的这层含义外，还包括对地球大气不曾存在、甚至不可能存在的状态进行人为模拟和分析，因此，“数字大气”的内涵比“数字孪生大气”更为丰富。

因为“大气”是“地球系统”的一部分，所以“数字大气”是“数字地球”的一个子集。

“数字大气”和“数字地球”都是从自然事物的角度来命名的，而“数字气象”则与“数字水利”“数字林业”一样，是从行业领域角度来命名的。“数字气象”涉及“数字大气”、甚至“数字地球”之外的内容，例如：业务管理、计划财务、工程项目管理等数字化。

“智慧气象”是“数字气象”发展的更高阶段。例如：在国家林业局印发的《中国智慧林业发展指导意见》中提出：“智慧林业”将在“数字林业”的基础上，全面应用云计算、物联网、移动互联、大数据等新一代信息技术，使林业实现智慧感知、智慧管理、智慧服务①。在《中华人民共和国国民经济和社会发展第十四个五年规划和 2035 年远景目标纲要》中，则把“智慧能源”“智慧农业及水利”“智慧政务”等称为“数字化应用场景”。

信息网络业务为其他各项业务提供计算资源、通信资源和存储资源支撑，以高效实用、智能绿色、安全可靠为“十四五”时期的发展方向，将采用高度集约的“云＋端”型业务布局。“十四五”时期，气象信息网络重点在国省两级布局，技术上从“国省联通”两级架构向“国省协同”一级架构演变，国省协同打造气象大数据云平台，全面支撑气象业务、政务、科研和服务。省以下部门作为应用端或边缘站接入。

检验评估业务以业务质量评测、分析与反馈为主要内容，把各项业务环节连成闭环，促进业务质量持续提升。在发展方向上，从不同部门和业务独立检验评估向着跨部门、跨业务、跨平台联动方向发展。在业务布局上，强调国省两级集约化布局，并以独立第三方评估作为必要补充。

4.3.2　综合观测业务

综合观测业务是为了获取各种大气信息及相关地球物理参数，按不同方式，可以有多种不同划分方式。按照观测方式，可以把综合观测业务分为：地基观测、空基观测和天基观测，有兴趣的读者可以查阅《中国气象百科全书》（郑国光，2016）了解更多信息。按照质量标准，可以把综合观测业务分为：基准网络、基线网络和综合网络，相关内容可参见本书第一章对《世界气象组织全球综合观测系统（WIGOS）2040 年愿景》的介绍（WMO，2019）。按照功能定位，可以把综合观测业务分为：气候观测、天气观测和专项观测，在中国气象局相关文件中曾提出：推进“一站多用、一网多能”的气象观测站网布局，以服务国家重大战略和保障高质量核心气象业务发展为方向，构建由 1 个气候及气候变化观测网、1 个天气观测网和多个专业气象观测网等组成的“1＋1＋N”的综合气象观测站网体系，形成长期稳定、覆盖全面的气候及气候变化观测系统，更加精细立体的天气观测系统，服务国家重大需求的专业气象观测系统。

除上述按观测方式、按质量标准和按功能定位划分内部结构外，还可以从更加宏观的视

① http://www.gov.cn/jrzg/2013-08/24/content_2473311.htm

角，把综合观测业务划分为空间层、目标层和方法层等三个层次（图 4.10）。

［彩］图 4.10　综合观测业务体系结构

第一层　空间层（Where）：即在什么位置？监测什么区域？涵盖“地空天”三基空间和全球监测。其中，地基观测又可细分为陆基和海基观测两类。未来主要发展方向有：（1）陆基观测：在重点区域（如：京津冀都市圈、长江经济带等）增加多波段雷达为主的精密监测，基本实现中小尺度灾害性天气实时组网观测。（2）海基观测：发展重点在南海、东南方向外海，那里既是台风、季风区域，又是国家发展的战略区域。（3）空基观测：重点是调整完善探空站布局，发展飞机观测、无人机观测、系留气球、飞艇和火箭探空等新型高空观测业务。（4）天基观测：“十四五”时期的重点是发展风云三号 03 批业务卫星，形成极轨气象卫星“晨昏、上、下午星和降水测量卫星组网观测”的业务布局，为监测精密提供强有力的卫星观测支撑；发展风云四号 03 批卫星，实现风云四号静止卫星“组网观测，在轨备份”的业务布局；建立高可靠、高时效、高质量的地面业务系统，具备支撑全球监测、全球预报和全球服务的业务能力；推进空间天气监测卫星的建设，应用新设备新仪器，提升空间天气天基监测能力。

第二层　目标层（What）：即监测什么？涵盖天气、气候、气候系统、精细化、专项监测等。（1）在天气监测方面，现有网站密度已经很大，不宜再规模性增加，但应在重点区域增加多波段雷达为主的精密监测，并加强海域观测。（2）在气候监测方面，要根据中国区域气候区划，按照世界气象组织全球气候观测系统（GCOS）技术要求，提高观测精度和自动化水平。（3）在气候系统监测方面，围绕热带低频振荡、亚印太季风系统、海洋关键区主要模态等气候系统的预测模式需求，发展大气、陆面、海洋、海冰、气溶胶、碳循环、植被生态和大气化学等多圈层、多过程、多要素观测。（4）在精细化监测方面，重点是根据精细化预报检验和地方服务需要，由各省（区、市）按照国家统一标准统筹做好区域气象观测站布局建设，逐步消除局地气象灾害监测盲区。（5）在专项监测方面，重点要形成具有地域特色的林业、农业、水利、生态、海洋等方面的遥感监测应用能力。

第三层　方法层（How）：即通过什么方式监测？分为遥感观测和实测，包括：卫星、雷达、飞机、船舶、自动站、探空、辐射、非常规智能观测等。（1）卫星观测向着多轨道卫星全光谱主被动结合遥感观测方向发展，同时积极拓展专业小卫星、互联网卫星的气象应用领域。（2）雷达观测向着多频段、海陆空、多方式综合雷达探测系统方向发展。（3）飞机观测向着长巡时高性能气象无人机、有人专用气象观测飞机和商用飞机等多机种，下投探空和机载遥感探测相结合的方向发展。(4)船舶观测将依托更多商用航运船舶、工程测控船舶、海洋科考船舶及志愿观测船等平台建设新型智能气象站。(5)自动气象站不宜再大规模增加，除满足局地加密需求外，将主要以“提质增效”为主，利用现代信息化技术，分门别类升级改造现有自动气象站，增加观测要素、提高观测精度，并使之具备自检标校、远程支持和综合诊断等智能化功能。(6)探空观测将突破往返智能式探空观测技术，推动业务系统向智能化和无人化方向发展。(7)辐射观测向着提高地基辐射特性要素的观测精度和代表性方向发展。(8)非常规智能观测向着微型化、智能化和网络化方向发展，结合人工智能大数据分析，将在气象服务中发挥越来越重要的作用。

4.3.3　预报预测业务

气象预报预测业务是气象业务体系的核心，是服务国家防灾减灾和经济社会发展的基础性业务。传统的气象预报预测业务，按照气象学科专业划分为天气预报、气候预测、应用气象等。但随着科技进步和国家战略演进，原有的业务划分方式已逐渐难以适应新的发展需求。紧跟国际无缝隙全覆盖地球系统模式发展新趋势，立足中国气象事业发展全局，统筹规划构建新型气象预报预测业务体系具有非常重要的现实意义。

未来，气象预报预测业务将在地球系统框架下，向“从零时刻到年代际，从局地到全球，从天气、水、气候到环境及其影响的全覆盖、无缝隙、精准化、智能型”方向发展。由此，从服务需求牵引和科技创新驱动两个维度出发，提出新型气象预报预测业务体系框架，如图 4.11 所示。

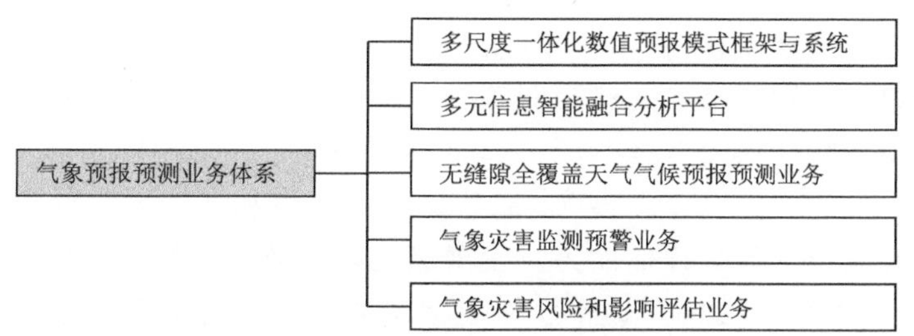

图 4.11　新型气象预报预测业务体系结构

新型气象预报预测业务体系框架由“一系统、三业务、一平台”构成，即：多尺度一体化数值预报模式框架与系统、无缝隙全覆盖天气气候预报预测业务、气象灾害监测预警业务、气象灾害风险和影响评估业务，以及多元信息智能融合分析平台。其中，“多尺度一体化数值预报模式框架与系统”和“多元信息智能融合分析平台”作为支撑系统层，发挥科技创新驱动作用；“无缝隙全覆盖天气气候预报预测业务”“气象灾害监测预警业务”和“气象灾害风险和影响评估业务”作为基本业务层，体现服务需求牵引。

新型气象预报预测业务体系逻辑结构如图 4.12 所示。

多尺度一体化数值预报模式框架与系统：为应对无缝隙预报需求，需开展前瞻性研究，建立有潜力支撑无缝隙预报业务的数值预报系统原型。完成球面高效率、高精度、高可扩展性的多尺度模式动力框架的构建，形成一整套尺度自适应物理过程配置，并完成与动力框架的耦合，搭建多尺度资料同化系统。

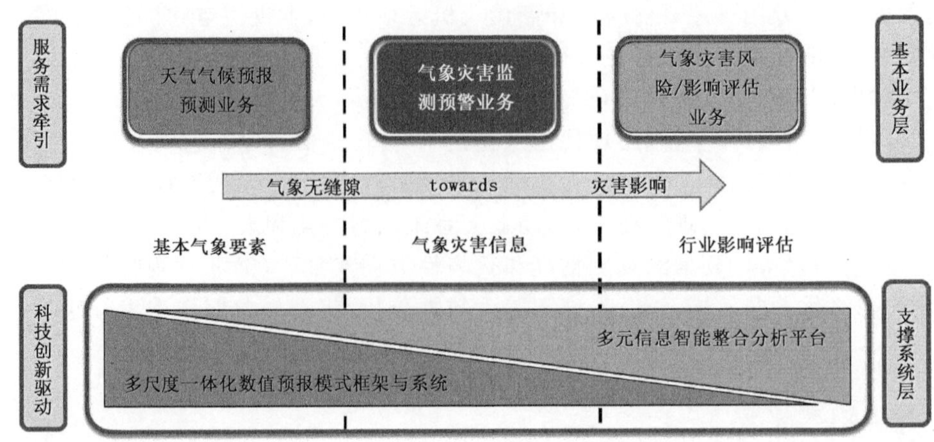

[彩]图 4.12 新型气象预报预测业务体系构成逻辑框图

多元信息智能融合分析平台：综合应用现代软件工程、大数据、云计算、人工智能的最新技术成果，发展多元观测资料和多尺度数值模式产品的海量气象信息综合处理系统，打造智能型、协同性、开放式的气象综合分析与预报预测平台。建立基于多学科交叉、多元数据融合方式的天气-气候及其影响一体化业务模式。

无缝隙全覆盖天气气候预报预测业务：持续完善全球覆盖、重点区域精细，从零时刻到年代际，从天气、水、气候到环境及其影响的全覆盖无缝隙全球网格预报预测业务。

气象灾害监测预警业务：构建气候变化背景下多尺度灾害性、极端性、高影响天气以及重大气候事件、气候灾害的客观化、概率化预报预测业务，时空尺度涵盖实况分析、短临预报、中小尺度、天气尺度以及长期预报和气候预测等。

气象灾害风险/影响评估业务：综合土地利用、社会资源、人口密度、社会经济、综合防灾减灾能力等多元信息，发展各类气象灾害①的基于影响的预报和基于风险的预警业务，提升气候变化对水资源、生态系统的影响评估能力。发展面向防灾减灾和保障经济社会发展的海洋、航空、环境、农业、生态、水文、能源、交通等行业专业气象预报预测业务，以及气候可利用资源评估技术。

新型气象预报预测业务体系框架，一是突出了数值模式在现代气象预报预测中的关键作用和核心地位，以及天气气候一体化的发展方向；二是体现了人工智能、大数据、云技术等信息新技术在气象预报预测业务中应用，以及建立基于大数据云平台的天气一气候及其影响一体化业务模式；三是强化了预报预测业务适应服务需求和国际化发展趋势，向无缝隙、全覆盖、精细化以及基于影响的预报和基于风险的预警延伸。

4.3.4 数据资料业务

按照数据全生命周期划分，数据资料业务包括：数据发现与收集、数据质量控制与管理、数据分析处理和数据应用服务（图 4.13）。全球化、多圈层和多领域融合是气象数据业务的鲜明

① 《中华人民共和国气象法》和《气象灾害防御条例》中定义的气象灾害包括：台风、暴雨（雪）、寒潮、大风（沙尘暴）、低温、高温、干旱、雷电、冰雹、霜冻、大雾等所造成的灾害。实施过程中，各地根据本地区的实际情况，又陆续增加了霾、森林火险和道路结冰等气象灾害预报预警业务。

特征。历史资料再分析和数据集加工制作是气象数据分析的特有手段，目的是利用气象数据还原历史真相、揭示自然规律。

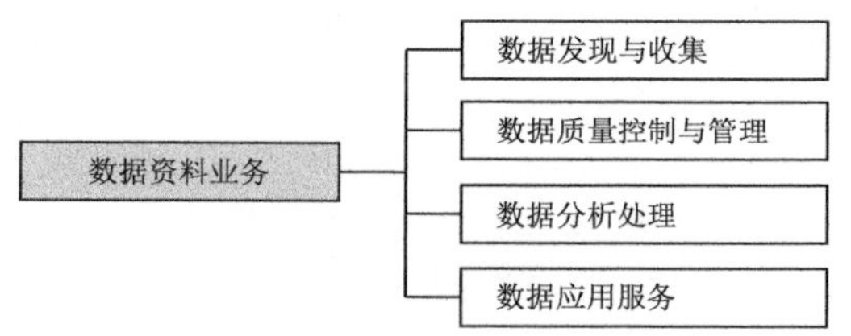

图 4.13　数据资料业务体系结构

数据发现与收集：面向无缝隙地球系统模拟与预报能力发展需求，有计划、有重点地收集全球多圈层观测、分析和预报数据，既包括气象部门内部数据的收集，还包括部门共享数据、世界气象组织全球交换数据、双/多边协议交换数据、互联网数据和社会观测数据等。

数据质量控制与管理：开展多圈层、多要素协调的综合质量控制、均一化和偏差订正技术研究，加强多来源数据产品的交叉对比及质量评估。面向业务和服务需求，发展自识别、自学习、自适应的质量控制技术。加强数据生成、传输、存储、共享、使用、存档到销毁的全生命周期管理。

数据分析处理：研制高质量、长序列、标准化的气象数据(集)、全球/中国区域实时大气及相邻圈层分析数据(集)，加强历史资料再分析和历史回算，形成可动态延续的、时间上均一的多种时空分辨率关键要素长序列气候数据集(图 4.14)。为人工智能应用提供丰富多样的训练数据集和测试数据集。

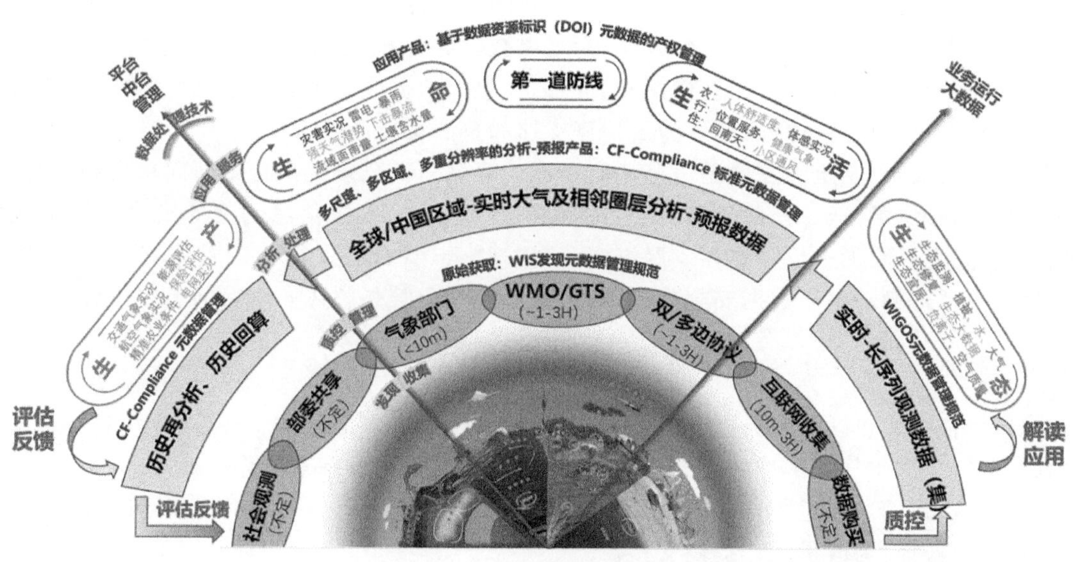

[彩]图 4.14　气象数据分级分类体系

数据应用服务：面向气象部门内部业务系统和服务平台提供数据服务，以及在政府数据开放框架下提供的数据共享服务。

面向未来发展，气象数据资料业务将更加重视从价值链和数据的科学属性出发，推进分级分类的数据体系建设，实现全覆盖、标准化元数据管理，建立跨部门、跨业务、跨流程、跨系统共享、统一的气象基准数据（主数据），加强数据全生命周期管理，推动构建完整价值链。

4.3.5 信息网络业务

开展气象信息网络业务的目的是为气象科研、业务和管理等各项工作提供通信资源、计算资源和存储资源。主要包括：气象通信、高性能计算、气象大数据中心和信息网络安全业务（图4.15）。随着新一代信息技术的迅猛发展和国家推进数字化转型，气象信息网络业务已不仅仅是支撑其他业务的基础，而是逐渐成为气象业务、科研、服务和管理转型升级的驱动力，其重要性越来越高。

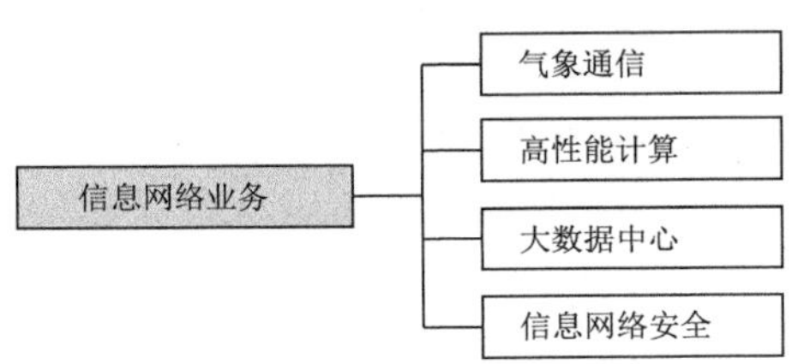

图 4.15 信息网络业务体系结构

气象通信：为收集、传输和交换气象情报、资料等信息而建立的专用通信网络系统及相关业务体系，以“融入国家天地一体化网络，消除信息死角”为主要发展方向。

气象高性能计算：坚持“性能与效能”并举，为业务、科研和服务提供所需计算资源，以提升超大规模并行化计算能力和增强对气象业务模式的适应性为主要发展方向。

大数据中心：以实体机构和平台方式，为气象数据存储提供载体，继而提升数据管理和应用服务能力。其主要发展方向是：构建开放性的气象大数据应用生态体系，为气象业务、科研、服务和管理提供“数算一体”的统一的云计算支撑和算法集成服务。

信息网络安全：安全和发展是信息化的一体之双翼。信息系统架构不断向单机到集群，从局域网到互联网、私有云、公共云和混合云的架构快速演进，气象信息网络的安全边界呈现模糊化趋势，安全风险加大。其主要发展方向是：实现“云、管、端”一体化的整体安全防护，变被动防护为主动防御。基于数据安全分级，加强数据安全监管是整体安全新的重要内容。

4.3.6 检验评估业务

检验评估业务包括对业务质量、服务效益、现代化发展、科技研发、规划设计、工程建设等方面的评估，贯穿于气象工作的方方面面，在气象事业发展中发挥重要作用。

一是诊断作用。通过数据质量、预报质量等评估，可以及时发现实际工作与目标间的差距，明确努力方向，为改进工作提供支持。

二是导向作用。气象现代化评估评什么、怎么评，有力地引导着全国各级气象部门做什么、怎么做，评估的内容和标准起着“指挥棒”的作用。

三是规范管理。检验评估是业务管理的重要手段，中国气象局通过检验评估，监管各地各级气象部门落实国家大政方针、政策和法规。

四是辅助决策。规划和工程评估是保障方案实施、促进绩效问责的重要机制，既有助于及时发现偏差并进行修正和调整，又能为编制新规划和新方案提供依据。

有鉴于此，美欧日等发达国家和地区都已建立起较为完善的检验评估业务体系。美国国家海洋大气局(NOAA)以提高成本效益为导向开展科技绩效评估，基于《政府绩效与结果法案》开展业务质量评估，以气象信息有效利用为目的开展服务能力评估，有力地推进了美国气象现代化的建设进程。欧洲中期天气预报中心(ECMWF)既对自身业务质量和目标任务完成情况进行检验评估，也对各成员国和合作国的预报产品质量及其应用情况进行逐年评估。日本气象厅建立了包括“政策实施前评估”“工作完成度评估”和“政策实施后评估”的完整体系，检验评估工作贯穿政策制定、实施到结果反馈的全过程。

检验评估业务体系可以分为：发展进程评估、运行现状评估和未来发展预评估(图4.16)。

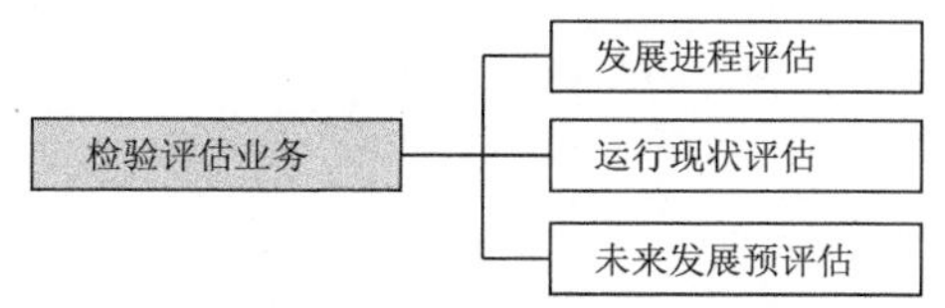

图4.16 检验评估业务体系结构

发展进程评估包括气象现代化评估、发展规划评估和党中央、国务院重要政策执行情况评估等重大综合性评估，以及重大业务和科研工程项目效益评估。运行现状评估包括观测、预报、服务、数据、信息网络、运维保障等业务运行质量的实时跟踪检验。未来发展预评估包括对计划发展的业务、科研项目进行预评估，分析判断其可行性及投入产出效益等。

通过检验评估，可以把各个业务环节连成闭环(图4.17)，形成可持续发展和提高的新格局。

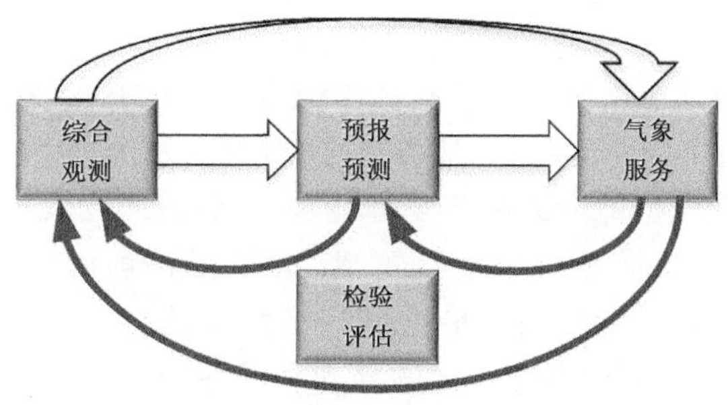

图4.17 检验评估业务的作用

此外，必须建立健全评估结果的反馈机制。只有建立了完善的反馈和跨业务联动改进机制，才能真正发挥检验评估工作的重要作用。

4.4 支撑业务

支撑业务为上述基础业务和服务业务的运行与可持续发展提供人财物力等各方面保障，主要包括：运维保障、法规标准、科技研发、人力资源、综合管理等5项内容(图4.18)。

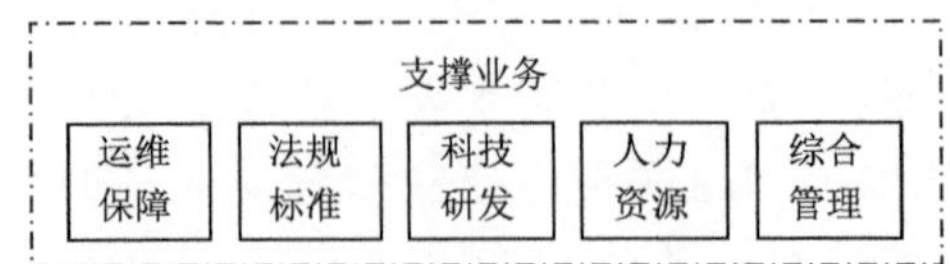

图 4.18　支撑业务体系结构

支撑业务各部分特点如表 4.4 所列。

表 4.4　各项支撑业务的特点

序号	业务名称	业务定位	发展方向
1	运维保障	为业务和服务提供设备、场地和系统等运行监控、维护维修等辅助支撑。	推进内部整合并加大社会资源的利用。
2	法规标准	为业务和服务提供法律法规和技术标准方面的保障支撑。	查漏补缺，健全标准体系；强化监管执行，加强国际化。
3	科技研发	作为推动气象事业高质量发展的动力，为气象强国建设提供科技支撑。	既要大力推进主流科技研发应用，也要重视潜在颠覆性技术预研。
4	人力资源	作为气象高质量发展的最重要战略性资源，为气象强国建设提供人力支撑。	在培养和稳定既有人才队伍的同时，搭建平台集聚外部人力资源。
5	综合管理	为业务和服务提供计划、组织、领导、控制等方面的支撑。	通过深化改革和新技术应用提升业务、行政、人事、财务、工程项目的管理效率和效益，重视并增强管理信息化建设。

运维保障为业务和服务提供设备、场地和系统等运行监控、维护维修等辅助支撑。“十四五”时期，要有计划、有步骤地整合原先分散在不同业务领域、不同单位的运维保障业务，并加大社会力量的使用，使气象部门内部资源更多聚焦在监测预报等“主业”上。

法规标准为业务和服务提供法律法规和技术标准方面的保障支撑。“十四五”时期，既要加强对法规标准的制修订工作，又要强化监管执行；既要立足国内，又要加强国际化。

科技研发是推动气象事业高质量发展的动力，为气象强国建设提供科技支撑。“十四五”时期，既要大力推进主流科技研发应用，也要重视尚非主流的前沿性颠覆性技术预研。

人力资源是气象事业高质量发展的最重要战略性资源，为气象强国建设提供人力支撑。“十四五”时期，既要重视气象部门内部人才的培养和使用，稳定队伍；也要重视外部人力资源的有效利用，顺应人才加大流动的形势。

综合管理为气象业务和服务提供计划、组织、领导、控制等方面的支撑。除业务管理、行政管理、人事管理、财务管理、工程项目管理等内容外，数字化管理和政务信息化建设也将成为其重要内容。

第 5 章　气象科技发展重点任务和关键技术

5.1　综合观测业务技术

5.1.1　重点任务

5.1.1.1　增强"地空天"三基协同的地球系统多圈层立体化观测能力

(1)气象卫星观测

任务 1　完善卫星空间布局

持续支持风云系列卫星发展。发展由风云三号 03 批晨昏星、上午星、下午星和低倾角降水测量卫星组网的风云三号卫星星座,发展风云四号 02 批东、西两颗光学卫星和微波星组网的静止卫星观测星座(图 5.1),强化高分辨率、高频次大气温、湿度垂直探测。

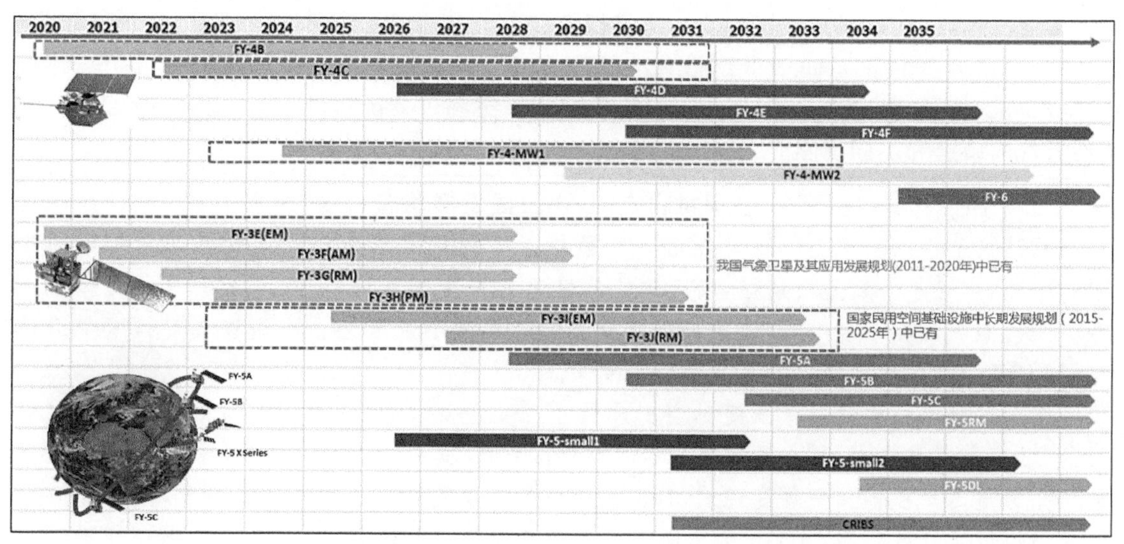

[彩]图 5.1　2020—2035 年气象卫星发射计划

做好下一代风云气象卫星技术储备。开展主被动观测结合的第三代风云气象卫星(风云五号和风云六号)的论证工作,重点针对未来千米级、多尺度数值预报需求和天气气候分析等对三维风场、云雨微物理结构信息的需求,开展星载激光雷达、双频全极化风场测量雷达、全极化微波成像仪、星载双频双极化多普勒云雨雷达、高低轨太赫兹冰云探测仪等新仪器论证与算法开发工作。加强对全球、全天候①、全天时②、高频次(区域)、高精度大气温湿度廓线、大气运动矢量、降水、气溶胶、痕量气体等信息获取能力和快速灾害精细监测能力。突破风云气象卫星星间互联及数据中继传输关键技术(Zhang et al.,2020a)。

参阅材料 5-1　气象卫星远景规划——业务骨干卫星系统

具有确定的全球轨道布局和仪器配置、观测技术明确、被定义为最基本和最底线的业务卫星系统被称为业务骨干卫星系统。到 2040 年,全球骨干卫星系统将有重大改进和增强,主要应包括:

(1)地球静止轨道:提供常规多光谱可见光、红外成像,红外超光谱大气垂直探测,紫外、可见、近红外垂直探测(大气成分和大气污染监测),闪电成像。

(2)地球低轨道太阳同步轨道平面:在 3 个轨道平面(清晨、上午、下午)核心星座上携带高光谱红外垂直探测仪,可见光、红外成像仪(包括昼、夜微光成像),微波成像仪,微波垂直探测器,散射计等。在此基础上,增加空间和时间均匀配置的另外三个太阳同步轨道卫星,且这三颗卫星上特别强调要携带微波成像仪和探测器(其他仪器配置可以有灵活性),与三个核心轨道星座形成最佳配置以实现全球降水、台风和强对流监测,同时提高整个极轨星座的可靠性并改进时间采样频次。

推进气象小卫星星座建设。组网建设面向数值天气预报的小卫星星座,实现 30 分钟重访的 10 千米级水平分辨率全球温湿廓线观测。优化仪器结构配置,攻关小型化设计关键技术,实现微波探测仪、红外高光谱探测仪和掩星探测仪在小卫星平台的有效观测。攻关定标基准传递技术(在星座中布局 1～2 颗配搭基准载荷的卫星),实现多仪器一体化定标,提升观测一致性(Zhang et al.,2020b)。加强小卫星星座轨道方案和仪器配置的论证,提升低轨卫星对灾害性天气的敏捷和协同观测能力。

参阅材料 5-2　小卫星发展动态

构建极轨小卫星星座能满足数值天气预报对于气象卫星数据空间和时间分辨率的要求。另外,小卫星的发展周期短,相比传统的极轨卫星星座系统,一次发射的失利对整个任务带来的影响低。今后十余年,国外搭载微波传感器的小卫星包括有微波辐射技术加速计划(MiRaTa)和地球观测微卫星系统(EON)等。

可分辨降水结构和风暴强度时空变化的小卫星观测星座(TROPICS)由携带微波辐射计的 12 颗小卫星组成,每个微波辐射计有 12 个通道,其中有 118.75 吉赫氧气吸收线附近的 7 个通道用于提供大气温度观测,183 吉赫水汽吸收线上的 3 个通道提供水汽观测,90 吉赫单通道用于降水观测,206 吉赫单通道用于云冰观测。TROPICS 小卫星的探测通道和风云 3 号卫星的微波湿度和温度探测仪 MWHTS 非常类似(Han et al.,2015)。

气旋全球导航卫星系统(CYGNSS)是另外一个由 8 颗双向接收直接和反射全球定位系统 GPS 信号组成的小卫星星座。利用直接接收到的 GPS 信号,可准确确定气旋全球导航卫星的观测位置。利用接收到的反射的 GPS 信号,可以推算出海洋表面粗糙度和海面风。

① 全天候:在各种天气气候条件下都能使用。如:晴天、多云或降雨。

② 全天时:早晚都能用,一天 24 小时不间断。

除此之外，还有一个称之为风暴和热带系统试验小卫星星座(TEMPEST)，包含 5 颗下一代 CubSat 小卫星。

在其他领域，小卫星技术也在迅速发展。在海洋卫星方面，海洋微小卫星技术已应用于完善探测要素，提高探测精度。在环境卫星方面，面向环境和灾害监测预报目标，我国已经研制并发射 3 颗小卫星(包括 HJ-1A/B/C)，搭载了 CCD 相机、超光谱成像仪(HSI)、红外相机(IRS)、S 波段合成孔径雷达(SAR)。GF-5 小卫星系统提供了通过差分吸收方式对痕量气体成分 NO_2、SO_2、O_3 的探测能力。此外，使用小卫星验证和示范有关科学仪器或完成特定的科学任务，可以作为卫星应急计划补充某个卫星仪器失效产生的空白，也具有广阔发展空间(孙伟伟 等，2019)。

参与国际卫星计划交流合作。紧密跟踪国外气象卫星技术和业务发展动态。加大对美欧日等国外卫星资料的收集和加工处理，以国外气象卫星资源为补充，加快补齐业务短板。积极主动参与国际空间计划和世界气象组织主导的全球综合观测系统(WIGOS)等计划，加强与其他国家在星座规划、搭载仪器和频率资源等方面的交流与协调互动。

参阅材料 5-3　国外气象卫星发展趋势

一、国外气象卫星发展计划

从 1977 年欧洲气象卫星组织第一颗气象卫星发射成功开始，欧洲航天局(ESA)为用户提供了大量有价值的地球观测(Earth Observation)数据，极大地增强了人类对天气、气候以及环境的认识。如今在气候变化的背景下，为了解答人类未来几十年面临的气候环境问题，精确的卫星资料需求变得更加迫切。为此，欧洲航天局(ESA)开展了生命行星计划(Living Planet Programme)，它包含两项任务：

一项是地球监测(Earth Watch)任务，目的在于将地球观测数据用于业务服务，包括：欧洲气象卫星开发组织目前已发展成熟的气象项目、哥白尼哨兵项目以及其他的卫星项目，为气候的监测、模拟和预测提供了必要的数据资料。未来的地球监测任务如哨兵项目的主要目标是替换现有的即将退役的卫星，确保数据的连续性。

另一项是地球探测(Earth Explorer)任务，目的在于研究地球的大气圈、生物圈、水圈、冰雪圈以及行星内部的科学问题。地球探测任务目前已确立 8 个项目。其中，重力项目(GOCE)已经完成，水项目(SMOS)、冰项目(CryoSat)、磁场项目(Swarm)以及风项目(Aeolus)正在实施，云、气溶胶和辐射项目(EarthCARE)、森林项目(Biomass)和植被荧光项目(FLEX)相关卫星尚未发射。其中云、气溶胶和辐射项目是目前最大最复杂的地球探测项目，由欧洲航天局(ESA)与日本宇宙航空研究开发机构(JAXA)合作实施，计划于 2021 年发射卫星。届时将极大地提高对云和气溶胶在地球辐射平衡中作用的认识，并用于改进气候模式和数值天气预报模式。森林项目在 2013 年 5 月立项，计划在 2022 年发射卫星，将提供森林及其变化的重要信息，提高对森林在碳循环中所扮演角色的认识。植被荧光项目于 2015 年 11 月立项，计划在 2022 年发射卫星，通过植被荧光信息定量描述其光合作用强度，增强对植被和大气之间碳交换的理解。这 8 个项目都以用户需求为导向，以确保解决最关键的科学问题。因此，下一个探测项目不仅体现技术水平的进步，更要解决未来几十年与人类所面对的社会问题密切相关的科学问题，包括：食物、水、能源、资源、健康、灾害以及气候变化的风险。预计第九个探测项目将在 2024 年之前立项（图 5.2）。

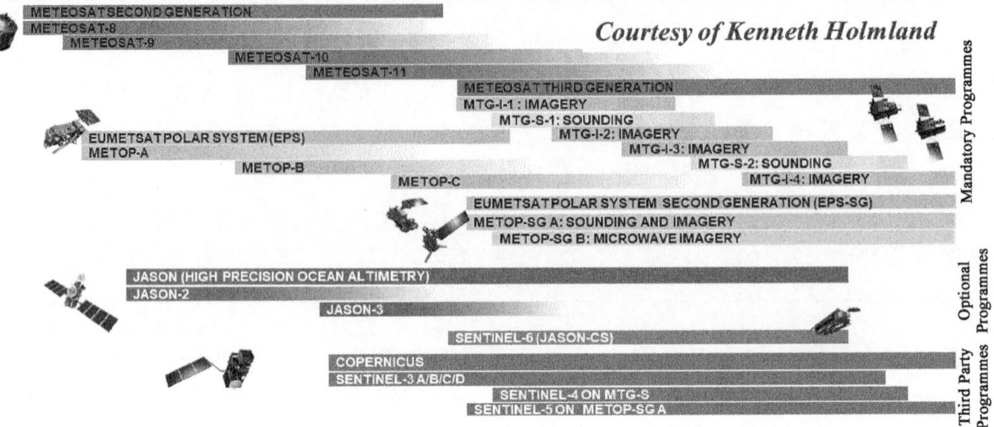

［彩］图 5.2　欧洲气象卫星开发组织（EUMETSAT）的业务卫星发展计划
（引自：Kenneth Holmland 博士 2019 年在海南第六届风云气象卫星发展国际咨询会的报告）

2010 年 9 月，美国国家航空航天局（NASA）与欧洲航天局（ESA）签署了地球科学和观测的合作协议，共同组建 NASA—ESA 地球科学联合项目规划组，来增强双方在地球科学观测以及全球气候变化领域的合作。欧洲航天局（ESA）的重力项目、冰项目、风项目等都与美国航空航天局合作进行，体现了未来地球观测的国际合作趋势。地球观测的发展极大地依赖于学术界对前沿科学问题的认知。2018 年 1 月 5 日，在美国国家航空航天局（NASA）的要求下，美国国家海洋大气局（NOAA）、美国地质调查局（USGS）等多家机构联合发表了长达 700 多页的地球观测十年规划。该规划从上百个科学应用的问题中挑选出 35 个最关键的问题来集中力量解决。这些问题可分为六大类：

1. 水和能量循环的耦合
2. 生态圈变化
3. 天气和空气质量预报精度的提高和时效的延伸
4. 减小气候变化的不确定性并告知公众应对方案
5. 海平面上升
6. 地表动力过程和地质灾害

该规划向美国航空航天局提出了 5 项观测要求：

1. 气溶胶
2. 云、对流和降水
3. 质量交换
4. 地表生态和地质情况
5. 地表的变化和变形

同时，该规划还提出了 7 项观测建议：

1. 温室气体
2. 冰川高度
3. 洋面风和洋流
4. 臭氧以及痕量气体
5. 雪深和雪水当量
6. 陆面生态结构
7. 大气风场

美国国家航空航天局(NASA)将以此为指导,研制开发一系列卫星项目(图 5.3)。

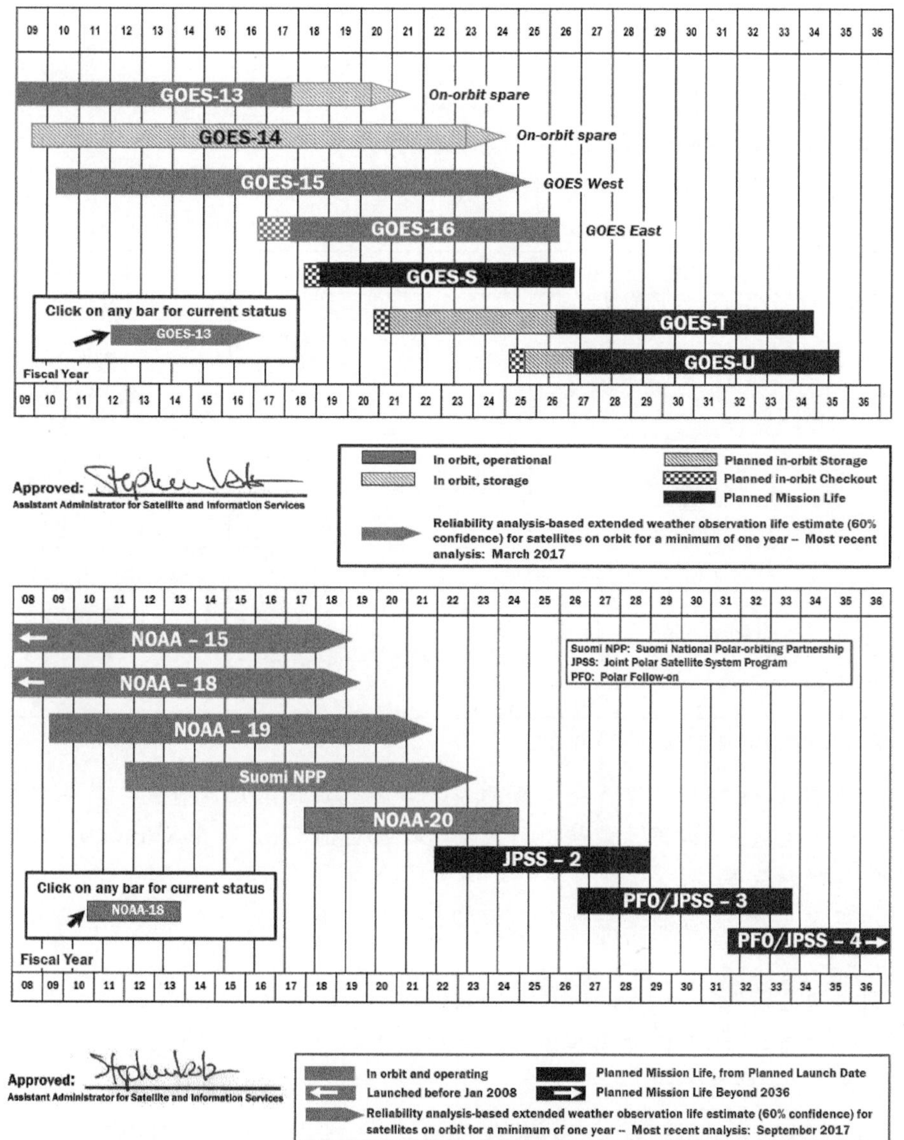

[彩]图 5.3 美国 NOAA 的业务卫星发展计划

(引自:Mitch Goldberg 博士 2019 年在海南第六届风云气象卫星发展国际咨询会的报告)

随着激光多普勒测速仪的产生，美国、日本、德国已先后研制了多台多普勒测风激光雷达系统，用于地面对空测风。1994年，欧洲航天局(ESA)启动设计星载直接探测方式的激光测风雷达，并在1999年的VALID-II活动中组织对测风仪、微波测风雷达、探空气球和直接探测方式的多普勒激光雷达进行联合试验，最后决定采取直接探测方式多普勒激光测风雷达用于星载。2003年，欧洲航天局(ESA)推出Aeolus计划，并于2018年8月将携带大气激光多普勒仪(ALADIN)的风神卫星发射升空，开始进行全球大气风场监测。ALADIN激光发射系统工作波长为355纳米，激光脉冲能量为150毫焦耳，工作频率达到100赫兹，采用单纵模激光，系统的光学口径为1.5米，可以实现测量风速高度范围为0～30千米，风速测量精度为1～3米/秒。卫星重量1260千克，但造价昂贵(耗资5.5亿美元)、研制周期长(历时16年)。

此外，小卫星星座也普遍受到各国重视，相关信息详见本书前文参阅材料5-2。

二、中国风云气象卫星与国外同类卫星性能对比

中国风云气象卫星与国外同类卫星部分主要性能对比如表5.1所示。

表5.1 风云气象卫星与国外同类卫星性能对比

功能/性能	内容	风云气象卫星	国外同类卫星
探测能力	全球数据接收能力	南北极布局	南北极布局
	全球数据获取时效	2小时	美国:2小时 欧洲:2.25小时
	区域观测能力	优于5分钟	优于5分钟
	综合探测能力	全谱段、多要素	全谱段、多要素
探测精度	可见光定标误差	7%	4%
	红外与微波定标误差	0.5～1开	0.2～1开
探测产品	大气-陆地-海洋-空间天气产品体系	完整但缺少产品精度信息	美国:完整 欧洲:完整 日本:部分

资料来源：杨军，2019年风云气象卫星工作报告。

综上，“十四五”时期将是世界空间探测技术多样化加速发展的时代。其主要标志有：

——主动探测技术：美国国家航空航天局(NASA)的Calipso和CloudSat卫星，欧洲航天局(ESA)的风神卫星；

——小卫星技术：美国国家航空航天局(NASA)已经实现了已有气象卫星遥感仪器的小型化；

——研发卫星直接承担业务功能：欧洲航天局(ESA)的Copernicus(哨兵)计划；

——商业卫星发展：美国国家海洋大气局(NOAA)的商业卫星政策。

推进与其他系列卫星协调发展。加强跨部门合作，推进与海洋系列、资源系列、环境减灾系列、测绘系列、实践系列卫星及高分观测系列卫星在轨道位置、搭载设备、频谱资源、地面站布局、数据应用、工程项目等方面的全方位协调发展。尝试利用其他系列遥感卫星、其他类型卫星(如：低轨互联卫星、北斗导航卫星、海事卫星、通信卫星等)数据反演气象信息，丰富气候

系统监测要素，共同形成完备的地球系统卫星监测体系。

参阅材料 5-4　国内其他领域遥感卫星发展动态

中国先后研制了海洋系列、资源系列、环境减灾系列、测绘系列、实践系列、电磁环境卫星(地震)卫星，特别是高分辨率对地观测专项工程的实施，全面提升了我国自主获取高分辨率卫星观测数据的能力，形成了由单一光学传感器向光学、雷达、高光谱等多传感器，由单系列向多系列卫星，由低分辨率向高中低分辨率结合的全方位、全天时、立体化的卫星观测体系转变(图 5.4)。中国空间信息应用体系建设不断加速，遥感卫星及应用技术实现跨越发展(孙伟伟 等，2019)。

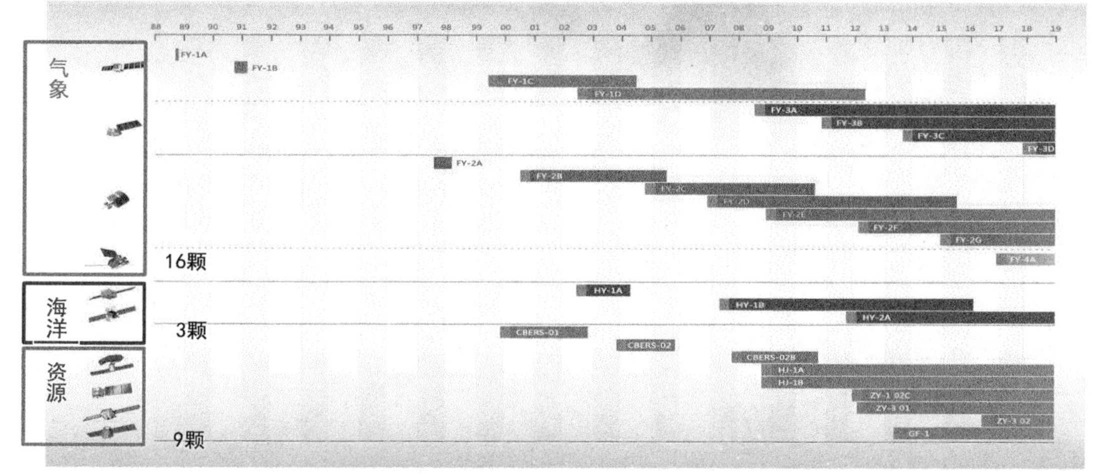

[彩]图 5.4　国产卫星发展现状(气象、海洋、资源系列)
(资料来源：张鹏，国家卫星气象中心 2018 年工作报告)

一、海洋卫星

1. 现状

2002 年以来，中国自主研制并发射了 5 颗海洋卫星，基本形成全球海洋水色、海洋动力环境观测和海洋监视监测能力。建成了“四站一中心”，即北京、海南、牡丹江、杭州地面接收站和北京数据处理中心共同组成的海洋卫星地面系统，为中国海洋事业提供了稳定的卫星数据源支持。卫星应用与海洋业务紧密结合，基于海洋卫星的海冰、赤潮、渔场环境、绿潮、水质、溢油、海温、海岛海岸带等遥感业务监测系统已基本实现业务化服务，海洋遥感已成为中国近海海洋综合调查与评价、全球海气相互作用和极地科考等专项工作中的重要调查手段，海洋监测能力和海洋管理现代化水平得到有效提升。海洋卫星国际合作取得突破，中法两国联合研制的中法海洋卫星已成功发射，并与欧洲气象卫星应用组织建立了业务化数据交换与合作关系。

2. 近期计划

到 2030 年，将研制和发射 3 个系列 14 颗海洋卫星，实现中国海洋水色卫星星座、海洋动力卫星星座和海洋监视监测卫星 3 个系列同时在轨组网运行、协同观测，初步具备对全球海域多要素、多尺度和高分辨率信息的连续观测覆盖能力。

海洋水色卫星星座(共4颗卫星):以全球海洋的叶绿素浓度、悬浮泥沙、可溶性有机物等海洋水色信息,以及海表温度、海冰、海雾、赤潮、绿潮、污染、突发事件和海岸带动态变化信息等为观测目标,分两个批次研制发射3颗海洋水色业务卫星和1颗海洋水色科研卫星,形成上、下午星组网,大幅宽、高精度、高时效的观测能力,具备全球1天2次的水色水温探测覆盖能力。

海洋动力卫星星座(共8颗卫星):以全球海面高度、海面风场、海表温度、有效波高、海浪谱、海表盐度、海洋重力场等海洋动力环境要素为观测目标,研制发射5颗海洋动力卫星,形成全球全天时、全天候、高频次、高时效的观测能力。由1颗极轨卫星和2颗倾斜轨道卫星构建3星协同的海洋动力环境监测网,有效提升观测能力,实现中尺度海洋动力现象观测和每6小时1次的全球海面风场的观测,提供高时空分辨率海洋动力环境信息。除此8颗卫星外,面向海洋风浪探测和全球气候变化观测需求,研制发射中法海洋后续业务星——海风海浪联合探测卫星,率先实现全球海浪谱信息的空间连续获取能力。以全球海洋盐度、海表温度、土壤湿度为观测目标,研制和发射中国第一颗海洋盐度探测科研卫星,形成我国自主的空间海洋盐度探测能力,完善中国自主卫星对海洋动力环境全要素信息的获取能力。

海洋监视监测卫星星座(共2颗卫星):以对全球船舶、岛礁、海上构筑物、海冰、海上溢油等海面目标,以及海面风场、海浪方向谱、内波、锋面、中尺度涡、海底地形等海洋现象和地形特征进行大范围、高精度、高时效的监视监测为目标,包括2颗业务卫星,与高分三号卫星形成三星组网运行(蒋兴伟 等,2019)。

3. 发展趋势

面向全球海洋和极地卫星遥感监测应用需求,发展高轨海洋光学载荷、高轨合成孔径雷达(SAR)、海洋激光雷达、宽幅海洋雷达高度计、全极化微波散射计、海洋干涉合成孔径雷达(SAR)、海洋大气差分成像探测仪、海洋偏振光学成像仪等新型海洋遥感载荷,促进海洋微小卫星技术应用,完善探测要素,提高探测精度。

加强海洋遥感前沿基础理论研究,建立海洋遥感载荷天地一体化仿真系统。开发海气耦合辐射传输模型、新型海洋遥感探测机理和反演算法、多源遥感数据融合和协同反演技术、海洋偏振遥感机理与应用技术、海洋碳循环遥感新算法、海洋遥感载荷在轨替代定标技术、拓展微波散射计等载荷的观测模式。

突破海洋遥感应用关键技术。突破极端环境条件下海洋遥感反演关键技术,发展弱光照条件下的水色遥感产品、极端海况下微波遥感产品的精度提高技术。发展溢油、赤潮、海冰、绿潮等海洋灾害和海岛、海岸带动态变化高精度海洋遥感监测关键技术,发展全球高分辨率网格化海洋动力环境信息产品等海洋遥感应用新产品制作技术。开展海面风、海浪、风暴潮、三维温盐流等海洋环境数值预报遥感数据同化、再分析和数据融合等新技术,研究适合渔情分析的专题产品。加强星上图像数据处理技术,突破海洋信息自动提取与分发技术。

二、资源卫星

1. 现状

2000年以来,中国共研制并发射7颗资源类卫星(包括中巴合作卫星),基本形成对国土资源的高分辨率监视监测能力,为测绘、减灾、交通、农业、水利等提供了服务。

2. 近期计划

研制与发射 13 颗卫星，包括 2.1 米立体测图卫星、5 米光学卫星、1 米 C 波段合成孔径雷达(SAR)卫星(2 颗)、5 米 S 波段合成孔径雷达(SAR)卫星(2 颗)、电磁监测卫星等业务卫星，以及高分辨率多模综合成像卫星、陆地生态碳监测卫星、3 米 L 波段合成孔径雷达(SAR)卫星(2 颗)、高轨 20 米合成孔径雷达(SAR)卫星等科研卫星，涵盖自然资源部、民政部、国家地震局、农业部、国家林业和草原局等主要用户的卫星需求。

星上载荷包括高分辨率相机、合成孔径雷达(SAR)、电场探测仪、感应式磁力仪、高精度磁强计、高能粒子探测器、等离子体分析仪、朗缪尔探针、三频信标发射机、全球导航卫星系统(GNSS)掩星接收机、多波束激光雷达、超光谱探测仪、多角度偏振成像仪、多角度多光谱相机等，以高空间分辨率监测为主，兼顾超光谱、偏振多角度、掩星、激光雷达等。

3. 发展趋势

重点发展多模式光学卫星、高精度激光载荷卫星、多极化微波载荷卫星，形成"空天地"一体化的光学、微波、激光、大气等载荷于一身的国家陆地观测卫星业务网，同时形成全球区域的地面接收、定标检校与验证数据获取网，推动各领域的业务化发展(曹海翊 等，2018)。

三、环境卫星

1. 现状

面向环境和灾害监测预报目标，2008 年以来，中国研制并发射了 3 颗小卫星(包括 HJ-1A/B/C)，搭载了 CCD 相机、超光谱成像仪(HSI)、红外相机(IRS)、S 波段合成孔径雷达(SAR)。GF-5 卫星提供了通过差分吸收方式对痕量气体成分 NO_2、SO_2、O_3 探测能力。

2. 近期计划

研制与发射 3 颗卫星，包括高光谱观测卫星、高精度温室气体综合探测卫星等业务卫星，大气环境星等科研卫星，结合高分五号-02 星将为大气环境提供更为丰富的探测数据。

星上载荷包括 30 米可见短波红外高光谱相机、20/40 米可见-热红外谱段成像仪、大气主要温室气体监测仪、高精度偏振扫描仪、大气痕量气体差分吸收光谱仪、大气气溶胶多角度偏振测量仪、吸收性气溶胶探测仪、大气探测激光雷达、紫外高光谱大气成分探测仪、宽幅(偏振)成像仪、氧化亚氮高光谱探测仪、高精度偏振扫描仪等。

3. 发展趋势

在原有的光学与合成孔径雷达(SAR)高分辨率监测的基础上，通过高光谱、偏振、多角度、激光雷达等多种探测手段，着力加强大气环境类监测能力。

任务 2　丰富观测手段

"十四五"时期，重点要采取新型观测手段优先解决三维风场观测和云雨微物理结构等急需气象要素变量的获取问题。涉及的主要任务包括：发展 FY-3E 洋面风场测量雷达、发展 FY-3 双频主动降水测量雷达、发展空基风廓线观测新技术、发展空基云雨探测新技术，以及发展多谱段、偏振、多角度气溶胶观测新技术等。

在三维风场观测方面，"十四五"时期的发展需求是：发展星载大气三维风场探测有效载荷，实现全球三维大气风场探测，开展风场反演及数值天气预报全球风场同化技术研究(表 5.2)。预期目标是：实现我国星载单频激光器工程化，将 355 纳米和 2 微米单频激光器成熟度由四级提升至五级，完成星载测风激光雷达系统工程化样机研制。主要任务包括：在完成星载测风激光雷达系统工程化样机研制的基础上，力争实现星载测风激光雷达系统的在轨探测。关键技术包括：大能量 355 纳米单频激光器工程化技术，大能量 2 微米单频激光器工程化技术，355 纳米、2 微米高灵敏度探测器技术，低波相差大口径轻量化收发同置望远镜技术，高精度频率探测及提取技术，以及全球风场反演及数值天气预报全球风场同化技术等。

表 5.2　星载风场探测技术

<table>
<tr><th>序号</th><th>主要探测要素</th><th>载荷名称</th><th>备注</th></tr>
<tr><td rowspan="4">1</td><td rowspan="4">对流层、平流层中下层大气风场廓线探测</td><td>激光测风雷达</td><td>技术基础较好</td></tr>
<tr><td>多普勒测风激光雷达</td><td>技术基础较好</td></tr>
<tr><td>全球大气风场激光探测系统</td><td>指标体系不够完备，激光能量偏高</td></tr>
<tr><td>全球风场激光探测仪</td><td>指标中没提及激光器能量</td></tr>
<tr><td rowspan="5">2</td><td rowspan="5">中高层大气风场探测（大气辉光高光谱）</td><td>中高层大气风场探测</td><td>技术基础较好，FPI 体制体积较小</td></tr>
<tr><td>中高层大气风场探测载荷</td><td>技术基础较好</td></tr>
<tr><td>大气辉光激光雷达外差测风光谱仪</td><td>探测精度最高，技术基础一般</td></tr>
<tr><td>中高层大气风场探测仪</td><td></td></tr>
<tr><td>中高层大气风场/温度场廓线探测仪</td><td></td></tr>
<tr><td rowspan="3">3</td><td rowspan="3">水汽导风（红外高光谱或微波测水汽）</td><td>对流层风场高光谱成像仪</td><td>单星需要采用多角度观测</td></tr>
<tr><td>微纳型微波探测仪</td><td>空间分辨率不足，精度较差</td></tr>
<tr><td>微纳卫星亚毫米波辐射仪</td><td>空间分辨率不足，精度较差</td></tr>
<tr><td rowspan="3">4</td><td rowspan="3">GNSS-R 综合探测，获取海面风场、大气湿度廓线等信息</td><td>全极化 GNSS 综合探测仪</td><td>有预研基础</td></tr>
<tr><td>GNSS-R 微波遥感载荷</td><td>基础良好</td></tr>
<tr><td>GNSS 遥感探测仪</td><td>有在轨 GNOS 基础</td></tr>
<tr><td rowspan="4">5</td><td rowspan="4">海面风场探测（散射计）</td><td>风场测量雷达Ⅱ型</td><td>有 FY-3(05)星技术基础，增加动态范围及分辨率</td></tr>
<tr><td>阵面天线笔形波束散射计</td><td>重量体积较小</td></tr>
<tr><td>全球风场探测雷达</td><td>降水测量雷达</td></tr>
<tr><td>大气三维风场探测系统/微波云雨测量雷达</td><td></td></tr>
<tr><td>6</td><td>SAR 海面风场探测</td><td>宽幅多极化 C-SAR</td><td>较成熟，重量体积功耗较大</td></tr>
</table>

在云雨微物理结构观测方面，“十四五”时期的发展需求和预期目标是：研发具备多普勒探测能力、极化探测能力的双频联合观测云雨雷达，并提高探测灵敏度，实现较大的刈幅宽度，提高空间分辨率，以增强对云雨三维结构的探测能力（表 5.3）。激光雷达、太赫兹载荷相结合，加强对薄云的探测能力。研究和部署用于冰云探测的有效载荷系统，形成相应的探测和研究能力，以提高气候研究和数值天气预报研究的水平和准确性。启动对云雨测量雷达的正演仿真、指标论证与反演算法研究。力争通过 5 年时间，为建立较为完善的云雨观测体系及应用能力打好基础。“十四五”时期的主要任务是：开展星载双频双极化多普勒云雨雷达、激光雷达/太赫兹载荷、高低轨太赫兹冰云探测仪原理样机研制与正反演算法开发。关键技术包括：星载双频双极化多普勒云雨雷达、激光雷达/太赫兹载荷、高低轨太赫兹冰云探测仪正演仿真模拟

与指标论证，总体方案优化设计方法、大口径轻量可展开天线、大功率高性能高频率稳定性激光器、大口径高精度反射面天线赋形设计技术等仪器研制核心技术，以及云雨参数反演算法等（Zhang et al. ,2019a）。

表 5.3　星载云雨、气溶胶探测技术

序号	主要探测要素	载荷名称	备注
1	云、气溶胶	多波长高精度气溶胶和云探测激光雷达	有较好的技术基础
2	云、气溶胶	小型化气溶胶与云探测激光雷达	有较好的技术基础
3	云、气溶胶	云-气溶胶探测激光雷达	有较好的技术基础
4	云、气溶胶	精密激光雷达	有一定技术基础
5	云、气溶胶	星座激光雷达＋光谱相机	有一定技术基础
6	云、气溶胶	微波和激光一体化大气探测仪	有一定技术基础
7	云、气溶胶	云和气溶胶偏振成像仪	有较成熟的技术基础
8	云、气溶胶	高精度多角度全偏振高光谱气溶胶探测仪	有一定技术基础
9	云、气溶胶	宽视场气溶胶偏振高光谱成像仪	有较好的技术基础
10	云、气溶胶	宽波段高分辨偏振成像仪	有一定技术基础
11	云、气溶胶	多角度偏振成像仪	有一定技术基础
12	云、气溶胶	Ka/W 频段云雨测量雷达	有一定技术基础
13	云、气溶胶	W 频段云测量雷达	有较好的技术基础
14	风、云、雨	微波激光太赫兹复合探测雷达	有一定技术基础
15	云	W/THz 双频云剖面雷达	有一定技术基础
16	云、雨	云雨测量主动雷达载荷系统	有较好的技术基础
17	冰云	光学太赫兹冰云探测仪	有一定技术基础
18	冰云	太赫兹冰云成像仪	有一定技术基础
19	冰云	冰云成像仪	有一定技术基础
20	冰云	太赫兹冰云成像探测仪	有一定技术基础

参阅材料 5-5　卫星风场探测和云雨探测技术

国内外卫星风场探测和云雨探测科技发展动态和存在差距对比如表 5.4 所示。

表 5.4　国内外卫星风场探测和云雨探测主要技术性能比较

观测项目	国内	国际
星载测风激光雷达	尚无该类在轨载荷，地面样机技术成熟，提出混合体制星载测风激光雷达，2 微米@0～5 千米、355 纳米@5～30 千米	欧洲：拥有全球唯一在轨运行的星载测风激光雷达 ALADIN，搭载于 2018 年 8 月发射升空的 ADM-Aeolus 卫星，355 纳米@0～30 千米，具备平流层、对流层大气风速剖面探测功能 美国：预计 2026 年发射 NPOESS 卫星，搭载相干测风激光雷达，将可实现全球三维风场探测
云探测	无星载载荷	美国和加拿大：CloudSat CPR，W 波段，分辨率 1.4×1.7/0.5 千米，最小可探测雷达反射率因子－26 分贝，测速精度 1 米/秒； 美国 IceCube，883 吉赫，垂直极化，NEDT 0.15 开

续表

观测项目	国内	国际
雨探测	FY-3G 降水雷达，Ku、Ka 波段	美国和日本：TRMM PR，分辨率 5/0.25 千米，刈幅 215 千米，灵敏度 0.7 毫米/小时，测量精度 1dB； 美国和日本：GPM DPR，分辨率 5/0.25 与 0.5 千米，刈幅 245/120 千米，灵敏度 0.2 毫米/小时，测量精度 1 分贝

任务 3　优化卫星地面系统布局

中国新一代气象卫星地面系统布局如图 5.5 所示。卫星地面系统将从卫星运行控制和数据接收为主，向牵头发展应用网络和验证卫星投资效益转变。“十四五”时期，还要特别重视多措并举消除风云气象卫星全球资料接收风险隐患，针对地面站发生异常的概率和影响度，划分不同风险等级，制定应急预案，依据风云气象卫星技术特点和应用业务规程，通过调整星上存储和回放策略，优化调整业务流程等措施，尽可能降低对预报服务的影响。此外，还要通过优化地面布局，开展中继卫星接收全球资料实验、探索风云极轨-静止气象卫星协同的全球资料高时效接收获取方法，并探索中低轨通信小卫星星座的全球资料高时效接收获取方式。

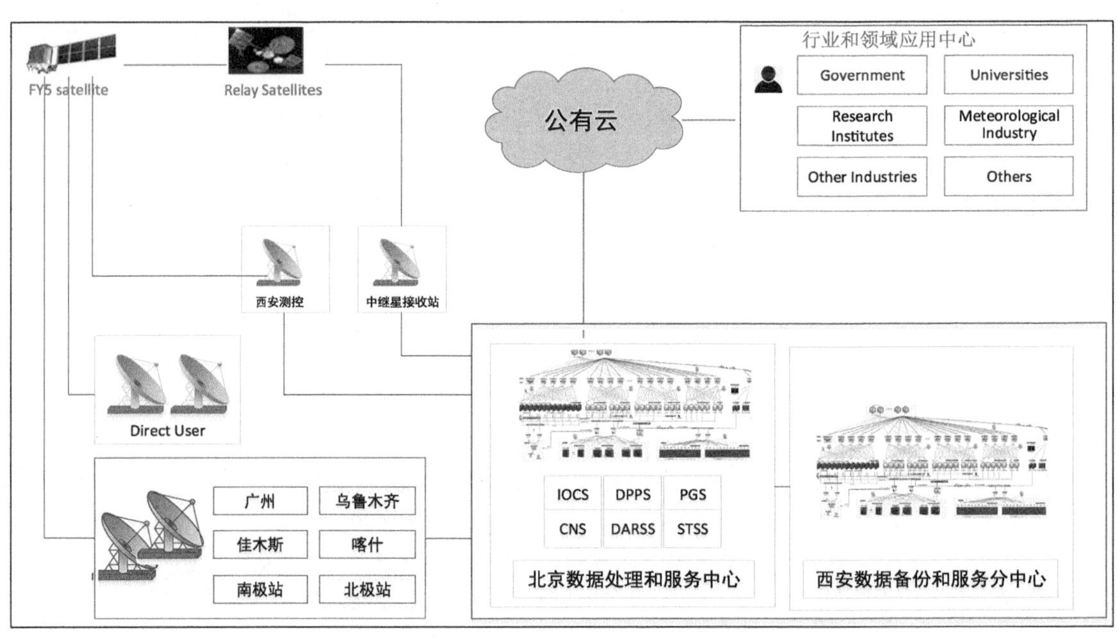

[彩]图 5.5　中国新一代气象卫星地面系统布局

参阅材料 5-6　国内外气象卫星地面站布局和数据接收情况

一、中国风云气象卫星地面站布局

中国已经建成由 5 个国内接收站（北京、广州、佳木斯、乌鲁木齐、喀什）和 2 个极地接收站（北极、南极）组成的风云气象卫星数据接收网络。风云极轨卫星每日在轨观测的全球数据通过上述接收站和地面商用通信网络将数据传输至位于北京的运行控制与资料处理中心。

各地面站的位置及任务参见表 5.5、全球资料接收占比参见表 5.6。目前国内 5 个地面站加境外 2 个地面站的业务布局，不仅可以确保风云三号极轨卫星全球数据接收的完整性，还可以保证 1 小时内接收到 70%的数据、2 小时以内接收到 90%的数据①。

表 5.5　风云气象卫星地面站及任务

站名	任务
北京	任务规划 数据汇集 数据处理 存储分发
广州	低倾角降水卫星接收 全球延时数据接收 区域实时数据接收
乌鲁木齐	全球延时数据接收 区域实时数据接收
佳木斯	全球延时数据接收 区域实时数据接收
喀什	全球延时数据接收 区域实时数据接收
北半球高纬度站(Kiruna)	全球延时数据接收 区域实时数据接收
南半球高纬度站(Troll)	全球延时数据接收 区域实时数据接收

表 5.6　风云气象卫星各地面站全球资料接收占比

站名	全球资料接收占比			
	FY-3B	FY-3D	碳卫星	捕风卫星(BF-A/B)
北极 Kiruna 站	55%	29.5%	74.5%	不用
南极 Troll 站	不用	32%	不用	不用
佳木斯站	21.6%	14.5%	9.2%	不用
喀什站	备份接收	备份接收	备份接收	100%
乌鲁木齐站	14.2%	13.9%	16.3%	不用
广州站	9.2%	10.1%	不用	不用

二、美国气象卫星地面接收站网布局

美国气象卫星地面接收站网分为全球延时资料获取站网和区域实时资料获取站网。全球延时资料获取至少有 3 种途径：一是主要依赖北纬 78 度的 Svalbard 北极站和南纬 72 度的 McMuedo 南极站两个地面站获取；二是利用中继卫星获取全球观测资料作为业务备份并

① 资料来源：国家卫星气象中心，2018 年业务技术报告。

实时传回美国本土；三是分布在全球的 12 个地面卫星站也可以将实时广播数据传回美国本土拼接得到全球资料。区域实时资料获取途径为：在全球有 12 个地面卫星站（3 个在南半球，9 个在北半球）接收实时数据，这些实时数据接收后立即传往位于美国的数据处理中心。

三、欧洲气象卫星地面接收站网布局

欧洲气象卫星地面接收站网由全球延时资料获取站网和区域实时资料获取站网构成。区域实时资料获取站网主要承担在轨的 METOP 卫星数据接收任务，同时还承担美国 NOAA 系列卫星、Sumi-NPP 卫星和中国 FY-3C 卫星数据的接收任务。全球延时资料获取方式与美国相同，主要依赖北纬 78 度的 Svalbard 北极站和南纬 72 度的 McMuedo 南极站两个地面站获取全球资料。全球延时资料每 50 分钟按照每条轨道一半在 Svalbard、一半在 McMuedo 下行接收。区域实时资料获取站网组成方式如下：欧洲气象卫星组织（EUMETSAT）通过商业化合同运维欧洲境内的 5 个地面站，分别为：格陵兰岛的 Kangerlussuaq 站、法国的 Lannion 站、西班牙的 Maspalomas 站、希腊的 Athens 站和挪威的 Svalbard 站，用以获取 METOP-A 和 METOP-B 卫星的实时数据，同时兼容接收 NOAA，Sumi-NPP 及中国 FY-3B/C 等卫星广播的实时数据。

四、中美欧极轨气象卫星全球数据接收时效比较

欧洲和美国气象卫星全球资料的接收处理基本可以在 2 小时之内完成，其中美国 NOAA 卫星的时效要低于欧洲卫星的时效，是因为美国卫星资料在完成接收处理后还要传送给美国，增加了资料时间。中国自 2018 年开始启用南极站业务接收 FY-3D 全球资料，90% 以上的全球资料接收和处理时效短于 2 个小时，与欧美气象卫星全球资料接收和处理的能力基本相当（表 5.7）。

表 5.7 中美欧极轨气象卫星全球数据接收时效比较

机构	北极站/纬度	南极站/纬度	全球资料时效
美国 NOAA	挪威 Svalbard 站（78°N）	美国 McMuedo 站（72°S）	2 小时以内
欧洲 EUMETSAT	挪威 Svalbard 站（78°N）	美国 McMuedo 站（72°S）	2 小时以内
中国气象局	瑞典 Kiruna 站（68°N）	挪威 Troll 站（72°S）	2 小时以内完成 90%

任务 4　提高产品质量

建设由地空天基联合观测和产品验证分系统、地基真实性验证网络分系统和联合会诊应用处理分系统等组成的天地一体化实验验证平台（图 5.6）。通过国家重点研发计划支持风云气象卫星基本气候数据集（FCDR）的改进。发展以空间基准气候系统观测卫星技术为重点的新一代天地一体化辐射校正技术，推进光学向微波扩展、人工向自动扩展、地面向卫星扩展。

任务 5　强化遥感应用

建设国省一体的全国遥感应用业务平台。提升卫星资料在天气、气候、数值预报模式中的精细化、业务化应用水平。围绕山、水、林、田、湖、草等打造区域特色生态气象遥感应用系统并开展应用服务。重点发展卫星遥感精细化天气分析技术、卫星遥感气候数据集建设及气候分析应用技术、卫星遥感数值预报同化应用技术、区域特色生态气象卫星遥感应用技术等卫星遥感数据应用关键技术。

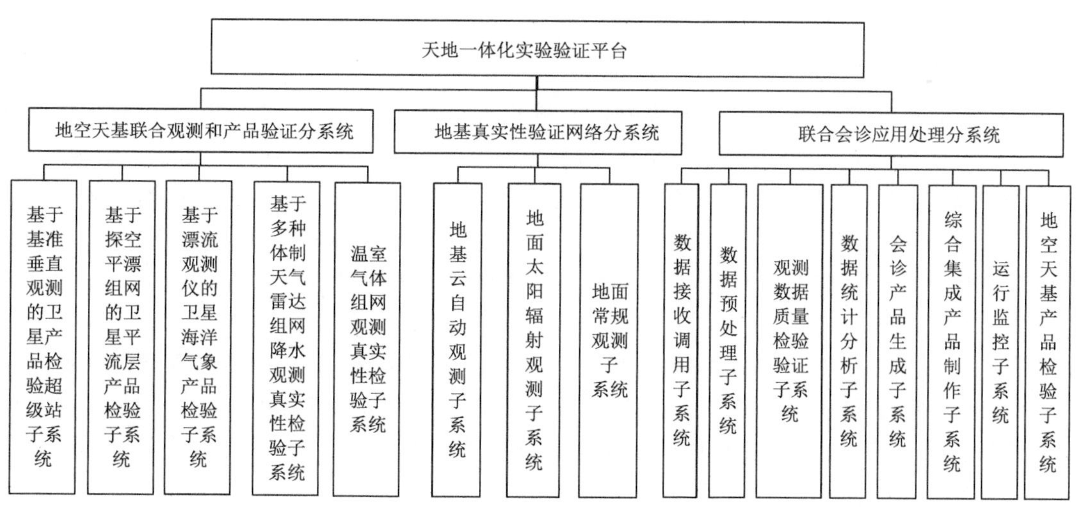

图 5.6　天地一体化实验验证平台结构图

参阅材料 5-7　气象预报和气象服务对气象卫星的中长期应用需求预测

一、天气领域应用需求预测

1. 数值天气预报

数值天气预报(NWP)的准确度很大程度上取决于如何准确完整地估计大气的初始状态。世界气象组织提出，为满足 2040 年发展需求，需要气象卫星具备为全球数值天气预报提供如下关键大气变量的能力(按重要性排序)：

· 卫星观测的三维大气风场(从近地面层到平流层所有层面)和二维的地表气压场

· 具有足够垂直分辨率的三维大气温度和湿度分布(在对流层低层和多云的地区更为重要)

· 基于卫星的降水估计和云参数

· 海洋上层(0～500 米)温度和土壤湿度(对中期预报的后沿，即 10～15 天的预报更加重要)

· 海冰和雪水当量

· 气溶胶和痕量气体

2. 临近预报和短期天气预报

以观测外推技术为主的临近预报和超短期天气预报，除了和数值天气预报需要相同的气象变量观测(例如云、降水、三维风场、三维湿度和温度场等)以外，还需要更多关键大气变量(如台风和强对流系统的结构及环境场)和地表变量(如气压、风、能见度和污染天气状况、短波辐射、雷电、沙尘暴和火山爆发监测)等。指导临近预报和超短期天气预报用的高分辨率区域模式则需要更高空间分辨率的卫星观测和更高的观测频次，以满足高分辨率模式快速更新循环同化的需要。

二、气候领域应用需求预测

1. 短期气候预测和气候服务

对于气候模式的观测需求来说，海洋和大气海洋耦合模式的初始化使用了包括大气和海洋的观测数据。在气候模式初始场数据的同化方法上，各业务中心采用的方法有很大差别。有些简单的模式仅仅同化大气风场的信息，而更复杂的模式则同化了地球下表面（土壤温度）的信息和从卫星观测反演出的地形地貌和地球表面温度的数据。对不同涛动的预测所需的主要观测变量也可能是不同的。如何进一步发展耦合模式的同化技术，以便能够最好地使用观测来改进模式的初始化场仍然是耦合模式发展的重大挑战。

2. 气候系统观测与监测

从卫星观测和监测气候系统存在巨大挑战，世界气象组织提出了一个从空间监测气候的逻辑架构，即：需要一个由业务和研发卫星加上特殊任务卫星相结合的星座。该星座应该在气候系统观测能力、观测精度和持续性等方面明显超出目前的观测能力，要具备执行长期和持续气候观测的能力，并保持普遍开放的数据共享政策和应急计划。世界气象组织的下一步计划是：在全面评估观测需求的基础上，结合各国卫星长远发展规划，设计一个“从空间监测气候架构”的物理体系结构并制定出清晰的发展路线图，作为远景发展规划的一个重要组成部分，以便世界气象组织协调和帮助卫星拥有国和有关单位实施和运营。

三、大气成分和空气质量观测需求预测

目前全球大气成分观测站不足，无法充分地观测到二氧化碳和甲烷的空间和时间分布。仅利用目前有限的几个地面观测站的观测导致了全球分析具有很大的不确定性，严重地制约了对于全球碳循环的认知能力和对未来的气候监测预测能力。卫星将是测量全球二氧化碳和甲烷时空分布信息的最有希望的技术手段之一，有望改善对于这些气体的源和汇估测的准确度。

从21世纪初开始，由于空气污染问题日益严重地影响人们的生活，为了满足实时监测污染气体的需求，一些航天机构开展了从卫星上监测大气污染和空气质量的试验计划，包括：美国对流层排放和大气污染监测（TEMPO）、韩国静止卫星平台地球环境监测成像光谱仪（GEMS）、计划搭载于欧洲第三代静止气象卫星上的欧洲哨兵4号（Sentinel-4）的紫外-可见光-近红外探测光谱仪等。这些卫星仪器主要采用紫外和可见光近红外高光谱探测技术，空间分辨率可以达到7～8千米，可以实现每小时一次对固定区域进行观测。预期到2040年，此类技术和仪器可以完全达到业务化运行要求。

任务6　深化国际服务

推进风云气象卫星国际服务计划，建设基于“云＋端”的国际遥感应用服务平台，增强卫星遥感全球监测服务能力、数据和产品共享能力、应用推广能力。以“一带一路”国际遥感应用服务能力建设为抓手，提升面向全球重点区域、重点应用领域的卫星遥感业务服务能力，提高国际用户风云气象卫星产品应用水平。增加风云气象卫星国际用户数量，拓展应用领域，切实发挥应用效益，构建风云气象卫星国际应用合作新格局。建设全球重点区域卫星遥感主要灾害本底数据库。开展全球重点区域特色遥感应用示范。着力提升全球重点区域主要气象灾害卫星遥感监测技术、全球重点区域主要非气象灾害卫星遥感监测技术等关键技术水平。

参阅材料 5-8　风云气象卫星国际服务现状与不足

一、风云气象卫星国际服务现状

风云气象卫星是国际灾害宪章机制的值班卫星，在全球防灾减灾中发挥着重要的作用。目前，已经制定了《风云气象卫星国际用户防灾减灾应急保障机制》；开发并发布数据下载客户端，为“一带一路”沿线国家开通数据服务绿色通道；开发完成英文版和俄文版卫星天气应用平台(SWAP)软件。截至 2020 年 7 月，使用风云气象卫星数据的国家数量已达 108 个(含“一带一路”沿线国家 79 个)，29 个国家已经建成风云气象卫星数据直收站，29 个国家成为注册用户；为吉尔吉斯斯坦、俄罗斯、蒙古等 30 个国家开通了气象卫星数据服务绿色通道。

二、存在不足

与国际先进水平相比，我国风云气象卫星国际服务还存在一定差距。美国等国家已经建立了先进的卫星遥感云数据应用服务系统，对于全球洪涝、冰雪、火灾、降水等，具备高精度、高时效动态监测能力。相对而言，我国风云气象卫星国际服务差距主要体现在：国际遥感数据获取能力不足，全球遥感应用技术水平需要进一步提升，国际遥感业务服务能力需要加强。

任务 7　推进数据共享

建设技术先进的国家级大气遥感卫星数据中心。采用逻辑统一、物理分布的专业数据服务架构，实现卫星数据无缝融入中国气象局大数据云平台，高效支撑全国气象业务。采用卫星数据直收站组网应用架构，增加卫星遥感数据汇集的容错备份能力，提升区域数据服务时效。制定与国内陆地、海洋两大数据中心的数据汇交标准规范，拓展国际大气遥感数据获取渠道，建立高时效数据实时汇集机制，实现多源数据管理与服务。研发基于地面网络的卫星数据组播分发技术，建设面向全球用户的大容量实时数据组播平台，提升卫星数据主动服务能力。研发基于混合云存储的数据湖技术，建设多源长序列百 PB 级的大气遥感卫星数据湖，提升数据直接访问和支撑能力。建设数算一体的大气遥感数据处理业务中台，优化数据传输、汇集、处理与服务流程，提升数据处理与服务时效。

参阅材料 5-9　国内外气象卫星数据服务现状对比

国内外气象卫星数据服务现状对比如表 5.8 所示。

表 5.8　国内外气象卫星数据服务现状对比

国内	国际
风云气象卫星工程建立了多渠道数据服务体系，有效支撑和服务了气象行业国家级应用。 差距与不足： 1. 多源数据获取能力薄弱。与国内陆地、海洋观测遥感数据中心尚未形成有效的数据交换机制，国际大气遥感卫星数据获取能力有限。 2. 行业外用户、国际用户服务能力不足。 3. 数据专业定制服务能力与数算一体化支撑能力不足。	1. 美国国家海洋大气局(NOAA)已经建成逻辑统一、物理分布的专业卫星遥感数据中心，具备提供 PB 级在线数据直接访问能力；启动大数据计划，实现静止卫星数据在公有云上的实时发布与在线计算应用。 2. 欧洲气象卫星组织(EUMETSAT)已经建立卫星广播与地面组播相结合的高时效数据分发体系。

任务 8　筑牢科技基础

开展大气辐射传输与仿真模拟。基于数值预报模式、辐射传输模式、卫星轨道预报模型、仪器观测与误差仿真模型，建立卫星观测仿真系统，生成天基观测系统的模拟数据。在模拟数据的基础上，通过观测敏感性评估系统论证轨道布局、载荷配置与指标影响对定量应用的影响，辅助轨道布局的优化和载荷配置与指标的确定。通过基于数值预报的观测敏感性评估工作，实现新型观测资料同化方法和支撑技术的储备性预研究。

发展卫星遥感数据预处理技术。通过综合空间辐射基准测量、地面可溯源测量、完备的星上定标装置、空间精准机动观测能力，连通地面一空间段的辐射定标溯源链路，发展天地一体化高精度空间辐射定标技术，为天基辐射观测的长期稳定性和一致性奠定技术基础。以观测几何链路综合设计优化为手段，构建星地一体化高精度图像定位与配准技术体系。

提高卫星产品反演技术水平。自主研发高精度快速辐射传输模式，发展人工智能反演技术，加强基于新型主、被动以及星下临边探测资料的定量反演，研究多源卫星遥感资料的融合反演技术，发展基于卫星长序列观测的气候产品处理方法，构建风云气象卫星观测产品气候数据集，提高对全球水循环、大气环流、大气成分以及气候变化的监测能力。

参阅材料 5-10　国内外气象卫星部分关键技术性能对比

国内外气象卫星部分关键技术性能对比如表 5.9 所示。

表 5.9　国内外气象卫星部分关键技术性能对比

关键技术	国内	国际
大气辐射传输模式与观测仿真	·已建立拥有自主知识产权的快速辐射传输模式 ·卫星轨道和载荷指标论证体系（观测系统敏感性试验）未成系统，对新型载荷的仿真和同化支撑能力薄弱	·具备成熟、业务运行的快速辐射传输模式 ·欧洲（如英国气象局、欧洲中期天气预报中心）、美国（国家大气和海洋管理局、威斯康星大学）已建立完整的卫星轨道和载荷指标论证体系（包括观测系统敏感性试验），以此作为后续仪器制造、应用的基础
定标/定位	·定位精度由星地观测几何链路综合偏差决定，需建立在轨基准与星地定位配准模型，进一步提高在轨指向及偏差校准精度 ·缺少高精度辐射基准，可溯源和精细化定标技术尚待深化，正在开展可见/红外谱段的空间辐射基准仪器与定标技术研究，尚未实现实验室系统级 0.1K（红外）标定能力	·欧美基本形成了较为完善的高精度辐射定标技术体系，地面和空间段对定标链路中的环节各有侧重，正在发展光学谱段的空基辐射基准仪器，初步实现了实验室和宇宙背景辐射可溯源定标，实现了 0.1 K 红外观测能力（实验室验证） ·具有精细化姿轨控制技术、高精度指向控制水平与在轨评价和参数计算模型，形成了高精度的遥感数据定位与配准能力
卫星产品制作和反演技术	·正在开展长时间序列基础气候数据集构建研究，尚无国产遥感卫星辐射气候数据集 ·反演产品质量不高、反演算法依赖国外、同类参数结果自洽能力较低	·长时间序列基础气候数据集构建已有较好的理论框架和成果 ·具有完备的算法研发体系，正在加强产品融合，大力发展卫星专题气候数据集支撑基本气候变量

任务 9　推进效益评估

发展气象服务效益评估方法，拓展形成气象卫星应用效益评估框架，通过界定效益评估范围、确定气象卫星应用效益占比、形成定量与定性相结合的评估方法框架。建立气象卫星应用综合效益评估数据库及风云气象卫星用户和产品应用分析系统，通过个例事件、单行业、全行业等多次层次以及个人、公司、社会公众等多主体效益综合分析研究，形成涵盖大多数气象卫星用户的综合效益评估体系。加强定量和定性相结合的气象卫星应用效益评估框架、气象卫星应用与各行业社会经济效益的相关性与贡献率分析技术、个例事件的效益综合分析方法(如:单次火灾、单个台风灾害监测预警服务效益评估)等关键技术研究。

(2)天气雷达观测

任务 1 完善天气雷达观测业务

优化天气雷达网布局。综合考虑水利、民航、兵团等部门对全国统一布网的天气雷达的需求，在现有新一代天气雷达站的基础上进行补充完善，重点补充灾害易发区、监测空白区新一代天气雷达。根据气象灾害防御需要，各地按照统一观测方法、技术标准和数据格式原则，统筹做好局地天气雷达站和其他地基遥感观测设施布局。

升级天气雷达探测技术。建立全链路标定与质量控制技术，建设雷达标校基地，实现天气雷达回波一致性<3 分贝。发展双偏振雷达硬件、质量控制、相态识别及定量降水估计等技术。建立 S 波段、C 波段和 X 波段雷达协同观测技术，实现高时空分辨率及多雷达协同观测。建设 S 波段和 C 波段相控阵天气雷达试验技术支撑平台，研究相控阵雷达高时空分辨率探测技术，开展多波束扫描技术研究，研究数据快速传输机处理技术，开展相控阵业务化雷达技术试验及推广应用等。

参阅材料 5-11 国外天气雷达发展动态

一、国际动态

世界气象组织(WMO):世界气象组织提出天气雷达下一步需要增加双偏振雷达部署、校准和使用，开展高时空分辨率观测、地基和空基观测，推进城市服务，加强预报服务及洪水等灾害性天气预警能力建设。

美国:1997 年底，美国大气海洋局(NOAA)就已经完成 165 部 NEXRAD 雷达网建设，布网雷达全部采用 S 波段全相参多普勒体制，采用统一的技术标准，雷达技术状态一致。美国联邦航空管理局还在全美 48 个繁忙机场建设了专用于民航的天气雷达，两个部门共同组建的天气雷达观测网，并实现雷达观测数据多部门实时共享。2000 年，美国开始探索将相控阵雷达技术应用于气象探测;2003 年建立了第一个天气相控阵雷达测试平台(NWRT);2007 年开始进行外场比对试验;2011 年开始在业务中推广应用双偏振技术;2013 年 NEXRAD 雷达网全部升级改造完毕，对降雪、雷暴、强对流的探测能力有明显提高。在数据质量控制方面，美国利用雷达观测的双偏振量研发了基于人工智能方法及依托气象特征的启发式数据质量控制方法，不仅对噪声/孤立点回波、地物/超折射等回波的消除起到了良好的作用，而且对于诸如单偏振雷达难以消除的生物回波或晴空回波质量控制效果更好。美国天气局已经与多家大学、研究所联合建立了 7 个气象雷达试验平台与基地，取得了大量新技术与应用成果，提高了灾害性天气的预警预报水平。

欧盟:欧盟的天气雷达网布设较早，截至 2013 年，欧盟区域共布置了 202 部天气雷达，其中 C 波段为主(168 部)，S 波段主要在南欧(有 33 部)，布网天气雷达有 184 部具有多普勒功能。法国的国家级天气雷达网 ARAMIS 由 8 部 S 波段和 16 部 C 波段组成，该雷达网覆盖法国境内90%的区域，尽管雷达观测覆盖稠密，但仍然受到地形因素影响，存在观测盲区，特别是对洪水频发的阿尔卑斯南麓区域的观测覆盖尤为不足。为此，法国开展了RHYTMME项目以求填补ARAMIS雷达网在该国南部阿尔卑斯山区域的观测盲区。目前，RHYTMME由4部X波段双极化雷达组成，并计划在法国格勒诺布尔地区部署同样的小雷达网。

综上，国际上天气雷达的整体发展趋势有以下几点：从单偏振到双偏振探测、从定性观测到定量探测、从低时空分辨率到高时空分辨率精细化探测、从单一体制探测到多种探测设备多种技术多源协同探测；推进新设备研发和技术创新，充分利用综合试验平台，利用多种手段、多种技术，实现高精度、高时空分辨率、实现连续、自动、一体化定量探测和雷达技术的可持续发展。

二、关键技术

1. 新型天气雷达技术体制

新型天气雷达技术体制涉及主要技术包括：双PRF算法和S-PRT方式、随机相位和SZ编码、自适应频域高斯滤波等技术；双偏振硬件升级、相态识别及定量降水估算等技术及算法；相控阵体制选择、高分辨率处理技术等。

2. 多波段雷达协同观测

多波段雷达协同观测涉及主要技术包括：雷达组网扫描策略、融合技术，解决协同决策、动态组网、雷达控制、适配参数选取等关键技术；X波段天气雷达回波衰减订正、距离折叠等数据质量控制技术，获得超分辨数据、精密垂直数据采样技术等。

3. 相控阵雷达技术

对于快速变化的中小尺度天气过程如冰雹、龙卷、微下击暴流、风切变等过程，用传统机械扫描的方法就很难同时满足高时空分辨率探测天气过程三维结构和发展演变的需求。相控阵雷达技术作为天气雷达技术的重要发展方向，可多波束同时探测、波束扫描灵活，时间空间分辨率高，固态发射机和有源相控阵技术可靠性高、维护成本低等优点，对提升中小尺度天气过程观测能力有重要的应用意义。

4. 天气雷达标定与质量控制

天气雷达标定与质量控制涉及主要技术包括：建立雷达数据质量控制算法体系，发展全链路雷达系统标定技术；双偏振雷达双通道一致性、相控阵雷达T/R组件多通道数据实时监测和补偿技术，回波强度测量误差的在线检测技术和自动校正技术；单、双偏振雷达数据质量控制技术，基数据、格点化和组网拼图的质量控制技术等。

任务2　建设风廓线雷达观测网

“十四五”时期，建设布局科学、功能先进、运行可靠的风廓线雷达网，实现西部和北部地区平均站网间距达到200～300千米，京津冀、长三角和珠三角区域平均站网间距达到100～200千米的覆盖目标。进行全国风廓线雷达技术升级，统一技术标准，提高系统灵敏度、天线增益等5项关键技术指标，把水平风U,V分量标准差控制在2.5米/秒以内，有效提升边界层风廓线雷达探测高度至5～7千米，提高我国风廓线雷达探测能力及观测自动化、智能化应用水平。

参阅材料 5-12　国内外风廓线雷达发展动态

一、国外发展动态

目前，美国已经建成了 115 部风廓线雷达，其中美国国家海洋大气局(NOAA)建成了由 35 部风廓线雷达组成的国家风廓线雷达网(NPN)，工作频率分别为 404 兆赫和 449 兆赫，最高探测高度达 16 千米，站点间隔 200～300 千米；另外建成了 80 部以边界层雷达为主的综合风廓线雷达站网(CAP)。所有测站的资料均由风廓线雷达控制中心(PCC)集中处理成逐时产品，经质量控制后分发。

欧洲依托欧洲气象业务网(EUMETNET)的风廓线雷达计划(WINPROF)，建设了 28 部风廓线雷达并投入运行，使用频段主要有 50 兆赫、400 兆赫、1000 兆赫等，资料枢纽设在英国气象局，通过互联网实时处理并显示观测数据。

日本气象厅(JMA)已建成由 33 部风廓线雷达组成的业务网。该网使用 1.3 吉赫频段，重点在日本中部和西部布设，采用与高空气象观测站(共 18 个)交叉布设的方式，站间距在 67～262 千米范围内，平均间距 130 千米，最高探测高度为 6～7 千米(夏季)和 3～4 千米(冬季)。风廓线雷达控制中心设在东京，提供经过质量控制后的每 10 分钟的风场信息。

在业务应用方面，上述各国都积累了较为丰富的经验。一是用于提高强天气的预报准确率，如：随着风廓线雷达网资料的应用，美国航空和火险天气预报准确率得到改进，龙卷、雷暴、暴雨的预警时间提前了 14%，强天气监测和预报准确率提高了 13%，3 小时风的预报准确率提高了 20%。二是改进数值天气预报，如：日本风廓线雷达网资料在所有数值预报模式中作为初始值，风廓线雷达网获得的每小时数据在初始时间之前 6 小时内被应用到资料同化中，使提供给静力平衡中尺度模式的高空风资料量明显增多。

从国外建设经验看，美国、欧盟和日本在风廓线雷达网建设的同时，都十分注重风廓线雷达网的数据质量控制中心建设，以确保资料的质量和可靠性，以供数值预报模式使用。

二、技术趋势

专用廓线技术已被开发用于获得高时空分辨率的数据，以满足较小气象尺度的分析、预报和研究以及各种特殊应用的需要。其中一些技术可用于整个对流层的测量，另一些技术可用于对流层低层尤其是行星边界层的测量。风廓线雷达是为在所有天气条件下测量风廓线而设计的甚高频和超高频多普勒雷达。工作频率的选择受到所需高度覆盖范围和分辨率的影响。目前，主要针对三个频段(在 50 兆赫、400 兆赫、1000 兆赫)建立风廓线雷达垂直观测，并且为了提高分辨率，这些系统已在垂直距离上进行折中的低模式(短脉冲：较低的高度)和高模式(长脉冲：较高的高度)工作。典型的特征值如表 5.10 所示。

表 5.10　不同频段风廓线雷达典型参数特征值

风廓线雷达参数	平流层	对流层	低对流层	边界层
频率(兆赫)	50	400	400	1000
峰值功率(千瓦)	500	40	2	1
工作高度范围(千米)	3～30	1～16	0.6～5	0.3～2
垂直分辨率(米)	150	150	150	50～100
天线类型	八木阵列	八木或 Coco	八木或 Coco	相位排列
典型天线尺寸(米)	100×100	10×10	6×6	3×3
雨或雪影响	小	在小雨中很小	在小雨中很小	很大

三、国内动态

截至 2018 年底，全国风廓线雷达运行并上传数据的站点有 98 个。其中，3 千米型风廓线雷达共计 51 部，6 千米型风廓线雷达共计 42 部，8 千米型风廓线雷达共计 2 部，12 千米型风廓线雷达共计 3 部。

总体而言，中国已建风廓线雷达整体规模还较小，平均站网间距超过 300 千米，且各区域疏密程度不一，特别是在部分急需敏感区域，如中西部地区，风廓线雷达覆盖率不足。在天气预报和数值预报业务应用方面，与国际先进水平相比，还存在一定差距。已初步建成了风廓线雷达业务运行保障体系，但技术保障手段缺乏，综合保障业务水平有待进一步提高。

任务 3　试点建设气象激光雷达网

在京津冀、长三角和珠三角地区，建设“气象激光雷达试验网”，获取大气风场、温湿度廓线和气溶胶光学参数，推进激光雷达探测数据在模式中的同化应用。建立激光雷达标定中心，确保所有雷达的数据定量可用，实现激光雷达实时在线标定，提升雷达自标定和组网能力，提高雷达核心器件国产化率。突破激光雷达关键技术问题，提升气溶胶、温湿和多普勒测风激光雷达探测能力和数据质量。

参阅材料 5-13　国内外激光雷达发展动态

一、国外发展动态

激光雷达投入业务应用的时间尚短。欧洲采用气溶胶激光雷达组建了 EARLINET 观测网。欧洲和美国在中尺度模式试验研究中使用了多普勒测风激光雷达。世界气象组织已经制定了气溶胶和多普勒测风激光雷达的技术标准，对于测量温、湿度的激光雷达给予了较大的关注，认为这是解决晴空大气廓线观测的重要遥感手段，应尽快建立技术标准。

1. 建立气溶胶激光雷达网并发挥效益

为了适应全球气候和环境变化研究对大气气溶胶空间分布和时间演变资料的迫切需求，在世界气象组织、联合国环境署及区域性国际组织的支持下，各国陆续建立了一些基于激光雷达探测大气气溶胶物理化学性质四维分布的观测网。其中，比较重要的有全球大气成分变化探测网（Network for the Detection of Atmospheric Composition Change，NDACC）、欧洲气溶胶研究激光雷达观测网（EARLINET）、亚洲沙尘激光雷达观测网（AD-Net）、美国东部激光雷达观测网（REALM）和微脉冲激光雷达网（MPLNET）等。

上述观测网在激光雷达大气气溶胶的探测技术、探测方法和数据处理方法以及反演方法上严格地做到了统一与规范，确保了大气气溶胶探测数据的质量与可靠性。其中，Earlinet 测量为满足严格的稳定性和绝对精度标准，以达到对气溶胶辐射强迫需求，通过网络制定了一个严格的质量保证计划，解决仪器性能和算法评估问题。这些工作是为了确保仪器标准化和在网络中以标准化数据交换格式进行激光雷达数据检索。为了实现数据分析和数据可追溯性的全面协调，EARLINET 还开发了用于激光雷达测量自动分析的 EARLINET（SCC）软件。

此外，由美国国家航空航天局（NASA）等建立的地面遥感气溶胶网络联合会制定了 AERONET（AErosol RObotic NETwork）计划。该计划提供了一个连续且易于获取的气溶胶光学、微物理和辐射特性的公共领域数据库，用于气溶胶研究和表征、卫星检索的验证以及与其他数据库的协同。该数据库利用网络对仪器、校准、数据处理处理和分发实施标准化管理。该计划还提供全球分布的光谱气溶胶光学厚度(AOD)、反演参数和不同气溶胶情况下的降水量预测资料，并可以实现质量检验。

实践证明，激光雷达观测网可以在多个方面发挥其他手段不可替代的作用，如：对大气气溶胶排放、垂直结构和时间变化的持续监测，对大气气溶胶水平输送的监测，为气候变化模式研究提供数据，以及提供卫星对地测量的独立定标等。

2. 建立测风激光雷达、测温激光雷达示范网

美国纽约州为开展城市中尺度灾害性天气精细化预报的试验研究工作，建设了中尺度天气网，主要包括纽约市的 125 个天气自动观测站。其中，有 17 个增强观测站安装有多普勒测风激光雷达、微波辐射度计和太阳光度计，能够进行垂直风速、温度和湿度廓线观测。激光雷达、微波辐射计和太阳光度计配合，能够精确反演高精度的边界层高度、风场、云和气溶胶层，以及其他的大气光学参数，同时可以探测到湍流等大气参数。

通过这些大气气溶胶激光雷达观测网的建设，可以实现大面积的空间覆盖，积累激光雷达网的运行经验，开展大气气溶胶参数反演，为提高仪器探测精确度和最优化研制提供坚实基础。

二、发展趋势

1. 激光雷达组网观测

为了充分发挥气象激光雷达的三维垂直观测能力，组网开展廓线观测，通过在一定范围的区域内按需布设气象激光雷达，对组网雷达的数据进行质量控制和统一加工，然后应用于气象监测和数值预报中。

对于进行组网观测的激光雷达来说，标校能力建设是其组网应用的前提，也是保证数据质量的基础。例如：欧洲的 EARLINET 气溶胶激光雷达网，在东欧、北欧和南欧各建了一个标校中心，每个标校中心都配备了标准气溶胶激光雷达。标准气溶胶激光雷达定期通过集中对比观测进行标定，标定完成后，再到普通雷达站对雷达进行标定。德国建设了世界上技术最先进的多普勒测风激光雷达标定场，对于风电等行业使用的测风激光雷达，只有通过地面的梯度塔和探空雷达进行标定后，才允许投入业务应用。

统一高效的数据质量控制和产品加工平台是发挥组网激光雷达数据应用效益的支撑，必须对组网雷达的观测数据进行实时处理，才能在时效和质量上满足气象监测和预报(特别是数值预报)的需求。EARLINET 气溶胶激光雷达网建设有雷达数据自动校验和质量控制软件系统，以确保数据加工的时效和质量。

2. 测量温湿度的激光雷达逐步在业务中推广应用

在北欧的英国和荷兰等国家的部分观测站建设了测量大气温湿度廓线的激光雷达，其测量的温湿度廓线与探空气球相比较，具有较高的质量，并且已经在数值预报中开展同化试验。

三、国内动态

气象激光雷达已应用在国内气象、环保、航空、风电和国防等行业中。其中，气象部门拥有约 70 部气象激光雷达，环保部门拥有约 400 部各种气象激光雷达，80%以上是气溶胶激

光雷达，其余是多普勒测风激光雷达，观测数据主要是用于城市污染物的监测。由于国内尚未建立气象激光雷达的标定体系，因此，气象激光雷达观测的数据无法定量使用，尚处于"看图说话"的阶段，还难以在数值预报中大规模应用。

中国气象局在"超大城市综合气象观测试验"中，开展了气溶胶激光雷达标定试验。标定后，北京地区的8部组网气溶胶激光雷达的后向散射系数和消光系数等主要产品的标准差从大于100%降到了20%以内，达到业务应用的需求。同时，中国气象局气象探测中心正在建设"气溶胶激光雷达数据质量控制和加工平台"，以确保组网气溶胶激光雷达的数据能够实时质量控制和产品加工。

国内气象激光雷达中的关键器件的质量较高，因此，雷达的硬件质量较好。存在的最大问题是没有建立规范完整的标校体系，数据质量难以保证，所以气象激光雷达无法开展组网观测，效益未能得到充分发挥。因此，急需成立气象激光雷达标定机构，建立气象激光雷达标定体系，开展气象激光雷达的组网观测，并对数据进行实时高质量的加工处理，以便充分发挥气象激光雷达的建设效益。

(3)飞机气象观测

任务1　优化飞机探空站网布局

面向海洋气象预报和服务对海洋气象观测的需求，在海洋区域(特别是远海区域高空气象探测空白地区)，建设以高性能无人机气象观测系统为主体的海洋空基观测业务。强化以东海和南海区域为重点的常规和机动观测能力，实现覆盖西太平洋影响我国气象气候系统关键区域垂直高度超过15千米，水平覆盖离岸距离3000千米的观测业务覆盖能力，提高3类(高空遥测、高空遥感和海面遥感)高空实时观测产品的数据可用率。

任务2　提高飞机观测技术和装备水平

提高飞机平台技术水平。以国内现有高端高空无人机平台为基础，通过与气象载荷适配化改进改造，打造气象观测专用型高空无人机平台。同时，以覆盖全类型台风观测为目标，推动具有国际领先水平的高空长航时无人机国产化设计研发，目标匹配美国"全球鹰"无人机，飞行高度不小于16千米，航时超过24小时，起飞重量大于8吨。

改进机载气象载荷。研发机载下投探空系统、机载双波段风雨雷达、机载温湿廓线仪、机载生态环境及大气成分观测载荷。研发具有携带超过40枚下投探空仪的下投探空系统，研发针对海洋强降水天气系统的机载Ka/Ku双波段风雨雷达和机载温湿廓线仪，以获取天气系统环境下温度、湿度、风、水凝物的高精度高分辨率观测数据。研发适用于机载观测的大气成分及生态环境观测载荷。

任务3　提升飞机观测业务保障能力

在北京建设国家级飞机(无人机)气象观测指挥中心。在浙江、广东和海南选址建设无人机保障平台和现场指挥基地。在沿海省份的现有机场选择部署承担海洋气象观测任务的无人飞机保障平台，配备飞机及机载探测设备的测试维护工具和仪器，储备一定量的探空仪耗材和常用备品备件，具备对飞机动力系统、控制系统和通信系统等进行测试调试与日常保养的能力，实现对机载探测设备进行计量检定和维护维修。

参阅材料 5-14　国内外飞机观测发展动态

一、国际动态

世界气象组织(WMO):世界气象组织对 2025 年全球观测系统(GOS)的展望报告中提出:(1)飞机观测的气象要素具体有:风、温度、气压、湿度、湍流、结冰、雷暴、沙尘暴、火山灰/活动和大气成分变量(气溶胶、温室气体、臭氧、空气质量、降水化学、活性气体);(2)针对海洋高空气象观测要素有:风、温度、湿度、气压;(3)报告同时对无人机系统(UAV)观测气象要素提出了研发和业务计划的愿景,期望的气象观测要素包括:风、温度、湿度、风和大气成分。

其他国家和地区:美国利用其在飞机整体工业领域的霸主地位,初步建立了较为完善的有人飞机观测体系。以"全球鹰"为代表的平流层无人机气象观测系统在台风观测等领域发挥了重要作用。

由于无人机具有成本低、投入产出比高、机动性强及昼夜可用等诸多优势,用无人机执行高风险、长航时作业已成为当今国际航空领域的一个重要发展方面。随着无人机技术的发展,利用无人机挂载气象专用载荷对海洋气象开展观测逐渐成为趋势。2012 年起,美国国家航空航天局(NASA)与美国国家海洋大气局(NOAA)将退役的"全球鹰"(G-Hawk)无人机改造成"超强风暴哨兵",作为高性能海洋空基气象观测平台。机上安装有雷达、辐射计和探测云层结构、悬浮颗粒物或尘埃水平的激光测量仪及下投探空系统等设备。经过参加 HS3、SHOUT 等多个观测试验项目,以"全球鹰"为平台的飓风观测已经配备覆盖要素全面的系列化气象观测载荷,建立起较为完备的技术支撑体系,形成了一整套无人机飓风观测业务流程(雷小途,2015)。

二、国内动态

1. 无人机平台

随着高空长航时无人机技术提升,高性能无人机应用于气象观测领域成为可能。国内高机动性、大载荷、高升限及长航时等无人机技术优势(表 5.11),为中国海洋气象观测(尤其是针对台风等强对流气象目标观测)提供了平台保障,为开展远海观测创造了条件。

表 5.11　我国自主知识产权高空无人机性能一览

无人机平台	性能指标
航空工业集团"云影"无人机	升限:≥15 千米
	载荷重量:≥500 千克
	最大航程:≥4500 千米
	续航时间:≥6 小时
航空工业集团某型无人机	升限:≥17 千米
	载荷重量:≥600 千米
	最大航程:≥7000 千米
	续航时间:≥10 小时
航天科工集团 WJ-700 型无人机	升限:≥15 千米
	载荷重量:≥500 千米
	最大航程:≥4500 千米
	续航时间:≥18 小时

2. 机(含无人机)载气象观测载荷

针对海洋气象目标观测的机载气象观测技术主要包括:机载下投探空观测、机载风雨成像遥感气象观测,以及机载温湿场观测技术。国内已经开展星载微波辐射计等搭载于卫星之前的飞机搭载观测试验。

(4)气球探空观测

任务1　优化气球探空业务布局

加强重点区域探空观测。在青藏高原等天气关键敏感区域适量增建自动探空站点。结合极端灾害防御、行业服务和重点区域服务对气球探空资料的需求,开展探空站网布局科学性评估,指导优化站网布局,提升观测效果。面向海洋观测和全球观测需求,适量增加海外站点,增强对“一带一路”建设和海洋强国战略的气象服务保障能力。

建设高空气候观测网(GUAN)。针对应对气候和气候变化应用需求,开展高空基准气候观测方法研究,获取在现有技术条件下的最优观测结果。建立以高空气候站为代表的高准确度基准观测技术体系,在观测资料一致性、准确性和观测资料质量管理方面满足气候观测分析的发展需求,并为观测网络资料整体约束、卫星真实性检验以及预报产品检验等提供基准。以此为基础,开展中国高空气候观测网(GUAN)建设,改进质量管理体系,升级高空气候观测站网。

任务2　建设基于北斗卫星导航的探空系统

研发北斗探空系统装备适应性改造技术,升级现有气球探空系统业务技术体制,建设基于北斗卫星导航定位测风体制的下一代探空系统。对探空观测装备进行智能化、物联网化的硬件升级,突破包括智能化自动探空系统、自动放球系统、自动化制氢系统、智能化基测箱等装备关键技术,提高装备自检和在线标定能力。建立基于中心站的交互式观测业务体制,实现观测端智能化业务运行管理和控制、频率资源智能调配、气球充气量智能控制等功能,并最终实现观测业务无人化的目标。

任务3　突破关键传感器和往返式智能探空等关键技术

突破往返式智能探空关键技术。发展“上升-平漂-下降”三段式探空观测、气球轨迹预测和粗略控制能力。针对“平漂”探空平流层和下降段观测及新兴火箭和飞机下投探空,研究评估不同应用模式下探空仪传感器支架、通风结构、传感器特性等对资料的影响,建立新型探空体制下传感器最优探测技术方法。开展基于“往返式”智能探空系统观测试验,进行气球轨迹预测和规划技术研究,实现对重大天气过程敏感区域的加密观测。

改进湿度和气压传感器等技术。研制加热型高空湿度传感器,突破低价高精度气压传感器关键技术,提高测量精度,实现温度标准差≤0.3℃,湿度≤8%,气压≤1百帕,风速≤0.5米/秒。推进湿度和气压传感器国产化。建立传感器误差特性和误差订正方法,开展传感器误差特性分析。发展包括大气成分、空间电场、太阳辐射等在内的高空特种传感器。

参阅材料5-15　探空观测业务现状国内外比较

1. 探空观测站网布局

欧美等发达国家在探空观测站网布局方面长期保持稳定,已基本成熟,近期较少进行站网大规模加密设点。欧洲加强了商用飞机观测系统(AMDAR)的应用开发,美国重点发展其卫星掩星系统开展高质量大气垂直廓线观测系统建设，作为探空观测站网的补充。

与发达国家相比，中国在探空观测站网密度和布局方面仍有改进空间（表 5.12），并且需要进一步开拓高质量大气廓线直接观测能力。2021 年，中国大陆共有 120 个探空站，整体站网呈现“东密西疏”的布局，平均站网间距在 300 千米左右，特别是在青藏高原等无人区域，极度欠缺探空资料。

表 5.12　国内外常规探空观测业务布局对比

对比内容	美国	德国	中国
站网类型	业务网	业务网	业务网
站点数量	148	17	120
站网特点	分布均匀	分布均匀	基本满足世界气象组织要求， 但东部较密，西部稀疏
设备类型	GPS 探空系统	GPS 探空系统	L 波段雷达探空系统
站点密度	平均间距 250 千米	平均间距 250 千米	平均间距约 300 千米

2. 探空观测装备

各国主要采用的是基于卫星导航探空系统，主要趋势是向自动化方向发展，并进行特种传感器的扩展。中国探空观测装备在探测准确性、自动化水平和特种传感器等方面与国际先进水平尚存在一定差距。

国际上应用较广的气球探空装备主要有：欧美等发达国家广泛使用的芬兰维萨拉公司 RS41 型探空系统、日本主要使用的 MEISEI 公司探空仪，以及法国 MODEM 公司和德国 GRAW 公司生产探空仪。上述几种厂家探空系统均采用 GPS 定位测风模式，其中 RS41 型探空仪湿度传感器采用加热模式，在技术性能上全球领先。其余几种型号探空仪也达到了较高水平，能够满足高空气候观测业务需求。同时，包括臭氧、大气成分、空间电场等传感器也已经逐步投入业务或试验应用。

当前，中国当前采用的主要是 L 波段二次测风雷达-电子探空仪气球探空系统。其中，定位测风方式采用的是雷达定向、测距，从而开展高度和水平风测量，根据世界气象组织（WMO）观测仪器与观测方法委员会（CIMO）指南描述，该种方式在雷达低仰角情况下，测风误差显著增大，不满足气候观测需求。同时，在探空仪方面，国内原先采用的温度传感器（柱状热敏电阻）、湿度传感器（湿敏电阻）并不能完全满足业务需求（孙丽 等，2018），对此，中国气象局进行了传感器换型，并于 2020 年 1 月正式投入业务应用。

国内外业务使用探空装备的技术性能指标比对见表 5.13 和表 5.14。

表 5.13　国内外主流探空观测装备技术体制对比

对比项	美国	德国	中国
设备类型	GPS 探空系统	GPS 探空系统	L 波段雷达探空系统
技术方式	薄膜湿敏电容 珠状热敏电阻 GPS 卫星导航	薄膜湿敏电容 珠状热敏电阻 GPS 卫星导航	碳湿敏电阻 棒状热敏电阻 L 波段二次雷达

表 5.14　探空观测装备技术性能对比

对比项	欧、美	基本要求(Ⅰ级)	WMO 要求(Ⅱ级)	中国
温度(℃)	≤0.3	≤1	≤0.5	≤0.5
气压(百帕)	≤1	≤2	≤1	≤2
湿度(%RH)	≤5	≤10	≤5	≤10
风向(°)	≤8	≤10	≤5	≤10
风速(米/秒)	≤1	≤1	≤1	≤2

总体而言:(1)在测风定位体制方面,L 波段二次测风雷达在定位、测风准确性,特别是低仰角情况下,难以满足业务发展需求,与卫星导航定位测风模式差距较大。(2)在传感器方面,伴随新型传感器换型,中国探测观测系统在温度、湿度和气压测量方面达到同期国际水平,但国外先进探空观测系统也在进行技术升级,中国传感器技术存在新的差距需要追赶。特别是湿度传感器方面仍属短板,观测资料的误差订正方法也与国际先进水平存在较大差距。在气球搭载特种传感器方面,国内仅在臭氧探测领域部署了少量业务化应用设备,其余传感器仍处于科研阶段。(3)在观测自动化方面,包括自动放球系统和自动探空系统设计,主要是匹配卫星导航探空系统应用,当前 L 波段二次测风雷达由于其雷达追踪原理的制约,不能够完全实现自动化。同时,观测系统整体智能化程度不足,对操作和维护人员技术要求高,人力资源需求量大。

3. 探空观测资料应用

欧、美、日等发达国家在探空资料应用方面,正在朝着更加精细化的方向发展,在观测资料数据质量控制、质量评估,包括探空资料和“地-空-天”遥感仪器的交叉检验方面均有长足的进展。国内实时质量控制仍主要依托于人工方式,在精细化探空资料应用和检验方面存在不足。

发达国家常规探空通过设备段、台站段、站网段相结合的实时质量控制方法,建立了完善的分级质量控制体系,而中国台站级质量控制自动化程度不高,省级和国家级数据质量控制和质量评估能力不足,实时质量控制体系存在显著差距(廖捷 等,2018),如表 5.15 所示。

表 5.15　气球探空观测数据质量控制现状对比

对比项	德国	中国
质量控制层级	四级	三级
质量控制内容	第一级、主要包括基于观测原理和方法以及制作工艺的传感器探测结果订正。 第二级、台站实时观测资料发报和观测基数据文件上传前的人工质量控制。 第三级、为非实时高空资料质量控制。 第四级、对已经存入数据库的观测数据所进行的质量控制。	第一级、台站观测段端设备的自动质量控制和人工质量控制相结合。 第二级、省级信息流非实时质量控制。 第三级、国家级历史归档的非实时质量控制。

续表

对比项	德国	中国
质量控制方法	1. 开展包括气压传感器温度压力订正、温度传感器辐射订正、秒数据的滑动和平均风计算等质量控制。 2. 利用预审程序以及人工质量控制(HQC)方法对观测数据进行质量检查和质量控制。 3. 相关数据文件的格式检查、缺测检查、极值检查、资料内部的一致性检验、气候值和瞬时值的一致性检验以及与常规地面观测的一致性检验等。 4. 预报业务交互系统(AWIPS)、数值模式初估场、LAPS分析场、实时图形交互对比检查等。 5. 数据库中长序列历史观测资料,空间一致性和时间一致性检查等。	1. 开展包括气压传感器温度压力订正、温度传感器辐射订正、秒数据的滑动和平均风计算等质量控制。 2. 利用预审程序以及人工质量控制(HQC)方法对观测数据进行质量检查和质量控制。 3. 对相关数据文件的格式检查、缺测检查、极值检查等。

此外,欧美国家在探空资料精细化评估、应用和开展其他观测系统交叉检验校准方面,也取得了显著的进展。

日本气象厅(JMA)使用其全球预报模式(JMA global model)为基准,定期发布月报告和半年报告,报告中包括了涉及生成低质量观测数据的可疑台站综合清单。欧洲中期天气预报中心(ECMWF)以使用其全球预报模式为基准,每月发布全球数据质量监测评估报告,对不同要素不同高度层观测数据的"数据可用性"和"数据质量"等进行评估描述,并形成可疑台站清单。

中国气象局气象探测中心已建成以全球区域一体化同化预报系统(GRAPES)预报产品为基准的探空设备数据质量评估业务。2020 年起,启动了锡林浩特高空基准气候观测站的业务建设,实现基于基准探空系统的 0～35 千米垂直大气柱基准观测能力,为气候监测、卫星真实性检验和预报产品检验提供了基础,并为未来高空气候观测网络建设提供应用示范。

(5)闪电探测

任务 1　构建多网融合的高精度闪电探测系统

"十四五"时期,建设一套性能可靠、布局科学、运行稳定、技术先进的国家全闪闪电观测网,增强云地闪和部分云闪观测能力。在京津冀、长三角、珠三角等人口密集区或航线区域,建设 3 套技术领先、高精度、高分辨率的闪电测绘阵列网,开展精细化闪电三维立体观测。在全球建设一套均一化的长距离闪电观测网,开展全球电磁场和闪电观测。基于已有国家级气象站,建设大气电场仪观测网,增加电场观测。采用多频段多层次综合观测技术,使网内云地闪闪电探测效率达到 95%,定位精度达到 100 米,形成满足发展、功能齐全、流程完备、智能互通的物联网闪电观测业务系统。

任务 2　全面提高闪电探测技术水平

研发垂直探测关键技术和算法。攻克 VLF、VHF 闪电辐射源接收、电场观测、光学观测等设备关键技术,研发小型化或微型化传感器。在中国东、南、中、西、北部等 5 个不同地区建设专项业务试验网,开展雷电、电场等垂直探测试验。研究中高层放电现象探测技术,以及三维探测高度精度优化和卫星闪电成像仪、云闪评估等技术。

研发单站闪电观测关键技术和算法。研发从赫兹到兆赫兹的全频段覆盖的探测技术，完善闪电高能信号的探测能力。通过对闪电放电物理模型的探讨，提高闪电单站定距的能力，并和其他探测手段综合应用形成一种具有更高性能的小区域预警系统，并推广应用。

研发区域高精度闪电测绘阵列关键技术和算法。基于不同频段信号的闪电甚高频辐射源三维精细定位技术，建立闪电全链路探测技术，从高灵敏度探测天线、低噪声接收机、低功耗处理器、软硬件去噪技术、高精度实时定位算法、误差算法，针对重点区域研发国产化的闪电测绘阵列设备。

研发长基线全球闪电观测关键技术和算法。基于多种低频电磁信号的全球定位技术研究，研发长基线全球闪电观测设备，并着力从传感器、定位算法、峰值估算算法、质量控制算法等方面提高全球闪电定位的效率。

研发多系统协同观测和融合分析技术。建立 VHF/LF/VLF 等多频段多系统以及雷达、卫星等协同观测技术，攻克布局评估、协同观测、星地验证、数据融合等业务问题，实现资料的均一化和融合，通过多种资料反映不同尺度的雷暴活动精细化结构，研究强对流活动变化因子模型，提升预报预警时效和准确率。

研发超大城市群三维闪电探测关键技术和算法。建立地面电场与其他气象要素的相关性，攻克超大城市的精细化三维雷电观测与地面电场仪的协同观测关键技术，建立电场高值区域内闪电放电全过程的全息重现，利用机器学习方法建立电场与闪电放电的关系模型，进一步提升预报预警时效和准确率。

研发站网性能检验关键技术和算法。通过试验观测基地，发展基于触发闪电、高建筑物闪电、无人机、探空气球、飞艇等多种观测事实的评估技术和算法，建立客观性能指标和定期评估制度。

任务 3　推动闪电探测数据应用

研发闪电探测数据应用关键技术和算法。利用大数据和机器学习方法，建立电场与天气雷达的机器学习模型，攻克地面电场观测资料在预报预警应用中的关键技术。研究晴空大气电场与大气污染物的相关性，利用机器学习方法，攻克晴空大气电场与大气污染物的关系模型，分析大气污染物浓度升高与大气电场强度的关系，揭示大气污染物升高对雷电活动带来的影响。

充分发挥闪电探测数据的社会经济效益。通过闪电观测系统的建设，提高中国闪电发生、变化过程的监测、预报、预警、评估和应对服务能力。提升防雷减灾安全生产保障能力，满足社会公众对高精度高时效的闪电服务的要求。推进闪电探测数据在航空航天、石油石化、卫星发射等多种行业的融合预报预警应用。填补中高层放电、电场垂直探测和全球观测等空白领域，支撑临近空间研究。

参阅材料 5-16　国内外闪电探测业务技术发展动态

一、国际动态

世界气象组织提出：(1)闪电是天气、气候的基本观测要素，需要监测不同尺度精细化的闪电活动，其中闪电频次变化、全闪密度、地闪密度、电磁场变化、放电极性、放电类型等要素值可以用于预报预警、专业服务、防灾减灾、数值模式、气候变化模式等应用领域。(2)为监测不同尺度精细化的闪电活动，需要建设多频段多系统综合的观测站网。区域级闪电测绘阵列可采用地基 VHF 探测组网定位技术，国家级全闪定位网和全球级闪电观测网可采用地基 VLF/LF 探测组网定位技术，以及星载的光学观测技术。地基、天基观测系统各有所长，需要相互校验和补充，以提高闪电探测性能。(3)地基、天基等不同系统监测闪电的要素、时间、空间、精度等方面有所差异，要进行融合处理，提供均一性高精度的综合分析产品及衍生产品。针对航空、海洋中雷暴现象，可以采用闪电自动观测和人工观测相结合的方式开展观测和服务。(4)为了保证数据质量和均一，需要对观测仪器设备定期进行现场校准和分析检测，包括传感器功能的交叉检测和运行参数分析。利用实况资料或更高精度的系统，定期开展一般观测系统性能评估，包括：云地闪闪电探测效率、云地闪回击探测效率、云闪探测效率、错误分类事件百分比、定位精度、峰值电流估算误差等。(5)制定闪电监测、观测数据和元数据等标准规范，提供包括探测效率、定位精度等方面的元数据。(6)需要建设全球或国家级均一性的长期闪电事件数据集(包括人工观测数据)。

欧、美、日等发达国家的闪电观测系统基本符合世界气象组织的各项规定或标准，在临近预报、数值模式、防灾减灾、航空气象、专业服务、科普宣传、气候变化等气象业务中发挥了重要作用。其中，地基闪电观测站网主要有3类：VLF 全闪闪电定位网、高精度高分辨率的 VHF 闪电测绘阵列，以及全球性的远距离 LF/VLF 闪电观测系统，共同构成了多频段多系统的全球综合闪电观测体系。同时，部分国家开展了垂直电场观测、星地校验、融合分析、性能评估等科研业务试验，还在极轨或静止卫星上搭载闪电成像仪等光学观测设备，开展全球或区域全闪观测。

20 世纪末，美国就已经初步建成国家闪电探测网(NLDN)，采用 VLF 探测组网定位技术，由 114 个站点组成，站点均匀布局，覆盖美国内陆地区。此后，系统采集器、各类处理和修正算法经过了多次技术升级改造。到 2014 年升级后，利用光学观测、火箭引雷等实况资料，评估云地闪闪电探测效率达到 100%，定位精度达到 173 米，峰值电流预估误差中位绝对值达到 15%。美国新墨西哥矿业技术学院研制和运行的闪电测绘阵列(LMA)，采用 VHF 探测组网定位技术，由站间距 15～20 千米的 10～15 个设备组成，可以精确地描绘闪电的三维发展结构，主要在局地的发射场、科研试验、业务试验中使用。利用探空气球搭载的 VHF 发射机、飞机观测等试验资料，评估 LMA 定位准确性为网内 3D 定位精度 100 米。美国全球雷电数据集(GLD360)也被称为全球雷电探测网(GLDN)，部署于全球各地，由 Vaisala 公司研制及运行，采用 NLDN 资料作为实况资料，评估云地闪闪电探测效率为 86%，定位精度达到 10.8 千米，峰值电流预估误差为 21%。此外，美国还在业务试验中利用探空气球搭载电场仪，监测雷暴云内电荷垂直分布，开展了电荷结构和动力结构关系等研究和综合分析应用，在部分航空、海洋观测中采用了单站雷电计数器开展雷暴现象观测和服务。2018 年开始投入业务应用的美国 GOES－R 卫星上的闪电成像仪(GLM)CCD 面阵大小为 1372×1300，空间分辨率为 8～14 千米，闪电探测效率为 70%，虚警率为 5%。

欧洲的闪电观测业务与美国基本类似，并形成了“产学研”相结合且长期稳定的科研、业务、服务保障机制。商业公司或科研机构主要负责各类闪电定位网的研发试验、标准规划、站网建设、运行维护、检测评估、技术升级、产品分析、数据重构，以及对外合作或有偿服务等。气象科研人员则从业务需求出发，引领或参与上述研发建设工作，并通过合作或购买的方式获取各个系统的观测数据和元数据资料，重点针对业务标准规定、综合资料融合、专项业务试验、数据分析及应用研究、数据集研发等，大量研究成果已经在气象业务中发挥了重要作用。

日本直接使用了 Vaisala 公司的技术和服务。

近期研究重点主要集中在星地交叉验证和资料融合、综合观测资料对比分析，全球闪电、电场、磁场观测，中高层放电现象试验、闪电气候特征、气候变化、数据集等领域。

二、中国闪电监测发展现状及需求

与欧、美、日等发达国家相比，中国闪电观测业务发展较为缓慢。从 2000 年起，中国气象局在中国东部、南部等雷电多发省份建设了省级闪电探测网。2008 年，按照《预警工程初步设计》要求开始全国组网运行，实现了国家云地闪定位网及国家雷电数据处理中心的业务运行，并依据预警工程设计要求（基线距离在 150～200 千米之间，探测效率 80%、精度优于 1 千米），不断优化系统布局。

截至 2019 年 8 月，全国共有闪电观测站点 427 个，其中正式纳入业务考核的站点有 377 个，基本覆盖中国内陆区域。考核站点设备全部采用国产 ADTD 型闪电定位仪。

风云四号卫星上搭载的闪电成像仪 CCD 面阵大小为 400×600，星下点空间分辨率 7.8 千米，可覆盖中国及周边区域，在 4—10 月期间对全国进行观测，2018 年开始提供数据服务。

随着地基、天基系统的建设，为国内强对流天气监测、预报预警、专业服务、防灾减灾、气候变化、数值模式和云物理研究提供了科学真实的观测数据，已经成为气象业务中不可缺少的观测种类。

与世界气象组织的发展规划和国际先进水平相比，主要差距表现在以下几方面：

1. 监测不同尺度精细化闪电活动的观测站网及体系有待完善

业务系统只限于监测云地闪，设备工艺、性能、指标等较美国落后多年。尚未建成覆盖全国的全闪定位网，缺乏可供业务化的闪电测绘阵列、全球远距离观测设备等。对于电场变化的监测没有形成体系。

2. 覆盖整个业务环节或流程的业务闭环体系有待建设

系统建设关注了站点覆盖率、数据到报率、格式标准化、数据产品等环节，但业务环节或流程疏漏很多。在站网布局评估、系统性能评估、设备检定校准和分析检测、地基和天基系统相互交叉校验、地空天多系统多频段资料融合、数据集重构等业务环节存在短板。要构建研发、试验、标准、组网、检测、运行、评估、升级、重构、服务的业务闭环循环体系，仍有大量的设备、软件、算法等关键技术待研发。

3. 垂直探测业务能力有待发展

有关科研单位陆续开展了一些探空气球、火箭探空的垂直电场、中高层放电等试验，但气象业务中对于垂直探测的顶层设计思考较少，没有可供业务化的空间电场探测设备，以及机载中高层放电的观测设备，尚未形成垂直探测业务能力。

4. 自动观测替代人工后服务业务体系及指标有待深化

人工观测资料特别是雷暴日资料是我国防灾减灾、气候分析等领域使用的主要资料，原有业务体系和指标都是依赖于人工观测资料而建立。随着自动化改革的发展，需要调整为以自动资料为核心新的服务业务体系或评价指标系列，仍有大量的数据均一化、质量控制、灾害评估、服务指标等关键技术待研发。

5.“产学研”相结合的科研业务服务保障机制有待建立

一方面，商业机构或科研单位的新研设备、算法、系统缺乏业务部门的需求或方向引导；另一方面，前沿科研成果还没能及时转化到业务中发挥效益。

综上所述，随着国家和民众对于闪电防灾减灾日益关注，对于闪电全球观测全球服务需求日益明确，对于超大城市群中精细化高精度的垂直闪电观测需求日益增加，对于预报预警和数据模式中多尺度多系统的综合闪电观测和资料融合需求日益迫切，对于气候、生态、临近空间等闪电业务的新需求日益清晰。因此，建设适应世界气象组织标准的多频段多系统综合闪电观测体系，完善科学完备的业务环节和流程，建立创新共享的科研业务服务体系，是“十四五”期间实现气象观测现代化的重要任务之一。

(6)地面气象观测

任务1　以“云＋端”模式重构地面观测系统

对地面气象观测设备进行升级改造，统一设备级通信协议、数据格式、终端控制等技术标准，采用基于5G/4G/NB－IoT等技术进行远程无线组网，实现远程互联互通，提升地面观测“端”数据采集和传输能力。重构基于国家气象大数据云平台的观测数据收集、存储、管理和设备远程控制业务。

任务2　实施地面观测业务全流程信息化再造

依托气象信息基础设施，完善适应自动化、智能化发展的观测业务流程。提升观测数据实时传输效率，逐步实现由台站直传国家气象大数据云平台。加快推进自动气象站、天气雷达等实时观测数据流传输模式改造。实现自动气象站观测数据分钟级到达业务应用平台。

任务3　发展自动智能精准的地面观测技术和装备

推进地面气象观测装备核心部件国产化。开展国产化装备对比试验，进行国产化装备技术性能、环境适应性和业务可用性等长期持续测试，并与满足世界气象组织标准的仪器装备开展比对试验。综合分析观测数据及观测仪器设备性能指标，指导技术升级改造。

推进地面观测装备新技术和新方法应用。提高自然/强制通风防辐射罩、降水防风圈、超声测风、红外测温、多传感器信息融合、微波辐射计等观测技术和方法的国产化率。依托试验基地开展新技术、新方法的业务可用性测试。健全装备技术标准和业务规范，改进观测业务体系，提高观测装备准确度，提供更为丰富的气象观测数据产品。建立基于智能化、大数据、深度学习等方法的观测模型。实现自动气象站和天气雷达等观测设备根据天气实况自动调整观测模式的能力，增强针对灾害性天气的协同观测能力。建立本地化、差异化的特征信息库，充分考虑地理环境、气候条件等因素，并通过长期业务应用不断改进、适应、提升观测效果。

发展众包便捷式气象观测装备。针对提升防灾减灾能力、助力生态文明建设、保障人民安康福祉等需求，研发便捷式、模块化、智能化众包观测装备。搭建互联互通的数据平台，创建引领业务发展的标准体系，深挖气象数据价值，把社会气象观测作为综合气象观测系统的重要组成部分，推动观测技术实现创新式快速发展。

推进天气现象自动观测。运用人工智能、大数据、移动互联网、全景摄像、地理信息系统(GIS)、图像识别等技术，结合数值预报、雷达拼图、观测历史资料等多种数据，研发天气现象智能识别技术，建立智能化的分析判识模型，实现对天气现象(雾、霾、雨、雪等)、灾害性天气

(积雪、积水等)和云(云状和云量)等的自动综合识别功能,为气象观测自动化和社会化气象观测提供基础支撑。

实施地面观测业务集约化改造。按照各级观测业务部门通用、业务与管理部门适用的原则,开发涵盖观测数据采集、质量控制、数据传输、观测产品制作及运行状态监控、故障远程诊断、故障维修、计量等各项业务以及业务管理信息的综合气象观测业务一体化平台。推进同级观测业务集约化发展,实现实时监控、考核评估综合气象观测业务运行状况、实时数据质量控制、设备故障在线诊断或远程人工指导下的故障诊断维修、观测产品快速制作等功能,全面提高观测系统可用性。

参阅材料 5-17　国内外地面观测业务技术对比

一、地面气象观测站网布局

在地面观测站点数量、观测项目等方面,中国接近国际先进水平(表 5.16)。

表 5.16　部分国家地面气象观测站网布局对比

对比内容	美国	日本	德国	中国
站网名称	地面自动观测系统(ASOS)	国家观测网	国家观测网	国家观测网
站点数量(个)	约 11000	约 1500	约 3500	约 60000
观测项目	云高和云量 能见度 天气现象和雨、雪、冻雨的强度 雾、阴霾 海平面气压 环境温度、露点温度 风向、风速和风特性(阵风、暴风) 累计降水 重要天气现象变化:云高变化、能见度变化、降水的起止时间、急流气压变化、气压变化趋势、风变化、最大风值	空气温度 降水 1.5 m 风速 红外地面温度 太阳辐射 空气湿度 土壤湿度 土壤温度观测	温湿度 风向风速 气压 降水 蒸发 土壤温湿度 能见度 天气现象 雪深 辐射 云 农业气象 生态气象 放射性元素 大气化学成分 大气尘埃粒子	温度 湿度 风向风速 气压 土壤温度 辐射 降水 蒸发 云高和云量 能见度 天气现象 雪深雪压 电线结冰 冻土 日照 酸雨
站网特点	·自动化程度高; ·直接面向服务; ·三级数据质量控制体系和问题反馈机制; ·观测系统维护维修机构较为健全。	·站址分布相对均匀; ·建在气候变化敏感地区; ·长期高质量气候记录; ·为卫星观测提供校准; ·测站无人值守; ·太阳能供电为主。	·根据地理位置和空间距离规划站点布局; ·自动化程度高; ·数据质量控制严格。	·依照行政区划布设站点,西少东多; ·国家级台站均为有人值守; ·要素布设有统一标准; ·快速提高自动化程度。

二、地面气象观测技术

中国地面常规观测技术紧跟国外发展步伐，在数据采集器、主要气象要素的观测技术上与先进国家基本保持一致(表 5.17)。未来仍需加强观测设备的国产化技术研究，进一步提高观测设备的运行稳定性。

表 5.17　地面气象观测业务技术对比

对比内容	美国	日本	德国	中国
数据采集器	模拟量 数字量 脉冲量	模拟量 数字量 脉冲量	模拟量 数字量 脉冲量	数字量
气温	铂电阻 石英	铂电阻	铂电阻	铂电阻
湿度	露点仪计算值	露点仪计算值 湿敏电容	湿敏电容	湿敏电容
气压	硅电容	硅电容 陶瓷电容	硅电容	硅电容 陶瓷电容
风	螺旋桨测风 超声测风	螺旋桨测风 超声测风	螺旋桨测风 超声测风	螺旋桨测风 超声测风
降水	翻斗 称重	翻斗 称重	翻斗 称重	翻斗 称重
云高	激光测距	激光测距	激光测距	激光测距 红外双成像 云雷达
云量	单点积分云量	—	—	—
能见度	前向散射 透射式	—	—	前向散射 摄像式
天气现象	雨滴谱 雷暴现象 冻雨 结冰感应 前向散射	—	—	—

三、地面气象观测技术

随着气象观测技术的不断发展，中国各气象观测传感器精度(表 5.18)不断提高，基本达到世界气象组织业务要求。与美国相比，气温、气压、能见度等观测质量优于美国，风速、风向、降水(翻斗)等观测质量与美国接近，称重降水、云量和云高等观测质量低于美国。

表 5.18　地面气象观测项目观测准确度对比

气象要素	现状			2025 年预期值
	准确度（中国）	准确度（美国）	准确度（世界气象组织）	准确度（中国）
气压（百帕）	0.3	0.68	0.3	0.1
气温（℃）	0.2（天气） 0.1（气候）	1.1（－62～－50）； 0.6（－50～＋50）； 1.1（＋50～＋54）	0.2	0.1
空气湿度（%）	3（≤80） 5（>80）	露点计算值	3	3
风向（°）	3	5	3	3
风速（米/秒）	0.5＋0.03V	1.0 或 5%（较大者）	0.5（≤5） 10%（>5）	0.5（≤5） 10%（>5）
降水（毫米）	0.4（≤10） 4%（>10）	0.5 或 4%	5%	0.4（≤10） 4%（>10）
能见度（米）	10%（≤1500） 20%（>1500）	400（≤2400） 400（2400～3200） 800（3200～5600） 1600（5600～16000）	20 或 20%（较大者）	10%（≤1500） 20%（>1500）
云高（米）	200（<1000） 20%（≥1000）	20%	10	200（<1000） 20%（≥1000）
云量（成）	人工	1/8	2/8	2/10

(7)生态气象观测

任务 1　构建多圈层生态气象观测网

建设地基生态系统气象观测站网。构建通量塔群、梯度通量、植被生态气象和区域土壤水分等生态气象观测网。在青藏高原、黄土高原、京津冀、洞庭湖、西南石漠化区和东北森林等典型生态功能区，建设“气－土－水－生”能量与物质通量生态系统气象观测塔群。按照平均站距 220 千米和在重点生态功能区、生态环境脆弱区、气候变化敏感区实现加密观测的原则，新建 100 米、50 米、30 米和 10 米梯度通量观测设备，初步形成覆盖全国的梯度通量观测网。按照平均站距 180 千米、重点和典型生态区加密原则，在 54 个气候区增加布设区域土壤水分自动观测仪，与现有点尺度土壤水分观测组成点面结合的土壤水分自动观测网。按照平均站距 100 千米、重点生态功能区加密的原则，组建植被生态气象自动观测网，在粮食主产区改建 650 套、在森林和草地重点生态功能区新建约 150 套植被生态气象自动观测设备。

建设空基生态系统气象观测站网。建设基于无人机的生态遥感产品真实性检验网。在青藏高原、黄土高原、京津冀、洞庭湖、西南石漠化区和东北森林等典型生态功能区每个地区设置观测站，主要用于草原、森林、水域面积等关键生态区的常规监测和灾害应急监测，初步形成观测范围 10 千米^2 以上重点生态区域观测的机载遥感探测能力。建设具有 1000 米及以上高度巡航飞行的能力、航程 100 千米以上、载重 60 千克以上的中型无人机以及若干小型无人机，配置多光谱相机遥感观测系统、机载激光雷达三维成像系统以及地物高光谱仪，进行每旬定期、定点持续监测和遥感调查。

建设天基生态系统气象观测站网。建设基于地表反射率和太阳光度计的遥感产品真实性检验网。在 20 个典型生态下垫面（水、常绿针叶林、常绿阔叶林、落叶针叶林、落叶阔叶林、混交林、郁闭灌丛、开放灌丛、多树的草原、稀树草原、草原、永久湿地、作物、城市和建成区、作物和自然植被的镶嵌体、雪或冰、裸地或低植被覆盖地等类型）均一化区域，各建设 2 套太阳光度计和地面反射率自动观测仪系统，构建生态遥感产品的真实性检验网。根据植被、辐射、积雪、温度、土壤水分等五类遥感产品的空间分辨率，选取 10 个地面验证区，采用空间嵌套的形式，在每个验证区布设 20 套自动气象站，以及 100 套自动观测仪器，包括自动相机、铂金温度计、红外温度计、自动雪深观测仪、自动土壤温湿观测仪等；增加针对以上验证区的无人机观测。

任务 2　建设生态气象观测技术研发实验室

建立国家级和省级生态气象观测技术研发实验室。国家级开展生态气象观测站网布局设计，实施典型生态环境调研与分析，研发中试生态观测新设备，标校生态气象观测设备，制定观测规范、数据标准格式、技术标准，编制设备安装、维护手册，改进和完善有关生态气象设备。在有生态代表性的综合生态应用气象观测站，建立省级生态气象观测技术研发实验室，在国家级技术指导下，开展区域生态气象观测设备标校和生态气象观测新设备对比观测试验。

任务 3　建立生态环境遥感产品地基校验中心

建立国家级和省级生态环境遥感产品地基校验中心。国家级研建生态环境遥感产品真实性检验的完整技术流程体系，发展和完善真实性检验过程中的空间优化采样、尺度上推、检验策略等关键计算方法，通过“卫星-飞机-地面”同步试验研制多尺度配套观测数据集，编制遥感产品真实性检验标准与技术体系，构建遥感产品地基真实性检验网，开展核心观测场的多模式联网观测试验，初步形成全国卫星遥感产品真实性检验网的原型体系和运行机制，创建国家级生态环境卫星遥感产品地基校验业务。省级开展区域核心观测场的多模式联网观测试验，发展优化区域遥感产品检验过程中的空间优化采样、尺度上推、检验策略等关键计算方法，创建区域生态环境卫星遥感产品地基校验业务。

参阅材料 5-18　国外生态气象观测发展动态

欧、美、日地面生态监测网由代表森林、草原、农田、湖泊、海岸、极地冻原、荒漠和城市生态系统类型站点组成。监测指标体系囊括了生态系统各要素，主要包括：生物种类、植被、水文、基本气象要素、土壤、地表水、人类活动、土地利用、管理政策等。

英国地面生态监测网覆盖了全国主要环境梯度和生态系统类型，根据自然生态系统类型和特点来确定监测指标体系，如：陆地生态系统监测指标类型包括基本气象要素、二氧化氮、地表水、土壤、植被类型与土地利用变化等；淡水生态系统监测指标类型包括地表水、地表径流量、浮游植物（种类、丰富度、叶绿素 a）、大型水生植物（种类和丰富度）等。

总体上，地面生态监测网一般都包括对植被、物候、物理环境（温度、地温）等生态气象因子的观测。内陆站点一般分布在高山腰带、森林和草原、乡村，主要监测内容包括：植被（基本状况、节间生长、叶片、树木、开花物候、草本植物）、物理环境（温度、地温）、水环境等。陆水区站点一般分布在湖泊和沼泽，主要观测内容包括：植被状况、物理环境、水生植物等。海域站点一般分布在沿海和浅海区、岛屿等地，主要观测内容包括：海滩环境、底栖生物、潮汐地、海草、海洋物理环境（沉积物、水温）、岛屿植被状况等。对碳沉积、碳通量和碳储量的观测大部分站点布设在森林植被、苔原、草地、农田、热带雨林和温带针叶落叶林等生态系统中，用于评价森林碳沉积并提高碳通量和碳储量在相应尺度上的估算精度。

此外，欧、美、日还利用卫星数据对生态环境相关遥感产品进行验证。遥感产品的真实性检验是指通过将遥感反演产品与能够代表地面目标相对真值的参考数据（如地面实测数据，机载数据，高分辨率遥感数据等）进行对比分析，评估遥感产品的精度。欧洲国家通过陆地遥感器验证计划开展遥感产品真实性检验，涉及 MODIS、VEGETATION、MERIS、POLDER 和 AVHRR 等传感器生产的多种陆地遥感数据产品。地球观测卫星委员会（CEOS）的陆地产品真实性检验工作小组通过制定陆地遥感数据产品真实性检验的标准指南与规范，促进了陆地遥感产品真实性检验相关数据和信息的共享和交换。根据地表异质性情况和验证数据的特点，真实性检验方法可分为 5 大类：(1)基于地面单点测量值的验证；(2)基于地面多点采样值的验证；(3)借助高分辨率数据的验证；(4)交叉验证；(5)间接验证。

生态气象观测未来研究的重点将集中在以下几个方面：一是生态系统与气象条件相互作用的理论和方法基础性研究；二是生态气象卫星遥感产品真实性检验研究；三是自然生态系统综合监测预测与评估技术研究；四是生态气象观测标准体系研究；等。

(8)大气成分观测

任务 1　提升大气成分观测业务能力

建设气候关键区大气本底观测网络。"十四五"时期，按照中国气候观测网（CCOS）的规划布局、新增建设 9 个大气本底站，形成覆盖我国 16 个气候关键区的布局更为完善的大气本底观测网，进一步增强大气本底综合观测能力。通过调整站网布局及观测项目配置、形成面向气候变化、生态影响的大气光学特性观测网。

提高大气成分观测设备计量标校能力。提高国家级大气成分观测设备计量标校业务能力，完善地基和垂直多种大气成分观测设备的标校计量方法、流程及标准体系，形成国际先进的计量标校能力。构建温室气体国际或区域标校中心。建立大气成分观测设备计量标校及样品分析的资质认证机制。建设分布式、功能互补型实验室格局。建设区域性计量标校实验室。

增强大气成分全球监测能力。在中国现有大气成分观测本底站、极地站、境外站的基础上，增加消耗臭氧层物质（ODS）和含氟温室气体观测项目，构成覆盖全球主要纬度带的观测网络。结合中国境内观测资料，建立全球浓度和排放量计算平台，发布全球消耗臭氧层物质（ODS）及含氟温室气体监测报告等系列产品，成为国际臭氧损耗和气候变化评估的重要支持单位，提升中国在全球评估中的话语权。成立中国大气消耗臭氧层物质监测中心，承担中国消耗臭氧层物质（ODS）及替代物 HFC 排放量大气反演评估，承担消耗臭氧层物质（ODS）标气制备、标准传递溯源服务等职责。

任务 2　完善大气成分综合立体观测技术体系

提高国产大气成分观测设备技术水平。在中国不同气候区域及污染条件区域开展气溶胶质量浓度、粒子谱、气溶胶吸收、散射特性、光学厚度、O_3 及 NO_2 等多种大气成分的国产设备升级改造试验，并与国际先进水平的进口设备开展平行对比观测试验。对多种大气成分国产仪器在差异性气候和污染条件下的业务适用性及其对目标物的近地面浓度和垂直结构的探测能力进行综合试验改进。

发展多方式协同大气成分观测技术。结合激光雷达、激光云高仪、多轴差分吸收光谱仪、温室气体垂直观测设备等多种主被动遥感系统，配合反演算法研究和光谱解析技术，研究针对气溶胶、O_3 及其前体物 NO_2 等反应性气体的地面浓度及垂直廓线的协同观测技术，提升国产多种大气成分垂直立体结构的高时空分辨率分布探测能力。在关键区域，以人影飞机、探空气球为平台，开展大气成分垂直探测研究，进行大气成分观测设备飞机观测的可行性和可靠性测试分析，获取关键区域三维大气成分资料。开展气溶胶等大气成分地面观测与卫星遥感对比验证试验，利用地面、卫星、地基遥感、飞机等综合观测手段，探测气溶胶对云物理特性影响及气溶胶与云、辐射、降水相互作用机理。研究综合利用飞机、平流层大气廓线采样、边界层探空气球、激光雷达、地基高光谱仪开展温室气体垂直观测和卫星校验。

研究大气成分与其他多源数据融合分析技术。借助大数据分析技术，对气象、环保、地理、人文、经济发展等数据进行多源数据融合分析。研究大气气溶胶和反应性气体干、湿沉降清除机制和速率，定量研究气象条件(包括温度、降水、极端天气等)在大气成分排放和清除中的作用。研究全球变化和社会决策(包括气候变化、能源选择、土地利用)对大气成分排放与清除的作用等。对大气沉降的各种痕量气体与颗粒物及生态系统对这些沉降的相应进行量化研究。识别和定量研究全球大气中的各营养物和污染物的化学成分、转化、生物可用性，及其与生物圈的相互作用。研究在全球变化背景下，大气化学与生物圈之间的重要反馈过程和机制。

开展微型低成本大气成分传感器组网定标及应用技术研究。开展智能化、小型化、低功耗化的气溶胶质量浓度、NO_2 等反应性气体以及温室气体观测传感器试验及优化。研究智能型精细化的大气成分组网观测及定标技术，结合大数据、人工智能技术，开展基于传感器的大气成分格点化观测业务体系设计。开展格点化传感器智能管理保障体系、大数据分析技术试验以及可定制的城市区域级大气成分格点智能化观测技术方法研究。

参阅材料 5-19　国际大气成分观测业务技术发展动态

一、世界气象组织(WMO)发展愿景

世界气象组织规划在垂直和平面两个维度发展大气成分观测。垂直方面是发展三维全球大气成分观测网络，建立定常的大气成分垂直观测体系和网络；平面层次上通过发展微型低成本大气成分传感观测技术加密大气成分观测资料密度。

发展三维全球大气成分观测网络。世界气象组织在其 2016—2023 年执行计划中指出：在下一个 5 年计划中，将通过整合现有地面观测并发展新的地基遥感、气球或汽艇搭载观测、飞机航测、卫星观测等，将全球大气监测网(GAW)发展为三维全球大气成分观测网络。

发展大气成分定常垂直观测。世界气象组织全球综合观测系统(WIGOS)2040 年远景目标中指出：将提供更高分辨率的观测、更好地时间和空间覆盖率，改进数据质量，持续降低观测的不确定度。要求对气溶胶光学特性及氮氧化物、二氧化硫和甲醛等大气组分的垂直廓线的获取实现定常化，包括利用全球监测和国际合作维持和扩建全球臭氧探空业务观测网，扩大无人机开展空气质量监测的应用范围，利用地基傅里叶变换光谱仪开展温室气体柱总量观测，使用悬浮平台搭载大气采样系统测量中平流层到近地面的微量气体，以及利用其他遥感技术(如差分吸收光谱技术 DOAS)来测量对流层和低平流层反应性气体廓线。世界气象组织还建议开展长期的大气成分廓线观测以验证卫星观测。

发展微型低成本大气成分传感观测技术。在垂直综合观测之外,微型低成本大气成分传感器(LCSs)及其组网观测也是世界气象组织重视的一种新兴大气成分观测技术。天气及气候模式等对大气成分观测资料的时空分辨率提出了更高的要求,而大气成分观测设备造价高昂、计量校准复杂、人员维护要求高,大数量、高密度运行不现实。而微型低成本传感器体积小、重量轻、功耗小、成本低、集成化高,适合于高密度观测布网以及无人机载观测等应用。

持续提升观测能力。国际上大气成分和大气化学的研究领域及内容不断扩展和深入、观测要素成倍增加,观测平台日益多样化、立体化,包括地基、海洋、船舶、探空、飞机和卫星遥感观测等。大气成分观测主要以在线连续观测为主,在典型气候、生态区和人类活动影响较大的主要经济区域开展气溶胶、温室气体、反应性气体、大气臭氧、降水化学等观测。

二、世界气象组织全球大气监测网(GAW)发展现状

世界气象组织全球大气监测网(GAW)是当前全球最大、功能最全的国际性大气成分(大气化学)观测网络,对具有重要气候、环境、生态意义的大气成分及其物理和化学特性进行长期、系统和准确的综合观测。目前已有 65 个国家的 400 多个大气本底站(其中全球基准站 24 个)加入全球大气监测网(GAW)网络,开展了大气中温室气体、气溶胶、反应性气体、臭氧、干湿沉降、太阳辐射、持久性有机污染物和重金属、稳定和放射性同位素等的长期监测,涉及的大气成分要素及其特性观测达 200 多种。其中,美国夏威夷 Mauna Loa 全球大气本底站自 1957 年开始观测,是全球大气监测网(GAW)观测站网最具典型的大气本底站之一。但全球大气监测网(GAW)各类站点的地理分布并不均匀,欧洲、北美等发达国家集中地区站点较多,亚洲、非洲、南美等地区站点较少。此外,世界气象组织全球大气监测网(GAW)气溶胶激光雷达观测网 GALION(GAW Aerosol Lidar Observation Network)对气溶胶垂直分布开展了全球尺度长期观测,并成为地面垂直观测的重要组成部分。

三、国际大气成分观测业务技术发展现状及趋势

欧美针对多种不同目标建设大气成分监测网。为进一步开展大气成分观测与研究,美国、欧洲和加拿大等国家和地区分别建立了大气能见度保护联合会(IMPROVE)和美国国家海洋大气局(NOAA)的大气成分观测网、欧洲环境监测与评价项目(EMEP)、加拿大大气与降水监测网(CAPMon)等观测网络,监测分析诸如温室气体、气溶胶、酸沉降和臭氧等大气成分的变化。多个国家针对空气质量达标监测等建立了全国或地方性空气质量监测网,如加拿大空气质量监测网(NAPS)和英国空气质量自动监测网(AURN)等,观测项目主要包括:气溶胶颗粒物、臭氧、NO_x、SO_2、CO 和其他有害物质等。

欧美具备较强的大气成分垂直观测能力。欧美已经建设了多个针对特定大气成分的垂直观测站网。美国国家航空航天局(NASA)组建的微脉冲激光雷达网 MPLNET(Micro-Pulse Lidar Network)是唯一采用商业化雷达建立的观测网络,也是目前全球最大、影响最广的气溶胶激光雷达网。此外,美国国家航空航天局(NASA)还建立了以太阳光度计为主的地基气溶胶遥感监测网 AERONET。欧洲激光雷达观测网(EARLINET)由欧洲不同国家的 25 个地面激光雷达观测站组成。

2009 年以来美国国家航空航天局(NASA)倡导成立全球碳柱观测网(Total Carbon Column Observing Network,TCCON),其目的是为全球温室气体卫星探测提供地基遥感验证。该站网主要利用红外傅里叶变换技术获取大气中 CO_2,CH_4,N_2O,HF,CO,H_2O,HDO 等成分的气柱总量和分层廓线观测资料。消耗臭氧层物质(ODS)和含氟温室气体在大气中含量极低,其浓度从不到 1ppt 至数百 ppt,观测难度较大。自 20 世纪 70 年代开始各国政府和有关机构在全球范围开展了消耗臭氧层物质(ODS)网络化观测,并成为系统化的全球大气观测的重要组成部分。上述网络中,最为系统的观测网络是 NOAA-ESRL 以及 AGAGE。其中,美国国家海洋大气局/地球系统研究实验室(NOAA-ESRL)观测网是目前国际上站点覆盖最全面、观测手段最多样化的综合观测网络,其目标在于评估全球范围的 ODS 浓度及排放水平,并建立了航船观测、飞机航测和气球廓线观测的综合立体化观测体系。改进的全球大气实验网(AGAGE)是开放的国际观测网络,其开发的 Medusa-GC/MS 观测系统是目前世界消耗臭氧层物质(ODS)和含氟温室气体观测物种最全、观测精度最高的观测系统,包含 12 个站点、遍布全球 5 大洲,成员单位也扩展到近二十家(Prinn et al.,2018)。另外,欧盟含卤温室气体观测网(SOGE)、美国加州大学尔湾分校全球采样网(UCI)等在全球各地设立了 30 多个地基固定站点达,覆盖了美洲、欧洲、大洋洲及亚洲等。

欧美的大气成分垂直观测研究服务水平国际领先。欧美等国家已经将大气成分垂直观测结果用于气候研究与评估(全球气候学、模型评价、气溶胶输送与示踪、辐射特别是紫外辐射的影响)、空气质量(空气质量评估、空气质量预测)、卫星观测(地面校验、信息互补)比对验证等方面,使得欧美发达国家的气候及空气质量研究、预测与评估以及卫星观测大气成分产品的空间分辨率和准确性都处于国际领先水平。政府间气候变化专门委员会(IPCC)评估报告持续对平流层和对流层的臭氧辐射强迫开展研究,对流层臭氧的增长导致了+0.4(±0.2)瓦/米^2 的辐射强迫。美国国家航空航天局(NASA)的 OMI 卫星探测器可提供 O_3、NO_2、SO_2、BrO、OClO 等柱浓度(柱总量)、气溶胶与云压/云覆盖参数、UV-B 通量及臭氧廓线等产品、空间分辨率可达 13 千米×24 千米;欧洲航天局运营的 Sentinel－5P 卫星搭载迄今世界上最先进的 TROPOMI 探测器,主要监测臭氧(O_3)、二氧化氮(NO_2)、二氧化硫(SO_2)、一氧化碳(CO)、甲烷(CH_4)、甲醛(CH_2O)以及云雾气溶胶的成分变化,空间分辨率达 3.5 千米×7 千米。

欧美国家低成本传感器技术和应用研究水平先进。欧美国家针对低成本传感器在大气成分观测研究、模式验证和评估,以及用许多传感器的高密度观测在城市或及区域污染分布等方面开展了大量工作。如:在英国剑桥用集成多传感器装置进行的历时 3 个月组网观测,显示对电化学原理 NO,NO_2,CO 微型低成本传感器其测量灵敏度可达到 ppb 量级水平(Mead et al.,2013)。美国公共空气传感器站网(Community Air Sensor Network)在美国东南部城郊地区环境监测对低成本大气成分传感器与常规空气质量监测的对比观测,显示低成本传感器观测的 NO,O_3,CO,SO_2 和颗粒物与参比仪器以及同类传感器之间,其测量的相关系数都表现出很大的变化范围(Jiao et al.,2016)。欧洲类似的试验示 O_3 和 NO_2 传感器在前 3 个月的运行中分别能够达到 2～5 ppb 和 5～7 ppb 的准确度,但是仪器灵敏度随着传感器的使用时间而降低,并影响观测数据的质量,有待进一步完善标校技术(Muelle et al.,2017)。

(9)全球导航卫星系统气象观测(GNSS/MET)

任务 1　升级加密 GNSS/MET 站网

针对中国水汽分布与输送特征,优先在西南水汽通道、东南水汽通道、长江流域和北方部分地区的观测稀疏区域增建全球导航卫星系统气象观测(GNSS/MET)站点,使全国地基 GNSS/MET 观测站总量达到 1800 个左右。加密京津冀、长三角和珠三角等区域全球导航卫星系统气象观测(GNSS/MET)站网,使平均站间距达到 50 千米,提升对中小尺度灾害天气系统的监测能力。

任务 2　提升 GNSS/MET 技术和装备水平

研制高质量全球导航卫星系统气象观测(GNSS/MET)装备。研制接收多系统全球导航卫星系统信号、多区域增强信号、电离层闪烁探测一体化的抗电磁干扰接收机和天线,不仅可接收 GPS、BDS、GLONASS 和 Galileo 等全球系统开放民用频点,还可以接收 IRNSS、QZSS 和 SBAS 等区域或增强系统的开放民用频点,性能指标达到了国际先进水平。研制基于北斗卫星系统的新一代气象数据传输设备,解决此类设备对地基 GNSS/MET 探测存在的干扰问题。

推进全球导航卫星系统气象观测(GNSS/MET)技术与算法研究。研究与开展涵盖大气各向异性的大规模、多系统 GNSS 大网(准)实时对流层延迟处理方法并建立高精度大气水汽实时反演模型。开展中国区域高时空分辨率水汽层析模型构建与产品处理工作,重点研发广域三维(准)实时快速层析技术。依托中国北方地基 BDS/GNSS 观测站网数据,针对复杂地基站网特性,发展面向积雪监测业务应用的积雪深度估算模型方案并开展业务试验,填补国内业务空白。

健全运行保障和计量检定体系。构建国家级地基全球导航卫星系统气象观测(GNSS/MET)保障体系,实现全国统一的地基 GNSS/MET 观测站网运行保障。构建国家级地基 GNSS/MET 计量体系,开展全国地基 GNSS/MET 观测设备按期计量检定。

任务 3　推进 GNSS/MET 数据融合应用

开发多 GNSS 星座斜延迟、水汽梯度以及区域层析大气折射率和水汽密度等新型产品,实现大气可降水量业务产品精度优于 2 毫米,时间分辨率优于 5 分钟,达到发达国家水平。开展针对数值预报、极端天气短临预报和人工影响天气等领域的地基全球导航卫星系统气象观测(GNSS/MET)水汽产品应用研究。

参阅材料 5-20　国内外 GNSS/MET 观测业务技术发展动态

一、国外发展现状及趋势

世界气象组织(WMO)指出:准确连续的大气水汽观测对于提升空中水资源开发能力、提高极端降水预报水平、深化气候变化和变率认知以及解析气候变化归因等意义重大。地基全球导航卫星系统气象观测(GNSS/MET)遥感测量大气水汽技术具有高时间分辨率、高精度、稳定性和连续性好、运维成本低和自校准等优点,十分符合世界气象组织全球气候观测系统(GCOS)技术可行和经济可行的要求。该技术是 GCOS 计划重点推荐的地基大气水汽探测手段。针对中小尺度天气系统探测的需求,地基 GNSS/MET 水汽探测站间距要优于 50 千米,时间分辨率要达到 5 分钟,同时保证探测误差小于 2 毫米。

密集的地基GNSS/MET站网已成为欧、美、日等发达国家重要的大气水汽监测手段，对数值预报改进有重要贡献。多GNSS信号气象应用是国际发展趋势。从1996年以来，欧洲各国通过合作开展了一系列GNSS/MET研究和业务应用计划。目前欧洲地基GNSS/MET站点数量已经达到约3000个，每小时发布逐15分钟的水汽产品。从2008年开始，GNSS-PWV被业务同化至欧洲中期天气预报中心(ECMWF)数值模式，许多预报参数的标准误差减少2%以上。这些水汽产品被应用于气候变化研究或临近预报。

欧洲地基全球导航卫星系统气象观测(GNSS/MET)未来发展主要趋势有：(1)发展多星座(包括GPS、GLONASS、Galileo和北斗等)观测技术，从而提高观测的数量。(2)继续研究和开发更先进的对流层产品，包括斜路径延迟/水汽含量产品、大气延迟梯度产品和大气水汽层析产品。(3)协调整个欧洲的全球导航卫星系统气象观测(GNSS/MET)网络，以实时数据流的方式上传观测数据，采用精密单点定位(PPP)技术实现实时水汽产品解算。

美国拥有约4000个地基全球导航卫星系统气象观测(GNSS/MET)站，从2013年底开始正式实时发布高精度和高时间分辨率(逐5分钟)对流层总延迟产品，这些产品已成为数值预报同化的重要观测数据源。

日本约有1200个地基全球导航卫星系统气象观测(GNSS/MET)站，是世界上首个实现分钟级水汽产品发布业务化的国家，这些产品对数值预报和临近预报贡献显著(JMA，2019)。

综上，密集的地基全球导航卫星系统气象观测(GNSS/MET)站网已成为欧、美、日等发达国家重要的大气水汽监测手段，多GNSS信号综合应用和新型对流层产品研发是重要的国际发展趋势(Jones et al.，2020)。在探测精度方面，欧、美、日等发达国家准实时/实时大气可降水量产品精度优于2毫米。

二、中国GNSS/MET观测系统现状及需求

地基全球导航卫星系统气象观测(GNSS/MET)是中国探测业务系统重要组成部分，天顶总延迟等产品解算算法精度达到了国际先进水平，是全球区域一体化同化预报系统(GRAPES)等数值预报模式业务同化重要数据源，对业务数值预报改进贡献显著。自2008年起，中国气象局已经发布了一系列观测规范和标准，为开展全球导航卫星系统气象观测(GNSS/MET)业务提供了必要的标准规范保障。国内自主研制的“全球卫星气象水汽国家级处理平台”是中国地基全球导航卫星系统气象观测(GNSS/MET)数据处理和水汽产品生产的主要业务系统，业务产品精度得到不断提高。在原始观测数据及时性、完整性、准确性良好的条件下，现有业务数据处理算法生产的天顶总延迟精度与美国产品精度相当，数据处理算法精度达到了国际先进水平。数值预报中心全球区域一体化同化预报系统(GRAPES)区域模式和全球模式分别于2015年年底和2018年年底实现了地基全球导航卫星系统气象观测(GNSS/MET)大气可降水量产品同化的业务化运行，对小雨、中雨和大雨预报有明显正贡献(图5.7)。到2019年，全球区域一体化同化预报系统(GRAPES)模式逐时次业务同化地基全球导航卫星系统气象观测(GNSS/MET)大气可降水量观测量已超过5000条。

中国地基全球导航卫星系统气象观测(GNSS/MET)主要在四个方面得到应用，即：气候研究应用领域、极端天气短临预报和数值预报应用领域、空间天气监测预警领域，以及空

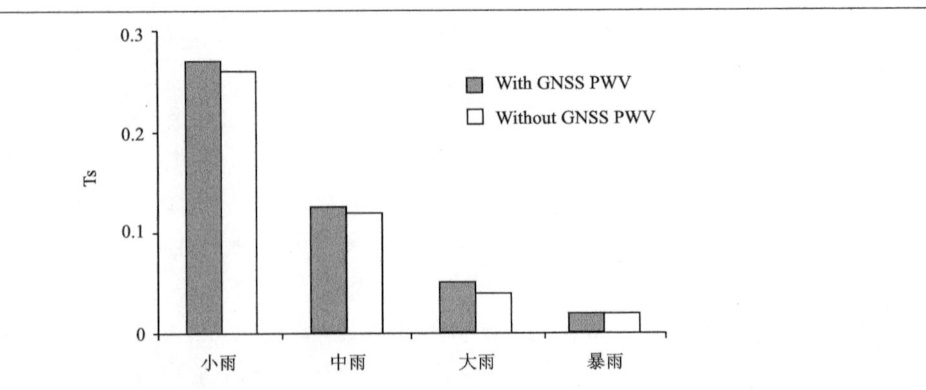

图 5.7 数值预报中心 GRAPES 区域模式同化地基 GNSS/MET 大气可降水量(PW)效果评估

间大地测量增强等应用领域。总体而言,随着观测手段不断丰富、理论和模型的不断完善、硬件系统的性能提升以及多学科的融合交叉发展,目前地基全球导航卫星系统气象观测(GNSS/MET)和研究呈现出以下发展趋势:(1)从单一 GPS 观测,向包含北斗系统(BDS)等多系统观测在内的多源观测方向发展。(2)从一维/二维对流层天顶总延迟和大气可降水量产品,向三维/四维大气折射率和水汽密度等多参数产品服务方向发展。(3)从事后、准实时处理,向实时、快速等多处理模式方向发展。(4)从短时间、小区域、低时空分辨率产品,向长时间、大范围、高时空分辨率、长期均一性产品方向发展。(5)从相对单一的应用场景,向包括气象预报、气候研究、空间天气监测预警领域以及空间大地测量增强等多应用场景方向发展。(6)装备方面,从接收 GPS 单一系统信号,向接收多 GNSS 信号、区域增强信号、监控电离层闪烁一体化和抗电磁干扰方向发展。

但是,中国地基全球导航卫星系统气象观测(GNSS/MET)平均站间距约 100 千米,网络密度远低于美国、欧洲和日本,难以满足有效监测中小尺度极端灾害性天气水汽变化的业务需求。其次,有相当数量的全球导航卫星系统气象观测(GNSS/MET)站点观测设备严重老化,信噪比低,甚至观测数据已无法使用,亟须更换。此外,还存在部分台站受到严重电磁干扰,导致观测数据质量差等问题。

(10)海洋气象观测

任务 1　建设多平台结合的海洋气象综合观测网

完善海洋气象观测业务布局。建设面向全球的,由海、陆、空、天多种平台多种观测手段组成的动静结合、地空协同、布局合理、规模适当、功能齐全、装备先进、综合立体的海洋气象综合观测网。近海以海基观测、岸基观测为主,远海以空基观测、天基观测为主,全球以天基观测为主,船载和机动观测为补充,使全国海岸线主要气象要素观测站距达 50～100 千米、沿岸海区和近海预报责任区观测平均站距分别达到 50 千米和 150 千米、空基观测实现从内陆至远海 3000～5000 千米的覆盖。在多源卫星数据的支撑下天基观测产品实现对全球海洋全覆盖,观测延伸到全球七大洲、四大洋,整体数据可用率提升到 90%以上,观测时效最高达到分钟级。

推进海基海洋气象观测系统建设。在近海,充分依托现有海上固定平台(石油平台、电力平台、锚泊浮台、锚系浮标)等基础设施,完善和弥补近海水汽、雷电灾害、海面基本气象要素

(温、压、湿、风)观测,增加近海预报海区观测密度和观测要素,提升近海雷电组网精度(从 2 千米提升到 500 米),解决近海和远海及关键海区的观测精度和观测密度不足的问题。利用海外平台、南北极气象站、商船航运船舶、工程测控船舶及海洋科考船舶等平台建设新型智能气象站,同时采取多种观测手段,如智能漂流浮标、新型智能设备使气象观测向远海和关键海区最大程度延伸至七大洲和四大洋,解决远海海面观测严重缺乏的问题。

推进岸基海洋气象观测系统建设。在沿海省(区、市)增设风廓线雷达,同时在同址建设微波辐射计及毫米波云雷达,形成岸基温、湿、风、水凝物的廓线观测,为开展岸基海气交换及台风登陆影响等提供实时连续观测资料,弥补探空观测资料时间空间尺度不足的问题。在台风登陆且经济发达的珠三角增加强对流和暴雨快速精细化监测系统——新型相控阵雷达,提升岸基经济发达区域台风实时检测评估预报能力。在港口和码头开展海上针对大雾观测的自动观测站建设,主要用于海上大雾、大风和能见度监测,从而提高我国海岸线及主要港口和码头的海上大风、大雾监测预报和服务能力。

推进空基海洋气象观测系统建设。开展大型无人机、平流层飞艇和半潜浮无人艇气象观测系统的设计和适应性改造。以中国海域台风为观测目标,开展高性能无人机、平流层气象飞艇台风协同观测试验,突破对台风、海上强对流天气精细化结构及其动力和热力过程观测的技术瓶颈。建立海洋台风探测业务,实现利用大型无人机和平流层飞艇等协同探测,结合气象卫星观测,开展台风生成、发展、运动、消亡全过程的海、空、天协同观测试验。建立台风精细化观测业务体系,研究对台风的热力动力、三维结构的精细化协同观测方法,推动台风定强和定速预报技术水平提升,并进一步提升台风数值预报资料同化水平,增强台风灾害防治能力。选取东海和南海沿海部分业务探空站,开展基于北斗的自动平飘探空系统建设,实现具备“上升-平漂-下降”三段式观测的自动化、智能化海洋拓展探空观测能力,形成具备覆盖中国东海和南海区域(离岸 300 千米)的探空加密观测能力。

推进天基海洋气象观测系统建设。在现有卫星观测系统的基础上,补充完善天基气象观测系统,强化全球范围内卫星海洋观测数据实时获取、处理和应用支撑能力,充分发挥海洋卫星遥感资料在海洋防灾减灾中的作用。在充分利用现有业务能力的基础上,建设天基海洋气象新型遥感观测处理子系统,用于星载 GNSS-R 遥感数据地面接收处理。建设天基海洋气象观测产品生成系统,用于实时汇集归档国内外气象卫星数据或产品,开展海上定标、卫星数据处理以及真实性检验。建设天基海洋气象观测应用支撑子系统,加强数值支撑、综合应用和数据服务能力。建设天基海洋气象观测遥感数据集处理系统,针对不同领域需求,开发更为丰富的气象、气候以及天气事件型数据集。建设全球卫星海洋气象保障全流程监控系统,加强全球天基海洋气象监测分析服务能力。

任务 2　提高海洋观测技术装备水平

发展温湿风和水凝物垂直连续观测技术,实现从单一要素廓线遥感探测到综合要素廓线遥感探测的转变,为研究海气相互作用和云与降水转化提供精细化观测资料。

通过工程化复合式海雾监测雷达,结合能见度仪、卫星观测等多种观测手段,组建海雾监测系统。建立海雾数值预报模式,提高海雾的预报水平和监测能力,为港口通航效率和航运安全提供更为准确、可靠的气象预报预警服务。

突破台风、海上强对流、海雾及寒潮天气精细化结构及其动力和热力过程观测不足的业务瓶颈。以影响中国海域的台风为观测目标,开展高性能无人机、平流层气象飞艇、基于平漂观测体制的北斗探空系统等机动观测载体和载荷关键技术研究。改进对台风的热力动力、三维结构的精细化协同观测方法,提升台风定强和定速预报技术水平。

提高卫星观测面向海洋气象应用的产品反演和真实性检验技术水平,保障卫星海洋气象数据产品的可靠性。

研发基于半潜浮无人艇的海洋气象观测技术,提升全天候、长序列、定点、连续实时的洋面大气-海洋浅层断面观测能力。

任务 3 建设全球海洋气象观测数据处理系统

加强跨部门、跨学科合作,推进海洋气象综合观测数据处理系统的建设,实现基础设施、信息资源、服务体系的共建共享和互联互通。

整合各类智能观测系统的中心站、海洋气象观测元数据管理、海洋气象灾害监测、海洋观测数据综合分析展示等业务系统,完善海洋气象观测数据处理系统功能,提升海洋观测数据处理、分析、加工能力,为各类用户提供丰富的观测资料和观测产品,实现全国主要港口(安全生产和引航)、近海主要航线、领海海上平台、领海海上搜救、领海海上渔业生产、领海主要海洋生态气象监测、主要远洋航线、领海海洋气象灾害和气象资源全覆盖,充分发挥海洋岸基、海基以及天基等观测系统的建设效益。

参阅材料 5-21 国外海洋观测业务技术发展动态

1. 概况

世界大多数沿海国家都面临着海洋灾害的威胁。从全球范围来看,随着经济、社会的不断发展和科技的日益进步,人类对海洋灾害防治提出了越来越高的要求。世界各国的海洋应急管理经历了一个从无到有、不断完善的过程。

自 20 世纪 80 年代以来,围绕海洋信息系统建设,国际组织及欧、美、日等世界海洋强国纷纷投入巨资相继推出了一系列大型海洋信息系统建设项目,主要包括:一是全球海洋实时观测网计划(ARGO),目的是建成由浮标阵组成的全球实时海洋观测网。到 2019 年,全球海洋范围内的活动浮标数已经达到 1.8 万多个。其中,美国的数量最多,日本其次。二是美国一体化海洋观测系统(IOOS),主要包括:美国-阿拉斯加观测系统、加勒比海观测系统、加州中北部观测系统、墨西哥湾观测系统、五大湖观测系统、中大西洋观测系统、西北太平洋观测系统、东北大西洋观测系统、太平洋岛屿观测系统、南加州观测系统和东南大西洋观测系统等 11 个区域观测子系统。三是美一加海王星海底观测网络计划(NEPTUNE)。美国于 1998 年提出该计划,其后加拿大加入其中,于 2009 年 12 月正式运行。四是欧洲海底观测网(ESONET),这是由英、德、法等国于 2004 年制定的计划,为了对地球物理学、化学、生物化学、海洋学、生物学和渔业等提供长期战略性监测能力,针对从北冰洋到黑海不同领域的科学问题而设立的,是由不同地区间的网络系统组成的联合体。五是日本密集型地震海啸海底监测网系统(DONET)。亚洲方面,日本走在海洋信息系统建设的前列,日本东京大学 2003 年启动了深海地震观测网(ARENA)项目,用于监测地震、生物等信息。

此外,美、欧、日等发达国家工业化的历史比较长,海洋灾害应急管理体系比较完善,在应急管理的各个环节都积累了宝贵的经验。

2. 海洋区域观测系统

美国 20 世纪 80 年代就已经建立了全国永久性的海洋立体观测系统,包括 230 个沿岸-

海洋自动观测站和 108 个锚碇浮标等，仅墨西哥湾沿岸海洋观测系统（GCOOS）就有 13 个观测浮标。日本和韩国等国家也在 20 世纪末就以岸基观测站和锚碇浮标为主，组建了水上、水下立体海洋观测系统（余立中 等，1997）。其中，日本有 120 个观测站和 16 个大型浮标。

3. 海洋科学观测研究计划

热带海洋地区的海气相互作用对全球的气候及气候变化存在重要影响，因而是海洋观测与研究的重点。海洋观测系统的建设以国际合作为主，多个国家共同建设共同维护。1985 年国际科联（ICSU）和世界气象组织（WMO）联合启动“热带海洋和全球大气”（TOGA）计划，针对厄尔尼诺/南方涛动（ENSO）事件，在热带太平洋开展大规模有系统的观测与研究。该计划实施周期为 10 年，在赤道太平洋地区建成了 67 个锚碇浮标，5 个声学雷达。1994 年，欧美地区多个国家开展实施“热带大西洋浮标阵列试验研究”（PIRATA）计划，重点针对热带大西洋的 ITCZ 和西非季风这两个影响非洲和美洲降水和飓风活动的天气系统开展观测，到 2007 年共建成 17 个锚碇浮标阵列。2004 年，印度、美国、日本、印尼等国合作实施“亚-非-澳季风分析和预测浮标阵列”（RAMA）计划，在印度洋建设 46 个浮标站和 4 个声学雷达站。TOGA、PIRATA 和 RAMA 共同组成了全球热带浮标网络系统，成为全球海洋观测系统（GOOS）的重要组成部分。TOGA、PIRATA 和 RAMA 主要采用美国的 ATLAS 和日本的 TRITON 两种浮标，浮标直径为 3 米，观测要素有气温、相对湿度、气压、风、短波辐射、降水、海面温度和盐度，以及海表底下 10～500 米的海水温度和压力（分 12 个深度观测）。PIRATA 和 RAMA 还对海表以下 120 米深 5 个不同深度的海水盐度、洋流进行观测，部分浮标配备了通量观测设备。

4. 全球海洋实时观测网计划（ARGO）

全球海洋实时观测网计划（ARGO）为气候、天气、海洋学及渔业研究提供实时海洋观测数据。该观测系统由大量布放在全球海洋中小型、自由漂移的自动探测设备（ARGO 剖面浮标）组成。大部分浮标在 1000 米漂移（被称为停留深度），每隔 10 天下潜到 2000 米深度并上浮至海面，在此过程中进行海水温度和电导率等要素的测量，由此可计算获得海水盐度和密度。观测数据通过卫星传送到地面科研人员，并向所有人免费、无限制提供。全球有 23 个国家和团体已经在太平洋、印度洋和大西洋等海域陆续投放了近 5000 个 ARGO 浮标，其中，能保持正常工作状态的浮标数量超过 3000 个。中国已布放了 35 个剖面浮标。该观测网正在以前所未有的规模和速度，源源不断地提供全球海洋从海面到 2000 米水深内的海水温度、盐度剖面和海流资料，每年提供的温、盐度观测剖面大约在 10 万条以上。

5. 全球漂流浮标观测项目（GDP）

全球漂流浮标观测项目（GDP）是全球海面浮标阵列项目的一个组成部分，于 1988 年开始在全球洋面布放，目的是利用 1250 个卫星跟踪的漂流浮标来对混合层流、海表温度、大气压、风和海表温度、盐度的观测。

6. 志愿观测船

志愿观测船自动测报仪是一种安装在客船、货船、渔船、舰艇上，能够自动地测量基本的海洋水文气象数据，也能人工录入其他海洋水文气象数据，并对数据进行处理、显示、存储和传输的仪器。船舶观测作为海洋环境立体监测的重要组成部分，其作用和意义很早就在国际上得到认可。经过长期发展，目前参加国际志愿观测船计划的有来自 52 个国家的约 6700

艘船，这些船只的航线遍及整个大洋区，覆盖面很广。它们在航行期间按世界气象组织的规范要求，每天进行4次定时观测海面气象，通过国际海岸电台向世界气象组织各区域中心网路传输实况报告，供各国天气预报和海洋预报部门使用，弥补了人迹稀少的广大洋区资料的空白。志愿观测船观测资料对于获取全球云层分布俯视图、完善从卫星获得的气象系统和海洋变量、提供长期观测记录发挥着重要作用。

随着技术的不断发展，欧美发达国家的海洋气象观测业务日趋成熟。由卫星遥感和现场观测构成的立体化的海洋气象观测系统，极大地提高了海洋气象观测业务的精细化水平。近海观测除依靠卫星监测外，岸基多普勒雷达、GPS探空、地波雷达、海岸和海岛自动气象站、浮标站等发挥了重要作用，远洋船舶气象观测资料在日益增多。数据处理业务发展迅速，发达国家建立有专门的海洋数据处理中心，对观测数据进行质量控制、数据同化等加工处理，如：美国设立了国家海洋数据中心，有效地将各种类型的海洋气象观测资料融入到大气和海洋数值模式中，生成并提供高时空分辨率的大气与海洋数据集。

7. 飞机观测计划

自20世纪60年代开始，美国通过60年左右时间，已逐步建立了“上有人造气象卫星，中有飞机，下有气象雷达、浮标和船舶”的飓风立体探测网络，为其飓风理论及数值模式等预报关键技术的研究提供了强有力的资料保障。2012年，美国国家航空航天局(NASA)与美国国家海洋大气局(NOAA)将退役的“全球鹰”无人机改造成的“超强风暴哨兵”，除风、温、压、湿探测仪器外，机上还安装有雷达、辐射计和探测云层结构、悬浮颗粒物或尘埃水平的激光测量仪等设备，也包括下投探空仪系统。

同年，美国国家航空航天局(NASA)完成了“超强风暴哨兵”无人机探测飓风的多次试飞试验。2016年，美国国家航空航天局(NASA)发射的热带气旋跟踪卫星CYGNSS，通过测量GNSS掩星和反射信号，反演大气温、湿和压力以及海面风速和波高等要素。鉴于目前星载GNSS掩星观测仍存在时空分辨率不高的问题，美国开展了以飞机或气球为载体的GNSS掩星和反射信号观测，在热带气旋天气系统附近的上空开展连续加密观测，为数值预报初始场改善和天气系统垂直结构研究，提供高时空分辨率的GNSS掩星和反射观测数据，全球重要的气象机构对GNSS掩星同化效果的评估也得出类似的结论。

此外，美国飞机运行中心(Aircraft Operations Center)拥有Lockheed WP-3D Orion等数架有人和无人专用气象观测飞机，用于飓风等灾害性天气的探测工作。美国国家飓风中心(NHC)开发了独立的台风应用加工系统，重点开发了高分辨率卫星资料的应用，用于开展海表面10米高度处的风资源空间分布特征的评估技术研究，整体系统功能及布局符合业务需求。该系统操作简便、功能强大，特别是在客观指导产品的分析应用方面开发了大量的应用分析工具，使预报人员能更好地掌握天气系统的发展。借助该系统，预报员在15分钟内可以完成主要实况、预报数据的调阅，可以有更多的时间进行天气分析和预报制作。美国国家气象中心在全国雷达资料和雨量计资料生成之后5分钟即可以全部收集完毕。

(11)空间天气监测

任务1　推动空间天气监测卫星建设

以风云系列卫星为依托，充分利用现有的风云气象卫星平台装载空间天气仪器，积极推动空间天气监测卫星的建设。通过研发并搭载新设备新仪器，推进空间天气天基监测能力的发展。发展静止轨道空间天气监测卫星、电离层赤道异常监测小卫星等技术。利用风云系列卫星以及国外的 GOES 和 POES 等业务卫星的多种空间天气监测数据，开展联合应用研究，建设空间天气虚拟星座示范系统。

任务2　突破空间天气监测关键技术

突破地基白光日冕仪关键技术。研究地基白光日冕仪总体方案设计，通过光学系统杂散光分析(仿真研究)与抑制技术，光学镜头超光滑表面抛光工艺，高精度自动跟踪系统方案等技术的研究，实现对太阳日冕的地基观测。

研制高时空分辨率太阳全日面成像望远镜。通过扩大通光口径，提高全日面成像望远镜的衍射极限，配合图像重构技术，实现对太阳全日面光球和色球的高时空分辨率成像，提升对太阳活动细节特征的辨识能力。

建设电离层闪烁组网观测示范系统。整合中国卫星/电离层资料及观测资源，针对中国区域上空电离层的特殊性，通过多重数据分析和相关模型计算，利用实时监测数据与电离层闪烁模式对闪烁给 L 频段卫星信号带来的影响提供实时警报和短期预测，完善面向卫星通信链路保障服务的电离层应用产品的开发应用。

研发临近空间自动化激光雷达样机。开展临近空间自动化激光雷达关键技术攻关，研制全自动大气探测激光雷达样机，实现对中低层(1～70 千米)大气多参量实时探测，提高自动化程度和稳定性。

任务3　加强空间天气观测数据质量控制与评估

研究空间天气观测资料的质量控制和关键要素误差订正技术。推进人工智能技术在空间天气数据质量控制中的应用，发展自识别、自学习、自适应的质量管理技术。健全“观测端-信息端-应用端”相互补充、动态反馈的质量控制业务，实现对空间天气观测数据从观测到应用全流程的实时质量监控。推进空间天气观测数据标准化建设，加强对数据收集、加工、存储、服务及应用全生命周期的管理，构建具有在线数据发布能力的大型空间天气监测数据库。

参阅材料 5-22　国内外空间天气监测发展动态

从 20 世纪 90 年代开始，空间天气逐步进入公众的视野。继美国率先于 1995 年制定“国家空间天气战略计划”(此后，于 2010 年、2015 年更新了该计划)后，法国、德国、英国、意大利、俄罗斯、加拿大、瑞典、日本、澳大利亚、韩国，以及中国等数十个国家也都制定了各自的空间天气计划。世界气象组织(WMO)先后成立了国际空间天气计划协调组(ICTSW, The Inter-Programme Coordination Team for Space Weather)和国际空间天气信息、服务和系统小组(IPT-SWeISS, Inter-Programme Team on Space Weather Information, Systems and Services)，负责组织协调空间天气事务。鉴于空间天气对民航安全飞行带来的潜在影响，国际民航组织(ICAO)于 2018 年 11 月正式开始引入空间天气信息服务来支撑国际航空导航业务。

空间天气监测发展的总趋势是：发展全方位、多要素综合、天地配合、立体的空间天气观测能力，并据此建立具有在线数据发布能力的大型空间天气数据库。

国际上，在完善地基空间天气监测网的同时，也在推进天基监测。监测内容覆盖太阳到地球中高层大气的各圈层，而且注重系列化发展和迭代升级，以加强对各圈层持续监测能力。

以太阳监测为例，根据美国空间天气天基监测网布局规划，2010—2025 年，美国每年至少有 2 颗以上太阳观测卫星在轨运行，保持对 L1 点的不间断探测。

中国目前还没有专门的空间天气观测卫星在轨运行，重要空间天气要素的观测在部分关键区域和地带还是空白。近年来，国内空间天气观测资料数据量剧增，但质量控制能力较为薄弱，也未建立观测到应用全流程的实时质量监控，在观测数据收集、处理、存储、归档和服务应用全生命周期各个环节的信息关联能力不足。

(12)协同观测

任务 1　优化气象观测站网整体布局

从总体优化而非“单项最优”的角度出发，推进各类气象观测站网的标准化建设和布局。针对天气、气候、生态气象等各类业务服务的需求，推动建立更加完善的综合气象观测业务体系。优化气候观测布局设计，实现对气候、大气本底、生态环境等多圈层观测。完善地面基准气候观测、高空基准气候观测和基准辐射观测等基准气候观测系统。建设海洋气象综合观测网，加强极地气候变化观测。建立青藏高原及重点灾害区立体监测网，推动实现气候及其与大气和生态相关作用的自然变化与人类活动影响等相互作用影响的动态变化监测。在京津冀、长三角和珠三角等三大城市群，建立高影响灾害性天气三维精细化观测网络，结合社会化观测，形成针对强对流等高影响天气的涵盖监测、预警、服务为一体的业务体系。优化天气雷达网布局，增补 X 波段雷达，提高风廓线探测高度，发展多方式的雷达的科学布局和协同观测模式。

任务 2　完善综合协同观测技术方法

发展基于目标协同、装备精良的智能化观测技术。针对中小尺度天气灾害性天气系统的精细化监测和识别，研发 S/C 波段和 X 波段天气雷达协同观测技术、多型雷达数据融合和识别监测技术。针对台风监测，研发基于大型无人机、平流层飞艇、海上无人船及卫星组合的台风协同观测系统及业务平台。针对智慧城市发展需求，推进大城市群大气环境监测分析技术应用，拓展社会观测等大数据信息采集渠道，形成新型、精细化的城市气象协同观测体系。

任务 3　构建新型气象观测业务模式

构建综合气象观测“中心级－设备端”两级业务结构。中心级重点加强远程协同观测控制，远程设备端重点加强故障智能监测诊断能力，实现观测软件智能升级、观测模式智能切换。强化协同观测数据质量控制和融合加工处理，形成观测、预报和服务的无缝隙衔接的闭合业务。

5.1.1.2　增强“广覆盖、细分辨、高精度、深应用”的全球实况监测能力

(1)拓展观测覆盖面

广覆盖是实现“监测精密”的先决条件。观测领域不仅要覆盖大气圈，也要拓展到水圈、岩石圈、冰冻圈和生物圈及空间天气观测领域。除了气象领域的观测要全覆盖，也要加强交通、能源、环境等领域的专业气象观测，同时要鼓励和引导社会化观测多维度发展。

任务 1　完善基本气象观测

对标国际领先水平，对照气象业务需求和世界气象组织全球气候观测系统(GCOS)基本气候观测要素(ECVs)，强化国家级气象观测站和风云气象卫星对大气气象要素的观测，重点

完善对云、辐射收支和大气成分的观测，形成较为完整的大气圈层三维立体观测能力。

任务 2　拓展地球系统多圈层观测

大力推进国家气候观象台和大气本底站建设，快速发展生态气象观测站网，建立第三极区域气候中心（TPRCC），完善海洋气象观测站网，将以大气圈为主的观测拓展到水圈、岩石圈、冰冻圈和生物圈。以风云气象卫星为依托，装载空间天气监测载荷，完善空间天气观测，初步形成空间天气要素全球监测和区域协同监测能力。

任务 3　加强专业气象观测

广泛合作、分类推进应用气象观测网建设，强化对交通、能源、环境等关键服务领域的支撑，健全跨部门、跨领域、跨地区合作体制机制，促进社会资源参与专业气象观测能力建设并从中受益。

任务 4　发展社会化观测

鼓励和引导社会化观测多维度发展，建立社会企业联席会议制度，发展公众气象信息云平台，出台公众观测标准规范，构建公众参与式社会气象观测体系，探索社会化观测与大数据、人工智能、区块链等新技术的深度融合，形成便捷参与、“观测即共享”的社会气象观测业务。

(2)提升观测分辨率

细分辨是实现“监测精密”的必然要求。在全球气候变化大背景下，极端天气气候事件呈频发、重发趋势，实现突发性、灾害性、转折性天气的精密监测，必须要实现时空分辨更加高清化的观测，这就要更加科学合理布局观测站点，实现观测不留盲区。同时要提升观测设备时空分辨率并加大协同观测技术应用，从而实现多气象要素的三维立体高清观测。

任务 1　优化观测站网布局

填补观测空白稀疏区。评估分析现有观测站网的能力和短板，优先在青藏高原中部、新疆南部、内蒙古西部等观测空白薄弱区、资料稀疏区，建设一批简化配置和标准配置的气象观测站，完善站网布局，补齐观测短板。利用各类海洋平台建设自动气象站，增补海基遥感设备，形成较为完善的海洋气象观测网。

加密关键重点区。在气象及衍生灾害的重灾偏远地区、灾害高影响城市、灾害敏感的生产航运及旅游区、乡镇人口密集区，统筹空间范围、观测时效、观测要素三个维度，采用“增强配置、标准配置、简化配置”三种标准，科学设计、分级布设气象观测站，形成区域三维立体观测能力。

任务 2　提升重要观测设备时空分辨能力

雷达：完成已建天气雷达技术升级及技术标准统一，全面提升雷达系统整体技术性能，提高雷达观测准确率、实效性和系统稳定性。对部分天气雷达实施双偏振技术升级，提升降水相态探测能力和雷达定量估测降水准确率，实现精细化天气监测预警预报。开展双偏振相控阵天气雷达研制，提高天气雷达观测速度和多参数获取能力，增强雷达对气象目标的检测、跟踪、识别性能。

卫星：推动晨昏轨道极轨卫星研制和发射，将目前每 6 小时可以获取一次风云极轨气象卫星全球拼图提升到每 4 小时获取一次。提升风云静止气象卫星成像仪观测时间分辨率，全圆盘观测时间由过去的 15 分钟缩短到 5 分钟。大力发展静止轨道快速成像仪，实现对关键天气系统的灵活机动分钟级甚至是十秒级的加密观测。不断完善气象卫星载荷制造工艺、提升观测能力，将静止卫星可见光通道最高分辨率由 500 米提升到 250 米，红外通道最高分辨率由 2

千米提高到 1 千米，极轨卫星可见光通道最高分辨率由 250 米提升到 100 米，红外通道在保持 250 米最高分辨率的前提下，逐步提升波长定位精度等光谱参数，不断提升仪器性能。研制极轨卫星可见光、红外、紫外高光谱载荷，具备对一氧化碳、臭氧、氯化物、氮氧化合物等大气中痕量气体、水汽、云和气溶胶的总量和垂直廓线探测能力，提高对大气成分大范围三维空间分布的观测能力。保持静止气象卫星红外高光谱探测技术优势，不断改进完善静止轨道干涉式分光技术，提升三维动态大气监测能力。发展静止轨道微波星，拓展静止卫星工作光谱范围。研制高光谱空间辐射基准载荷，开展空基辐射基准溯源和传递研究，在提升光谱分辨率的同时确保高光谱产品的可靠性。

任务 3　提升设备间精细化协同能力

发展协同观测技术，实现网络中的各类观测装备能够根据天气情况变化和终端用户需要进行动态调整，能够自适应调整工作方式，提高对微型超级单体细微变化的观测能力。通过整合多源观测装备协同观测，更为完整的揭示天气系统的结构特征。针对大城市等重点区域，可完整覆盖垂直方向，形成垂直立方体观测能力，解析灾害天气内部精细结构，切实提高监测预报预警能力。

(3)提高观测精度

高精度是实现“监测精密”的基础支撑。目前中国气象局正在构建以大数据为中心的统筹集约的新型气象业务体制，为更好实现监测精密，必须提高观测数据的精度，这就要求观测设备更加先进、观测系统更加稳定、数据质量更加可靠。

任务 1　发展先进观测设备

把握全球科技创新趋势和气象业务需求，充分利用 5G、低轨互联卫星系统等国家基础设施，将人工智能、大数据等新兴通用技术应用于气象观测设备研发，重点突破气象系统级芯片，研制基于物联网技术的数字化高精度传感器，发展卫星载荷、气象雷达、探空等大型高精度观测技术装备，发展智能化、小型化、低功耗、高可靠性的新型气象观测装备，提高气象观测装备的精度、抗干扰能力和自校正能力。

任务 2　保障观测系统稳定可靠运行

保障维修：发展基于人工智能、虚拟现实和增强现实等技术的远程故障诊断方法，研制人机结合的远程故障诊断平台。发展气象装备故障预测与健康管理技术，实现被动式维修到预测性维护。充分利用社会资源开展部分气象装备的维护维修保障。强化应急物资储备、流转和调拨工作。

计量：提升降水类天气现象、云、固态降水、日照、大气成分等观测装备和气象雷达、气象卫星等遥感观测装备的计量能力，探索开展在线计量技术研究，开发智能化气象计量标准设备及远程控制技术。研发天气现象模拟装置，建设国家级降水现象模拟实验室。

系统运行管理：加强综合气象观测业务准入，从观测方法的科学性、技术装备的成熟度以及与现行观测、信息等业务系统在软硬件等方面的兼容性、试运行期间的装备运行情况、观测数据质量、数据传输和数据的业务应用效益等方面开展评估。严格按观测规范要求，尽力消除影响观测数据质量的各种隐患，确保观测数据准确，系统运行高效。

参阅材料 5-23　气象计量和标准化业务技术发展动态

一、气象计量技术国际发展趋势与现状

计量是社会法治和科技发展水平的重要标志之一。为保证量值准确可靠并与国际计量单位保持一致，世界各国和国际组织都十分重视计量基准和计量标准的研究和建立，重视量值的国际溯源和相互比对，以及法制计量实验室的建设和管理。

1. 世界气象组织气象计量业务和标准化现状与发展愿景(WMO-CIMO,2018)

(1)世界气象组织正在逐步建立溯源至国际基本单位制(SI)的气象计量传递体系。世界气象组织对气象观测量值普遍要求进行计量校准与维护，以保证气象观测量值的准确性和可比性。根据各国国情的差异，计量校准由各国计量技术机构或者气象部门计量机构完成。目前，世界各国普遍形成了覆盖本国气象(包括：温度、湿度、降水、大气压力、空气流速和太阳与地球辐射、日照、雪深等地面基本观测项目)的气象计量业务链条，并溯源至国际基本单位制。

(2)推动气象计量技术研究，降低观测不确定度，提高观测数据准确性。根据世界气象组织全球综合观测系统(WIGOS)2040 年远景，气象部门应着力推进建设一致、连续和同化的基准观测网，增加标准设备和观测方法，建立基准本底站网用以研究、建立计量标准装置，进一步提升校准能力，减小观测量值不确定度。观测量值应配套元数据，以保证观测量值的一致性和溯源性。另外，需加强卫星观测仪器的计量校准和社会化观测设备的计量校准。

(3)推进气象标准化。世界气象组织持续推进气象观测仪器、方法和服务标准化，同时世界气象组织推动与国际标准化组织(ISO)的合作，对气象标准国际化建设起到十分重要的作用。

2. 欧、美、日等国家气象计量业务与标准化建设发展动态

(1)气象计量技术体制和量值溯源体系

美国至今未设立国家级行政计量管理机构，其计量工作实行州级自主管理体制。各州均设有计量管理局(处)，配有商用计量器具和检定计量标准，负责具体的量值传递工作。美国标准技术研究院(National Institute of Standards and Technology,NIST)隶属商务部，负责研究建立国家计量基/标准；考核、监督和管理全美的法制计量实验室。美国标准技术研究院(NIST)通过制定《国家法定计量实验室质量手册示范(NIST5802)》和《国家法定计量实验室程序手册(NIST143)》等文件，规范管理法定计量实验室。在这种计量管理体制下，美国气象计量保障任务主要由州立计量机构、民间计量机构和美国国家海洋大气局(NOAA)与美国标准技术研究院(NIST)联合建立的计量机构完成。

美国国家海洋和大气管理局(NOAA)气候基准站网(United States Climate Reference Network,USCRN)是用于监测气象温度和降水长期变化的观测网，观测要素有空气温度，红外地温，风速，太阳辐射和降水量，美国气候基准站网(USCRN)负责认定上述大部分传感器的校准是否准确可靠、计量性能是否稳定。ATDD(Atmospheric Turbulence and Diffusion Division)每年将温度、风速和太阳辐射传感器与美国标准技术研究院(NIST)的传递标准进行标校。雨量计利用标定砝码现场完成校准。尽管 ATDD 接受红外地温传感器的出厂校准测试结果，但目前 ATDD 正在评估其准确性，考虑改由 ATDD 进行校准。数据采集器的校准是在 ATDD 完成，参考电压和频率由 NIST 传递标准提供。

美国国家海洋和大气管理局(NOAA)地球系统研究实验室全球监测部(Global Monitoring Division,GMD)内设太阳辐射校准实验室(Solar Radiation Calibration Facility,SRCF)和UV校准实验室(Central UV Calibration Facility)两个机构,负责太阳与地球辐射标准的量值溯源和量值传递。SRCF保存着溯源至世界辐射中心的腔体辐射表。

日本气象厅地面观测部下辖的气象仪器中心(Meteorological Instruments Center,MIC)负责气象观测仪器的量值溯源和量值传递。日本气象量值的传递链,分为非辐射量量值传递链和辐射量量值传递链(图5.8)。非辐射量气象国家标准通过国家最高基准溯源至国际标准(SI),辐射量则通过区域辐射中心标准直接溯源至世界气象组织世界辐射基准(WRC)。

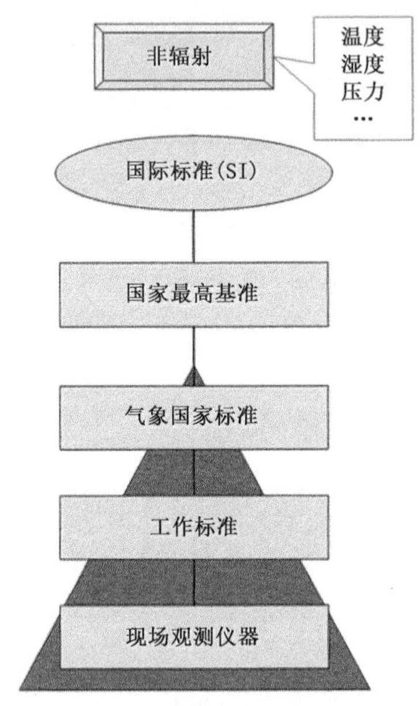

图5.8　日本气象计量标准传递链条

欧美国家普遍采用自下而上的计量校准技术体制,通过计量实验室的互认,保证气象观测数据的可比性;通过国际关键比对,保证本国气象测量体系与全球测量体系的一致性。

世界气象组织6个区域协会(简称"区协")共设有15个仪器中心。Ⅰ区协(非洲)仪器中心位于阿尔及利亚、埃及、肯尼亚和摩洛哥,计量对象集中在温度、湿度、气压、降水和辐射,其他要素并未涉及。Ⅱ区协(亚洲)仪器中心位于中国和日本,计量对象主要为温度、湿度、气压和风速。Ⅲ区协(南美洲)仪器中心位于阿根廷,计量对象主要为温度、湿度、气压和风速。Ⅳ区协(北美及中美洲)仪器中心位于巴巴多斯,计量对象主要为温度、相对湿度、气压和降水。Ⅴ区协(西南太平洋)仪器中心位于澳大利亚和菲律宾,计量对象主要为温度、湿度、气压、风和降水。Ⅵ区协(欧洲)仪器中心位于法国、德国、斯洛文尼亚、斯洛伐克和土耳其,计量对象主要为温度、湿度、气压、降水、风、大气成分和辐射等要素。其中,土耳其仪器中心的计量对象涵盖了电学量。中国、日本、澳大利亚、德国、斯洛伐克、斯洛文尼亚和土耳其仪器中心拥有获得ISO17025认证的校准实验室。

(2)气象计量技术基础及发展

——温度

发达国家气象温度普遍采用温度发生器或者恒温槽作为温度环境装置，采用铂电阻和测温电桥作为标准器。以日本为例，其气象标准为铂电阻和测温电桥构成，配套设备为调温调湿箱和恒温槽，向上溯源至日本国家计量基准，向下传递给工作级计量标准，进而传递到台站观测仪器。

——湿度

发达国家气象湿度普遍采用湿度发生器作为湿度环境装置，采用露点仪作为标准器。以日本为例，其气象标准为冷镜式露点仪，配套设备为调温调湿箱和双流法湿度发生器，向上溯源至日本国家计量基准，向下传递给工作级计量标准，进而传递到台站观测仪器。

——气压

国外发达国家测量大气压力的基准设备多数采用 PG7607 气体活塞压力计，如美国、法国、德国、英国、日本等，只有美国还保留着汞液体压力计。各国国家计量院压力基准的不确定度水平及测量范围如表 5.19 所示，数据是各国向国际计量局(BIPM)申报的最佳校准能力。各国压力基准定期参加国际比对，通过比对，实现国际间测量方法和测量结果的认可。

表 5.19　各国国家计量院压力基准水平汇总表

国别	机构	标准名称	测量范围(kPa)	扩展不确定度(*U*)(*k*=2)
美国	NIST	气体活塞压力计	0.1～360	5.2 ppm+0.006 Pa
		汞液体压力计	27～105	13 ppm
法国	LNE	气体活塞压力计	10～1000	0.1 Pa+7 ppm×PA
		气体活塞压力计	5～180	0.2 Pa+19 ppm×PA
德国	PTB	气体活塞压力计	3.5～100	0.2 Pa+19 ppm×PA
英国	NPL	气体活塞压力计	16～720	21 ppm×PA
日本	NMIJ	气体活塞压力计	5～175	(200 mPa)2+(15ppm×PA)2

日本气象厅(JMA)的气压量值溯源体系分为 5 级，依次是日本国家气压基准、日本气象厅气压标准、气压工作标准、气压传递标准、气压现场工作器具。

——空气流速

空气流速计量方面普遍采用风洞和测风标准器作为计量手段。风洞种类繁多，有不同的分类方法。按实验段气流速度大小来区分，可以分为低速、高速和高超声速风洞。测风标准器主要是皮托管和激光测风装置。低速风洞分直路式和回路式风洞。目前世界上最大的低速风洞是美国国家航空航天局(NASA)埃姆斯(Ames)研究中心的 12.2 米×24.4 米全尺寸低速风洞。这个风洞建成后又增加了一个 24.4 米×36.6 米的新实验段，风扇电机功率也由原来 25 兆瓦提高到 100 兆瓦。日本气象厅在驻波新建的风洞，风速测量范围达到了 0.35～108 米/秒，并已开展超声波风速仪检定。

——辐射

为了保证世界范围内太阳辐射测量的可比性，世界气象组织在瑞士的达沃斯气象物理观象台(PMOD)设立了世界辐射中心，定期组织进行国际直接辐射表的比对，对每个区域设立的区域辐射中心，进行辐射量值的传递。为此，达沃斯气象物理观象台（PMOD）建立并保存着世界标准仪器组（WSG），以不同原理的观测仪器实现对太阳辐射同时准确测量，用以实现世界辐射测量基准（WRR），为保证标准稳定性，仪器组的内部比较每年至少一次。同时，达沃斯气象物理观象台（PMOD）每五年组织一次国际对比，即国际日射仪器比较，要求世界六大区域的各区域辐射中心携各自的标准仪器参加，进行辐射量值的传递。同时，由世界、区域和国家辐射中心承担各自区域内辐射测量仪器的检定和校准。中国的太阳辐射测量标准由国家气象计量站负责保存和维护，以世界辐射基准（WRR）作为标准开展量值传递。

3. 计量和标准化相关领域出现的新技术新趋势

2018 年 11 月 16 日，第 26 届国际计量大会（CGPM）经各个成员国表决，最终通过了关于“修订国际单位制（SI）”的 1 号决议。根据决议，国际单位制（SI）基本单位中的 4 个，即千克、安培、开尔文和摩尔分别改由普朗克常数 h、基本电荷常数 e、玻尔兹曼常数 k 和阿伏加德罗常数 N_A 定义。这是国际单位制（SI）自 1960 年创建以来最为重大的变革，至此国际单位制的七个基本单位，都是以全宇宙每个角落都一模一样的七个基本常数为基础，确立完美的标尺性定义。这些定义是基于永恒的定律和可轻易复制传播的思想，完全脱离了对具体的人造物体的依赖，具有了放之宇宙而皆准的普世意义，对科技创新、产业发展和全球治理等影响深远。气象计量应该紧跟计量量子化和扁平化的发展趋势，探索可以现场直接复现最高基准的量值传递模式，减少计量量传中间环节，显著提高计量的时效性和准确性。

人工智能、物联网、大数据等通用技术逐渐成熟，并有向计量领域应用的趋势，利用微机电技术、新材料技术研制的小型化、高精度、高可靠性的气象探测装备，可积极提高气象观测装备野外观测自校准能力。同时，物联网、机器人等技术，可有效提高实验室计量自动化与信息化水平。

随着环境模拟技术的不断发展和气象计量应用需求不断提高，极端气候和气象灾害等环境模拟技术在天气现象、气候适应性等计量检测领域将具有广泛的应用空间，可为高精度大气光学测量、降水现象、云量、云状、云高、天气现象观测设备关键指标检测及气候适应性测试提供重要技术支撑。

二、中国气象计量业务和标准化发展现状

中国气象计量保障工作始于 20 世纪 50 年代初期。经过几十年的发展，目前全国气象计量业务网络由 1 个国家级专业计量站和 31 个省（区、市）级气象计量机构组成，针对气象温度、空气湿度、太阳和地球辐射、大气压力以及空气流速等气象专有量值建立了气象行业最高计量标准，制订了一系列以计量检定规程为主的计量技术法规文件，为保证中国气象探测数据的准确、可靠、可比发挥了重要作用。

1. 气象计量业务体系

（1）人员情况

全国气象计量机构总人数约为 260 人（2018 年统计数据），其中持有气象计量检定员证的检定员 220 人。检定员中大学学历占总人数的 53%，研究生占 23%；具有高级职称的人员比例为 23%，中级职称人员占 46%（表 5.20）。

表 5.20　国内气象部门计量人员结构情况表

指标	职称情况			学历情况			计量业务水平			
人员结构	高级	中级	初级	研究生	大本	大专	机构考评员	标准考评员	计量师	其他
比例	23%	46%	31%	23%	53%	24%	4%	7%	14%	75%

(2)业务布局

已形成以国家气象计量站(世界气象组织Ⅱ区协亚洲仪器中心)为技术核心,以全国 31 个省级气象计量机构为主体的全国性气象计量业务网络。同时,依托广西壮族自治区气象计量站和新疆维吾尔自治区气象计量站建立了世界气象组织Ⅱ区协亚洲仪器中心南宁实验室和乌鲁木齐实验室,面向“一带一路”东盟国家和中亚国家提供计量校准服务。

(3)计量实验室建设

国家气象计量站已获得中国合格评定国家认可委员会(CNAS)认可,涵盖 9 个校准项目、8 个检测项目、47 个参数,实现了一次检测全球认可。同时,国家气象计量站也获得检验检测机构资质认定证书,涵盖 7 类项目、38 个参数。

(4)标准化工作

气象领域标准化建设力度日益加大,截至 2021 年 8 月,共发布气象类国家标准 185 项,其中观测领域 102 项;气象行业标准 472 项,其中观测领域 102 项;其中探测中心作为全国观探测领域龙头单位,地位举足轻重,在标准化建设上功不可没,牵头制定修订了一大批业务继续标准项目,并获得广泛好评。自 2016 年起,中国气象局着手推广观测装备标准建设,3 年来,共发布装备类气象行业标准 40 多项,初步解决了装备试验考核与业务应用中无标准可依的问题。

2. 中国气象计量技术发展

全国气象计量标准共有 182 个,其中社会公用标准 101 个。气象国家计量标准包括一等铂电阻温度计、精密露点仪、雨量器、活塞压力计、空气流速和太阳辐射标准器组等 6 项(表 5.21)。其中太阳辐射标准器组(表 5.22)和大气压力基准设备是国家最高标准。

表 5.21　气象国家级计量标准

序号	标准器名称	性能指标		
		不确定度	准确度	最大允许误差
1	铂电阻温度计标准装置		一等	
2	精密露点仪标准装置			±0.2℃
3	雨量器(计)检定装置			±0.0314 毫升
4	活塞压力计标准装置	0.0035%	0.005	
5	空气流速标准装置	0.1%		
6	辐射表标准装置	0.25%		

自 2000 年至今,中国太阳辐射标准器每隔 5 年与世界辐射基准(WRR)直接比对,准确度优于世界气象组织的要求,见表 5.22。

表 5.22　各国太阳辐射标准器与世界辐射基准(WRR)因子比较

国别	机构	标准名称	测量范围(瓦/米^2)	WRR 因子
美国	NOAA	腔体直接辐射表	0～1400	0.996842
	NREL	腔体直接辐射表	0～1400	0.997734
	NASA	腔体直接辐射表	0～1400	0.999964
澳大利亚	BOM	腔体直接辐射表	0～1400	0.996467
日本	JMA	腔体直接辐射表	0～1400	1.000160
		腔体直接辐射表	0～1400	1.000046
中国	CMA	腔体直接辐射表	0～1400	1.000005

——大气压力

中国气压基准设备为 PG7607 气体活塞压力计，测量范围为 5～175 千帕，扩展不确定度为 20mPa＋8ppm。国内地面气压观测仪器基本使用 Vaisala 公司生产的 PTB220 型气压传感器，最大允许误差为±0.3 百帕。无论是国家级标准器，还是工作级地面测量仪器，都已达到发达国家水平。气压测量仪器的检定、校准方法基本符合 OIML R97 国际建议《气压计》(Barometers)中的检定、校准方法。

任务 3　加强气象观测台站端数据质量控制

提高观测数据质量，还必须从做好气象观测台站一端的数据质量控制工作做起。一方面，要将自动化观测设备状态作为数据质量的影响因子引入台站数据质量控制流程中；另一方面，要将不同类型自动化观测数据间逻辑性、合理性、一致性等综合判别引入到台站级质量控制体系中，以改进台站级气象观测资料质量控制方法。中国气象局已经依托综合观测数据质量控制系统(即“天衡系统”)开展了观测台站端的数据质量控制工作，不断提升观测产品质量控制水平，分步实现了雷达流数据、大气成分等多种质量控制算法以及地面自动化、全球探空、风廓线雷达等质量评估算法的研发和集成应用(梁海河 等，2020)。

(4)深化观测数据应用

深化观测数据应用(或称“深应用”)是实现“监测精密”的目标导向。“十四五”时期，要推进遥感应用体系建设，综合运行多源观测产品，实现全国气象要素观测分析“一张网”、全国天气现象识别“一张图”，研发三维大气实况监测产品，提升观测数据综合应用能力。

任务 1　推进遥感应用体系建设

通过完善国家级各业务单位在卫星遥感应用业务中的分工布局，形成卫星应用技术研发合力，提高卫星遥感应用对数值预报、天气分析、气候预测、环境监测、公共服务、人工影响天气等业务的支撑，充分发挥卫星遥感数据综合应用效益。组织各省级气象局对标生态文明建设需求，主动开展服务，加强高分卫星资料获取和应用，建立完善国省两级统一的城市热岛、蓝藻水华、植被、水体、海温、绿潮、火情等卫星遥感业务。通过建设卫星数据接收站、部署遥感应用平台、开展遥感应用培训等方式加强其他相关行业用户卫星遥感数据获取能力和应用水平。推进实施风云气象卫星国际服务计划，实现风云气象卫星发展成果惠及“一带一路”沿线国家和地区，提升风云气象卫星国际影响力。

任务 2 完善综合观测产品体系

发布综合观测产品手册，建立完善大气、海陆表面、空间天气遥感产品体系。建立风云气象卫星产品的业务准入和退出机制及应用反馈机制。建立综合气象观测产品体系，形成集数据加工、分析、检验和应用为一体的综合气象观测产品业务流程。建立综合气象观测产品检验评估系统。完善综合观测数据质量控制系统（即："天衡系统"）和产品加工制作系统（即："天衍系统"）。完善多源观测数据集成融合处理方法，实现高时空分辨率的基本气象要素、天气现象及天气系统数据产品的质量检验。建立全国气象要素观测分析"一张网"和全国天气现象识别"一张图"。

任务 3 提升观测数据综合应用能力

融合地基、空基和天基多源观测数据，制作气温、湿度、风场、云等要素的三维格点实况产品以及气压、气温、湿度、风场、降水、能见度、雷电、天气现象综合判识等地面气象要素格点实况产品。持续提升天气实况产品的分辨率和精度，实现业务产品分钟级更新，时间分辨率达到分钟级、空间分辨率达到千米级。把实况产品作为大气、水文、生态模式的重要输入参数，以及检测和评估模式预报、预测准确性的基础数据，并应用于强天气监测、旱情监测等公众服务、政府决策等方面，从而促进农业、水利、能源、交通、地质、水文等多行业多领域的科研业务发展。

5.1.1.3 完善"装备、站网、运用、管理"全方位多层次精密监测体系

(1)升级观测装备，发展基于目标的协同观测技术

任务 1 改进天气雷达探测技术

建立天气雷达全链路标定与质量控制技术，建设雷达标校基地，提升天气雷达回波一致性低于 3 分贝。解决双偏振雷达硬件、质量控制、相态识别及定量降水估计等技术难题。建立 S 波段、C 波段和 X 波段雷达协同观测技术，实现高时空分辨率及多部雷达协同观测。

任务 2 改进气球探空探测技术

建立基于卫星导航技术的探空系统，突破往返式探空技术，提高气球探空测量精度，实现温度标准差≤0.3℃，湿度≤8%，气压≤1 百帕，风速≤0.5 米/秒。增建世界气象组织全球气候观测系统(GCOS)高空观测站。推动观测自动化、智能化。

任务 3 改进风廓线雷达探测技术

建立布局科学、功能先进的风廓线雷达网，实现重点区域布网间隔 100～200 千米，探测高度 5～7 千米，达到对流层中层。推进全国风廓线雷达技术升级及技术标准统一，提高关键技术性能指标，把水平风标准差控制在 2.5 米/秒以内，达到发达国家水平。

任务 4 改进闪电定位探测技术

建立精细化的国家闪电探测网，以及京津冀、长三角和珠三角重点区域加密闪电探测网。研发云地闪、云间闪多频段高精度的闪电探测技术，实现云地闪探测效率接近 100%、定位精度 100 米，达到发达国家水平。

任务 5 改进 GNSS/MET 探测技术

在中国西南水汽通道、东南水汽通道、长江流域等重点地区，建立加密监测网。在京津冀、长三角和珠三角区域实现平均站间距 50 千米。研制新型全球导航卫星系统气象观测(GNSS/MET)装备，开发全球导航卫星系统多星座斜延迟、水汽梯度、区域层析大气折射率和水汽密度等新型产品，实现大气可降水量业务产品精度优于 2 毫米、时间分辨率优于 5 分钟。

任务 6 研发气象激光雷达探测技术

建设"气象激光雷达试验网"，获取大气风场、温湿度廓线和气溶胶光学参数，推进数值模

式同化应用。建立激光雷达标定中心，实现实时在线标定，偏差控制<20%，达到发达国家水平。发展多波长拉曼激光雷达，提升气溶胶、温湿和多普勒测风激光雷达探测能力。

任务 7　研发大气成分垂直观测技术

形成覆盖我国 16 个气候关键区的大气本底观测网络。建立融合大气成分综合立体观测技术体系。改进国产化温室气体在线观测设备质量，使其观测精度满足世界气象组织全球大气监测网(GAW)精度要求。建立智能化、小型化、低功耗化的大气成分观测传感器及定标技术，建设大气成分数据业务平台，服务于天气、气候、环境、农业和生态文明建设。

任务 8　提高地面观测关键传感器精度

推进气象传感器国产化，提高气压、降水测量精度，满足世界气象组织全球气候观测系统(GCOS)准确度需求。地面观测天气现象识别技术业务化，大幅提高识别准确率。毫米波雷达融合云测量技术实现业务化，云地面观测自动化和云模式参数化产品得到广泛应用。

(2)优化站网布局，实现向多圈层延伸和全球覆盖

任务 1　优化基准观测站网布局

综合气象观测的核心组成部分，涵盖地面基准气候、高空基准气候、基准辐射观测，实现天地空一体化站网布局设计，覆盖我国全部 65 个气候区，地面基准站数量达预期 250 个，优化基准辐射站达到 80 个，采用高精度卫星导航探空体制建立高空基准站，准确性满足世界气象组织观测精度指标要求。

任务 2　优化气候观测站网布局

以气候观测为主，优化世界气象组织全球气候观测系统(GCOS)、中国气候观测网(CCOS)以及区域气候观测站网布局，按照"分类推进"原则，分一级站、二级站和"三极"站等不同类别统筹安排观测站建设任务。其中，一级观测站主要用于对气候及大气、生态相作用的自然变化进行监测，在现有气候观象台、大气本底站、生态观测站基础上，按照"一站多能"原则优化布局，形成气候系统观测站网；二级观测站，主要用于对气候、大气化学、生态植被、人类活动影响等状况及其相互作用进行动态变化监测，涵盖全国 65 个气候区气候、生态、陆气交换、下垫面特性的区域级观测，以满足生态建设、环境监控、卫星校验、区域模式等发展需求；"三极"站，主要用于对青藏高原和南北两极地区的气候要素进行观测，建立涵盖基本气候要素、大气边界层结构、大气成分和地表及土壤的气象、生物、物理、化学特性观测系统。

任务 3　优化天气观测站网布局

天气观测站网布局以满足天气观测需求为主并兼顾气候业务需求，"十四五"时期的重点是在完善陆地观测的基础上加强海洋观测。海洋气象观测网建设重点是加强不同时空尺度的海洋表面气象特征及其变化趋势的全方位、全天候、全自动立体观测能力，完善由多种平台、多种手段组成的海洋气象综合观测网。同时，通过采用智能观测设备和技术，加密稀疏区、山洪等次生灾害多发区的陆地观测站网建设。此外，天气观测站网布局要向全球拓展，建立以卫星为主体，飞机(含无人机)、船舶、港口等为辅的全球立体监测网。

任务 4　优化针对不同区域和行业特色需求的专项观测站网布局

以服务国家重大战略为目标，加强跨部门合作，强化农业气象观测、提升雷电观测、加强风能太阳能气象观测、推进交通气象观测，发展专业领域气象服务的观测支撑能力。根据增加粮食产量、提高品质和优化种植结构等农业气象服务需求，重点在高标准农田区、粮食生产功能区和重要农产品生产保护区健全农业气象观测系统。针对强天气预报预测、航空气象灾害预

警能力建设需求，合理布设天气雷达、自动气象站和气象卫星等观测系统，完善雷电监测系统布局，实时获取雷电发生的位置、强度、类型和频数等观测数据。面向可再生能源消纳和风电场、太阳能电站等清洁能源开发利用需求，加强风能、太阳能气象观测，为大型风电场和太阳能电站勘察选址、运行调度提供技术支持。聚焦公路、铁路、内河水运、海上交通等领域发展需求，政府主导、多部门协作、社会企业参与，统筹建设交通气象观测站网。推进社会化观测，更加充分地利用社会化观测数据，开展多源数据融合加工。

(3)强化数据应用，提高多尺度天气气候监测能力

任务 1　拓展实况分析业务

发展多源观测资料应用技术，构建多圈层、多要素、高分辨率实况分析场，制作分钟至小时、多时空分辨率嵌套融合的实况和分析产品。发展误差分析、偏差订正、融合同化等多源数据融合分析技术，通过集成多种同化融合方法提高实况分析产品质量。推进大数据分析、机器学习等人工智能方法在多尺度海量多源观测资料协同处理及融合分析中的应用，提高实况分析质量、效率和自动化水平。开展实况分析产品"真实性"质量检验研究。

任务 2　强化重点区域三维立体监测能力

在京津冀、长三角和珠三角等大城市群，建立高影响灾害性天气三维精细化观测网络，辅以社会化观测，形成针对强对流等高影响天气的涵盖"监测预警服务"为一体的业务体系。优化天气雷达网布局，增补 X 波段雷达，提高风廓线探测高度，形成多型号设备、多种观测方式相结合的协同观测业务。研发雷达算法本地化、国产化算法，针对雷暴、冰雹、大风、中气旋等天气现象，研发快速、高精度的识别预警算法。改进气溶胶、反应性气体等垂直观测及卫星观测地基校验技术，获取不同类型经济区域三维大气成分资料。

任务 3　提高智慧城市气象监测服务能力

建设智慧化城市泛在感知气象监测网络，形成小型、微型、移动的智能气象环境监测技术体系，拓展社会观测等大数据信息采集渠道，基于海量观测数据，完善地空天一体化大城市气象观测能力。建立针对"微气候"、社区级、楼宇级等超精细化气象参数大数据模型，"微"气象数据融入城市运营平台，形成"气象＋"智慧交通、智慧能源、智慧政务等精细化的城市气象观测和智慧城市气象服务系统。

任务 4　增强台风等灾害性天气监测能力

加强台风监测能力。建成基于大型无人机、平流层飞艇、海上无人船及卫星组合的台风协同观测系统及业务平台。建设无人飞行系统和保障基地，配备涵盖高性能无人机、下投探空、自动探空和平流层飞艇的空基观测设备。开展台风探测，推进台风结构和南海季风的探测及应用，填补台风和南海季风空基探测空白，支撑中国台风和南海季风预报及研究迈向国际先进水平。

发展全球极端天气气候事件监测与评估业务。针对暴雨、干旱、强对流、寒潮、高温、暴雪、海雾、海上大风及热带气旋等灾害性天气，加强对多尺度气象灾害自动识别与监测能力。针对热带低频振荡、亚印太季风系统、海洋关键区主要模态等气候系统，加强全球主要气候现象和关键大气环流监测。

(4)加强业务管理，构建综合气象观测业务新模式

任务 1　建立观测"两级"业务技术结构

构建综合气象观测"云＋端"两级业务技术结构，形成"中心云—设备端"有丰富内涵的中心级观测业务，完善多设备智能化协同观测布局。中心级具备远程协同观测控制功能，远程设

备端具有故障智能监测诊断能力。推动观测软件智能升级、观测模式智能切换，大幅提高观测可用率。

任务 2 完善观测数据质量控制和产品加工业务

建立分级质量控制算法和流程，提高观测数据质量控制覆盖率和整体达标率。完善观测产品加工体系，实现设备端原始观测数据和二次加工产品 1 分钟、组网和融合产品 5 分钟到达用户桌面。强化综合观测数据融合处理业务技术，基于协同观测、智能算法、多部门联动及社会参与，提高对暴雨、中气旋、雷暴、冰雹、视程障碍现象等观测识别能力。

任务 3 健全观测业务评估和质量管理业务

建立涵盖站网布局、准确率、使用率、分辨率、稳定性、不确定性、覆盖率、时效性等指标的观测站网检验评估指标体系。健全发展观测质量管理体系，改进质量管理机制，提高信息化程度，充分发挥观测业务评估和质量管理在推进高质量发展的作用。

参阅材料 5-24 综合观测站网评估与设计发展动态

一、国际动态

对观测站网的评估与设计是观测系统建设的重要部分，为加强对观测站网的评估，世界气象组织提出滚动需求评估(Rolling Requirements Review，简称 RRR)的理念，提倡以最佳经济效益比构建观测系统，并开发了观测系统能力分析和审查工具(OSCAR)，设立了时空分辨率、稳定性、不确定性、覆盖率、时效性等指标对综合观测站网性能进行评估，其评估范围包括天基观测和地基观测系统两部分，共含 14 个应用领域。该系统由瑞士气象局负责开发，已完成试运行，正在全球推广。此外，观测数据对数值预报的作用也日益被重视，世界气象组织通过世界天气研究计划(WWRP)支持开展"观测系统研究与可预测性实验(THORPEX)"计划，发展定量评价观测系统作用的方法，通过观测与预报的互动试验，提出适应性观测的概念。世界气象组织每 4 年召开一次全球技术研讨会，专门研讨观测对预报的贡献。世界气象组织还成立了观测系统设计与发展项目间专家组，负责提出观测系统的设计原则。第十八届世界气象大会提出了全球基本观测网(GBON)的设计要求，各区域中心也将区域基本观测网(RBON)的设计纳入计划中。在观测新技术不断涌现的背景下，综合观测站网的设计和优化将是长期重要的顶层工作。欧洲中期天气预报中心(ECMWF)、美国、英国、德国、澳大利亚等气象局均开展了观测对数值预报贡献评估的业务。

二、中国动态

中国的综合气象观测系统具有体量大、层级复杂、技术分散等特点。同时，中国地理环境的特殊性也增加了观测系统布局的难度和挑战。因此，中国针对观测系统开展的站网评估与优化工作，无疑对全球具有示范作用。中国观测系统站网布局及其评估现状与需求如下：

(1)中国综合气象观测系统逐步完善，但系统分布合理性、代表性有待进一步提高。

截至 2019 年 8 月，国内建有地面自动站 65909 个、探空观测 120 个、风廓线观测 108 个、天气雷达观测 215 部，每天飞机观测大约 2400 余架次。受地形、经济等因素限制，地面自动站分布呈现明显的"东密西疏"特征。风廓线雷达则主要集中在北京地区及华东、华南沿海区域，飞机观测也在东部地区更为密集，探空资料在青藏高原等无人区域也较为匮乏。因此，急需开展对各类观测布局充分性、合理性的评估，在评估基础上提出进一步优化的建议，增强观测资料实用性和代表性。

(2)垂直探测覆盖范围不断增加,各类观测之间的协同作用,以及天、地、空一体化的综合布局效益,有待进一步深化评估。

从垂直分层覆盖看,近地层,地面观测覆盖率达到 78.1%,是所有观测系统中覆盖最多的一类观测。边界层至对流层高层,主要依靠雷达观测。飞机观测的贡献主要在对流层低层和对流层高层。平流层低层只有探空和天气雷达的贡献,以探空贡献为主。风廓线的贡献主要在边界层(图 5.9)。由图可见:雷达观测存在低空覆盖盲区,需通过其他观测进行补充;飞机报观测频率高于探空,但垂直探测高度有限;风廓线雷达对风场信息有着很好的补充作用,但缺乏其他气象要素;卫星观测在垂直方向上的作用也应给予高度的重视。因此,急需开展垂直方向上地空天一体化观测能力和布局效益的综合评估,在评估基础上科学发展观测系统,以实现最优利用观测资源的目标。

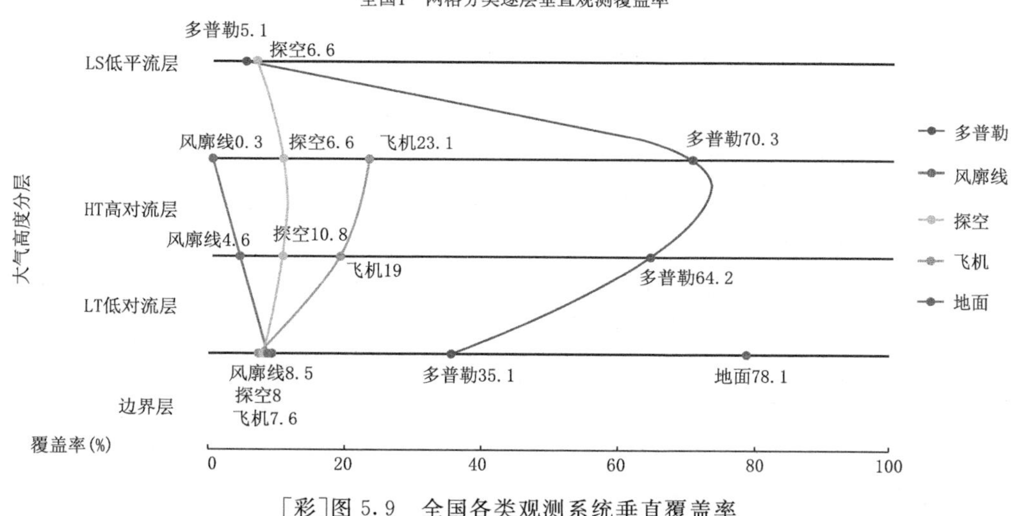

[彩]图 5.9　全国各类观测系统垂直覆盖率

(3)青藏高原及其周边区域的站网评估需更加深化。

青藏高原及其周边地区是中国天气的上游区,是中国天气过程重要的观测敏感区。由于中国西部地区地理环境复杂、人口稀少,发展基础薄弱,以人工观测为基础的常规观测手段布设存在困难,造成西部长期处于站点稀疏、布局不够合理的状况。随着社会经济的飞速发展以及观测技术进步,常规观测向自动化转化,地基遥感网也逐渐发展,中国西部气象观测获得发展机遇。青藏高原地区已经形成了一定规模的综合观测布局,包括地面自动气象站、探空观测、GPS 水汽观测、风廓线观测、卫星与多普勒雷达等,增强了高原热源观测、水汽观测和天气系统观测能力。为更好地获取青藏高原及其周边地区大气信息,提高青藏高原观测资料的应用效益,需要进一步深入研究青藏高原地区观测站点布局的代表性及合理性。

(4)基于观测与预报互动的观测站网布局评估与优化业务能力还需加强。

观测系统是数值预报模式准确性提升的有力支撑,同时,数值预报模式准确性也是观测系统评估与优化的重要依据。基于预报的观测站网评估方式逐渐增多,包括观测系统试验(OSE)、观测系统模拟试验(OSSE)、预报对观测的敏感性(FSO)以及集合卡尔曼变换(ET-KF)等,为气象观测站网布局提供了更多科学依据。基于观测与预报互动的评估结果,能够更有针对性地指导观测系统建设，也能更加快速地提高观测系统的应用效益。

目前，观测与预报的互动还较多局限于特定区域或特定类别的观测，互动方式较为单一，同化过程中背景误差协方差、观测误差协方差等统计缺乏针对性。因此，急需开展相关技术攻关，进行多种方法集成研究，构建客观定量化评估体系，完善全国观测与预报互动业务，强化预报对观测站网布局的科学指导，提升观测数据的整体可用性。同时，为全球观测与预报互动业务提供示范。

(5)全球观测评估能力有待加强。

一方面，世界气象组织倡导开展全球基本观测网的设计，各区域中心也将区域基本观测网列入主要工作内容中，另一方面，中国在推进针对“一带一路”和地球两极的气象观测能力建设，这些都对全球观测站网的评估提出了新的需求，急需加强相关工作。

5.1.2 关键技术

5.1.2.1 多轨道卫星全光谱主被动结合遥感观测技术

(1)全球风场测量关键技术。重点包括：

· 大能量 355 纳米单频激光器工程化技术

· 大能量 2 微米单频激光器工程化技术

· 355 纳米、2 微米高灵敏度探测器技术

· 低波相差大口径轻量化收发同置望远镜技术

· 高精度频率探测及提取技术

· 全球风场反演及数值天气预报全球风场同化技术

(2)云雨微物理结构测量关键技术。重点包括：

· 星载双频双极化多普勒降水测量雷达、多普勒云雷达和太赫兹冰云探测仪正演仿真模拟和指标论证

· 大口径可展开双频天线及馈源技术

· 大口径高精度反射面天线赋形设计技术

· 高精度多普勒处理、相态判识、双极化降水反演，云高、云相态、云中液水含量、冰水含量，冰云粒子等效直径、冰水路径等降水和云参数反演算法。

(3)小卫星星座关键技术。重点包括：

· 优化小卫星仪器结构配置，攻关小型化设计关键技术，实现微波探测仪、红外高光谱探测仪和掩星探测仪在小卫星平台的有效观测

· 攻关定标基准传递技术(在星座中布局 1～2 颗卫星配搭基准载荷)，实现多仪器一体化定标，提升观测一致性

· 开展观测系统仿真技术研究，以及星地链路与中继星方案研究

(4)卫星观测系统模拟仿真关键技术。重点包括：

· 基于数值预报模式、辐射传输模式和仪器仿真模型，建立全链路的卫星观测仿真系统

· 高精度快速辐射系数生成

· 仪器观测过程仿真

· 观测仿真系统大气“自然场景”模拟和标定

· 建立基于变分(FSO)和集合方法(EFSO)的观测敏感性评估系统,定量评估观测系统对预报的贡献

(5)卫星资料定量应用技术。重点包括:

· 采用机器学习和计算机视觉技术,研发新型天气相关科学产品反演算法系统

· 利用气象和海洋卫星产品对台风系统结构和影响分析,研制综合监测预测及预报服务产品

· 采用数据融合技术,研发长时序高时空分辨率卫星反演产品数据集

参阅材料 5-25　卫星技术发展动态和国内差距分析

国际新一代气象卫星呈现出以下发展趋势:一是拥有气象卫星的国家从目前少数几个国家为主,向更多的参与国家转变;二是卫星星座从以业务气象环境卫星为主,向业务卫星更加先进的研发卫星系统相结合的多星座体系转变;三是卫星轨道从传统的地球同步(静止)轨道和近极地太阳同步轨道,向多种轨道平面转变;四是卫星遥感仪器从以被动遥感为主,向被动与主动遥感相结合转变;五是从传统的可见光红外和微波光谱段观测,向全光谱覆盖和高光谱分辨率观测转变;六是卫星地面系统从卫星运行接收为主,向牵头发展应用网络和作为业主代表验证卫星投资效益转变。

在全球三维风场测量方面:2018 年,欧洲航天局(ESA)在大气风场探测科研卫星上搭载的“阿拉丁”激光雷达是目前全球唯一的在轨风场测量激光雷达。它可获取平流层、对流层的大气风速剖面。美国从 2009 年开始激光测风卫星的概念研究,并计划于 2026 年发射搭载相干测风激光雷达的下一代卫星用于全球三维风场探测。此外,美国从 21 世纪初开始基于小卫星星座红外高光谱三维水汽信息测风的研究,如 FTS CubeSat 和 MISTiC 等。中国星载激光雷达的研究仅处在样机研制阶段,与国外有较大差距。国内部分科研院所已开展原型样机和算法的预研。中国即将拥有微波散射计/辐射计用于测量洋面风场,但与国外相比,部分载荷缺少云雨穿透力更强的低频通道和全极化能力。

在云雨微物理结构测量方面:1997 年搭载于美日 TRMM 上的降水雷达 PR 首次实现了洋面上云和降水三维信息的探测。2014 年美日发射的 GPM 卫星通过更先进的双频降水雷达 DPR,能够提供海、陆上空的降水三维结构,提升了降水测量的灵敏度与准确度。此外,2006 年美国发射的 CloudSat 卫星搭载毫米波云雷达,首次提供了全球云垂直结构特征观测。未来,欧洲的 Earthcare 卫星、美国的 ACE 卫星将搭载单频/双频多普勒测云雷达继续推进云垂直结构特征探测。美国、欧盟陆续立项开展机载/星载太赫兹冰云成像仪的研制,致力于解决冰云探测难题。中国已研制出星载 Ku 和 Ka 频段降水测量雷达原理样机,正在开展星载双频降水测量雷达和太赫兹冰云探测仪的研制,但尚无星载测云雷达的研制计划。

在小卫星星座方面:世界气象组织全球综合观测系统(WIGOS)远景规划中提出,未来卫星星座将从以业务气象环境卫星为主,向业务卫星加先进科研卫星系统相结合的多星座体系转变。其中,小卫星以及以小卫星为基础构建的星座是体系转变的重要体现。美国航空航天局正在探索使用小卫星技术对飓风、能量平衡、气溶胶等地球系统进行观测。以捕风一号 A/B 试验卫星成功入轨为标志,中国微纳卫星研发应用也已取得一定进展。

在定量应用能力方面：资料反演技术和产品科学算法是发挥气象卫星定量应用能力的关键。中国卫星资料反演技术和产品科学算法的种类和先进性与国外差距不大，但在算法精细化程度、研发支撑能力等方面尚有较大差距。大部分算法仅是在国际先进算法的基础上，针对国产卫星有效载荷特点进行优化和适应性改造。利用不同地表类型地基直接观测的高精度优势以及地基遥感探测的高时空分辨率观测优势，辅之以合理布局和针对性建设，可有效提高卫星观测定标能力，大幅提高天基观测定量化水平和应用效果。因此，国外常组织开展综合观测实验，基于星-空-地的协同观测，验证和改进产品算法。中国针对风云气象卫星开展了地面定标实验，但尚未开展不同级别产品综合性星-空-地的协同观测。

在构建支撑气候应用的长序列卫星数据集方面：国际上以美国国家海洋大气局（NOAA）和欧洲航天局（ESA）为代表，相继研发卫星气候数据集，例如：美国国家海洋大气局（NOAA）制作了13个基本气候数据集，以及大气（9个）、海洋（4个）和陆表（4个）气候数据集。欧洲航天局（ESA）制作了大气（4个）、海洋（4个）和陆表（5个）气候数据集。中国学者基于气象卫星在气候数据集构建方面做了卓越的工作，如：全球陆表特征参量产品、全球海洋遥感参数产品等。但目前基于风云气象卫星的气候产品数据集缺失。

其他方面：在气象卫星资料综合应用上，欧美国家对外实行天地一体化的数据共享服务，并具备快速响应用户应急观测需求的能力，可为用户提供应急观测服务。在卫星观测仿真模拟和应用效益评估方上，欧、美、日已构建起仪器部件性状及其对后端观测的影响模型，开展了较多的观测系统敏感性试验（OSSE），以此作为后续仪器制造、应用的基础。此外，美国、欧洲的业务中心还对重点观测资料建立了长期质量跟踪机制，监测数据质量并向全球发布。

5.1.2.2 多频段、海陆空、多方式综合雷达探测技术

（1）多波段雷达协同观测技术。重点包括：

· 建立改进业务雷达网智能化扫描策略，基于多波段雷达与网络化、阵列化探测技术解决探测区域规划、协同决策、动态组网、雷达控制、适配参数选取等关键技术问题。

· 通过天气雷达S，C，X波段、多普勒、双偏振观测的回波特征识别，建立基于目标观测智能化雷达探测技术。

· 采用天线方位角度重叠采样和数据加权方法来获得超分辨数据和精密垂直数据采样技术。

· 发展参数本地化的中小尺度强对流天气精细化监测预警算法，提高冰雹、大风、雷暴、龙卷等灾害性天气的监测能力和水平。

· 解决双偏振雷达硬件升级、数据质量控制、相态识别及定量降水估计算法等业务技术问题，建立天气雷达全链路标定与质量控制技术，全国组网天气雷达回波一致性<2.5分贝。

· 建立S/C波段和X波段天气雷达协同观测技术，实现区域高时空分辨率及多雷达协同观测以及精细化降水结构观测。

（2）新型天气雷达技术体制设计。重点包括：

· 健全气象雷达综合技术支撑平台，研究双偏振技术、相控阵技术、固态发射机技术、软件雷达技术和星载测雨雷达等技术。

· 基于试验业务雷达研究并突破包括双 PRF 算法和 Stagger PRT 方式、随机相位和 SZ 编码、自适应频域高斯滤波等技术。

· 基于双偏振试验雷达研究双偏振雷达硬件升级、相态识别及定量降水估算等技术及算法。

(3)天气雷达标定与质量控制技术。重点包括：

· 建立雷达数据质量和质量控制算法的体系，建立全链路雷达系统标定技术，利用外场标定仪和星载标定平台等多种方法开展组网雷达回波一致性标定。

· 建立双偏振雷达双通道一致性和相控阵雷达 T/R 组件多通道数据实时监测和补偿技术，回波强度测量误差的在线检测技术和自动校正技术。

· 建立单双偏振雷达数据质量控制技术，基数据、格点化和组网拼图的质量控制加工算法。

(4)风廓线雷达探测装备改进技术。重点包括：

· 改进全网风廓线雷达观测技术体制，统一风廓线雷达标定和关键技术参数，提高雷达运行可靠性和性能指标，探测高度达到对流层中高层。

· 发展“平流层-对流层-边界层”MST 风廓线雷达，对大气中高层风场信息进行探测。

(5)风廓线雷达探测数据处理技术。重点包括：

· 提升风廓线雷达信号处理、数据处理技术，使其产品更好的表征水平风、垂直速度和湍流等大气风场信息。

· 探索风廓线雷达在不同天气背景下(如：晴空、降水)智能观测模式以及 VAD 扫描观测模式。

· 通过双峰谱识别、波束空间一致性检查，提高降水情况下风廓线雷达的观测数据质量。

(6)风廓线雷达业务观测布局技术。重点包括：

· 针对不同天气过程敏感区观测需求的风廓线雷达网最优布局技术。

· 基于数值模式同化应用的雷达站网布局评估技术。

· 根据天气预报和气象服务需求优化雷达站网布局技术。

(7)激光雷达标定和标准雷达技术。重点包括：

· 研制气溶胶、风场、温湿度场探测的标准气溶胶激光雷达。

· 研制激光雷达标准光电信号发生器。

· 建立“激光雷达标定技术规范”等一系列的标定技术标准和规范，实现对激光雷达软硬件系统的高精度标定，确保观测数据定量可比。

(8)激光雷达质量控制和产品应用技术。重点包括：

· 研发激光雷达数据产品质量控制和加工算法。

· 开发激光雷达数据质量控制和组网产品加工软件平台。

· 激光雷达产品在数值预报模式中的同化应用技术。

· 提升大气风场、温湿度廓线和气溶胶光学参数在数值预报模式中的时空分辨率相关算法。

(9)先进激光大气遥感技术。重点包括：

· 发展高层大气风场和温度场激光雷达探测技术，实现从地面到 120 千米高度的大气风场和温度场观测。

· 研究基于差分吸收技术的激光雷达高精度测量大气水汽混合比等参数技术，解决拉曼水汽雷达白天无法观测的问题。

· 研究基于高光谱技术的激光雷达高精度测量大气温度廓线方法。

参阅材料 5-26　气象雷达技术发展动态

在新技术快速发展的时代背景下，双偏振技术、相控阵技术、固态发射机技术、多波长雷达技术、软件雷达技术和星载测雨雷达技术等都快速涌现并得以应用。双偏振天气雷达在定量估测降水和粒子相态识别能力方面相比单偏振有很大提高，对降雪、雷暴探测能力也有明显提升。相控阵雷达具有快速扫描功能，可以提前几分钟比其他雷达更早地探测到冰雹、下击暴流和阵风锋等天气现象。多部天气雷达组网协同观测，利用有限规模观测网获得降水系统垂直结构高分辨数据，对对流性降水、雷暴、冰雹、龙卷、局地暴雨、下击暴流等气象灾害进行精细观测，可以提高低空地区天气监测能力，获得更高的时间空间分辨率和更高的灵敏度。

一、天气雷达

天气雷达探测技术的主要发展趋势有：从单偏振探测转向双偏振探测，从定性探测转向定量探测，从低时空分辨率转向高时空分辨率精细化探测，从单一体制探测转向多种探测设备、多种技术多源协同探测。

世界气象组织（WMO）提出天气雷达的未来发展趋势包括：增加双偏振雷达部署、校准和使用，开展高时空分辨率观测，加强地基和天基协同观测，以推进城市服务，加强预报服务及洪水等灾害性天气预警能力建设。在 2019 年第十八届世界气象大会通过的工作决议 40（Cg-18）中指出，要增加双偏振雷达的部署、校准和使用，特别是在易受风暴和洪水影响的发展中国家和地区，要努力建立和维护天气雷达站。美国在 2013 年就已完成 NEXRAD 雷达网双偏振技术升级，对降雪、雷暴、强对流的探测能力得到明显提高。基于人工智能和雷达回波物理特征启发式的双偏振雷达数据质量控制方法也已应用于业务中，质量控制的结果优于单偏振雷达，经过质量控制后的雷达产品可以极大提高短时临近预报业务质量。经评估，NEXRDA 雷达网对强雷暴探测的准确率为 96%，对龙卷探测的准确率为 83%，预报提前时间平均为 18 分钟。

二、风廓线雷达

风廓线雷达已经被用于与声雷达、微波辐射计、云雷达等其他廓线类探测设备开展协同观测，以获取高时空分辨率的大气温、湿、风廓线特征信息。风廓线雷达的发展趋势包括：增强装备保障能力；推进自动化，实现无人观测；提升远程监控能力；加强数据质量控制，提高数值模式资料同化率；等。专用廓线技术已被用于获得高时空分辨率的数据，以满足小尺度天气分析、预报以及各种特殊服务需求。世界气象组织特别关注完善风廓线雷达部署原则和发展数据质量管理技术。风廓线雷达典型参数技术指标如表 5.23 所示。

表 5.23　不同频段风廓线雷达典型参数技术指标

风廓线雷达参数	平流层	对流层	低对流层	边界层
频率（兆赫）	50	400	400	1000
峰值功率（千瓦）	500	40	2	1
工作高度范围（千米）	3～30	1～16	0.6～5	0.3～2

续表

风廓线雷达参数	平流层	对流层	低对流层	边界层
垂直分辨率(米)	150	150	150	50～100
天线类型	八木阵列	八木或 Coco	八木或 Coco	相位排列
典型天线尺寸(米)	100×100	10×10	6×6	3×3
雨或雪影响	小	在小雨中很小	在小雨中很小	很大

在美国已经建成的 115 部风廓线雷达中，美国国家海洋大气局(NOAA)的 35 部雷达组成了美国国家风廓线雷达网(NPN)，工作频率分别为 404 兆赫和 449 兆赫，最高探测高度达 16 千米，站点间隔 200～300 千米。另外 80 部雷达以边界层雷达为主，组成综合风廓线雷达站网(CAP)。

欧洲依托欧洲气象业务网(EUMETNET)的风廓线雷达计划(WINPROF)，部署了 28 部风廓线雷达并投入运行，主要使用 50 兆赫、400 兆赫、1000 兆赫等频段，数据枢纽设在英国气象局。

日本气象厅(JMA)建设了由 33 部风廓线雷达组成的业务网，使用 1.3 吉赫频段，重点布设在日本中部和西部地区，采用与高空气象观测站(18 个)交叉布设的方式，站间距在 67～262 千米范围内，平均间距 130 千米，最高探测高度为 6～7 千米(夏季)和 3～4 千米(冬季)。风廓线雷达控制中心设在东京，提供经过质量控制后的每 10 分钟的风场信息。

综上，美、欧、日在风廓线雷达网建设的同时，都很注重风廓线雷达数据质量控制中心的建设，以提高雷达观测数据的质量和可靠性，使其能为数值预报模式所用。从风廓线雷达应用效果上看，一是有助于提高强天气的预报准确率，如：随着风廓线雷达数据的应用，美国航空和火险天气预报准确率得到改进，龙卷、雷暴、暴雨的预警时间提前了 14%，强天气监测和预报准确率提高了 13%，3 小时风的预报准确率提高了 20%。二是能显著改进数值天气预报，日本风廓线雷达网数据在数值预报模式中作为初始值，风廓线雷达网获得的每小时数据在初始时间之前 6 小时内被应用到数据同化中，提供给静力平衡中尺度模式的高空风数据量明显增多。

三、激光雷达

气象激光雷达技术越来越多地受到重视，被用于提升大气风场、温湿度廓线和气溶胶光学参数等垂直观测能力。通过在一定范围内组网观测和统一的数据质量控制和加工处理，能够提高气象监测和数值预报应用效果。世界气象组织已经制定了气溶胶和多普勒测风激光雷达的技术标准，对于测量温、湿度的激光雷达给予了较大的关注，认为这是解决晴空大气廓线观测的重要遥感手段。在世界气象组织、联合国环境署及其他区域性国际组织的支持下，近些年来已经陆续建立了一些基于激光雷达探测大气气溶胶物理化学性质四维分布的观测网，世界主要激光雷达探测网络包括：全球大气成分变化探测网(Network for the Detection of Atmospheric Composition Change，NDACC)、欧洲气溶胶研究激光雷达观测网(EARLINET，图 5.10)、亚洲沙尘激光雷达观测网(AD-Net)、美国东部激光雷达观测网(REALM)和微脉冲激光雷达网(MPLNET)等。这些观测网在激光雷达大气气溶胶的探测技术、探测方法和数据处理方法以及反演方法上严格地做到统一与规范，能够保证大气气溶胶探测数据的质量与可靠性。

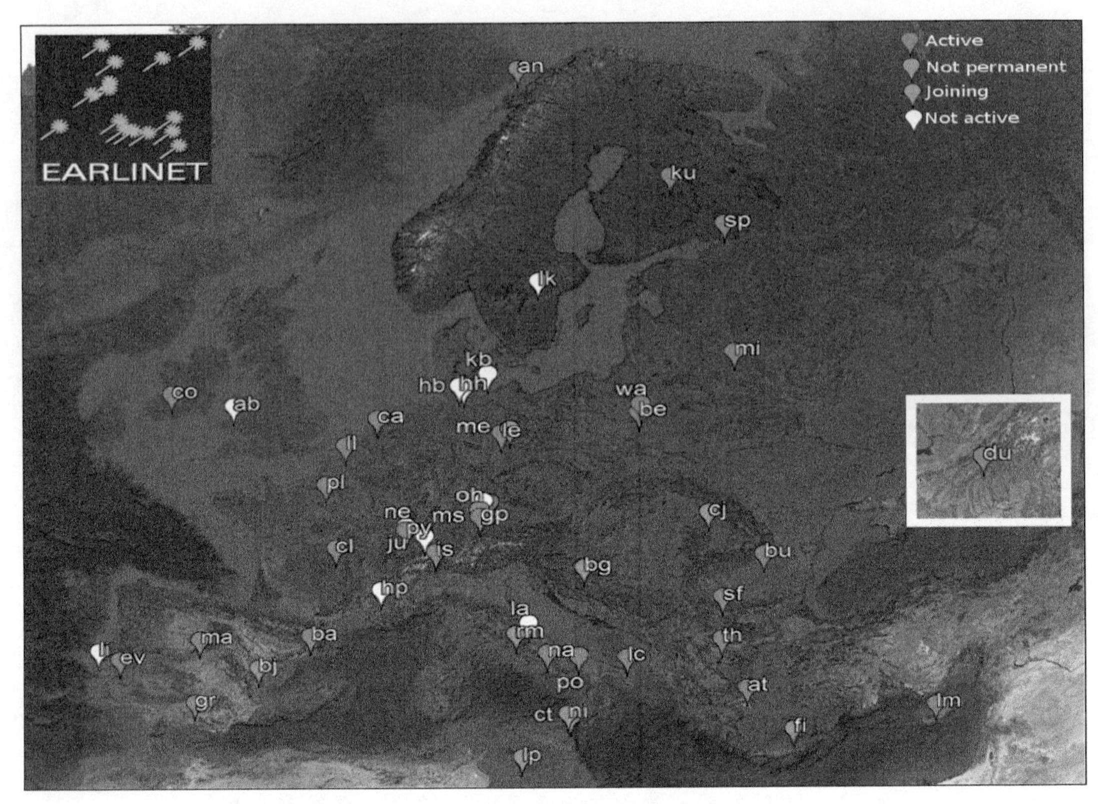

[彩]图 5.10　欧洲 EARLINET 激光雷达网布局

激光雷达观测网可以在多个方面发挥其他手段不可替代的作用，如：大气气溶胶排放、垂直结构和时间变化的持续监测，大气气溶胶水平输送的监测，为气候变化的模式研究提供数据支撑，以及卫星对地测量的独立定标等。

在英国和荷兰等国家，部分地区也已建设了测量大气温湿度廓线的激光雷达，其测量的温湿度廓线与探空气球相比较，具有较高的质量和可用性。

20 世纪 90 年代后期，中国开始建设新一代天气雷达网。"十三五"期间，陆续开展了双线偏振雷达建设和相控阵天气雷达协同观测试验研究。到"十三五"末期，在网运行的新一代天气雷达达到 270 部，风廓线雷达达到 98 部，并建设了 70 部气象激光雷达(其中，80%以上是气溶胶激光雷达)用于城市污染物的监测。气象雷达在灾害性天气监测和预警服务方面发挥了重要作用，取得了突出的社会经济效益。但是，国内气象雷达业务技术体制与国外发达国家还存在一定差距(表 5.24)，具体表现为：探测精细化程度不够，手段单一；标定和质量控制技术不完善，效益未充分发挥；气象雷达综合试验技术支撑平台建设刚刚起步。

表5.24　国内外雷达业务技术体制对比

对比内容		国际先进水平	国内主要差距
精细化探测	天气雷达	美国天气雷达地面1千米高度的探测覆盖范围达到陆地面积的35%。 美国、日本和法国采用X波段组网协同观测改进低空观测盲区，提升了天气过程探测的精细化程度。	天气雷达网的近地面1千米高度覆盖率为15%。 开展了X波段协同观测研究，但在协同决策、动态组网、雷达控制等与国外还存在差距。
	风廓线雷达	日本气象厅建成由33部风廓线雷达组成的业务网，平均间距130千米。	风廓线雷达整体规模小，平均站网间距超过300千米。
	激光雷达	欧洲EARLINET、美国REALM和微脉冲MPL-NET已开展气溶胶激光雷达组网观测业务。 英国、荷兰等国家测量温湿度的激光雷达逐步投入业务应用。	尚未开展激光雷达业务观测网建设。
标定技术	天气雷达	单部雷达反射率因子标定精度<1.0分贝，双通道差分反射率因子长期运行稳定性<0.2分贝，组网天气雷达回波一致性<2.5分贝。	以单部雷达定标为主，缺乏统一监管，部分雷达定标项目不合格仍带病工作。组网一致性小于10分贝。
	激光雷达	欧洲建立了EARLINET激光雷达网标定中心，消光系数和激光雷达比的标准偏差5千米以内不大于20%。	尚未进行气溶胶激光雷达系统标校，观测数据一致性较差，处于看图说话的阶段，无法定量应用。
质量控制	天气雷达	数据质量控制算法较为完备先进。双偏振雷达数据质量控制方法已投入业务应用。双偏振定量估测降水的精度较单偏振雷达有20%的提升。	数据质量控制体系尚不健全，还未形成完备的数据质量控制业务体系。
	风廓线雷达	日本建立了风廓线雷达控制中心，提供经过质量控制后的每10分钟的风场信息。	尚未建立质量控制体系，不同型号风廓线雷达数据时空代表性差异较大。
	激光雷达	欧洲采用EARLINET(SCC)软件，实现对EARLINET激光雷达监测数据的统一质量控制。	“气溶胶激光雷达数据质量控制和加工平台”在建中。
新技术研发		建立了试验平台，高校、科研机构广泛参与，新技术试验评估后能够较快投入业务运行，形成滚动更新机制。	主要由厂家主导，科研成果和业务需求存在脱节现象。新技术未经试验就上线运行，滚动更新机制不完善。

5.1.2.3　高精度新型GNSS/MET装备技术

(1)地基GNSS/MET观测技术。重点包括：

· 升级北斗信号观测技术，实现B1，B2和B3伪距和载波相位观测。

· 升级完善GPS信号观测技术，增加L5伪距和载波相位观测。

· 升级GLONASS信号观测技术，实现L1和L2伪距和载波相位观测。

· 单台接收机功能集成，使其同时具备GPS、北斗和GLONASS信号观测能力。

· 升级国家级数据处理系统，实现全球导航卫星系统(GNSS)多星座信号观测数据处理业务化。

高精度水汽产品处理算法。研制中国及周边地区高精度 Tm—Ts 转换模型，研发基于双差基线解或精密单点定位技术的水汽产品制作算法，研究高精度产品质量控制算法。开发全球导航卫星系统（GNSS）多星座对流层斜路径延迟业务处理技术和产品质量控制算法。以气象预报产品为背景场，结合全球导航卫星系统（GNSS）多星座近实时斜路径水汽含量观测数据，采用自适应联合代数重构算法，突破广域近实时对流层水汽三维层析中涉及的秩亏和海量参数快速解算难题，获得区域近实时三维水汽场。

5.1.2.4　地面多传感器与遥感设备的物联网协同自动观测技术

（1）地面自动气象观测“云＋端”技术。重点包括：

· 发展观测设备“端”数据采集和传输技术，统一设备级通信协议、数据格式、终端控制等技术标准，实现远程互联互通。

· 发展地面观测数据接收处理中心级的“云”技术，利用大数据、云计算、物联网等技术手段实现数据的远程接收、设备控制和数据的融合加工处理。

（2）发展地基观测天气现象识别技术。重点包括：

· 发展超声、红外、激光、全景摄像等多传感器融合技术。

· 建立智能化的分析判识模型和算法，实现对天气现象（雾、霾、雨、雪等）、灾害性天气（积雪、积水等）和云（云状和云量）等的智能识别。

（3）毫米波雷达和多种遥感融合的云测量技术。重点包括：

· 完善毫米波云雷达观测技术，改进毫米波云雷达观测模式、测试方法和定标技术。

· 发展“星-空-地”多数据融合产品和云的宏观与微物理参数产品加工技术。

· 发展全天空成像仪、气溶胶激光雷达、风廓线雷达、微波辐射计、天气雷达等地基遥感设备的协同观测和数据融合技术。

（4）其他相关技术。重点包括：

· 推进关键传感器国产化，提高气压、降水测量精度，满足世界气象组织全球气候观测系统（GCOS）准确度需求。

· 研发并应用众包、便捷式观测装备，实现地面自动气象观测低功耗、便捷化以及状态自检、在线升级和远程监控等功能。

· 实现天气实况自动判识和观测质量诊断，具备根据天气实况智能调整观测模式的能力，形成灾害性天气协同观测能力。

5.1.2.5　大气成分综合立体观测技术

（1）基于多源观测的大气成分综合立体观测技术。重点包括：

· 结合激光雷达、激光云高仪、多轴差分吸收光谱仪、温室气体垂直观测设备等多种主、被动遥感系统，发展针对气溶胶、O_3 及其前体物 NO_2 等的地面浓度及垂直廓线的协同观测技术。

· 利用地-空-天综合观测手段，建立气溶胶等大气成分地面与卫星遥感对比验证试验技术，研究气溶胶对云物理特性影响及气溶胶与云、辐射、降水相互作用机理。

（2）大气成分观测设备及应用服务技术。重点包括：

· 研发智能化、小型化、低功耗的大气成分观测传感器及定标技术。

· 研发格点化、立体化观测和资料分析技术。

·研发微型低成本大气成分传感器组网定标及应用技术。

·构建覆盖全球主要纬度带的臭氧损耗物质 ODS 观测网络，建立全球浓度和排放量计算反演评估技术。

·建立观测试验技术方法，选取高寒、高热、高湿、高海拔等典型气候特征长期持续开展仪器的适应性和应用性技术研究。

5.1.2.6　遥感式区域土壤水分观测技术

(1)新型设备适应性改造技术。重点包括：

·针对北方现有插管式土壤水分在干旱区易龟裂导致观测数据偏低和不稳定性等问题，研制外形螺旋式结构传感器，突破土壤水分易受高盐、地温影响的关键探测技术，实现北方龟裂问题的全部升级改造。

(2)适用于中尺度区域土壤水分观测的传感器技术。重点包括：

·研制百米范围的区域土壤水分传感器，实现中尺度区域土壤水分无污染、连续、被动、非接触式原位测量。

·在中国重点生态功能区，覆盖典型生态关键区，填补传统点测量和遥感大范围监测间的土壤水分的尺度空缺，从像元尺度上为遥感反演结果提供有效的验证手段。

(3)土壤水分观测设备标准。重点包括：

·完善土壤水分观测技术体制，统一和提升土壤水分标定和水文物理常数技术能力，优化设备在线标定水平，具备元数据实时更新、装备自检和在线标定能力，实现设备智能化自动标定、自检和质量控制能力。

5.1.2.7　高精度辐射观测技术

(1)高精度辐射传感器及其配套仪器研制技术。重点包括：

·攻关辐射传感器及其配套仪器核心部件生产技术，突破辐射传感器材料、温控、热平衡、微弱信号采集与处理、质量控制以及工艺测试等关键技术。

·推动辐射观测站网仪器升级换代，实现辐射观测自动化、信息化和智能化。

(2)辐射仪器计量测试技术。重点包括：

·研制辐射仪器计量装备，对长波辐射表、紫外辐射表和光合有效辐射表，建立可靠且连续的计量校准体系链，研究建立光谱辐射计量标准。

·确定总辐射表、直接辐射表和长波辐射表性能，建立对应的室内校准/测试能力，评价上述辐射传感器综合性能和工艺是否符合基准辐射观测需求。

·研制辐射仪器便携式校准装置，现场校准台站辐射仪器，保障辐射观测数据质量。

·提升辐射仪器计量自动化和信息化水平，提高辐射仪器计量效率。

5.1.2.8　观测质量控制技术

(1)新型气象观测装备计量技术。重点包括：

·云能天、日照、光谱辐射、气象雷达、大气成分、气象卫星、探空、雷电等气象观测仪器基(标)准装置和计量校准方法，开展极端气候(气象灾害)环境模拟技术研究，建立基本满足气象观测需求的计量保障技术体系。

·研究气象计量数据标准化、大数据统计分析等技术，以及气象计量结果外场比对验证和不确定度评定技术。

(2)综合气象数据质量控制技术。重点包括：

· 研发观测设备级质量控制技术，攻克在线维护、智能诊断、态势感知、动态控制、物联互通等关键技术，规范观测设备的状态信息、采样数据、观测数据的设备级质量控制标准。

· 研发观测设备标准输出控制器或智能化控制组件/芯片，通过设备嵌入或观测业务软件自动实现设备级观测数据质量自识别、自学习、自适应的质量管理。

· 研发设备检定校准、分析检测、地形延迟、传播误差、波形畸变、不确定度、自动和人工资料均一等关键技术，全方位提升数据质量，建立科学客观的评价体系。

· 针对不同观测原理及观测数据特点，建立多要素协调的综合质量控制和偏差订正技术。

· 研究高影响天气、极端天气气候事件、复杂地形等数据质量控制和偏差订正方法，提升典型灾害性天气系统的立体跟踪观测能力。

参阅材料 5-27　观测质量控制技术发展动态

世界气象组织提出，通过有效地融合新的观测技术和系统，确保获得高质量的数据和产品，并且在气象观测和研究计划中将数据质量控制作为业务质量管理的重要内容。基于世界气象组织滚动需求评估的理念，提倡以最佳经济效益比为原则构建观测系统，依托观测系统能力分析和审查工具(OSCAR)，设立了时空分辨率、稳定性、不确定性、覆盖率、时效性等指标对综合观测站网性能进行评估，涵盖天基和地基观测系统两部分及 14 个应用领域。世界气象组织建议各成员依据这些指标开展观测系统评估，分析现有综合观测系统与不同应用领域需求的差距，指导观测系统的发展和优化。此外，世界气象组织还强调观测领域评估是要结合发展定期进行。

中国气象局研制的综合气象观测数据质量控制系统(即“天衡系统”)和综合气象观测产品系统(即“天衍系统”)在观测质量控制和数据融合加工方面发挥了重要作用(梁海河 等，2020)，但是与发达国家水平和业务需求仍有差距。国内外气象观测质量控制业务技术对比如表 5.25—表 5.28 所示。

表 5.25　天气雷达数据质量控制业务技术对比

天气雷达	美国	中国	
		业务	研究
地物回波	地物杂波滤波器	地物杂波滤波器＋软件算法消除	地物消除算法
超折射回波	基本消除	基本消除	基本消除
飞机、昆虫、船只、鸟等回波	基本消除	无	仅有鸟类回波消除方法(基于双偏振雷达)
海浪回波	基本消除	基本消除	基本消除
噪声回波	基本消除	基本消除	基本消除
电磁干扰回波	基本消除	条幅状干扰基本消除	螺旋状干扰在研
速度和距离模糊	速度扩展到 33 米/秒条件下，速度测量最大不模糊距离可达 230 千米	硬件方法：采用双 PRF 技术，拓展测速范围 33 米/秒条件下，最大不模糊距离 230 千米	软件算法：C 波段雷达软件算法自动速度退模糊

表 5.26　地面观测质量控制业务技术对比

对比内容	美国	北欧	中国
质量控制体系	三级	四级	二级（观测）
质量控制内容	台站级：台站自动质量控制 州级：人工参与，2 小时内完成，核实确认可疑数据并通知维护人员检查校正 国家级：检查带标志的资料和报文，并跟踪解决问题，2 小时左右完成	台站级：台站自动质量控制 实时：实时资料在入库前自动质量控制 非实时：对库中非实时资料自动质量控制 人工质量控制：在 QC0、QC1 和 QC2 处理后进行的人工质量控制	设备级：实时质量控制 中心级：准实时质量控制；对库中非实时资料控制
质量控制方法	台站级：多源数据综合比较 国家级：预报业务交互系统；数值模式初估场；实时图形交互对比检查等	台站级：极值检查、时变检查、格式检查、一致性检查 中心级（实时）：比台站级有更多统计值，检查要素也多。HIRLAM 模式预报产品、空间内插技术；3～9 小时的数值天气预报（NWP） 中心级（非实时）：除 QC0 和 QC1 中所采取的方法外，还有数值诊断模式资料的应用；统计方法（空间内差、水平检测等）；针对特定产品而采用的特定方法。 中心级（人工质量控制）：纸质报表、可能的错误列表、资料图像表达等	设备级：极值检查；合法性检查；要素内部一致性检查；要素日变化曲线人工检查 中心级：增加空间一致性等检查

表 5.27　常规探空观测数据质量控制业务技术对比

对比内容	德国	中国
质量控制体系	四级	三级
质量控制内容	QC0 主要包括基于观测原理和方法以及制作工艺的传感器探测结果订正。 QC1 台站实时观测资料发报和观测基数据文件上传前的人工质量控制。 QC2 为非实时高空资料质量控制。 QC3 对已经存入数据库的观测数据所进行的质量控制。	台站观测段端设备的自动质量控制和人工质量控制相结合。 省局信息流非实时质量控制。 国家级历史归档的非实时质量控制。

续表

对比内容	德国	中国
质量控制方法	开展包括气压传感器温度压力订正、温度传感器辐射订正、秒数据的滑动和平均风计算等。 利用预审程序以及人工质量控制(HQC)方法对观测数据进行质量检查和质量控制。 相关数据文件的格式检查、缺测检查、极值检查、资料内部的一致性检验、气候值和瞬时值的一致性检验以及与常规地面观测的一致性检验等。 预报业务交互系统(AWIPS)、数值模式初估场、LAPS分析场、实时图形交互对比检查等。 数据库中长序列历史观测资料,空间一致性和时间一致性检查等。	开展包括气压传感器温度压力订正、温度传感器辐射订正、秒数据的滑动和平均风计算等。 利用预审程序以及人工质量控制(HQC)方法对观测数据进行质量检查和质量控制。 对相关数据文件的格式检查、缺测检查、极值检查等。

表 5.28　地基遥感垂直观测数据质量控制业务技术对比

对比内容	美国	北欧	中国
风廓线雷达	去地物杂波 谱宽检查 一致性平均 鸟杂波滤除 垂直切变检查	去地物杂波 谱宽检查 一致性平均 鸟杂波滤除 垂直切变检查	去地物杂波 谱宽检查 一致性平均 鸟杂波滤除 垂直切变检查
GNSS/MET	基本建立从原始观测到数据处理的质量控制方法和体系; 应用多路径抑制技术;开展数据完整性、均一性、一致性检查。	基本建立从原始观测到数据处理的质量控制方法和体系; 应用多路径抑制技术;开展数据完整性、均一性、一致性检查。	开展数据完整性、均一性、一致性检查。
微波辐射计	设备运行状态和环境参数监控的数据质量控制; 设备定标和与探空资料对比的数据质量控制; 一致性比对。	设备运行状态和环境参数监控的数据质量控制; 设备定标和与探空资料对比数据质量控制; 一致性比对。	设备运行状态和环境参数监控的观测数据质量控制; 设备定标的数据质量控制。

5.2　预报预测业务技术

5.2.1　重点任务

5.2.1.1　构建多圈层、一体化数值预报业务

任务1　构建多尺度一体化数值预报原型系统

(1)研发多尺度模式动力框架。重点包括:

· 从数值算法设计、框架系统搭建和并行系统研发三方面着手,研发多尺度模式动力

框架。

· 研发适应多尺度模拟的动力框架-物理过程耦合方案。

(2)研发多尺度物理过程。重点包括：

· 针对大气分量模式，改进与模式分辨率相匹配的积云对流物理过程、边界层物理过程、显式云微物理过程、气溶胶物理过程以及平流层物理过程等参数化方案。

· 改善陆面分量模式的能量和水文物理过程以及植被生态过程，改进陆面模式次网格框架。

· 改进高分辨率海洋、海冰分量模式的中尺度涡、海冰融池等物理过程，并实现与海浪模式的耦合。

(3)发展地球系统多圈层耦合技术。重点包括：研发可支持多种网格结构以及多分量模式灵活插拔的高效耦合技术，研究掌握可满足万核规模并行计算以及千米尺度分辨率分量模式耦合要求的耦合技术，实现不同圈层分量模式的高效耦合。

(4)发展地球系统资料同化技术。重点包括：

· 建立全球海洋、海冰资料同化系统，实现对卫星遥感数据、海洋浮标资料等多源观测资料的耦合协调同化。

· 建立陆面资料同化系统，实现陆面与大气同步同化分析。

· 扩展大气化学控制变量，使之能同化卫星、地面观测资料，建立大气化学资料同化系统。

· 改进快速辐射传输模式，提高其模拟陆地窗区通道及云和气溶胶辐射资料的精准度。

· 研发与全球海、陆、气、冰、大气化学等多分量耦合数值预报模式相配套的弱耦合同化系统，实现利用耦合模式提供背景协方差协调同化多圈层分量模式观测资料。

· 针对高分辨率区域模式，发展针对中小尺度的高分辨同化系统，实现雷达风和反射率、地面全要素、飞机测报温度和风、卫星反演的云观测资料等高时空密度资料的同化应用，并在此基础上研究有效控制循环过程的噪声传播方法，建立高分辨快速循环同化系统。

参阅材料5-28 国际多尺度、一体化气象模式系统发展动态

为了应对未来无缝隙预报需求，开展适合大规模并行计算环境、大数据量情景下的高分辨率模拟，已逐渐成为国际主流。美国、英国、德国、日本等发达国家在这一领域保持着领先地位。在2016年美国国家大气科学研究中心举办的动力框架比较计划中，共有来自美国、英国、法国、德国、加拿大和日本的11家机构的动力框架参加了比较。其中具有代表性的包括美国地球流体数值实验室(GFDL)的FV3，美国大气科学研究中心(NCAR)的MPAS，德国马普气象研究所-德国气象局合作开发的ICON，日本东京大学-理化研究所合作发展的NICAM，欧洲中期天气预报中心(ECMWF)的IFS-FVM等。这些模式框架大多基于球面结构或非结构类型的准均匀网格。其中部分框架已被应用于天气预报业务中(如德国的ICON非结构网格模式)。

总体而言，多尺度、一体化是当前天气、气候模式发展的大趋势。一些具有多尺度模拟能力的大气模式已经表现出对不同方面大气现象的模拟优势。对全球模式而言，多尺度模拟主要可通过三种途径获得：(1)开展全球对流可分辨模拟(Stevens et al.，2019)；(2)通过部分地区采用对流分辨，部分地区保持大尺度分辨率来减少计算负担；(3)采用超级参数化，用动力框架分辨大尺度运动，而用次网格过程显式模拟对流。前两种方式主要依赖于模式在高分辨率或变分辨率下的适用性，是常规天气-气候模式发展的主要方向。其中，满足数值天气预报和气候模拟需求、面向未来超大规模并行计算环境、具有更高且灵活的分辨率、更准确的数值求解、更好的守恒性和可扩展性的非结构网格动力框架，以及具备良好多尺度适应能力的物理过程参数化方案，是未来模式发展的趋势。

实现“无缝隙”的一个重要前提，是实现地球系统多圈层的耦合。天气、气候乃至环境变化与大气圈、水圈、岩石圈、冰雪圈、生物圈间的相互作用密切相关。耦合各圈层相互作用的数值模式是理解天气气候演变规律和预测未来天气气候及其变化的最重要的、甚至是不可替代的研究工具(Zhou et al.，2020)。多圈层耦合的气候系统模式也逐渐向地球系统模式方向发展，已经包含了大气、地表、海洋和海冰、气溶胶、碳循环、动态植被、大气化学和陆地冰盖等分量模式，而且随着分量模式不断丰富，更加注重多圈层、多过程、多要素的耦合(Zhou et al.，2020)。地球系统模式从只包含生态系统对环境变化的被动响应，扩展到包涵生态系统过程和人类活动对环境条件的反馈与影响。目前，欧美等发达国家的天气预报、气候预测模式都逐步由大气模式替换为多圈层耦合的复杂模式系统。利用多圈层耦合的高分辨率气候系统模式开展天气预报、次季节至季节及年尺度的业务预测成为欧美等国家发展重点前沿领域。

建立云可分辨全球大气模式、涡可分辨全球海洋环流模式是提高对不同时间尺度预报预测的重要趋势。高水平分辨率的模式在云、降水、极端天气事件等方面的模拟能力较低分辨率模式有明显优势(Li et al.，2018)。增加垂直分层和提高模式顶位置，可以模拟包含平流层和中间层在内的中层大气，改进平流层大气的模拟性能，并可以更好地再现平流层和对流层相互作用，显著提高预报预测水平(Wu et al.，2019a;2019b)。

无缝隙集合预报也已成为未来发展方向之一。无缝隙集合预报包括了两方面含义：一方面，各数值预报中心从对流尺度短临数值预报、全球中期数值预报、延伸期和气候预测模式均采用集合预报技术，构建从短时临近、中期和延伸期的无时空缝隙集合预报；另一方面，集合预报系统与高分辨率模式采用统一分辨率并与资料同化系统耦合发展，集合预报为同化系统提供“流依赖”的背景误差协方差，同化系统为集合预报提供初值不确定信息和扰动场，构建无缝隙数值预报模式体系。欧洲中期天气预报中心(ECMWF)于2020年将18千米分辨率全球集合预报和9千米分辨率高分辨率模式统一为9千米全球集合预报系统，采用集合变分资料同化方法(EDA)来估计“流依赖”背景误差协方差和初值扰动，美国环境预报中心(NCEP)发展了EnKF集合变分同化系统。

集合预报业务系统正走向对流尺度。一是为满足局地强对流突发灾害预报预警需求的百米至千米级有限区域集合预报在西方发达国家已经成为核心业务，如美国的超级对流集合系统(CLUE：Community Leveraged Unified Ensemble；Clark et al.，2018)，英国的MOGREPS-UK(2.2千米，12个成员)、德国的COSMODE-EPS(2.8千米，20个成员)和法国气象局的AROME-EPS(2.5千米，12个成员)等。二是全球集合预报系统对流尺度化也是未来发展趋势之一，如：欧洲中期天气预报中心(ECMWF)宣布2025年战略目标中包括建立5千米水平网格距的全球中期确定性和集合预报一体化系统。集合预报技术更加关注数值预报模式的随机误差代表性，强调发展适用于不同时空尺度集合预报和同化分析的多尺度随机扰动技术，尤其是在热带地区如何预报和模拟热带对流系统的不确定性，必须改善物理过程扰动方法，以降低海气耦合及相互作用的不确定性。

数值模式与大气化学模型双向耦合引领环境气象模式未来发展。气溶胶和其他影响人体健康的化学组分的数值预报是目前世界主要业务中心正在拓展的数值预报业务，即：化学天气数值预报。欧洲中期天气预报中心（ECMWF）从 2011 年开始实施 MACC-II（Monitoring Atmospheric Composition and Climate-Interim Implementation）计划，旨在提供污染物传输、沙尘、空气质量、紫外线、太阳能、温室气体和气溶胶等的监控和预报。一些国际先进数值预报中心的数值预报系统，已经着手考虑污染-天气的交互影响。

任务 2 改进全球数值预报系统

（1）构建与混合同化分析结合的全球集合预报系统。重点包括：

· 发展基于全球 SVs 奇异向量和 4DEnKF 混合同化的初值扰动方法，代表同化分析初值误差分布又能够在积分预报中快速增长的初始误差扰动。

· 发展与对流运动相关的物理过程关键参数随机扰动方法，改进全球集合预报分布和平均误差，提升中期降水概率预报能力。

· 研究代表热带对流不确定性的集合预报技术，减少全球台风路径强度等集合预报误差。

· 研究海气相互作用的不确定性、海温异常和季节性变化对热带环境大气影响，改善模式热带大气季节内振荡（MJO）传播预报能力。

· 建立水平分辨率 25 千米的 1～15 天全球中期集合预报系统，构建水平分辨率 50 千米的 16～45 天延伸期集合预报试验系统。

（2）改进全球区域一体化同化预报系统（GRAPES）全球数值预报系统。重点包括：进一步提高全球区域一体化同化预报系统（GRAPES）动力框架的预报精度和质量守恒性，优化改进物理过程，减小关键地区预报偏差，提高卫星资料应用效果和占比，发展全球陆面和海洋资料同化技术，实现全球四维变分向全球集合四维变分技术升级。

参阅材料 5-29 国内地球气候系统模式发展动态与展望

气候系统模式（CSM），简言之就是封装了大量自然定律的计算机程序，是对气候系统中物理、化学和生态过程的数学表达。气候系统模式（CSM）包括大气、海洋、陆面和海冰 4 个基础子系统。地球系统模式（ESM）是在 CSM 的基础之上，进一步考虑气候系统中的碳氮循环等生物地球化学循环过程。这里为讨论方便，将地球系统模式（ESM）和气候系统模式（CSM）一起统称为地球气候系统模式（ECSM）。由于气候系统模式（CSM）的核心地位，有时也用气候系统模式（CSM）来泛指地球气候系统模式（ECSM）。地球气候系统模式（ECSM）的研发工作，需要基于对气候系统基本规律的认识，需要多学科交叉、高性能计算机和海量存储系统等高技术支撑。地球气候系统模式（ECSM）能够合理描述多圈层相互作用的物理和化学过程，使得大气科学和地球系统科学成为一门“可实验的科学”。地球气候系统模式（ECSM）是开展多学科、多圈层集成研究的重要平台，是国际地学领域（特别是全球变化领域）竞争的前沿。模式发展水平的高低已经成为衡量一个国家科技综合实力的重要指标之一。

一、中国气候模式研发的格局

中国的气候模式发展始自20世纪80年代，几乎与发达国家同步。经过30多年的努力，中国在大气环流模式、海洋环流模式、陆面过程模式及其相互耦合等方面取得了令人瞩目的成绩。

以参加联合国政府间气候变化专门委员会(IPCC)科学评估报告和耦合模式国际比较计划(CMIP)的中国模式为例：在参与CMIP6(于2016年启动，将直接支撑政府间气候变化委员会(IPCC)第6次评估报告的编写)的33家机构共112个不同版本模式中，中国有9家机构10个模式。国内气候系统模式(CSM)研发的格局形成了中国科学院、部委和高校共同参与的格局。

二、未来发展展望

在看到成绩的同时，也应看到国内地球气候系统模式(ECSM)发展尚存在“多而不强”的问题，有低水平重复、碎片化发展的倾向，成果的原创性和国际影响力都有待提高，需要加强顶层设计以及科研经费管理的统筹协调。对此，提出未来中国地球气候系统模式(ECSM)研发工作需要加强的8项任务。

1. 发展无缝隙天气-气候模式

国际上，支撑无缝隙预测的天气气候一体化模式是未来5～10年的发展热点。科学上，这涉及到适合多尺度的大气模式动力框架的研发，多尺度适应的模式参数化问题、耦合同化问题等。研发组织上，这涉及科研型模式和业务应用型模式的有效衔接问题。

2. 多方合作研发地球系统模式(ESM)与气候系统模式(CSM)

地球系统模式(ESM)的基础是物理气候系统模式(CSM)，但由于地球系统模式(ESM)关注的生物地球化学循环过程计算量极大，单就分辨率来说，在国际上地球系统模式(ESM)一般落后于气候系统模式(CSM)大约10年。如何把气候系统模式(CSM)研发的最新成果及时应用于地球系统模式(ESM)，是目前国际关注的议题之一。

3. 加强高分辨率区域气候的模拟

参加第6次耦合模式国际比较计划(CMIP6)的大气模式最高分辨率已经达到25千米，与传统的区域气候模式的分辨率接近。国际上已开始把千米分辨率的对流相容模式(CPM)用于气候预估研究。如何在区域模拟中协调高分辨率全球模式和区域模式的发展，是未来需要关注的问题。

4. 解决基础设施-资料标准-协议问题

海量数据的存储和共享成为一个突出问题，构建支撑数值模拟工作的工程技术协议国际标准愈发重要。世界气候研究计划(WCRP)耦合模拟工作组(WGCM)专门成立基础设施工作组(Infrastructure Panel)，负责制定模式数据共享政策和技术标准，但这些措施尚远不能解决目前所面临的挑战。

5. 观测资料与模式发展互相促进

应用卫星遥感等新观测资料进行模式检验，提升地球气候系统模式(ECSM)在设计、发展和优化观测系统中的作用。观测资料是检验模式性能的事实标准，同时，数值模拟和预测也会对观测系统建设提出新的需求，模拟研究还能够为观测系统的构建和优化提供指导。

6. 构建模式诊断评估和观测标准

随着天气气候一体化模式的发展，亟需构建新的检验模式性能的观测事实标准；同时，参照国际上的成功做法，还需要建立与模式研发工作相匹配的观测网。

7. 加强集合技术和不确定性研究

对应不同的模式模拟不确定性来源，发展最优集合技术，向用户提供可靠的模拟和预估产品。

8. 促进模式与用户的良好衔接

气候模拟和预测预估在支撑基础科学研究的同时，需要更好地服务于社会，同时推动模式自身的发展。

任务 3　改进区域数值预报系统

(1)发展东亚季风区对流尺度集合预报关键技术。重点包括：

· 研究东亚季风区对流尺度数值预报误差源、初始误差增长和传播机制，诊断次网格快变物理过程激发湿对流的不确定性。

· 设计对流活跃区初始误差变尺度扰动初值方法以代表初始扰动的多尺度结构。

· 构建模式系统性预报误差倾向随机传递模型，减缓集合平均预报偏差。

· 构建对流激发参数的湿对流依赖随机扰动过程作用，更合理地描述强降水预报概率密度分布。

(2)改进全球区域一体化同化预报系统(GRAPES)区域数值预报模式。重点包括：发展区域稠密资料、双偏振雷达资料、区域陆面资料、区域海洋资料同化技术，发展全球与区域技术一体化的区域四维资料同化技术，实现从区域三维变分同化框架向四维资料同化的技术升级。

(3)统筹发展区域数值模式。重点包括：

· 统筹发展全国区域数值预报模式，覆盖全国的水平分辨率达到 1～3 千米，实现中国区域 3 千米对流尺度集合预报业务运行，提升模式系统对中小尺度天气系统的预报能力。

· 建设区域高分辨率快速更新循环系统，实现 1～3 小时循环更新。

任务 4　改进专业数值预报系统

(1)初步建立全球/区域洋流、海浪和风暴潮同化预报系统，形成系列海洋同化和预报产品，建设全球集合海浪数值预报系统，提升海浪模式预报水平。

(2)开发基于区域高分辨率数值预报模式的降尺度精细化污染扩散快速预报技术和大气扩散集合预报技术，提供大气扩散概率预报产品。

(3)建设大中小无缝衔接的大气环境应急响应系统。

(4)发展 SDS WAS 集合预报，为区域提供权威的亚洲沙尘暴数值预报服务和预警产品。

(5)研发雾霾及大气化学模式。

(6)建立我国自主知识产权的大气化学天气数值预报系统，提高雾霾业务预报模式中重污染过程中雾-霾数值预报的准确度。

参阅材料 5-30　中国 GRAPES 数值预报系统发展现状

经过近十年的数值预报系统自主研发和气象现代化建设，中国已在全球模式、区域模式、集合预报和专业模式等技术方面取得了较大突破，建立了一套完整的全球区域一体化同化预报系统(GRAPES)数值预报业务体系。

一、建立全球数值预报系统和四维变分同化业务系统

国内自主研发的 GRAPES-GFS 全球预报系统与四维变分同化系统分别于 2016 年 6 月 1 日和 2018 年 7 月 1 日实现业务化运行，水平分辨率和垂直层数为 25 千米/60 层，可同化红外高光谱、GNSS/RO 掩星折射率等多种卫星观测资料，卫星资料应用量占总同化资料量的比例提升至 70%左右，北半球 500 百帕高度场预报平均可用预报时效约 7.5 天。

二、实现中国区域 GRAPES_3km 对流尺度数值预报系统业务运行

2019 年 6 月 6 日，中国区域 GRAPES_Meso 3km 对流尺度数值预报实现业务运行，实现全国雷达资料和风云静止卫星资料同化应用，降水预报技巧获得显著提升。

三、建立 GRAPES 全球/区域耦合的集合预报业务系统

2018 年 12 月 28 日，基于奇异向量初值扰动方法、随机物理过程倾向扰动方法的 1～15 天全球集合预报系统实现业务化运行，水平分辨率 0.5 度，集合预报成员 31 个，北半球 500 百帕高度场预报平均可用预报时效约 8.5 天，较确定性预报提高约一天。基于集合卡尔曼滤波变换初值扰动方法和随机物理过程扰动方法构建的 0.1 度（约 9 千米）/50 层分辨率区域集合预报系统于 2019 年 8 月实现业务升级，短时降水概率能力获得显著提升，建成全球区域一体化同化预报系统（GRAPES）全球/区域集合预报耦合业务系统。

四、全球区域一体化同化预报系统（GRAPES）专业模式系统快速拓展

发展了覆盖"一带一路"的 9 千米分辨率台风预报系统 GRAPES_TYM，为台风暴雨强对流天气短时预报和短期格点化精细预报业务提供技术支撑。发展了 GRAPES_CUACE 沙尘和雾霾及大气化学模式和资料同化系统，实现对雾霾及大气化学模式初值分析质量改进。初步建立起全球/区域洋流、海浪和风暴潮模式系统和海洋同化和预报产品体系。

任务 5　建设地球系统气候模式系统

建设国家级地球系统气候模式系统。重点包括：

· 推动 T382L70 高分辨率 BCC-AGCM 大气环流模式定版，优化平流计算过程，提高模式动力框架的并行规模和计算效率。

· 完善重力波参数化方案，增加对平流层关键动力过程的描述，更新微物理参数化方案，增强对云和降水过程的模拟能力，模式运行效率显著提高，新的物理过程参数化方案得到应用，提高模式全球分辨率。

任务 6　建立全球气候生态环境预报系统

(1)在当前全球 45 千米分辨率的 BCC-CSM2-HR 气候系统模式中，增加大气化学、气溶胶等地球生物化学过程，建立包含大气、陆面、海洋、海冰、气溶胶、碳循环、植被生态和大气化学模块的高分辨率地球系统模式。

(2)基于地球系统模式建立全球气候生态环境预报系统，并实现业务化应用，使其具备对次季节到年代际尺度气候变率、长期气候变化以及全球范围臭氧、气溶胶、植被生态过程等生态环境指标的模拟和预测能力。

参阅材料 5-31　变革中的美国数值预报研发体系[①]

作为落实《天气研究与创新法案(2017 年)》的重要举措,在美国国家海洋大气局(NOAA)的协调下,美国政府批准成立了一个面向全社会开放的新机构——“地球预测创新中心(EPIC)”,并获得美国国会 2020 年 1500 万美元预算。

地球预测创新中心(EPIC)是一个开放型研发中心,尽管美国国家海洋大气局(NOAA)代表政府要承担重要协调责任,但并不直接干预其运营管理。从中心的运行管理到技术研发,都通过招标方式进行,研究机构、院校、企业都可以参与相关项目的竞标。

按照《2017 天气研究与创新法案》提出的要求,地球预测创新中心(EPIC)的发展目标是要在地球系统模式研发中获得并保持国际领先水平,具体的做法包括:充分利用美国国家海洋大气局(NOAA)和其他与气象相关部门的现有资源来改进数值预报;为科学家和工程师的充分合作创造条件;加强美国国家海洋大气局(NOAA)改进天气预报技能的研发能力;开发一个共享模式,包括创新的计算和管理系统;整个系统独立于美国国家海洋大气局(NOAA)现有的业务系统。从以上这几点来看,体现了开放、合作、共享的理念,不但要从组织上着手建立新的机构,且要从技术上实现有助于合作的创新平台,解决长期以来各类资源难以整合的弊端。

地球预测创新中心(EPIC)是基于目前美国提出的新一代地球系统模式(NGGPS)的发展目标开展研究的,从最基本的短期天气预报到季节、气候预报都将被容纳其中,在统一的动力框架下提出针对不同问题的解决方案,并通过研发实现具体目标。最重要的一个难点任务是要发展一个便于共享开发、各圈层相互耦合的地球模式系统,被称之为统一预报系统(UFS)。要想使参与开发者能够通过各种自己熟悉的方式参与统一预报系统(UFS)开发,从技术实现上有相当难度。为此美国国家海洋大气局(NOAA)与美国国家大气研究中心(NCAR)签署了协议,共同支持解决统一预报系统(UFS)共享研发中的基础问题。地球预测创新中心(EPIC)最终将向社会提供开放接口,鼓励更多科技力量参与模式的研发和创新,并建立对各种改进或尝试的检验评估方法,以便清晰反映出各种方案是否能产生积极成效。

采取这一举措,既是《天气研究与创新法案(2017 年)》的要求,也是美国社会各界形成的共识,且符合技术研发的规律。复杂的地球系统预测模式发展,显然已超出了少数人封闭作战的实力范畴,需要创新发展方式,为更多的部门和科技人员的参与创造条件。但从历史沿袭和现实条件看,可以说这又是一个艰难的起步,要想走上正轨,形成良性互动,会有一个不断适应的磨合期,有不少具体问题和难以预料的难点需要解决和克服,或许将经历一个曲折探索的过程。

5.2.1.2　发展无缝隙、全覆盖天气气候预报预测业务

无缝隙、全覆盖天气气候预报预测业务发展涉及多方面任务,如:技术体制、业务体制、管理体制等。其中,技术体制包括:科学研究、技术应用、系统平台建设等,业务体制包括:业务布局、业务分工、业务流程等,管理体制包括:项目管理、资金管理、人才培养、业务考核等。本节

① 信息来源:https://mp.weixin.qq.com/s/Mrqk6E4otxpnCKql5IOnPw

内容集中于科技发展相关任务。

任务 1 构建无缝隙全覆盖精细化智能气象预报业务技术体系

(1)构建由基础数据集,智能化预报技术、业务流程和平台,以及无缝隙网格指导产品等构成的气象预报业务技术体系(图 5.11)。

(2)研发从零时刻到年代际,从局地到全球,从地面(含洋面)到空间,从天气到气候的无缝隙、精细化基本气象要素预报预测产品。

(3)建立全球覆盖、重点区域精细到百米、气候可变网格的精细化预报业务。

(4)加强确定预报和概率预报,提高预报可信度。

(5)建设智能化主客观融合订正系统。

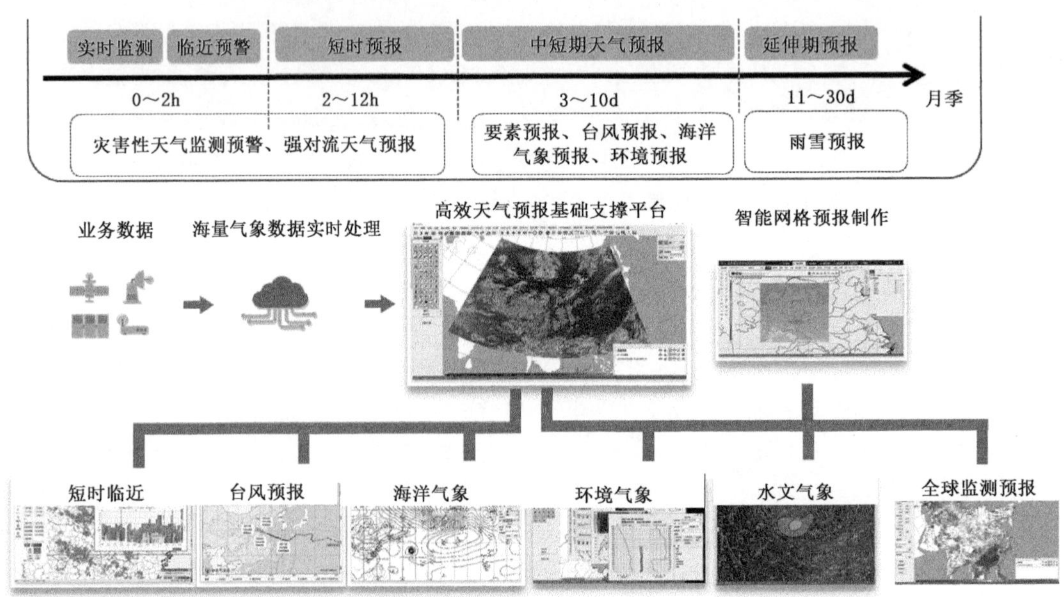

[彩]图 5.11 无缝隙全覆盖精细化智能气象预报业务技术体系

任务 2 发展快速更新的短时临近预报

(1)强化基于雷达资料的分钟级快速更新预报技术研发,利用多源观测资料、实况产品和高分辨率中尺度模式,完善快速滚动更新的短时临近预报业务。

(2)研发综合临近客观预报智能集成技术和气象要素实时滚动更新和订正技术。

(3)发展基于超级集合高分辨率数值模式的概率预报技术。

(4)发展基于人工智能方法的新一代智能短时临近预报预警技术和平台。

任务 3 发展中短期智能预报

(1)以气象大数据为基础、数值预报模式为核心,发展“气象＋AI”预报技术体系,打造开放创新的“云＋端”预报业务平台支撑体系,提升预报准确率及精细化水平。

(2)发展数值模式衍生产品生成技术。

(3)研究数值模式和观测分析相结合的高质量、长序列训练数据集构建技术。

(4)研究面向海量气象数据的偏差订正和有效信息集成技术。

(5)发展面向重大灾害性天气的统计后处理技术。

(6)发展面向全种类要素(核心要素、冬季相态、强对流潜势等)的统计后处理技术。

(7)引入先进统计模型,发展具有高可靠性和解析度的概率预报技术。

(8)研究考虑变量时空结构和多要素依赖关系的统计后处理技术。

(9)发展考虑系统演变特征、复杂地形、海陆效应等的时空统计降尺度技术。

(10)发展扩展到全球区域的智能网格预报技术。

(11)发展基于人工智能的主客观融合预报技术和系统。

(12)发展基于大数据和现代化软件架构的网格化统计后处理系统。

任务4　发展精细化延伸期和次季节预报

(1)加强延伸期预报基础理论研究。重点包括:

· 分析延伸期全球集合预报模式性能、灾害性和极端天气事件的可预报性。

· 研究海-陆-气相互作用对大气内部30～90天动力学过程形成机制的影响。

· 研究多因子多尺度相互作用对中国灾害性天气过程次季节变异的影响机理,建立次季节气候变异的主要强迫因子与大气内部模态的关键指标和物理诊断方法。

· 研究气候变暖背景下持续性异常天气的延伸期预报预测理论和方法。

· 发展动力—统计相结合的典型雨季进程、关键环流系统、低频振荡的延伸期监测和诊断分析技术。

(2)全面提高延伸期预报技术。重点包括:

· 研发延伸期气象要素网格产品的客观集成预报技术,以及灾害性和极端天气的概率预报方法。

· 建立基于动力诊断、大数据分析、数理统计和集合统计降尺度等动力统计方法的延伸期客观预报技术体系,完善精细化延伸期预报业务。

· 研究基于大数据分析的可预报信息智能提取方法,开发延伸期重要天气过程人工智能预报技术。

· 全面分析全球陆地与海域灾害性天气延伸期过程发生发展和演变规律,研发全球天气监测和预报服务技术、系统。

· 研究延伸期天气气候事件对地球物理圈层、人类经济活动、各国重大活动影响精细化智能化预报预测技术。

· 发展延伸期全球监测预报预警一体化智能分析系统平台。

(3)着力发展次季节气候预测技术。重点包括:

· 研究30～90天气候变异的可预报性,发展基于物理统计规律的客观预测方法。

· 研究30～90天次季节气候变异的动力—统计相结合预测方法和预测关键技术。

· 研发基于物理机制和多模式预测的动力与统计相结合的次季节气候现象预报技术。

· 研发基于气候现象和关键环流系统次季节演变预报的极端天气气候异常预报和降尺度释用技术。

· 研发影响中国主要雨季的季风季节进程变化前兆信号识别技术和应用模型,发展季风季节进程中极端天气气候事件预报的多模式集合释用技术和动力与统计相结合的预报技术。

· 研发基于人工智能的30～90天气候信息挖掘技术和预测应用技术。

· 发展面向水文、农业、环境、健康领域的重点区域精细化气候及其影响预测技术。

参阅材料 5-32　延伸期预报国际发展动态

10～30 天延伸期(简称“延伸期”)预报填补了中期天气预报和短期气候预测之间的缝隙,在防灾减灾决策服务中起着重要作用,是构建无缝隙预报体系的必然要求,也是科学研究和业务预报关注的重点和难点。世界气象组织(WMO)下属的世界天气研究计划(WWRP)和世界气候研究计划(WCRP)于 2013 年联合发起了次季节到季节(S2S)预测计划,目前已经完成项目第 1 阶段的主要研究任务,并开始为期 5 年的第 2 阶段计划研究。欧洲中期天气预报中心(ECMWF)在其发布的“2025 路线图”中提出,在 10 年内将高影响天气事件的有效预报时效提升至 2 周,大尺度环流形势及转折的预报时效提升至超前 4 周。美国国家科学院(NAS)发布了未来 2 周至 12 个月的预测研究计划,目标是在 10 年内将次季节至季节尺度预测应用的广度和深度提升至目前天气预报的水平。美国国家海洋大气局(NOAA)计划在已有的北美多模式集合预报系统(NMME)基础上发展次季节到年际尺度的预报系统,并提供未来 3～4 周的预报服务(章大全 等,2019)。

整体而言,延伸期预报当前需要解决的科学问题、方法以及业务标准规范仍然很多,概括起来主要有以下几个方面:

一是延伸期时段的预报和检验对象及方法问题。根据大气可预报性及非线性误差增长理论,逐日确定性天气预报的可预报性上限一般为 2 周左右。直接借鉴月、季尺度短期气候预测的做法,针对延伸期时段要素平均值及其距平进行预报,可能在预测结果的针对性和指导意义上存在局限性。延伸期时段重要天气过程(包括持续性异常天气事件特别是极端天气事件)的准确预报是延伸期预报的核心问题,如何针对预报对象制定兼顾科学性和实用性的预测对象和检验标准,是首先需要解决的问题。目前国外主流数值预报中心普遍将延伸期逐周平均的气象要素和环流距平作为预报对象,并对逐周技巧进行评估。这种处理方式比较简单,但不适合过程预测及服务,需要研究针对用户服务需求的更好的方案。

二是针对热带大气季节内振荡(MJO)等低纬度地区的大气季节内低频振荡已有大量研究工作,但中高纬度地区低频振荡的活动规律和传播特征以及与中国气象要素之间的联系还缺乏深入研究。如何综合考虑低纬度和中高纬度的低频信息,建立与要素预报的物理联系仍然是难点。此外,如何充分利用模式对次季节尺度主要气候现象的预测能力,有效改进中国延伸期时段要素特别是重要天气过程的预测,也值得深入研究。

三是已有研究表明:延伸期时段的大尺度环流形势以及重要天气过程的有效预报时效和预报技巧与大气的初始状态、海温等外强迫信号密切相关,而目前对不同海温及大气初始条件下影响中国天气气候的关键环流系统以及主要的极端天气气候事件延伸期时段的可预报性研究还相对较少。充分利用海温等外强迫信号在延伸期时段的预报技巧及其大气响应特征,提取耦合数值模式有效预报信息改进延伸期预报,可能是改进延伸期预报的途径之一。

目前数值模式的预报时效和性能还远不能满足延伸期业务的需求。对数值模式延伸期预报中大气初值和下垫面异常的贡献研究表明,海气、陆气等耦合作用能够提升延伸期时段大气环流和要素的可预报性。此外,许多次季节尺度气候现象,如热带大气季节内振荡(MJO)、平流层爆发性增温以及大气遥相关等,都为延伸期预报提供了重要的可预报信号来源。但对延伸期可预报信号源与天气气候异常的联系及其物理机制的研究还相对薄弱,在充分挖掘延伸期潜在可预报性，改进延伸期环流和要素的预报技巧方面，还有许多物理过程和关键技术问题需要解决。因此，深入研究大气季节内振荡以及海气、陆气相互作用机理，不断完善和改进气候系统耦合模式的物理过程和参数化方案，将潜在可预报性转化为实际的预报技巧，提升数值模式延伸期时段的预报预测性能方面仍需进行大量探索。

任务 5　发展季节-年际尺度气候预测

(1)加强季节进程异常与重大气候事件的年际变化规律研究。

(2)研发基于国内外新一代气候系统模式的多模式集合预测技术和统计降尺度释用技术。

(3)发展多模式前处理和后处理技术，发展完善中国多模式集合系统，构建完整的季节-年预测功能。

(4)研究气候预测模式的动力学偏差和物理过程不确定性，研制基于过程扰动的集合预测技术。

(5)开展多模式气候动力学诊断，建立集合预测的动力学订正方案，发展基于多模式集合和动力-统计相结合的预测技术。

(6)基于多种气候模式，结合机器学习和人工智能技术，研发针对厄尔尼诺/南方涛动(ENSO)、大气遥相关、海温主模态、北极海冰、欧亚积雪等气候现象最优预测信息的统计-动力相结合释用技术，建立适合于中国季节一年际气候预测的多模式集合释用模型。

(7)研发针对华南前汛期、梅雨、华西秋雨、台风等年际变化趋势特征的统计-动力相结合释用技术。

(8)发展针对水文、农业、环境、健康领域的影响预测技术。

任务 6　发展年代际尺度气候预测

(1)研究东亚气候年代际变化的特征及其主要影响因子，分析揭示海洋、冰雪、陆面等慢变气候分量的年代际变化与影响东亚气候的大气环流系统年代际异常之间的联系和机理。

(2)提取东亚地区气候系统变化的年代际尺度信号，建立影响年代际气候变化的指标体系。重点包括：

· 发展基于海洋、冰雪、陆面等分量物理诊断关系的东亚年代际气候预测理论和方法。

· 利用包含海洋、海冰、大气和陆面等气候系统各圈层的气候系统模式，研究每个圈层内的气候变化以及各圈层之间的相互作用，探索预测的复杂性和不确定性。

· 发展年代际温度、降水的动力和统计相结合的预测方法，研发模式降尺度解释应用技术，建立中国和东亚地区旱涝趋势的年代际变率预测关键技术。

· 建立东亚季风、南海季风、印度季风和非洲季风等多尺度季风气候预测业务。

· 加强第三极区域气候中心建设，形成一体化的高原-极地气候预测产品体系。

任务 7　建设智能型气象信息综合分析和预报系统

(1)升级气象信息综合分析和预报系统。重点包括：加强海量数据分析挖掘、智能推荐提醒、交互 Blending、自动产品生成、协同预报预警等系统服务应用功能，并支持智能化综合监测、灾害性天气预报、全球三维智能网格预报以及台风、海洋、环境等现代化多专业无缝隙协同预报预警业务流程。

(2)推进机器学习与深度学习在气象中的应用。重点包括：

·基于雷达、卫星图像，研究基于深度学习的强对流信息提取和灾害性天气预报方法。

·基于深度学习算法对具有不确定性的混沌系统发展趋势进行预测。

·对地球系统模式的数据同化和参数化进行最优拟合。

·对数值预报模式的海量预报结果进行最优集合和订正。

·设计研发具备天气学特征的神经网络框架、深度学习框架及相关的核心机器学习及深度学习算法集合。

(3)发展大数据管理和分析技术。重点包括：

·基于分布式计算、内存计算、流式计算等大规模实时处理技术，提高气象大数据处理和管理能力。

·研究海量气象数据分析挖掘技术，采用数据仓库、统计分析算法等，从天气学、灾害性、气候极端性等维度，对数据进行综合分析和信息提取。

·研发智能化的增强型分析技术，采用机器学习、人工智能方法，实现多种智能模型计算，支持基于天气系统识别、极端天气检测、协同过滤推荐、机器学习集成、深度学习建模等灾害性天气监测、预报、预测的增强型分析方法。

(4)进行客观预报方法集成。重点包括：

·研究并集成天气分析、时空剖面、数值模式、集合预报综合分析、诊断与融合等客观方法。

·研发基于智能工具箱的开放脚本引擎，支持可编程数据处理、算法处理、模式后处理等。

(5)研发气象高级可视化显示与分析技术。重点包括：

·研究海量、多分辨率、多时相、多要素气象数据的可视化分析技术。

·研发二、三维一体高级可视化技术以及高级交互技术。

·提供预报员高效智能的数据交互分析与预报产品制作功能。

(6)提供开放众创环境与协同预报支持。重点包括：

·研发基于微服务框架的众创开发模型接口和基础运行平台，实现对新观测或模式数据应用，新预报方法、新业务功能的线上发布和编排，实现开放、众创的算法的注册、发现、路由和服务。

·基于消息机制和多代理技术，研发多客户端之间信息交换和实时预报预警技术和应用。

5.2.1.3 推进智能型、精准化气象灾害及影响预警业务

任务1 发展强对流天气综合监测预警和概率预报

(1)构建强对流天气精细演变规律的气候数据集。

(2)研发综合应用多源资料的对流初生和强雷暴大风、强龙卷、大冰雹、极端短时强降水等的识别技术。

(3)研发分类强对流精细临近预警技术。

(4)发展基于物理机理、特征统计和机器学习的精细化强对流预报。

(5)研发极端强对流预报技术。

(6)开展基于多模式高分辨率集合系统的强对流概率预报。

(7)建立应用高频观测信息和深度学习方法分类强对流临近智能预警模型。

(8)发展对流尺度数值模式的偏差订正技术，以及突发灾害性天气和气象要素精细化定量化解释应用技术。

任务 2　加强基于可预报性的暴雨精细化预报预警

(1)构建针对不同类型暴雨降水特点的物理机制模型。

(2)研发不同类型暴雨的数值模式天气学检验技术。

(3)完善不同尺度数值模式和集合预报系统的误差来源、演变特征及其误差订正方法。

(4)开展基于中尺度暴雨、复杂地形暴雨、不同流型背景下大范围暴雨的可预报性研究,发展无缝隙暴雨预报技术以及极端暴雨概率预报技术。

任务 3　加强台风精细化智能监测和预警

(1)开展台风卫星实时监测技术和强度客观估计、风场定量监测。

(2)改进台风路径强度的新型智能预报订正方法,以及台风快速加强的诊断技术方法和陆上强度衰减的智能预报模型。

(3)研发台风风雨精细化客观预报技术方法。

任务 4　发展重大灾害性天气过程延伸期预报预警技术

(1)研发冬季强降温、夏季强降雨、春秋季持续性干旱或连阴雨等重大天气过程延伸期时效信号提取技术。

(2)制定各主流集合数值模式针对上述灾害性天气的可预报性量化指标,完善模式检验和订正技术,以及极端天气的概率预报方法;发展动力-统计相结合的典型雨季进程、关键环流系统、低频振荡的延伸期监测和诊断分析技术。

(3)研发基于多源观测、实时客观分析数据以及客观识别算法的突发灾害性天气智能分析、监测和报警技术。

参阅材料 5-33　多尺度灾害性天气智能预报预警技术体系

“十四五”时期,要基于对灾害性天气形成和演变规律的科学认识,引入和应用机器学习等人工智能技术,发展中小尺度强对流、暴雨、台风、寒潮等多尺度灾害天气和极端天气事件精准化、概率化的预报预警技术(图 5.12)。

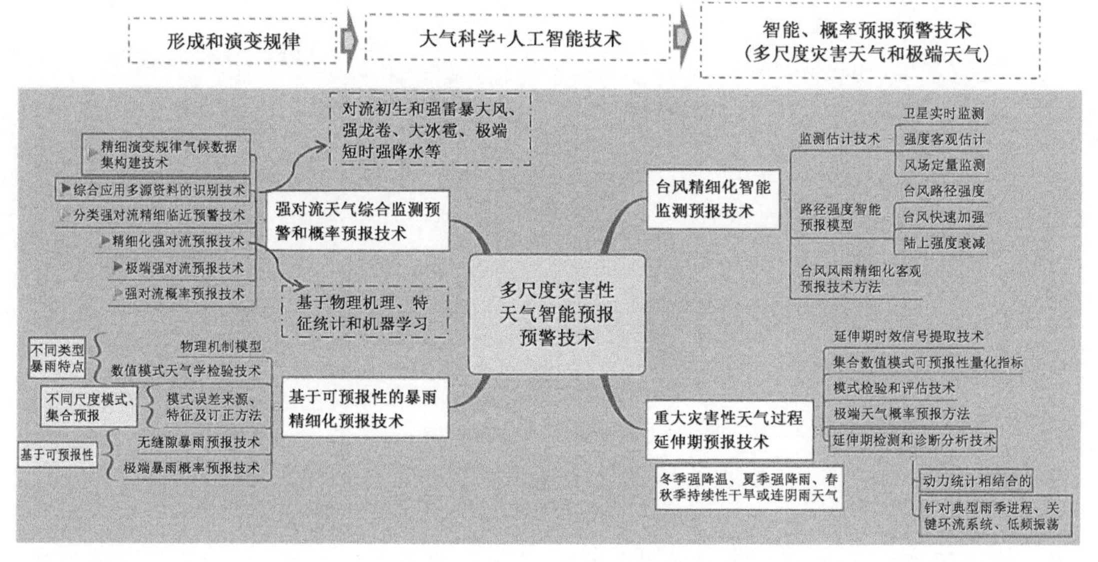

[彩]图 5.12　多尺度灾害性天气智能预报预警技术体系

任务 5　健全基于影响的预报和风险预警业务

(1)构建气象、土地利用、社会资源、人口密度、社会经济、综合防灾减灾能力等多元信息数据库。

(2)加强智能化气象灾害识别技术的研发和应用。

(3)以数值预报、智能网格预报、气象卫星为基础,开展重点面向关键经济区、大城市群、农业区,全国的 14 类灾害性天气风险预评估模型的研发,建立基于影响的预报和基于风险的预警业务应用技术。

(4)评估方法向标准化、自动化、人工智能方向转化,形成完整的标准化气象灾害评估体系,影响预报或气象灾害风险预评估从国内拓展到“一带一路”至全球区域。

参阅材料 5-34　中国气象灾害概况和未来主要风险分析

一、中国气象灾害基本情况

中国地处东亚季风区,受地理位置、地形地貌及气候特征等因素影响,气象灾害种类之多,发生频次之高、范围之广、影响之重超过世界上绝大多数国家,主要气象灾害如图 5.13 所示。

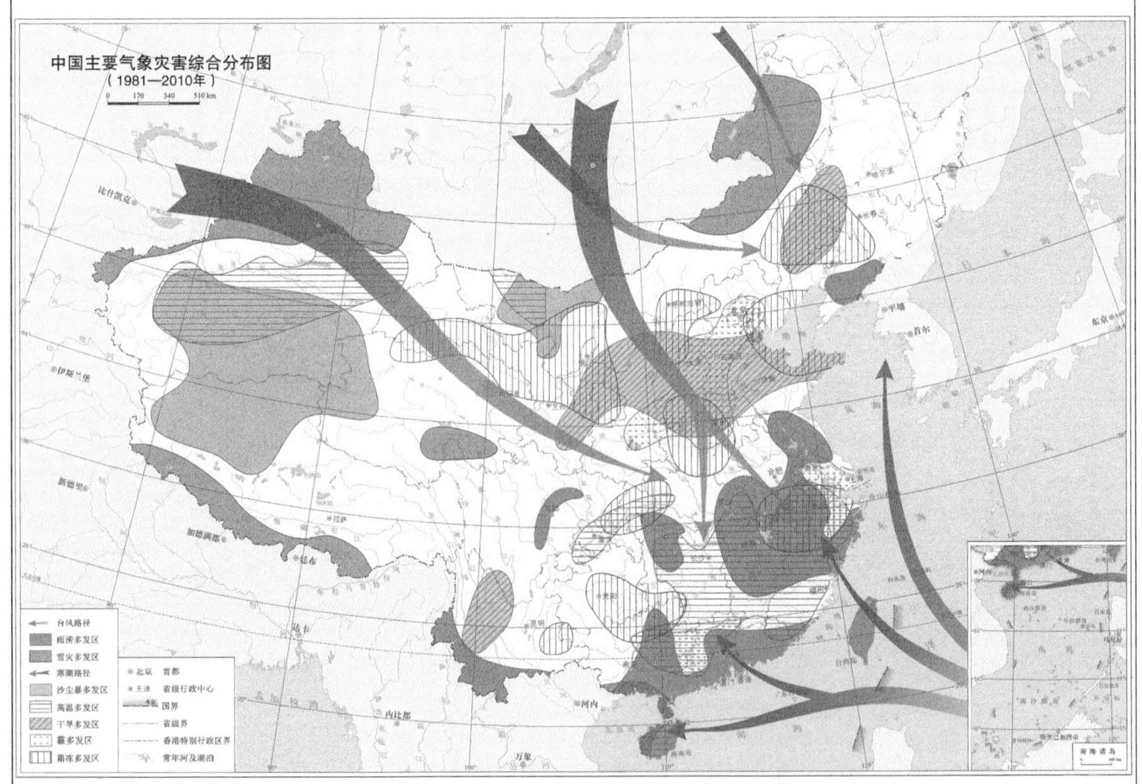

[彩]图 5.13　我国主要气象灾害分布示意图

与发达国家相比,中国气象灾害损失偏重、人员伤亡偏大。21 世纪以来,中国平均每年因气象灾害造成直接经济损失高达 3000 亿元(图 5.14)。

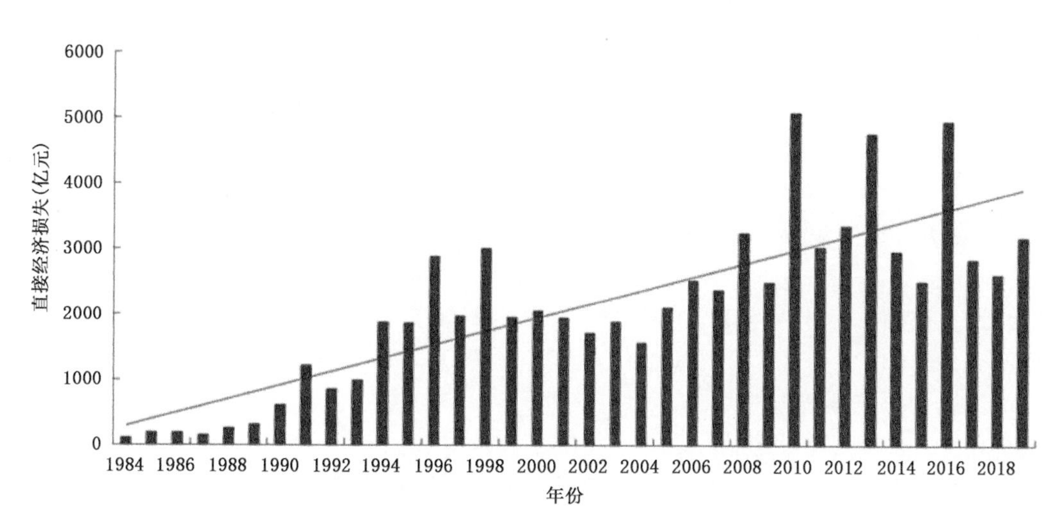

图 5.14　1980—2019 年中国气象灾害直接经济损失

二、气象灾害对中国国家安全提出了严峻挑战

全球气候变暖背景下，中国极端天气气候事件明显增多，强度明显增强，已经影响了中国自然生态系统和经济社会发展，对中国粮食安全、水资源安全、生态安全、环境安全、能源安全、重大工程安全、经济安全等传统与非传统安全将产生严重威胁，对国家安全提出了严峻挑战。

1. 对粮食安全的影响

近 30 年，因热量资源增加，中国南方双季稻可种植北界北推近 300 千米，冬小麦种植北界北移西扩 20～200 千米。然而气候变化也使小麦、玉米、大豆单产分别降低 1.27%、1.73%和 0.41%。同时，因水资源短缺，中国每年有 1800～3200 万公顷耕地受干旱影响，占播种面积 12%～22%，且受旱面积不断增加。气候变化还导致作物生育期提前，生育期缩短，病虫害发生面积扩大，危害程度加重。

2. 对水资源安全的影响

气候变化和气象灾害对中国水资源安全带来不利影响。20 世纪中叶以来，受气候变化影响，中国东部主要河流径流量减少。冰川退缩使青藏高原七大江河源区径流量变化不稳定。气象灾害频发降低水资源可利用性，导致北方水资源供需矛盾加剧，南方出现区域性甚至流域性缺水现象。

3. 对生态安全的影响

气候变化和气象灾害也是中国水土流失、生态退化、物种迁移的重要原因。受气候变化影响，中国东北黑土和西北黄土高原水土流失加剧，东北黑土流失面积 27.6 万千米^2，黑土层以每年 0.3～1.0 厘米速度剥蚀；草原植被生产力显著降低，植被类型发生不可逆的改变，生态系统稳定性和服务功能降低，林火灾害范围和频次加大；物种分布范围改变，有些地区甚至出现物种消失。

4. 对环境安全的影响

气象灾害对中国大气和水环境的影响日趋显著。2013 年全国 74 个城市大气 $PM_{2.5}$ 浓度平均为 72 微克/米^3，是国家标准的两倍多。气温升高、降水减少和蒸发加剧，不利于水体污染物的扩散和消除，并间接导致水体富营养化，出现了蓝藻暴发等严重污染事件。

5. 对能源安全的影响

气象灾害对中国能源安全产生了广泛而深刻的影响。风速和风向影响风力发电，华北北部和东南沿海风速以每十年 0.3 秒/米的速度减小，风机发电量降低；1961 年以来，中国日照时数总体下降，特别是在夏、冬两季和华北平原，太阳能资源开发和利用受到制约；河川径流变化影响水电安全运营。气候变化对冬季采暖、夏季制冷等能源消费，气象灾害对能源生产和运输，都会产生显著影响。

6. 对重大工程安全的影响

气候变化对中国重大国防和战略性工程安全的负面影响日益凸现。气温升高将造成青藏铁路沿线多年冻土普遍退化，严重威胁青藏铁路安全运营。三峡库区和上游区域发生的超标准洪水，会加大水库防洪、调度和运营风险，频发的暴雨事件可能引发滑坡、泥石流等地质灾害，危害大坝安全。气候变化和气象灾害对中国南水北调、西气东输、中俄输油管线、三北防护林等重大工程的安全运行带来风险，甚至可能引发重大环境事件。

7. 对经济安全的影响

气候变化和气象灾害造成中国经济损失不断增加，威胁国家经济安全。21 世纪以来，气象灾害导致的直接经济损失占国内生产总值的比值年均达到 0.89%，是同期美国平均的 2 倍多。随着经济总量增长以及全球经济一体化，气候变化和气象灾害对中国经济安全造成的风险将日益增加，严重影响着国家经济社会安全运行，也会通过国际贸易间接影响着国家经济安全。

三、气象灾害未来风险分析

2020 年 1 月，世界经济论坛(WEF)发布的《2020 年全球风险报告》中指出，气候变化是 2020 年世界面临的最大风险，其中极端天气气候事件的可能性最高，气候行动失败带来的影响最大。2020 年 3 月，世界气象组织(WMO)公布最新的全球气候公报，结果表明全球变暖趋势正在进一步持续，2019 年是有气象记录以来仅次于 2016 年的第 2 热年份；前 5 年(2015—2019)年和前 10 年(2010—2019 年)的平均温度分别为 1850 年以来最高的 5 年和 10 年；全球极端天气气候事件仍处于多发频发态势。

根据联合国政府间气候变化专门委员会(IPCC)评估结果，预计到 21 世纪末，全球地表平均温度可能升高 1.1～6.4℃，其中以陆地和北半球高纬地区增暖最为显著。高温、热浪和强降水事件发生频率很可能会持续上升。台风风速更大，降水更强，破坏力更为严重。千年一遇洪水发生频率可能变为百年一遇；百年一遇洪水发生频率可能变为 50 年一遇甚至更短；而在部分地区，可能会发生从未发生过的极端事件。

据国家气候中心分析预估，在全球变暖的背景下，到 2035 年中国气温偏高，高温、暴雨洪涝、干旱等极端天气气候事件频发，风险增加的地区几乎全部位于中国东部人口、经济稠密地区，社会经济暴露度高、脆弱性大，经济社会安全受极端天气时间影响加重。

5.2.1.4　发展针对行业需求的专业气象预报业务

基于不同行业需求和学科知识，采取“一业一策”的方式，提升专业气象预报水平。

任务 1　发展农业气象预报业务

(1)面向粮食生产功能区建设和粮食生产全过程，结合现代天气气候预测预报技术、作物生产管理模拟技术等，加强年、季、月多时间尺度农业气象灾害风险预估技术研发。

(2)提升农业高影响极端天气气候事件预测能力和农业气候年景预测能力。

(3)加强长、中、短期一体化无缝隙农业气象灾害预测预报业务技术能力，构建为全国农业气象灾害防御预案、区域防灾减灾中短期决策提供全域覆盖的预测预报保障服务技术体系，形成精细化、标准化灾害风险管理及应对速判决策技术能力。

(4)发展精准化农用天气预报技术，在保障粮食生产全过程的同时，提升化肥使用效率和病虫绿色防控能力。

任务 2　发展生态气象预报业务

(1)发展生态气象数值模式，提出决定植被功能与结构变化的环境气象因子和阈值，揭示植被变化的多尺度相互作用过程与机理，建立植被变化的检测归因分析技术与气象条件贡献率评价技术。

(2)加强气象灾害对生态系统影响的预报预警能力。重点包括：

- 在青藏高原区开展干旱、暴雪、土壤融冻等对生态系统影响的预报预警。
- 在黄河重点生态区开展山洪地质灾害、干旱对水土流失治理影响的预报预警。
- 在长江重点生态区开展强降水对水环境和水资源调配影响的预报预警。
- 在北方防沙带开展干旱、大风对防风固沙影响的预报预警。
- 在南方丘陵山地带重点开展山洪地质灾害、干旱对生态影响的预报预警。
- 在海岸带开展台风及其次生灾害对沿海地区生态影响的预报预警。

(3)提升森林草原火险、沙尘暴、有害生物气象风险、水体藻类气象监测等预报预警能力。

任务 3　发展交通气象预报业务

(1)加强气象数据与公路、铁路、航空、海运等行业领域的数据融合，开展行业气象服务数据汇集和大数据挖掘分析，建立基于影响的行业气象服务指标和算法库。

(2)开展公路、铁路、航空等交通领域重点行业全过程、全链条的气象预报服务。

(3)面向铁路提供精细化气象预报预警服务保障，面向航空提供定点、定时、定量的强天气短时临近预报技术保障。

任务 4　发展能源气象预报业务

(1)针对海上风电开发，开展海上多源资料融合预报技术研究、海上风资源观测部署，提高海上风资源评估和预报准确率。

(2)针对风电、光电、水电集中的地方或集中式管理的企业，发展集中式风、光、水预测技术，为大规模新能源并网提供依据。

(3)针对风电场、光伏(热)电站、水电站运维和建设，开展短临、短期、中期、长期多时间尺度的施工、运维窗口期预测和气象灾害精准预报预警。

(4)针对电力调度，发展风速、辐射、降水量中长期预测技术，为风、光、水联合调度提供依据。

(5)针对电力销售和发电计划，开展用户端中长期负荷预测。

5.2.1.5 完善气候变化与气候资源监测评估业务

任务 1 加强气候变化影响研究

(1)加强青藏高原对中国和亚洲邻近国水资源和环境灾害的影响分析。

(2)加强气候变化对西部地区气候生态、水资源和环境灾害的影响分析。

(3)开展气候变化对中国重要战略区域(如:长江经济带、粤港澳大湾区、京津冀、黄河流域等)、主要农业区(包括粮食和经济作物区)、生态脆弱区的影响分析。

(4)强化气候变化对极端天气/气候事件与次生灾害(如特大洪水、持续性干旱,地质灾害等)的影响研究。

任务 2 发展基于影响的气候风险业务

(1)加强气候变化检测归因研究。

(2)开展气候变化模拟和预估、气候变化影响和适应研究。

(3)建立气候资源监测方法和模型。

(4)明确气候模式+行业模型为核心技术路线,逐步构建基于物理过程、多尺度衔接的定量监测预测影响评估技术体系。

(5)完善气候影响评估和灾害风险管理业务体系,构建技术攻关、产品研发、业务平台、满足服务、人才队伍一体化的业务服务体系。

(6)充分利用大数据、人工智能等新技术,强化社会经济资料的收集和应用。

(7)强化跨部门合作,共同研发影响评估模型,共享双方数据。

任务 3 建立气候变化风险早期预警系统

建设气候变化基础数据库,研发国家级气候变化风险早期预警系统,增强气候变化和极端事件对中国水资源、粮食安全、能源安全、人体健康、重大工程、生态环境、社会经济发展等领域的影响和风险分析识别能力。

5.2.1.6 建立全流程全要素气象产品检验评估业务

(1)加强对精细化天气气候演变过程的认知,创新评估方法,优化检验指标或方法,实现对各类预报预测产品的端到端精细化跟踪检验,构建覆盖从分钟到年代际的多时空尺度、多气象要素、灾害性天气、重要过程、气候现象、区域性高影响灾害性事件的预报预测质量检验评估指标体系。

(2)开展全流程全要素气象产品检验评估技术研究,提高定量化客观评估水平。

(3)将检验评估纳入产品性能评价、技术方法研究、科研融入业务建设的各个环节中,增强技术研发的科学性和成果评估的客观性。

5.2.2 关键技术

5.2.2.1 多尺度模式动力框架

多尺度模式动力框架研究主要内容包括:

· 从数值算法设计、框架系统搭建和并行系统研发三方面着手,开展多尺度模式动力框架研发。

· 开展全球准均匀网格生成及局地加密技术研究,使动力框架分辨率灵活可调。

· 研发适用于球面准均匀网格动力框架的计算算法,提高和改善动力框架在计算精度和守恒方面的性能，使之满足天气气候模拟要求。

· 加强对非静力现象的准确刻画。

· 提升陡峭地形区的计算稳定性。

· 构建具有高可扩展性的并行计算框架。

5.2.2.2 多尺度物理过程

多尺度物理过程研究主要内容包括：

· 针对大气分量模式，发展改进与模式分辨率相匹配的积云对流物理过程、边界层物理过程、显式云微物理过程、气溶胶物理过程以及平流层物理过程等参数化方案。

· 改善陆面分量模式的能量和水文物理过程以及植被生态过程，改进陆面模式次网格框架。

· 改进高分辨率海洋、海冰分量模式的中尺度涡、海冰融池等物理过程。

· 充分考虑不同网格尺度上云-辐射-对流-边界层-陆面过程的相互协调作用。

5.2.2.3 地球系统多圈层耦合技术

地球系统多圈层耦合技术研究主要内容包括：

· 研发可支持多种网格结构以及多分量模式灵活插拔的高效耦合技术。

· 研究掌握可满足万核及以上规模并行计算以及千米尺度分辨率分量模式耦合要求的耦合技术。

5.2.2.4 地球系统资料同化技术

地球系统资料同化技术研究主要内容包括：

· 建立全球海洋、海冰资料同化系统，实现对卫星遥感数据、海洋浮标资料等多源观测资料的耦合协调同化。

· 建立陆面资料同化系统，实现陆面与大气同步同化分析。

· 扩展大气化学控制变量，使之能同化卫星、地面观测资料，建立大气化学资料同化系统。

· 改进快速辐射传输模式，提高其模拟陆地窗区通道及云和气溶胶辐射资料的精准度。

· 研发与全球海、陆、气、冰、大气化学等多分量耦合数值预报模式相配套的弱耦合同化系统，实现利用耦合模式提供背景协方差协调同化多圈层分量模式观测资料。

5.2.2.5 全球区域一体化同化预报系统(GRAPES)研发

全球区域一体化同化预报系统(GRAPES)研发主要内容包括：

· 针对动力框架，改进三维参考廓线和预估校正迭代算法，减少模式地形平滑，提高模式的预报精度和质量守恒性。

· 结合预估校正迭代算法，改进物理和动力耦合过程。

· 研发平流层物理过程方案，包括非地形重力波参数化和甲烷氧化加湿参数化方案等。

· 在千米尺度区域全球区域一体化同化预报系统(GRAPES)中引入尺度自适应湍流和积云对流参数化，考虑物理一致性的对流与湍流输送统一的物理参数化。

5.2.2.6 与混合同化分析结合的全球集合预报系统

与混合同化分析结合的全球集合预报系统研发内容主要包括：

· 发展基于全球 SVs 奇异向量和 4DEnKF 混合同化的初值扰动方法，代表同化分析初值误差分布又能够在积分预报中快速增长的初始误差扰动。

·发展与对流运动相关的物理过程关键参数随机扰动方法，改进全球集合预报分布和平均误差，提升中期降水概率预报能力。

·研究代表热带对流不确定性的集合预报技术，减少全球台风路径强度等集合预报误差。

·研究海气相互作用的不确定性、海温异常和季节性变化对热带环境大气影响，改善模式热带大气季节内振荡(MJO)传播预报能力。

5.2.2.7 东亚季风区对流尺度集合预报关键技术

东亚季风区对流尺度集合预报关键技术研发主要内容包括：

·研究东亚季风区对流尺度数值预报误差源，初始误差增长和传播机制，诊断次网格快变物理过程激发湿对流的不确定性。

·设计对流活跃区初始误差变尺度扰动初值方法以代表初始扰动的多尺度结构。

·构建模式系统性预报误差倾向随机传递模型，减缓集合平均预报偏差。

·构建对流激发参数的湿对流依赖随机扰动过程作用，更合理描述强降水预报概率密度分布。

·建立中国区域对流尺度集合预报系统，提升模式系统对中小尺度天气系统的预报能力。

5.2.2.8 专业数值模式

专业数值模式研发主要内容包括：

·建立全球/区域洋流、海浪和风暴潮同化预报系统，形成海洋同化和预报系列产品，建设全球集合海浪数值预报系统，提升海浪模式预报水平。

·发展 SDS WAS 集合预报，为区域提供权威的亚洲沙尘暴数值预报服务和预警产品。

·建立具有自主知识产权的大气化学天气数值预报系统，提高雾霾业务预报模式中重污染过程中雾一霾数值预报的准确度。

5.2.2.9 气候与生态环境模式预测系统

气候与生态环境模式预测系统研发主要内容包括：

·基于高分辨率海-陆-气-冰耦合气候系统模式，耦合大气化学、气溶胶等地球生物化学过程，建立包含大气、陆面、海洋、海冰、气溶胶、碳循环、植被生态和大气化学模块的地球系统模式，实现对次季节到年代际尺度气候变率、长期气候变化，以及全球范围臭氧、气溶胶、植被生态过程等生态环境指标的模拟和预测能力。

·重点关注地球系统模式对全球范围臭氧、气溶胶、植被生态过程等的模拟和预测能力，解决气候生态环境初始化问题以及排放源的定量化问题。

5.2.2.10 气象灾害预报预测理论和方法

气象灾害预报预测理论和方法研究主要内容包括：

·研究灾害性天气的形成和演变机理及其可预报性，重点开展暖区暴雨、台风螺旋雨带和强度变化、分钟一千米级强对流天气、海上大雾、沙尘和污染物生成及传输等机理研究。

·研究气候变化背景下高影响天气、极端天气气候事件的形成机理以及城市化影响。

·分析复杂地形和下垫面的天气气候影响效应。

·研究典型雨季强降水、寒潮及持续性低温冰冻、南方阴雨、高温等灾害性天气气候事件的演变规律和多尺度系统相互作用机理及其在中长期时效内的前兆信号和预报指标。

·开展气候变化背景下主要气候现象、持续性异常气候事件的延伸期-季节-年际预测理论和方法研究。

·开展基于海洋、冰雪、陆面等分量物理诊断关系的东亚年代际气候预测理论和方法研究，以及多圈层之间和内部的相互作用研究。

·针对台风、暴雨、强对流等灾害性天气，研究不同尺度数值模式和集合预报系统的误差来源、演变特征及其误差订正方法。

5.2.2.11　多源数据融合实况分析技术

多源数据融合实况分析技术研究主要内容包括：

·发展误差分析、偏差订正、融合同化等多源数据融合分析技术，开发集成多种同化融合方法在实况分析产品研制中的应用技术。

·研究大数据分析、机器学习等人工智能方法在多尺度海量多源观测资料协同处理及融合分析中的应用技术。

·利用常规、雷达、卫星、数值模式等多类多源资料，生成分钟至小时时效的质量逐步提升的多圈层多要素协调一致、多时空分辨率嵌套的融合实况分析产品。

·开展实况分析产品"真实性"质量检验研究。

5.2.2.12　海量预报信息综合统计后处理系统

海量预报信息综合统计后处理系统研发主要内容包括：

·基于多源气象观测和社会观测资料及其分析场、从全球到区域的高分辨率数值模式以及超级集合预报系统，推进海量多源预报数据融合预报技术的研发，建立基于机器学习和现代化软件架构的统计后处理系统，支撑从零时刻到 30 天的无缝隙精细化智能网格预报业务。

·突破以下关键技术：数值模式和观测分析相结合的高质量、长序列训练数据集构建技术；面向海量气象数据的偏差订正和有效信息集成技术；面向不同变量的针对性机器学习技术；具有高可靠性和解析度的概率预报技术；考虑变量时空结构和多要素依赖关系的统计后处理技术；考虑系统演变特征、复杂地形、城市效应和海陆效应等的时空统计降尺度技术；时空及要素一致性处理和融合技术等。

5.2.2.13　多尺度灾害性天气智能预报预警技术

基于对形成和演变规律的科学认识，引入和应用机器学习等人工智能技术，发展中小尺度强对流、暴雨、台风、寒潮等多尺度灾害天气和极端天气事件精准化、概率化的预报预警技术。

(1)发展基于稠密观测和高分辨率快速更新同化分析预报资料的中小尺度突发性致灾天气监测预警技术。重点包括：

·综合应用多波段(双偏振)雷达、卫星、自动站等多源精细化资料，尤其 X 波段双偏振雷达资料，基于物理特征和机理，应用统计和机器学习等技术，研发中 γ 尺度甚至小 α 尺度不同类型突发性致灾天气(龙卷、极端强降水、浓雾等)的识别技术。

·综合应用多源观测资料、融合分析资料和高分辨率快速更新同化分析预报资料，基于物理机理、统计和机器学习等技术，发展中小尺度不同类型突发性致灾天气临近预警技术。

·在华东、华南和京津冀等大城市群拥有能捕捉小尺度对流天气的稠密观测设备的地区，开展精细化中小尺度突发性致灾天气识别和预警技术业务应用示范。

(2)发展强对流天气综合监测预警和概率预报技术。重点包括：

· 发展强对流天气精细演变规律的气候数据集构建技术。

· 发展综合应用多源资料的对流初生和强雷暴大风、强龙卷、大冰雹、极端短时强降水等的识别技术。

· 发展分类强对流精细临近预警技术。

· 发展基于物理机理、特征统计和机器学习的精细化强对流预报技术。

· 发展极端强对流预报技术。

· 发展基于多模式高分辨率集合系统的强对流概率预报技术。

(3)发展基于可预报性的暴雨精细化预报技术。重点包括：

· 建立针对不同类型暴雨降水特点的物理机制模型。

· 发展不同类型暴雨的数值模式天气学检验技术。

· 研发不同尺度数值模式和集合预报系统的误差来源、演变特征及其误差订正方法。

· 开展基于中尺度暴雨、复杂地形暴雨、不同流型背景下大范围暴雨的可预报性研究，发展无缝隙暴雨预报技术以及极端暴雨概率预报技术。

(4)发展台风精细化智能监测预报技术。重点包括：

· 发展台风卫星实时监测技术和强度客观估计、风场定量监测技术。

· 研发台风路径强度的新型智能预报订正方法、台风快速加强的诊断技术方法，建立陆上强度衰减的智能预报模型。

· 研发台风风雨精细化客观预报技术方法。

(5)发展重大灾害性天气过程延伸期预报技术。重点包括：

· 发展典型雨季强降雨、冬季强降温、春秋季持续性干旱或连阴雨等重大天气过程延伸期时效信号提取技术。

· 改进各主流集合数值模式针对上述灾害性天气的可预报性量化指标、模式检验和订正技术，以及极端天气的概率预报方法。

· 发展动力-统计相结合的典型雨季进程、关键环流系统、低频振荡的延伸期监测和诊断分析技术。

5.2.2.14 多模式集合智能客观气候预测技术

多模式集合智能客观气候预测技术研发主要内容包括：

· 基于性能改进的下一代气候模式，建立新一代多模式集合气候预测业务系统，实现面向不同分辨率可变网格的多尺度智能无缝隙网格预测技术和业务体系，制作次季节至年代际的确定性和概率气候预测产品。

· 发展全球主要气候现象异常及影响预测技术以及气象灾害风险预报和极端气候事件影响预测技术。

· 开发动力学订正-统计后处理相结合的气候预测技术以及基于机器学习等人工智能方法的多尺度气候信息挖掘技术和预测应用技术，研发模式降尺度解释应用技术。

· 通过面向多源预测信息的时空全覆盖检验评估，实现基于人工智能数据分析技术的多源信息智能集成应用。

· 加强季节至年际尺度气象灾害预测的客观定量化预测技术研究，发展多模式集合预测技术和区域模式预测技术，研发基于多模式大样本集合信息的中国气候灾害和极端事件精细化概率预测技术，构建多尺度无缝隙的集合概率预测产品体系。

·发展针对水文、农业、环境、健康等领域的影响预测技术。

5.2.2.15　全球客观自动化天气监测预报与气候预测技术

全球客观自动化天气监测预报与气候预测技术研发主要内容包括：

·基于全球实况观测和卫星反演数据等监测数据，发展人工智能自动识别技术，监测识别暴雨、暴雪、强对流、寒潮、高温、海雾、海上大风、热带气旋等灾害性天气，以及热带低频振荡、亚印太季风系统、海洋关键区主要模态等气候系统。

·基于多模式及集合预报产品，采用多种统计后处理和深度学习方法，以及动态评估集成技术，提高离散点和智能网格天气预报预测性能。

·发展考虑地理信息和系统演变特征的时空统计降尺度技术。

·加强全球延伸期、次季节至年代际预报预测技术研发。

·加强全球海洋气象预报预测技术研发。

·针对大风、暴雨雪、强对流、海上大雾等灾害性天气，发展新型人工智能预报方法和概率预报技术。

·研发不同时间尺度、海陆及要素间一致性处理和融合技术。

·针对“一带一路”沿线国家和中巴经济走廊等重点地区，研究重大灾害天气的致灾阈值及其预警和预报预测技术。

5.2.2.16　气象灾害的影响预报和风险预警技术

气象灾害的影响预报和风险预警技术研发主要内容包括：

·构建气象、土地利用、社会资源、人口密度、社会经济、综合防灾减灾能力等多元信息数据库。

·加强智能化气象灾害识别技术的研发和应用。

·以数值预报、智能网格预报、气象卫星为基础，开展重点面向关键经济区、大城市群、农业区，以及面向防灾减灾和海洋、航空、环境、农业、水文、能源等行业的 14 类灾害性天气风险预评估模型的研发，建立基于影响的预报和基于风险的预警业务应用技术。

·评估方法向标准化、自动化、人工智能方向转化，形成完整的标准化气象灾害评估体系，影响预报或气象灾害风险预评估从国内拓展到“一带一路”至全球区域。

5.2.2.17　气候变化影响评估关键核心技术

气候变化影响评估关键核心技术研发主要内容包括：

·发展气候变化对水文水资源影响的定量评估技术，解决水文模型和气候驱动的尺度匹配以及参数的时空分异等问题，实现全国不同尺度流域水资源实时评估以及中长期预估。

·发展气候变化对生态系统影响评估技术，在现有生态模型的基础上开发及耦合土地利用和覆盖变化模块、适应性管理措施模块、O_3 及 N 沉降模块，现实气候要素以及人类活动对生态系统影响的综合模拟，提高对生态系统影响模拟和评估的合理性和准确性。

·发展高时空分辨率未来气候变化趋势预估关键技术，建立适合中国地区的气候模式物理参数化方案，实现全国范围 10～15 千米未来极端气候事件变化趋势预估，减小未来气候变化影响预估的不确定性。

5.2.2.18　全流程全时效精细化预报检验技术

全流程全时效精细化预报检验技术研发主要内容包括：

· 加强对精细化天气气候演变过程的认知，创新评估方法，优化检验指标和方法，实现对各类预报预测产品的端到端精细化跟踪检验。

· 构建覆盖从分钟到年代际的多时空尺度、多气象要素、灾害性天气、重要过程、气候现象、区域性高影响灾害性事件的预报预测质量检验评估指标体系。

· 针对高时空分辨率预报信息，研究满足日内时间尺度的精细化时空特征的评估检验方法。

· 研究基于可预报性的温度、风、能见度等要素的检验技术。

· 研究多种集合预报构成的超级集合预报的检验方法。

· 研究不同季节、不同区域下垫面等天气气候背景条件下的分类检验技术；基于天气系统识别技术，研究不同影响系统下降水过程自动分类和检验技术；研究不同物理量配置以及特征指数条件下的分类检验技术。

· 研制对观测预报大数据的透视检验技术，包括时序分析检验、时空剖面分析检验、跨越不同地形的空间剖面分析检验等技术。

· 将检验评估纳入产品性能评价、技术方法研究、科研融入业务建设的各个环节中，增强技术研发的科学性和成果评估的客观性。

5.2.2.19 多元信息智能融合分析平台技术

综合应用现代软件工程、大数据、云计算、人工智能的最新技术成果，发展多元观测资料和多尺度数值模式产品的海量气象信息综合处理系统，打造智能型、协同性、开放式的气象综合分析与预报预测平台。建立基于多学科交叉、多元数据融合方式的天气-气候及其影响一体化业务支撑平台。重点包括：

(1)研发气象大数据多维分析与挖掘技术，增强对海量气象数据的综合分析和信息提取能力，发展场结构、个例相似、极端性、时空分布、群体智能等智能化的增强型分析技术，提高灾害性天气监测、预报、预测的智能分析水平。

· 发展面向预报预测的智能气象微服务系统框架，实现桌面、Web、移动端等多终端适配应用及专业化扩展，研发下一代智能工具箱，实现自定义数据处理及分析模型，研究天气分析、时空剖面、模式分析、诊断与融合等客观预报方法的开放式集成技术。

· 研究气象数据高级可视化技术，面向多分辨率、多时相和多要素的海量气象数据，研制二、三维一体化的气象高级可视化显示与分析技术，实现多维大气结构与运动特征的可视化表达。研究四维信息中对应的语义和结构信息识别与提取技术，实现目标的识别、追踪和检索，开展复杂对象之间的相互作用和交互过程的处理和模拟。

· 发展基于云计算、消息驱动的多点协同预报技术，研发跨终端、多层级的端到端信息交换共享、预报业务协作、产品智能生成、作业流程编排等协同预报支持技术，实现高时效性的实时预报预警、短临预警联防、无缝隙主客观融合滚动预报、一体化预报服务等应用和处理。建立基于多学科交叉、多元数据融合方式的天气一气候及其影响一体化业务支撑平台。

· 发展预报平台的测试台(TestBed)基础支撑技术，建立基于版本管理的算法开源众创、容器化的算法封装运行、组件化的检验评估与分析报表等系列工具，实现对科研业务融合的新技术孵化接入、仿真测试、主客观评估的中试全流程管理和运行。

5.3　气象服务业务技术

5.3.1　重点任务

5.3.1.1　筑牢气象防灾减灾第一道防线

任务 1　完善全社会共同参与的气象灾害风险防范体系

(1)提高全社会气象防灾减灾意识和能力。重点包括：

·实施“城市社区气象灾害应急准备认证”“气象灾害监测预警县级全覆盖”和“农村气象防灾减灾标准化建设”等行动。

·加强气象志愿者队伍建设。

·加强气象防灾减灾科普教育基地建设，将气象防灾减灾教育纳入国民教育体系，提高全民气象灾害风险防范意识。

(2)健全气象灾害风险管理制度。重点包括：

·建立健全重大灾害性天气停工停课停业制度。

·建立健全城市建设、重大项目和重大工程建设气象灾害风险评估和气候可行性论证制度。

·建立健全重大基础设施气象灾害防御标准制修订制度。

·建立健全气象灾害防御重点单位管理制度。

·建立健全气象灾害风险分担和转移制度。

·提高气象灾害风险管理制度化、规范化水平。

(3)提高气象灾害风险防范支撑能力。重点包括：

·开展精细化气象灾害风险普查和区划，摸清气象灾害风险底数。

·发展基于影响的气象灾害决策支持服务，建立定量化的气象灾害风险评估方法和模型，提升气象灾害信息挖掘、监测预警、风险评估、模拟仿真能力。

·开展对气候变化背景下极端灾害多发性及其影响异常性的气候风险研判和评估，第一时间将精密监测、精准预报按需送达决策层。

任务 2　发展智能化的气象防灾减灾信息化支撑体系

(1)提高防灾减灾数据资源支撑能力。重点包括：

·基于气象大数据云平台，实现对所有气象数据以及汇集的行业、社会、互联网物联网等数据资源规范化管理，为气象防灾减灾提供统一、高效的访问服务和支撑。

·推动形成气象防灾减灾信息资源互联互通、开放共享、安全高效的业务格局。

(2)提升突发事件预警信息发布能力。重点包括：

·充分利用云计算、大数据、物联网、北斗通信等新技术，建立健全快速、精准、高效、共享的突发事件预警信息发布体系。

·建设基于云架构的国、省、市、县一体化的新一代预警信息发布系统，健全预警信息发布渠道，形成“更广、更快、更准、更好用”的预警信息发布核心能力。

(3)推进气象灾害大数据智能应用服务。重点包括：

·开展气象防灾减灾历史资料和数据挖掘，将各类气象历史数据、观测遥感数据、行业社会数据、基础地理信息数据等构成完整、丰富的气象数据“一张图”。

任务 3　建立开放协同的气象防灾减灾科技创新体系

(1)提高气象防灾减灾科技基础支撑能力。重点包括：

· 聚焦气象防灾减灾重大核心科技问题，建设气象防灾减灾大科学中心，有效吸引和利用国内外科技力量和创新资源，建立气象防灾减灾科技攻关新型举国体制。

· 统筹布局气象防灾减灾实验室、工程技术中心、科学试验基地等创新平台，加快重点领域的技术突破和成果转化应用。

(2)实施气象防灾减灾相关重大科技攻关专项。重点包括：

· 加强气象基础研究，组织开展青藏高原天气气候、亚-澳-非季风、人工影响天气、强对流、重雾霾等大型气象科学试验，深入研究我国极端天气气候、气象灾害的成因机理。

· 攻关预报预测核心技术，组织研发新一代地球系统数值预报模式系统，实现我国气象灾害预报预测数值模式核心技术的安全自主可控。

任务 4　建设重点行业和重点区域气象防灾减灾示范点

(1)提高重点行业气象防灾减灾能力。强化海洋、交通、城市、能源、旅游、金融、体育、健康等行业气象服务，开展高敏感行业气象防灾减灾示范建设。

(2)构建重点区域气象防灾减灾示范区。重点包括：

· 着力提升东部地区智慧气象能力。

· 着力提升东北地区粮食安全气象保障能力。

· 着力提升中西部地区生态气象保障服务能力。

· 打造京津冀、长三角和粤港澳地区城市气象服务和防灾减灾示范区。

任务 5　构建面向全球的气象防灾减灾服务体系

(1)发展全球气象灾害监测。以提高全球数据获取能力为目标，建立面向全球大气、陆地、海洋和空间天气的卫星遥感监测体系，开展远洋船舶气象数据采集共享，开展全球高影响性灾害天气和生态环境卫星监测，深化风云气象卫星国际服务。

(2)建立全球气象灾害实况业务。重点包括：

· 发展全球气象灾害预报，着力提高“一带一路”沿线和全球重点区域的台风、暴雨、高温等灾害性天气预报能力。

· 建立全球季风等气候系统和全球重大气候灾害监测预测一体化业务。

(3)提升全球防灾减灾服务保障能力。重点包括：

· 发展全球气象服务，优化完善和推广亚洲多灾种预警系统，发展全球海洋、航空和陆路交通气象服务。

· 做优做强世界气象中心(北京)，主动全面参与世界气象组织(WMO)以及国际气象合作交流，提高气象防灾减灾国际标准和政策制定的发言权。

· 积极参与国际防灾减灾联合研究计划。

参阅材料 5-35　国内外气象防灾减灾服务发展动态

一、国外气象防灾减灾服务发展现状

1. 美国综合公共警报与预警系统(IPAWS)

美国建立的综合公共警报与预警系统(IPAWS)，是以互联网为基础的开放性预警平台，整合美国全国范围内各种预警系统，通过尽可能多的信息传播手段，以最快速度将预警信息传递给公众，实现“一个入口、多种渠道”。只要拥有综合公共警报与预警系统(IPAWS)账号，并且使用的软件能够与综合公共警报与预警系统(IPAWS)兼容，即可通过系统端口对外发布预警信息。使公共警报和预警系统具有“警告包括残疾人和不懂英语者在内所有美国公民的能力”。

2. 德国公共安全数字无线通信系统(PSDR)

德国“公共安全数字无线通信系统”(Public Safety Digital Radio)由德国联邦安全机构及组织数字广播局(BDBOS)建设并运营，是世界上规模最大也是应用范围最广数字集群应急通信系统之一，在应急通信中发挥出十分重要的作用。德国联邦安全机构及组织数字广播局(BDBOS)的任务是建立、运行和保证数字语音和数据通信系统，用于在联邦和州一级公共安全、安全服务和救灾机构，如警察、消防队和救援队员之间实现可操作性的服务。德国联邦安全机构及组织数字广播局(BDBOS)保证了新的无线通信系统的全国统一性，并作为这一现代化项目的整体协调者，保障全国各类用户的共同利益。

3. 日本全国瞬时警报系统(J-ALERT)

日本政府通过全国瞬时警报系统(J-ALERT)把紧急防灾疏散等信息通过卫星及时传达给地方政府和居民。当以海啸为代表的大规模灾害和武力攻击等事件发生时，日本政府为了保护国民，将紧急防灾疏散等信息通过通信卫星(SUPERBIRD B2)瞬间向地方政府传达。同时，自动启动与通信卫星连接的市町村防灾行政无线系统等系统，无须经过人工干预，即可通过播出警笛声等方式对居民迅速传递信息。居民一旦听到“国民保护警笛”，就能够意识到危机迫近。“国民保护警笛”能够唤起国民的不舒服和警戒心，从而唤起国民自我防卫的本能。其目的是用极短时间迅速地向国民传达信息。

4. 加拿大国家预警信息收集与发布系统(NAAD)

国家预警信息收集与发布系统(NAAD)是加拿大国家预警系统中的一个组成部分。国家预警信息收集与发布系统(NAAD)从授权的政府权威机构获取安全信息，然后负责验证信息来源的有效性及信息的标准符合性。然后，国家预警信息收集与发布系统(NAAD)将收集到的所有权威机构信息通过卫星与互联网发布到加拿大全国范围，从而使收音机、电视广播等直接面向公众的信息发布点能够将信息进行及时、有效地发布。国家预警信息收集与发布系统(NAAD)允许发布来自于授权机构的多类别公共安全事件信息，预警信息范围广泛，除天气或环境相关事件外，还覆盖例如火车出轨、工业失火、水资源污染、人员走失等预警。

二、中国气象防灾减灾服务发展现状

1. 国家突发公共事件预警信息发布系统(一期)建设情况

国家突发公共事件预警信息发布系统(一期)于2016年通过项目验收，已在实际业务应用中发挥了重要作用。经过该项目建设，形成了“一纵四横”预警信息发布平台，整合了多手段并用的预警信息发布渠道，初步实现多灾种预警信息统一发布。国家突发公共事件预警信息发布系统促进多部门信息共享和协调联动，提升了突发事件的应急处置效率，拓宽了社会公众获取预警信息的渠道，为社会共同参与突发事件应急处置创造了条件，在国家防灾减灾与应急管理工作中发挥了显著效益，已经成为各级政府应急管理工作的重要基础支撑。

2. 气象防灾减灾体系总体框架

为落实国家防灾减灾救灾体制机制改革，中国气象局提出了由城市防灾减灾、农村防灾减灾、海洋防灾减灾、重点区域防灾减灾示范、预警发布能力提升等五项行动计划，围绕六个作用，健全五个体系（图 5.15），构成了新时期气象防灾减灾体系的总体框架。

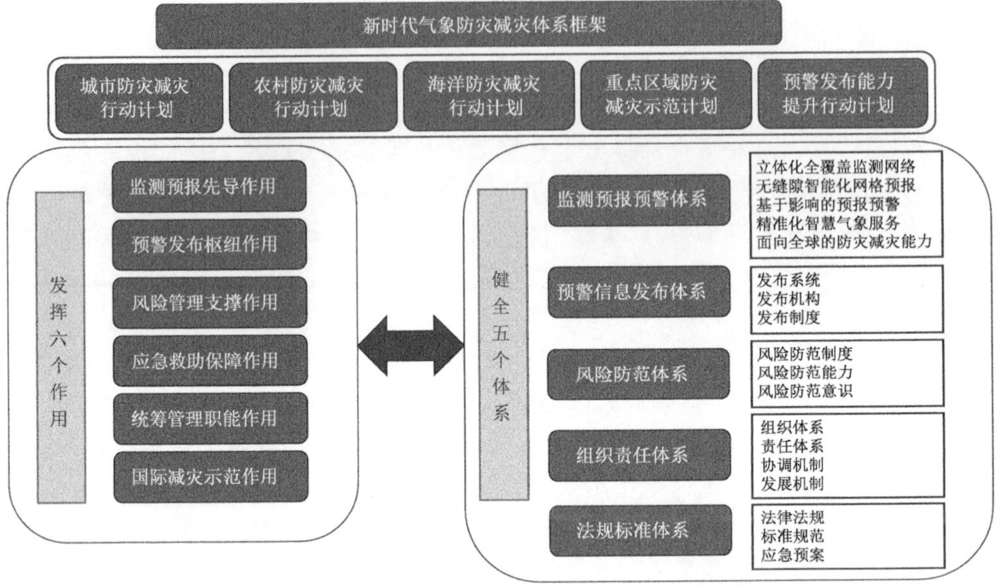

[彩]图 5.15　新时代气象防灾减灾体系框架

3. 预警信息发布方式

智能手机预警推送：手机具有便携快速、互动性强、可精准定位等特点，其优势是传统的信息发布手段无法比拟的，尤其随着 4G 和 5G 的发展，智能手机预警信息发布业务得到快速发展和普及。传统的预警信息发布渠道受技术条件限制，在发送速度和精准度上受到极大限制。以 2012 年北京"7·21 特大暴雨灾害"为例，虽然气象部门和通信部门立即采取了灾害应急措施，向全市市民进行预警短信的发送操作，但由于基站能力有限，短信发送通道极为拥堵，很多用户是在半小时后才得到预警信息的提示，甚至部分手机根本没有收到预警信息。目前，国内推送市场已经形成了以第三方消息推送服务商为主，互联网企业自主研发、手机厂商为有效补充的市场发展形式。其中，第三方 APP 消息推送服务商以其专业的推送服务，在国内推送市场上占据了主流地位。

北斗卫星：随着北斗卫星导航系统建设和服务能力的发展，已形成了基础产品、应用终端、系统应用和运营服务比较完整的应用产业体系。相关产品已逐步使用推广到森林防火、水文监测、海洋渔业、气象预报、交通运输、电力调度、通信时统、救灾减灾等诸多领域，正在产生广泛的社会和经济效益。特别是在南方冰冻灾害、四川汶川、芦山和青海玉树抗震救灾、北京奥运会以及上海世博会期间发挥了重要作用。

泛终端应用：随着移动互联网和物联网时代的到来，泛终端已开始进入全民普及时代。通过多终端无缝接收预警信息已成为可能，未来多终端自动适配的预警信息发布服务，基于位置、时间、跨平台、多终端的用户交互服务，将极大提高预警信息发布时效性、覆盖面、精准性。

精准靶向服务：通过充分整合气象、交通、国土等多行业数据、全面互联互通互操作和对数据的深度挖掘，利用物联网、云计算、决策分析优化等智慧技术，通过信息处理和信息资源整合，实现分众化、网格化、场景化智慧预警精准发布，可大大提升预警发布效率、防灾减灾应对能力。精准靶向发布技术及其应用，包括：基于地理围栏技术的网格化智慧预警发布、利用用户画像技术实现分众化预警的精准发布。

未来国内预警发布的主要发展趋势是：要向基层延伸，提高对重点领域和行业的针对性，扩大预警信息发布覆盖范围，提高预警信息发布时效性和精准度，提升预警发布系统的安全性和稳定性，加强系统运行监控能力，完善预警信息发布机制，健全预警发布标准体系，鼓励和支持社会参与并加强科普宣传。

参阅材料 5-36　美国基于影响的决策支持服务系统（IDSS 系统）

美国气象部门高度重视气象灾害预警工作，通过建设基于影响的决策支持服务系统（IDSS 系统），加强了信息的有效传播能力。

美国国家天气局《战略计划（2019—2022 年）》提出了“通过不断提升科技水平，提供准确的天气、水文、气候数据和预报预警服务，对灾害事件具备随时应对的能力，为国家提供最好的气象科学服务，做出降低气象灾害性影响的决策，实现天气常备国家”的战略构想。具体体现在三大战略目标中：

战略目标 1　通过改变人们接收、理解和处理信息的方式，降低天气、水文和气候等事件带来的影响

其中，第 1 条内容为：改进基于影响的决策支持服务系统（IDSS 系统）。基于影响的决策支持服务系统（IDSS 系统）的目标是提供相关信息和服务，使各类机构能对极端天气、水文和气候的变化随时做好准备和应对。预报预警应与公共安全、应急管理、水资源管理、国家经济安全等机构和政府官员的决策相联系，尤其是在极端天气情况下，务必要保证有序、协调、有效的准备和响应。专家要在预报关键天气事件中加强解释、咨询和沟通。要提供有针对性的气象宣传科普，确保公众对极端天气事件的认知、理解、准备和反应。要通过合作借助社会组织的力量，最大限度降低灾害影响，保证公众安全和经济活力。

战略目标 2　利用尖端科学、技术和工程提供最佳的观测、预报、预警

其中，第 3 条内容为：改进系统、技术和工具。实现部门系统、技术和工具现代化，保证基于影响的决策支持服务系统（IDSS 系统）能在任何时间、任何地点使用。综合运用预测分析法，认知计算，人工智能和自动化等技术使预报信息和影响信息相结合。利用社会组织的专业知识推动数据分析、数据可视化、技术合作和社会科学的发展。提高社会组织对天气、水和气候数据信息的理解能力、分析能力和交互能力，以支持公共安全、经济增长和社会组织的创新。

战略目标 3　重视人才、合作伙伴和组织绩效，帮助国家气象局发展，使其在变革中表现的出色

其中，第 2 条内容为：加强组织协调。开展协同预报，明确国家、区域和地方的职责定位，

保证各级做出统一准确的预报结论，推动国家气象局具备更强的凝聚力。完善国家气象局的运转模式、组织结构，进一步明确其角色定位。通过资源整合，满足客户日益变化的需求，使服务的数量扩大、质量提升，保证基于影响的决策支持服务系统（IDSS 系统）在各个层面上运转一致。帮助较为落后的地区和机构建立与国家气象局标准一致的预报产品和服务。

可见，美国国家天气局非常重视在未来通过基于影响的决策支持服务系统（IDSS 系统）系统，加强与政府决策者、社会组织之间的合作，提升对极端天气的决策与应对能力。

5.3.1.2 加强生态文明建设气象保障

任务 1 加强生态监测网络建设

建立生态气象综合观测和试验研究站网，在生态气象灾害多发区、地质灾害高发易发区、气候变化敏感区以及重点生态功能区、生态环境脆弱区和敏感区补充建设生态气象综合观测和试验研究站网。利用农业气象试验站、气候观象台开展生态气象观测，完善与地方生态文明建设相适应的生态气象服务站网。探索建立与各类用户及时互动的社会化辅助观测网。增强生态环境的卫星遥感监测能力，提高图像产品以及气溶胶、辐射、海面温度、地表参数、冰雪参数、温室气体等生态遥感产品精度。

任务 2 开展生态资源变化及生态保护红线区监测评估

开展气象要素与自然资源变化统计分析，研究气象要素对自然资源变化的影响，形成自然资源变化气象条件评估模型。根据生物多样性保护、水源涵养、水土保持、水土流失敏感性、土地沙化、土地利用等需求，对生态保护区进行分类监测评估。

任务 3 创建生态气候服务品牌

全面打造中国天然氧吧、国家气象公园、避暑胜地、避寒胜地、冰雪游胜地、农业气候好产品、特色气候景观等系列特色气候生态品牌，研发或完善特色气候生态品牌的评价指标体系和评价标准。开展涵盖气候生态、气候旅游等生态气象服务效益评估评价，针对重点生态区域，开展生态气象服务品牌的生态效益和社会效益等的指标研究。

任务 4 开展生态气候资源普查与分析

利用卫星遥感等观测手段，开展全国生态气候资源普查，编制特色生态气候资源普查技术指南，并通过实地调研、部门交流、专家论证等方式对普查结果进行验证和反馈订正，提高普查信息实际应用价值。针对气候舒适度、天气气候景观、物候景观等，研究分析各类生态气候资源时空分布特征，对标宜游、宜养、宜居、宜业的生态气象服务保障需求，开展生态气候资源区划。完善生态气候资源利用和保护相关指标体系。

任务 5 建设生态再分析资料库

基于对气候、地理地形、卫星遥感、生态环境、基础设施、经济社会等多要素关联分析，设定相关指标，并根据不同要素类型以及特点，分类设计生态再分析资料数据库。针对重点生态区域，提出合理开发利用生态气候资源的措施建议，为生态气候资源保护和开发利用提供科技支撑。

参阅材料 5-37　生态气象发展现状和需求分析

一、发展现状与趋势

1. 生态气象监测评估业务能力

2019年，已在国内不同生态功能区建设了与生态气象保障服务相关的70个农业气象试验站、2075个自动土壤水分观测站、100个国家级太阳辐射观测站以及大量常规气象要素观测站。气象部门基于生态气象相关资料开展了全国植被、草地、森林和重点区域湿地、水体、荒漠等生态系统保护的研究和业务服务。在国家层面上，初步建立了以植被、草地、森林为主的监测评估业务系统，为国家和相关部委提供定期和不定期的服务产品。部分省级气象部门针对辖区内的生态脆弱区和敏感区等，建立了区域性生态气象地面监测站网，并充分利用卫星遥感资料，开展了生态气象监测评估研究和服务。同时，密切结合各地生态规划和生态治理工程建设，开展了退耕还林（草）、重点流域生态治理等相关气象监测和评估，为地方政府科学决策提供依据。

2. 环境气象监测预警服务能力

气象部门在全国建设了376个酸雨观测站、29个沙尘暴观测站、28个大气成分观测站、1个全球大气本底站和6个区域大气本底站、259个大气负离子观测站、300个颗粒物质量浓度观测站，并利用风云系列气象卫星遥感监测雾、霾天气的空间分布及其发生发展过程。同时，中国气象局自主研发了全国范围15千米分辨率72小时预报时效的中国化学天气预报平台系统（CUACE）环境气象数值预报模式，京津冀、长三角和珠三角地区模式预报分辨率达到3～9千米。国家级、区域中心和各省（区、市）全面开展了24小时雾、霾预报预警和72小时空气污染气象条件预报。针对重污染天气过程、重大社会活动气象保障、突发环境气象事件应急响应，国家级和省级气象部门开展了环境气象决策服务和评估服务。环境气象预报预警工作为区域联防联控提供了重要的支撑和决策参考，取得了较好服务效果。

3. 气候变化影响与适应评估能力

气象部门已经建立了全国范围、长时间系列的气候系统观测数据，发布了《中国气候变化监测公报》等气候变化权威科学信息，开展了极端天气气候事件和灾害风险的预警信息发布业务，积极参与国际国内应对气候变化制度设计，为提高应对气候变化内政外交科技支撑能力和国家生态文明建设提供了基础支撑。

4. 气候资源保护与开发利用能力

在自然生态系统中，气候是最最重要的因素之一，是自然生态系统状况的综合反映，也是人类赖以生存和发展的基础条件。气候资源是指可被开发利用的光能、风能、热量、降水、云水和大气成分等，是一种宝贵的自然资源。气候资源的合理开发利用和保护是一个关系到社会和国民经济可持续发展的重大战略问题。《气象法》中对气候资源开发利用和保护做出了相应规定。各省（区、市）陆续制定了《气候资源保护与开发利用条例》。在相关条例的制定过程中，重点考虑了气候资源的管理体制、气候资源信息管理、气候可行性论证以及气候资源保护与利用等四方面问题，明确了重大规划、重点工程项目必须进行气候可行性论证，并对气候可行性论证报告的内容、气候可行性论证中的禁止行为作出具体规定。

除了制定相关政策来保护生态气候资源，气象部门还通过生态资源的风险评估、生态认证等方式加强对生态气候资源的保护和利用。目前，中国气象局依据法律职责完成了全国风能资源详查和评估，参与各级政府风能、太阳能开发利用相关规划编制工作，开展了全国太阳能电站选址、评估和运行保障的气象服务。此外，中国气象局还开展了宜居、宜游气候服务，通过“中国天然氧吧”“国家气象公园”“避暑旅游城市”等品牌创建，探索气候资源和气象景观资源开发和保护，促进旅游、康养等绿色产业发展，助推“美丽中国”建设，并面向改善和修复生态环境需要，大力推进生态修复型人工影响天气作业，开发利用空中云水气象资源，有效缓解旱情和水资源短缺问题，降低森林草原火险等级，增强生态自然恢复能力，改善城乡大气环境。

二、“十四五”需求与差距

1.“十四五”需求分析

中国地处地球环境变化速率最大的季风气候区，幅员辽阔，地形结构特别复杂，横跨从寒温带到热带、湿润到干旱的不同气候带区，天气、气候条件年际变化很大，气象灾害频发，自然与农业生态系统受气候变化与气象灾害影响剧烈。特别是近百年来全球正经历着以全球变暖为标志的气候变化过程，气候持续变暖及极端天气、气候事件的频发与无序人类活动的叠加，已经引起了一系列的生态安全问题，如：生物多样性丧失、土地退化与荒漠化、水土流失、生态系统退化、植被带迁移等，严重威胁到人类生存环境及社会经济的可持续发展，引起了政府、科学界及公众的强烈关注。

党的十七大报告首度明确了“生态文明”概念与理念，党的十八大报告将生态文明建设作为中国特色社会主义事业“五位一体”总体布局的重要组成部分，党的十九大报告进一步将“坚持人与自然和谐共生”作为新时代坚持和发展中国特色社会主义的基本方略，从“推进绿色发展、着力解决突出环境问题、加大生态系统保护力度、改革生态环境监管体制”四个方面对加快生态文明体制改革、建设美丽中国做出了具体部署，明确提出了“绿水青山就是金山银山”的绿色发展理念，并提出建设“富强民主文明和谐美丽”的社会主义现代化强国的目标。

近年来，党中央、国务院印发了《中共中央 国务院关于生态文明体制改革总体方案》、《中共中央 国务院关于加快推进生态文明建设的意见》等重要文件和相关部署，对气象服务生态文明建设提出了新要求。为此，迫切需要尽快提升气象部门生态文明建设气象监测评估预警保障服务的能力与水平，服务于生态系统保护和修复、乡村振兴和生态扶贫、大气污染防治和绿色发展。作为气象部门应立足职能定位，围绕生态和环境保护，深度分析全国各地气象资源承载力，加强气候资源评价与保护，加强宜居、宜业和宜游气候资源开发利用，建立涵盖宜居气候资源、特色旅游气候资源、气候生态资源和气候品质的气候资源评估指标与标准体系及相关服务系统，为促进美丽中国建设进程提供动态、科学、高效的气象保障服务。

2. 主要差距

(1)生态气象观测方面的主要差距

当前，生态气象观测方面存在的主要问题是专业监测能力薄弱，数据支撑不足。已有的气象观测站网布局缺乏专门针对不同类型生态气候资源系统的专门设计，特别是在中国北方和西部生态环境脆弱区气象观测站网密度严重不足；生态环境观测要素种类较少，具备植被、臭氧前体物及生成物等全要素观测的站点稀少。不同生态系统类型代表性要素地面观测数据的缺乏，极大制约了生态环境卫星遥感定标校验精度和定量应用水平及相关行业服务水平；卫星遥感观测的潜力未能充分挖掘，尚未构建长序列、广覆盖的卫星遥感生态环境数据集;卫星遥感产品的精度和定量应用水平等相对落后,目前气象系统中较多应用中分辨率遥感资料,高分辨率遥感资料应用较少,已经不能满足精细化的行业发展需求。地面遥感获取气象要素和关键大气成分垂直廓线的能力较弱,在超大城市群等重点污染地区也尚未建立针对关键生态气象变量的立体监测。

(2)标准规范和关键技术方面的主要差距

生态气象监测、预报和服务等方面的基础标准规范体系尚不健全,缺乏表征气候资源影响不同生态系统的关键性指标以及改变生态系统质量的阈值标准。针对生态系统变化与安全的气象预报预测与风险预警业务技术体系还不完备。客观化、定量化的生态气象数值预报模式技术短板明显。精细化、长时效的生态环境预报预测与风险预警技术还不成熟。各地生态气候资源"家底"仍不明确,气候资源功能价值和开发利用的评估技术和标准均亟待发展。

(3)科研工作方面的主要差距

生态文明建设与气候资源开发利用工作具有综合性与政策性强,多领域学科交叉突出的特点。气象部门在发挥专业性与技术性强的传统优势的同时,也暴露出优势学科单一、数据积累单一、业务服务单一、人员结构单一的弱点,服务领域相对有限。在生态系统保护与恢复的气象监测评估、大气污染气象条件评估、气候变化影响与风险、气象灾害风险管理、主体功能区战略实施保障、气候资源开发利用等方面科技支撑能力不足、科研投入力度不够。

(4)业务协同机制方面的主要差距

针对生态文明建设气象保障服务需求,各级气象部门业务之间、不同业务单位之间的功能布局、分工协作关系尚未完全理顺,存在分散孤立、各自为战、低水平重复等问题。缺乏统筹集约规范的业务平台、业务流程来支撑基层气象部门开展有针对性的生态文明建设气象保障服务,各业务支撑平台建设分散、能力不足,基础数据库集约度不高,相应的业务考核体系也未建立。

(5)跨行业数据共享及应用方面的主要差距

生态文明建设监测评估预警业务对生态、环境、社会经济等基础数据需求旺盛,但行业内部、部门之间的多源数据共享机制和应用能力与生态文明建设气象保障服务需求还不匹配。气象行业内部、不同部门之间针对生态系统的观测数据内容、格式、标准等不统一,数据质量控制与评估标准体系尚未建立。气象部门与其他部门的资料信息共享与交换机制不健全,不利于最大限度集约发挥多源观测数据的作用与效益。

5.3.1.3 强化乡村振兴气象基础支撑作用

任务1 构建现代气象为农服务体系

建设基础更牢、技术更新、结构更优、机制更活为目标的现代气象为农服务体系。提升现代农业气象观测能力,建设智慧农业气象服务平台,建设特色农业气象服务中心,形成分品种特色农业气象服务网络。发展覆盖新型经营主体的直通式气象服务。开展气候好产品品质评估和农业保险气象服务。加强农作物生长发育关键期和重要农事季节的人工影响天气作业,降低干旱威胁和减少雹灾损失,创造有利于农作物生长的气象条件,助力实现粮食高产稳产、保持农业农村经济持续稳定发展。

任务 2　提升农业气象监测能力

以“三区三园”为重点，全面优化现有农业气象观测试验站网布局，在高标准粮田中建设气象观测及苗情、墒情、病虫情、灾情等物联网设施设备，构建卫星-无人机-地面一体化作物监测数据实时收集系统，使粮食生产功能区或高标准农田项目区农业气象灾害监测能力达到百米级水平，并实时提供监测评估结果。开发基于大数据的农业气象灾害智能化监测分析平台。

任务 3　提升农业气象预报能力

面向粮食生产功能区建设和粮食生产全过程，结合现代天气气候预报预测技术、作物生产管理模拟技术等，加强月、季、年多时间尺度农业气象灾害风险预估技术研发。提升农业高影响极端天气气候事件预测能力和农业气候年景预测能力。加强长、中、短期一体化无缝隙农业气象灾害预测预报业务技术能力，构建为全国农业气象灾害防御预案、区域防灾减灾中短期决策提供全域覆盖的预测预报保障服务技术体系，形成精细化、标准化灾害风险管理及应对速判决策技术能力。发展精准化农用天气预报技术，在保障粮食生产全过程的同时，提升化肥使用效率和病虫绿色防控能力。

任务 4　提升农业气象服务能力

构建实时互联互通的智慧农业气象业务、服务平台，实现主要粮食作物生产全链条的气象服务信息的精细制作、精准服务。在中国农业气象业务服务系统(CAgMSS)基础上，建设集数据分析、预测预警、智能决策于一体的智慧农业气象业务平台。依托中国兴农网建设智慧农业气象网站和农业天气通 APP 等服务平台，实现数据采集、需求调查、产品发布、科普宣传、智能推送、效益评估等功能，形成视频、文字、图片等多媒体立体传播网络。同时，充分对接各地12306、自动化农业农村防灾系统等，与农业农村部等部门持续推进农业气象直通式服务气象信息进村入户。到 2025 年，农业气象直通式服务覆盖 70%的新型农业经营主体。

5.3.1.4　加强普惠性基础性民生气象服务

任务 1　深化精细气象服务能力

面向公众衣食住行和健康等需求，开展基于新一代信息技术的分众化气象服务，创新气象服务业态和模式，提升公众获得感。发展基于用户特征的个性化智慧气象精准服务推送技术、基于人工智能(AI)和虚拟现实(VR)的气象音视频节目制作技术、集约高效的气象融媒体平台技术，以及基于物联网的智能泛在社会化气象观测技术。

任务 2　丰富气象服务产品供给

面向公众衣食住行健康等美好生活需要，完善公众气象服务产品体系，强化健康养生、居家休闲、出行出游、上课上班、分众爱好等与生活工作息息相关的气象服务产品。推进气象数据的可视化产品加工，发展图形、视频、动画等直观易懂的气象服务产品。推进场景模拟、全息投影等气象服务，创新气象服务产品表现形式。

任务 3　打造智慧气象服务品牌

发展以“中国天气”为品牌的公众气象服务，提高中国天气网、中国天气频道、中国天气通能力和水平。建立以“智慧气象”为核心的气象服务平台，逐步实现智能观测、智能预报、自动感知、个性定制、按需推送、在线互动的气象服务供给新模式。建立全国气象服务需求、技术、数据、产品、模式、软件等资源和成果共用共享合作平台和气象服务监督管理平台，充分发挥气象对经济社会发展、助力人民生活富裕的趋利功能。

5.3.1.5 加强现代化经济体系保障服务

任务1 智慧气象服务赋能城市发展

对标城市精细化管理需求，建立大城市精细气象特征智能感知体系和支撑短临预报的城市气象体征协同观测体系，构建高分辨率的城市网格三维天气实况和预报地图。建立覆盖到城市所有地区的主要灾种的气象灾害影响预报和风险评估的风险管理模型。建立小时级街镇气象影响预报智慧服务系统。建立智慧气象赋能的部门联动机制，为政府和相关城市管理运营部门提供方便快捷的气象服务。开展基于场景、位置和智能感知的情景互动气象服务，研发和应用人工智能短时临近预报技术，建立人群划分模型，开展标签管理，为不同侧重的城市区域提供精准定点的预报预警服务和风险提示信息，保障城市防灾减灾、管理治理、城市居民出行生活等各方面的个性化需求。在部分大型城市开展城市气象保障工程建设试点，并推动大城市气象保障国际示范。

任务2 构建"大交通"气象服务保障与支撑体系

建立多源气象观测为主，社会化观测为补充的交通气象监测网络。加强气象服务数据与公路、铁路、航空、海运等行业领域的数据融合，开展行业气象服务数据汇集和大数据挖掘分析，建立基于影响的交通气象服务指标、算法，构建以用户为中心的交通气象服务供给体系。开展公路、铁路、航空等交通领域重点行业全过程、全链条的气象服务。优先发展任务有：面向铁路提供精细化气象预报预警服务，面向航空提供定点、定时、定量的强天气短时临近预报服务等。发展深度融合交通生产、运输、调度、维护等各个环节的定制化交通气象服务体系，全力保障国家交通强国战略的实施。

任务3 构建"大保险"气象服务保障与支撑体系

开展气象灾害成因和风险评估研究。开展气象灾害成因分析和风险评估，为气象和保险的深度融合奠定科学基础。构建气象巨灾数据库，研发具有自主知识产权的巨灾模型。开展气象指数型保险产品研究。联合保险公司、再保险公司，共同选取受气象灾害影响较严重的农业等行业，选取人影比较能力比较强的地区，融合气象信息、灾损信息、减灾能力措施，评估防灾减损效果和效益，共同研制气象指数型保险产品。建设雹灾防灾减损服务平台，为大型农企和保险公司等提供专业服务。发挥气象部门的政府职能作用，为各级政府提供透明的保险产品设计、定价平台。开展重点保险客户服务。选取试点项目，在巨灾高发地区开展面向重点保险客户的保险气象服务。尝试开展定制式人影作业服务模式。借助气象部门的人工影响天气作业能力，尝试保险公司购买人影服务为保险公司减损、为保险公司客户减灾专业服务模式，尝试大型企业直接购买雹灾减灾服务、气象部门直接提供服务并联合保险公司保底等专业服务模式。

任务4 健全能源气象服务业务体系

针对海上风电开发，开展海上多源资料融合技术研究，优化部署海上风资源观测系统，提高海上风资源评估和预报准确率。针对风电、光电、水电集中的地方或集中式管理的企业，发展集成风、光、水预测技术，为大规模新能源并网提供依据。针对风电场、光伏(热)电站、水电站运维和建设，开展短临、短期、中期、长期多时间尺度的施工、运维窗口期预测和气象灾害精准预报预警。针对电力调度，发展风速、辐射、降水量中长期预测技术，为风、光、水联合调度提供依据。针对电力销售和发电计划，开展用户端中长期负荷预测。

任务5 加强重大工程规划建设气象服务支撑

针对国内外重大工程项目的规划建设，引入精细数值模拟技术和人工智能技术，综合利用多源观测资料，研究工程气象参数和气象风险、效益评估技术。开展诸如川藏铁路复杂山地、复杂气候、缺少观测资料条件下风、冻土等参数评估和强风、地质灾害、大温差、雷电等气象风险评估、西电东送输电线路通道和高耸结构风、冰参数评估、跨江河大桥结构抗风参数评估、海上工程的台风影响和效益评估等。

参阅材料 5-38 专业气象服务发展现状、趋势与新需求

一、现状分析

随着社会经济不断发展进步，行业企业为提高精细化运营降本增效，在气候资源开发利用、气象灾害防范、天气风险管理、天气影响因素分析等方面需求日益强烈。专业气象服务在气象科技研发、业务新业态孵化、服务新技术应用等方面的需求引领下，发挥着越来越重要的作用，逐步成为气象科技发展的驱动器、加速器和试金石。

近年来，中国专业气象服务蓬勃发展，气象部门与多个行业深入合作，开展技术攻关，通过提供针对性的专业气象服务产品，取得了一定成效。各级气象部门通过部企合作、局企合作的方式，为交通、航空、农业、旅游、民航、水文、能源电力等行业提供专业气象服务，已在与其他行业交融中逐渐成为一个有机的整体，在行业发展中起到了不可或缺的作用。与此同时，随着气象服务市场的开放，新兴气象服务主体在制造业、零售业、物流业等领域开展了有益的探索，气象服务产业生态不断完善。

但总体来说，国内专业气象服务还处于粗放式发展阶段，目前存在的问题主要包括以下五个方面：

一是专业气象服务核心能力尚不能满足行业应用需求。科技水平和创新能力不够，面向不同行业领域的气象观测、数据资源、影响预报模式模型发展滞后；对气象新技术应用转化程度较低，专业气象服务产品时空分辨率不高，空间分辨率主要以 5～10 千米为主，短临预报的时间分辨率主要以小时为主，产品形式相对单一、整体科技含量不高，不能跟上行业部门的实际需求；对服务对象的需求挖掘不够，适应不同行业需求的产品提供能力严重不足，无法针对不同行业或不同场景提供基于影响的专业气象服务，缺乏核心品牌和拳头产品。

二是专业气象服务支撑保障能力与国际对比具有明显差距。随着气象预报预警精细化、准确率的不断提升，大数据、人工智能等信息化技术手段的不断进步，大大提升了专业气象服务的发展空间。美国 IBM、AccuWeather 等企业通过自主研发全球高分辨率大气预报系统等方式，利用高效一体化的专业气象服务支撑平台，实现了基于多源资料融合、精细化预报预警和长期天气预报的商业天气服务能力。从目前国内专业气象服务市场来看，由于缺乏高精度的短临预报预警核心技术能力、缺乏统一灵活的服务支撑平台，目前专业气象服务基础支撑能力整体偏弱，针对不同行业的专业气象服务平台林立，不能共享互通，严重制约了专业气象服务水平和质量的进一步提升。

三是面向特定行业的专业气象服务顶层设计落后于行业发展需要。以航空气象服务为例，早在 21 世纪初，世界气象组织、国际民航组织及美国、欧洲的“下一代航空运输系统(NextGen)”综合计划和“单一天空计划(SESAR)”等就对航空气象技术发展提出了明确的需求。目前，中国运输航空、通用航空及飞机制造等领域快速发展，航空气象服务的需求与日俱增，但国内航空气象服务、航空气象装备制造、航空气象技术研发和基础技术研究等环节相互割裂，造成了缺乏统一顶层设计、各业务环节业务和技术标准不统一、缺乏自主的核心技术能力等问题，极大制约了中国航空气象服务技术能力的发展。

四是专业气象服务与行业融入式发展模式和协同机制尚未建立。产品融合深度不够、以用户为中心、融入式发展水平不高，存在着数据平台“不敢开放、不愿接入、不会融入、不好应用”的问题。在数据层面，目前只是在做部门内多源气象观测资料的融合，并未实现与服务用户信息、环境信息、地理位置信息、设备设施信息等大数据的融合；在平台层面，目前的专业气象服务平台多为独立的气象服务业务系统，没有与用户已有的生产调度系统对接，处于物理隔离状态；在机制层面，专业气象服务机构对行业用户的生产模式、行为特征、关注重点、发展理念等不了解、不关注、不关心，就需求谈需求，缺少机制融入，导致专业气象服务的价值未能有效发挥。

五是复合型专业气象服务人才队伍支撑不足。专业气象服务应是融入式专业气象服务，涉及多学科、跨领域交叉融合，需要特殊的复合型、应用型人才，除了过硬的气象专业知识，还需要较强的创新能力、动手能力、沟通能力、管理能力。按照气象服务产业发展规模，专业气象服务人才队伍总量不足，高校专业与学科设置与专业气象服务发展实际需求不相匹配，气象服务人才保障机制不健全，资金和科技资源不够集约，职称评定和岗位培训制度尚需完善，事业单位专业气象服务的发展活力和积极性尚未有效激发。

二、发展趋势

党的十九大报告指出，我国经济已由高速增长阶段转向高质量发展阶段，正处在转变发展方式、优化经济结构、转换增长动力的攻关期。“十四五”时期，要服务好现代化经济体系建设，推动专业气象服务供给侧结构性改革，实现发展质量变革、效率变革、动力变革，用科技提高生产率，专业气象服务将面临新的发展形势、难得的发展机遇，将迎来需求的“井喷期”：

一是经济社会发展对专业气象服务的需求日益强烈。随着我国经济进入“新常态”，人民对美好生活向往对经济社会行业发展提出更高的要求，行业企业将从规模驱动发展转变为科技驱动和创新驱动，通过精细化运营等方式降本增效、提升气象灾害防治、天气风险应对和科学决策管理能力，对专业气象的融入式服务需求日益强烈。

二是专业气象服务在创造气象行业价值中将发挥更重要作用。专业气象服务是新时代中国特色现代气象服务体系的重要组成部分。在实现科技引领创新型国家建设的背景下，气象在做好科技型公益性服务的基础上，将通过专业气象服务，赋能行业转型升级，推动国民经济实现供给侧结构性改革，从而提升气象行业现代化水平、社会价值和经济价值。

三是专业气象服务对气象业务的需求引领作用将更加明显。专业气象服务的巨大需求，将推动业务新业态的产生，发展专业气象服务是提升气象业务服务质量和效益的关键。例如航空气象服务需求引领下发展起来的社会化机载观测，直接提升了全球低、中、高空观测能力，是否能够获得和利用好这些社会化观测，将会决定数值天气预报水平以及短临预报预警能力，反过来影响了气象基础业务支撑能力。

四是大数据融合、人工智能应用将成为专业气象服务发展的基础。在云计算、大数据、物联网、人工智能、移动互联等技术的支撑下，“万物互联”将为未来大数据创新应用提供无限可能，专业气象服务将成为引领气象大数据产业发展的关键，通过融入式专业气象服务，推动气象大数据、气象物联网和实体经济深度融合，可以在创新引领、智能运营、现代供应链等领域，为行业发展培育新增长点、形成新动能。

五是开放发展融合度将成为决定专业气象服务发展水平的关键。引导专业气象服务利益相关方深度参与专业气象服务，确保各类服务资源充分对接和融合。建立以企业为主体、市场为导向、产学研深度融合的技术创新体系，形成管理有据、竞争有序、合作共赢的发展格局。

三、需求分析

“十四五”时期，为继续贯彻新时代坚持和发展中国特色社会主义的基本方略，统筹推进经济建设、社会建设、生态文明建设，落实好创新驱动发展战略、乡村振兴战略、区域协调发展战略、可持续发展战略，为科技强国、交通强国、数字中国、智慧社会的建设提供有力支撑，新时期专业气象服务面临的新形势新需求主要包括以下四个方面：

一是国家防灾减灾救灾发展理念转变。习近平总书记对综合防灾减灾救灾提出“两个坚持、三个转变”，即：坚持以防为主、防抗救相结合，坚持常态减灾和非常态救灾相统一，从注重灾后救助向注重灾前预防转变、从应对单一灾种向综合减灾转变、从减少灾害损失向减轻灾害风险转变。发展融入式专业气象服务是落实“两个坚持、三个转变”内在要求和必然选择。

二是服务保障国家重大战略提出更高需求。在国家“五位一体”总体布局和“四个全面”战略布局中，在国家实施的系列重大战略和三大攻坚战中，都蕴含着对专业气象服务的明确要求和巨大需求。保障国家总体安全，要求专业气象服务攻坚克难，向航空气象服务、远洋船舶气象导航等专业气象服务的核心重点领域持续发力。落实“生态文明”战略，推动绿色发展、建设美丽中国，壮大风能、太阳能等新能源产业，对于气候资源区划评估以及开发利用等方面的专业气象服务保障提出了更高的要求。“一带一路”建设对全球航空气象服务保障、高原复杂条件机场保障服务、低空应急救援航空气象保障、高铁精准运行气象保障等提出了新的气象服务需求。

三是人民美好生活需要提出更高要求。随着中等收入群体规模不断扩大，群众提高生活水平和改善生活质量的愿望更加强烈，对气象服务的需求更加多样化多层次，已经转向了个性化、专业化、精准化，提高专业气象服务供给质量和水平的要求更加紧迫。例如随着民用航空的发展普及，运输航空、通用航空及飞机制造、国防航空安全保障等行业、领域的快速发展，航空行业气象服务的需求和要求日益提高，亟需提供高质量定点、定时、定量、特殊天气要素的短时临近预报服务。在旅游和体育方面，一方面是登山、滑雪、滑翔、攀岩、热气球、冲浪等户外休闲体育运动逐渐走进了普通老百姓的生活，另一方面是专业化程度更高的商业体育比赛逐渐形成了全产业链发展，休闲运动的安全进行和赛事的成功运营都依赖精细化天气预报和服务支撑，这些为专业气象服务提供了一片新的发展空间。

四是经济转型与高质量发展提出更高需求。“十四五”时期，中国将继续发挥经济巨大潜能和强大优势，需要继续加快转变经济发展方式，持续推进供给侧结构性改革，通过大力实施创新驱动发展战略，提高发展质量和效益，加快培育形成新的增长动力。目前许多行业利用已积累的丰富数据资源，积极探索客户细分、风险防控、信用评价等应用，加快服务优化、业务创新和产业升级步伐。在此基础上需要发展融合应用技术，推动气象大数据产业发展，推动气象大数据加速向传统产业渗透，通过专业气象服务驱动生产方式和管理模式变革，推动传统行业向智能化方向发展，从而实现“气象+”影响的经济价值挖掘，提升气象治理能力、优化气象服务效果、推动行业创新发展。例如：目前公众气象服务的精度无法满足企业在成本控制和安全生产方面的刚需，防御过度和不足并存，很多企业没有建立灾害风险管理体系，迫切需要气象风险评估、影响评估，提高对气象风险的应对能力；在精细化运营方面，需要通过气象影响因子分析，形成专业气象服务要素预报，指导供应链管理、物流管理、铁路公路航空运营调度、电力生产及调度等，从而降低企业运营成本，最大化满足客户需求，实现降本增效。

以上四个方面的新形势新需求，要求专业气象服务必须实现融入式发展，通过数据融合、平台融合、业务融合和机制融入，推动专业气象服务高水平高质量发展。

数据融合：数据是国家基础性战略资源，是 21 世纪的“钻石矿”。在“万物皆数、万物互联”的时代，实现数据安全、深度、灵活融合，通过状态全面感知、信息高效处理、人机灵活交互的智慧服务系统挖掘数据价值，将成为专业气象服务的基础。提升服务质量和效益，需要融合多部门、企业数据。气象部门和其他行业、企业数据是相互独立的，而专业气象服务需要大量的气象数据（包括观测数据、预报数据等）和服务对象的观测数据、设施信息、地理信息等多元数据。

目前，一些部门和企业纷纷建立大数据平台，利用大数据、人工智能、云计算等技术进行数字化精细管理。例如，国家电网提出了建立“泛在物联网”，全方位对电网运行状态、客户用电等进行实时监测、预警、分析等，开展了“天-地-网”融合研究。企业精细化管理需要精细精准气象灾害评估数据和预报预警数据，卫星、雷达、地面气象站、企业或行业气象观测数据等多源观测资料融合将成为提高气象灾害评估论证和预报预警能力的重要手段。基于影响的气象灾害预警需要气象预报数据、服务对象信息、承灾能力、环境特征、避险决策等信息融合，才能实现快速精准预警。

业务融合：针对企业风险管理和效益提升等方面的需求，需要定制开发满足建设、运维、效益管理等不同应用场景的服务产品，建立联动响应的服务模式，实现业务融合。在有效防御和减轻气象灾害，保障安全生产方面，针对公众的预警产品和基于免费的预报数据建立的预警信息在时效性、准确性上不能满足要求，需要专业的快速融合预报和实况分析系统，并且需要建立综合考虑气象预报数据误差、服务对象设施信息、承灾能力、环境特征、避险决策等因素的快速预警模型，两者结合起来才能实现快速精准的基于影响的预报预警，在针对极端强天气过程时还需要专家现场服务。在企业效益提升方面，针对公众的气象预报和气候预测产品精细化程度上不能满足要求，需要不同时间尺度的精准预报和预测，综合考虑多种气象因素影响，通过专家研判和解读提升预测和预报服务质量。

机制融入：机制融入是保障专业气象服务技术、人才、效益持续发展的重要举措。良好的合作关系是专业气象服务融入发展的重要保障。只有在相互信任、合作共赢的前提下，才能实现数据融合、业务融合，进而实现创新发展、提质增效。专业气象服务还需要更大的市场推广和先进的技术支持，需要发展专业的气象机构和人才队伍，不断探索、引入和转化新技术、新产品、新方法、新理念，提升专业气象服务能力。

5.3.1.6　强化应对气候变化支撑能力

任务 1　推进气候变化基础科学研究

研发全球尺度气候数据集，建立高分辨率的长序列气候变化基础数据集，进一步补充和完善全球和区域气候变化预估产品。加强气候变化检测归因研究，提高对自然因素和人类活动影响气候系统机制的辨识能力，提升对气候规律的认知水平。强化气候系统模式自主研发，加强多圈层、多过程、多要素的耦合，提升气候系统模式综合模拟能力。建立气候变化综合影响评估方法和模型，推进气候变化全国整体评估和重点区域行业评估，科学支撑应对气候变化能力建设。

任务 2　推进农业应对气候变化能力建设

加强大数据、物联网、人工智能等技术在农业应对气候变化中的融合应用。开展在气候变暖背景下我国粮食主产区主要农业气象灾害新规律、新特点及其成因研究。构建极端气候事件对农业影响的定量评估模型，科学评估粮食生产应对气候变化自适应机理、有效性和潜能性。开展百米级精细化农业气候资源区划和农业气象灾害风险区划，并形成动态更新能力，为农业生产基地建设、农业结构调整和合理布局提供科技支撑。开展重大粮食工程建设、新品种引进的气候可行性论证，开发粮食生产领域应对气候变化的气象灾害应急与防控技术。提升全球重点产粮区气象灾害监测预报技术和全球小麦、玉米、大豆、水稻长势监测与产量气象预报能力。

任务 3　强化气候灾害风险管理

加快建设中国气候服务系统，推进传统气候服务与国家和行业应对气候变化需求紧密结合。加强气候变化风险评估与决策服务体系建设。强化气候和气候变化在灾害风险管理、农业与粮食安全、水资源管理、卫生与健康等领域的定量影响评估和应用服务。

5.3.1.7　有序推进气候资源开发利用

任务 1　开展气候资源普查和区划

加强卫星遥感、高分辨率数值模拟资料、地面气象观测资料以及地理信息等多源资料融合应用。建设风能太阳能资源、热量资源、水资源、农业气候资源、生态气候资源、旅游康养宜居气候资源、城市气候资源的动态普查与区划方法技术体系。搭建气候资源基础信息库，形成全国气候资源基础信息“一张图”。建立面向多领域、多行业的气候资源动态普查和区划体系，指导各地推进气候资源的合理有序利用和气候品牌建设。

任务 2　完善全国气候资源监测、评估和预警体系

针对太阳能、风能等气候资源开发利用的全生命周期，重点面向区域规划、微观选址和电站设计等环节，研发复杂地形、多能互补、海上风电等特殊形态下的可再生能源气象服务技术。面向国家高比例可再生能源消纳和大规模、集中式清洁能源电站，乡村分布式清洁能源电站服务需求，建设全国高时空分辨率新能源数据库和新能源综合利用与服务业务平台，实现全国气候资源月、季、年实时动态监测和评估。完善面向国家可再生能源消纳和风电场太阳能电站选址、监测、评估、预报、预警综合服务体系，保障气候资源保护和高效利用。

任务 3　提升重大工程气候资源承载力评估能力

加强重大工程、重大规划气候可行性论证核心技术研发，开展基于中微尺度气象模式，基于高性能计算流体力学仿真技术，建立涵盖区域、城市、街区（村镇）、工程（建筑）布局等多时空尺度的重大规划、重点工程的精细化数值模拟分析系统。开展国土空间规划、区域性气候可行性论证等标准体系建设，完善覆盖宜居城市、海绵城市、气候适应型城市建设和电力、桥梁等主要领域的重点工程建设和城市规划的气候可行性论证技术体系。完善气候可行性论证通用平台。面向重大生态保护和修复工程，建立典型生态系统保护和恢复工程的气候效益综合评价指标，开展生态保护和修复工程气候效益评估以及目标场景气候效益情景预估。开展国土空

间规划、通风廊道、电力交通等重大工程、重大规划的气候资源开发利用潜力和气候风险评估论证技术体系研发，建立重大规划和重点工程的对气候生态影响评估和气候资源承载力评估能力。

5.3.1.8　健全人工影响天气作业体系

任务1　增强人工影响天气基础业务能力

提升探测能力，加强监测评估体系建设，针对重要生态区、主要流域等重点区域的云水资源通道，完善“天基—空基—地基”立体监测网，开展动态化资源监测评估。提升作业能力，加快推进人工影响天气工程建设，重点加强以高性能飞机为代表的先进作业能力建设，分区域布设高性能增雨飞机，深入推进作业飞机驻地专业保障设施和保障基地建设。提高地面作业装备现代化水平，加快建设标准化作业站点，优化作业装备布局，推进火箭、高炮等装备自动化、标准化、信息化改造。提升业务能力，建立健全国家、区域、省、市、县五级业务职能和业务体系，完善国家统一指挥调度、区域联动协作的人工影响天气作业体制机制。

任务2　增强人工影响天气服务国家重大战略能力

强化突发事件应急保障服务，不断加强森林草原扑火、异常高温、严重空气污染等人工影响天气应急保障能力建设，提升快速响应能力。落实乡村振兴战略，聚焦农业增效、农民增收、农村增绿，结合农业种植结构调整和特色产业发展规划，扩大飞机增雨(雪)覆盖范围，合理设计和调整地面增雨防雹作业站点布局。紧密结合生态文明建设需求，推进人工影响天气作业由防灾减灾型向生态修复型拓展，根据山水林田湖草等生态保护和修复需求，开展生态修复型人工影响天气常态化作业，有效降低生态保护和修复成本。强化重大活动保障服务，开展重大活动保障区降水类型、特性的影响分析，建立重大活动人工影响天气保障试验的流程和标准规范，加强技术储备和试验演练，为重大活动顺利实施提供服务。

任务3　加强人工影响天气安全监管

进一步健全责任明确、操作规范、制度严格、措施到位的安全体系，落实属地监管责任。把人工影响天气纳入地方各级综合安全监督管理系统和检查内容，加强检查考核，确保安全责任落地。完善安全事故应急处置预案，加强应急演练，提高事故应急处置能力。加强安全技术防范，推广物联网、生物识别等技术在人工影响天气安全中的应用。加强弹药生产、购销、运输、存储、使用、销毁以及空域申请和作业队伍等重点环节的综合监管和常态化检查，完善管理制度和标准，优化仓储布局，强化风险防控，消除安全隐患。

任务4　强化人工影响天气科技创新和人才支撑

围绕重大科技问题，发挥国家级人工影响天气研究机构的龙头作用，强化关键技术研究。重点内容包括：云降水和人工影响天气基础理论、云降水和人工影响天气外场观测综合试验、云降水和人工影响天气数值模拟技术、人工影响天气催化技术、人工影响天气效果检验技术、人工影响天气装备和探测技术研究等。创新人工影响天气科研体制机制，加强国际合作与交流。建设人工影响天气创新平台和试验基地。加强人工影响天气创新团队建设，逐步壮大高层次科技人才队伍。加强人工影响天气学科建设，完善职业培训体系，保障高水平人才队伍的持续发展。完善人工影响天气职业政策，健全基层作业人员聘用管理制度和激励机制。

参阅材料 5-39　人工影响天气发展现状、趋势与需求分析

一、发展现状与趋势

近年来，在全球气候变暖背景下，我国资源环境生态问题更加凸显、防灾减灾形势更加严峻，农业、生态、环境、交通等行业对干旱、冰雹、雾霾、高温热浪等灾害的敏感性和脆弱性不断加大。

在中央和地方各级政府的大力支持下，经过多年的发展，我国人工影响天气已由以前的单纯地方事业转变成为国家和地方共同协调发展的一项重要基础性公益事业，已基本建立了国、省、市、县四级人工影响天气业务体系，技术和科技水平得到了明显提高，作业规模居世界首位。人工影响天气从过去的应急性、分割化向常态化、集约化转变，从单一的抗旱减灾向云水资源开发、生态环境保护等多个领域拓展。人工影响天气在保障粮食安全、保护生态环境、保障重大活动等方面取得了显著效益，成为各级政府加强防灾减灾、农业公共服务体系建设和水资源安全保障的重要举措。

在国家科技支撑计划、公益性行业（气象）科研专项和国家重点研发专项等支持下，我国人工影响天气科技水平得到显著提高，取得了一系列重要成果。在基础理论研究方面，在人工影响天气机理、优化作业技术和方法等方面取得了重要进展，部分技术投入业务运行，实现了作业条件监测预报识别、作业设计指挥、机载探测、作业、通信指挥的现代化。培养了大量科技人才，获得了世界气象组织（WMO）人工影响天气优秀奖、国家科技进步奖等奖励，相关科技成果还成功应用到北京奥运、60 周年国庆等重大活动的气象保障中，取得了显著社会和经济效益。主要发展现状和趋势有以下几方面：

一是初步建立了现代化业务体系。我国初步建立了以国家级为龙头、省级为核心、市县级为基础的现代人工影响天气业务体系，建立了以科学精准催化作业为核心，具有人工影响天气作业条件预报、监测预警、方案设计、跟踪指挥和效果检验功能的“横向到边”的五段实时业务，形成四级管理（国家、省、市、县）、五级指挥（国家、区域、省、市、县）、六级作业（国家、区域、省、市、县、作业点）“纵向到底”的现代化完整的全国业务体系。

二是在云水资源监测评估、作业条件预报、作业调度指挥和效果检验等方面取得明显进展。基于卫星、雷达、飞机等多源观测资料在云物理和人工影响天气融合应用能力明显提高，3 千米分辨率的云预报数值模式投入运行，全国分区大气水资源及云水资源气候评估取得阶段成果，并启动进行效果检验试验。

三是装备现代化水平明显提高。自动化高炮和火箭架的定型并列装，空中国王和新舟 60 等一批高性能探测和作业飞机的投入运行。X 波段双偏振雷达、云雷达、激光雷达、微波辐射计、雨滴谱、风廓线等一批云降水观测仪器用于人工影响天气业务服务。

四是科学试验基地建设明显加快。近年来，在国家和地方政府支持下，以外场作业试验基地、大型研究实验设施为依托、多种资料融合分析、高分辨率云数值模式等关键技术为基础的科学试验基地体系建设明显加快，东北、华北、西北区域的试验基地初具规模。国家级试验基地已启动建设。

二、“十四五”发展需求

1. 防灾减灾和保障粮食安全的需要

中国是世界上气象灾害最严重的国家之一，气象灾害损失占自然灾害总损失的 70%以

上，其中旱灾占气象灾害损失的50%以上。在全球气候变化背景下，气象灾害的突发性、反常性、不可预见性日益凸显，干旱、冰雹、森林草原火灾等都呈现多发、频发、重发。影响中国降水的主要天气系统复杂，降水时空分布不均，降水量最少的西北地区干旱、半干旱面积超过80%。华北地区干旱频次最高，黄淮地区和西南地区旱灾呈加重趋势，长江中下游等湿润区大范围干旱等极端事件近年来也时有发生。为防止和减轻干旱、冰雹等灾害造成的损失和影响，加强农作物生长发育关键期和重要农事季节的人工影响天气作业，对缓解干旱威胁和减少雹灾损失、创造有利于农作物生长的气象条件、实现粮食高产稳产、保持农业农村经济持续稳定发展具有重要作用。

2. 保障生态安全和增加水资源的需要

中国生态环境十分脆弱，生态脆弱区的面积占国土总面积的1/5，生态环境恶化趋势仍未得到根本遏制。党的十八大提出了包括生态文明建设在内的“五位一体”的中国特色社会主义事业建设总体布局，对保障生态安全提出了更高的要求。《全国主体功能区规划》确定了25个国家重点生态功能区，其中8个水源涵养型国家重点生态功能区由于少雨缺水导致沙化严重、河流干枯、湖泊萎缩，湿地破坏严重。随着经济快速发展，水资源短缺更加突出，水资源储备面临严峻形势。加强常态化、规模化人工增雨(雪)作业，增加缺水地区及其上游地区的降水，增加水库湖泊汇水量和江河径流量，增加南水北调水源地的降水，对缓解水资源供需矛盾，保障经济社会可持续发展具有重要的长远意义。

3. 保障中国承办的重要国际性会议赛事和各类重大社会活动顺利实施的需要

随着中国承办重要国际活动和重大社会活动的不断增多，以及应对能力的要求不断提高，对人工影响天气的保障需求变得更加频繁和迫切。

三、主要差距

中国人工影响天气工作虽然取得了长足进步，但是影响和制约人工影响天气发展的主要矛盾和突出问题依然存在，作业能力与服务需求不相适应的矛盾还很突出，主要体现在：

一是科技支撑不足，自主创新能力有待加强。云降水和人工影响天气基础理论、系统性的人工影响天气研究与关键技术研发滞后，缺乏适用的室内试验平台和外场试验基地，缺乏云的宏微观探测专用设备，没有形成针对不同云系和作业条件的成套作业技术，作业效率不高，数值模拟、催化作业、效果检验和探测等自主创新研究亟待加强。

二是作业能力不强，现代化作业体系亟待建立。我国目前作业飞机以小型飞机为主，可用作业飞机数量少、性能差，作业不够充分，作业规模覆盖范围小，不能满足科学作业需要的飞行高度、密度和范围。我国现用作业火箭和高炮的射高有限、性能较差，地面作业装备弹药的自动化、高可靠性和高安全性程度不高。作业装备技术水平整体相对落后，作业能力不能满足防灾减灾、生态文明建设日益增长的需求。

三是协同创新能力不强，跨部门跨区域协调机制有待完善。尚未建立跨部门、跨行业、影响力大的高水平科研创新团队，人工影响天气关键技术联合攻关力量不强，人工影响天气队伍总体素质有待提高。全国统一的信息化、可视化、实时业务平台尚未建立。国家和区域统一指挥调度的跨区域联合作业机制和模型尚不完善，影响了人工影响天气的作业效率和整体效益。

任务 5　加强人工影响天气作业效果评估

重点围绕粮食生产、森林草原生态与防火、水源涵养、生态湿地涵养、城镇降温减碳等生态修复人工增雨重点保障区和重大工程(如:南水北调工程)人工增雨重点保障区开展人工增雨综合效益评估。针对全国各地天气特点、人工影响不同作业方法和不同服务对象,组织开展随机化和非随机化人工影响天气效果检验科学试验。瞄准国际先进水平,进一步发展数值模拟效果检验,实现统计检验结果和物理检验证据有机结合。

参阅材料 5-40　中国人工影响天气效果检验评估技术发展现状

近年来,中国人工影响天气效果检验技术有了一定的提高,主要体现在:一是基于地面降水量的人工增雨作业效果统计检验技术方法得到发展和应用,非随机化人工增雨业务作业效果检验工作和随机化人工增雨科学试验效果检验工作正在有序规范进行中。二是物理检验越来越引起重视,越来越多地利用卫星、雷达、飞机探测资料开展效果检验工作,基于天气雷达探测的人工影响天气作业效果物理检验技术方法得到发展和应用。三是云和降水的数值模拟研究取得了明显进展,并在一些有条件的地方逐步开始用于效果检验工作。

但是,与国际先进技术相比还存在一些差距,如:(1)国际上很多地方都在开展人工增雨随机化科学试验,而我国人影业务作业中一直没有开展随机化作业。(2)我国目前在一些地方的人影业务作业及其效果检验工作还存在一定的盲目性。(3)我国目前人影作业效果检验工作绝大多数都是统计检验和物理检验相互独立的,如何使统计检验结果和物理检验证据有机结合是效果检验工作的一个努力方向。(4)我国现阶段发展的各种数值模式对实际云和降水过程做了很多简化,对于不同地区不同天气背景的各类降水过程的数值模拟仍有很多不足之处。

5.3.1.9　加速发展空间天气服务业务

任务 1　提升空间天气监测能力

以风云系列卫星为依托,充分利用现有的风云气象卫星平台装载空间天气仪器,积极推动空间天气监测卫星的建设,通过新设备新仪器的建设,加强空间天气天基监测能力。在现有地基监测台站成功实施的基础上,以空间天气业务国家需求为牵引,进行全国组网、全国布局,通过新方法、新技术的突破,对监测设备进行更新换代,通过新设备的研制,促进空间天气监测能力的提升。加强空间天气观测资料质量控制与评估。推进空间天气观测数据库标准化建设。

任务 2　构建空间天气预报数值模式

研发观测数据驱动的太阳爆发的数值预报技术,利用数值模式预测和诊断太阳爆发活动。发展太阳风(暴)传播和预报的数值技术,建立太阳高能粒子的数值模型。建立太阳风-磁层-电离层耦合系统的全球三维 MHD 数值模式、太阳风-磁层边界的经验和数值模式、磁层分区模型、地磁脉动与磁层-电离层电流体系模型等地球磁层相关模式。建立电离层和热层数值模式,包括:建立数据驱动的电离层数值模型,中低纬电离层-等离子体层建模,高纬(极区)电离层建模,发展中低热层-电离层-磁层耦合模式,研发热层大气模式动态修正与数据同化技术,实现临近空间物理过程和临近空间化学过程建模,临近空间与对流层、电离层的耦合过程建模等。

任务 3　开展空间天气人工智能分析预报

建设空间天气事件数据库,提高空间天气事件画像能力,实现对太阳耀斑、日面物质抛射、质子事件、高能电子暴等灾害性空间天气的快速记录、交互和搜索。结合传统的物理知识和深度学习计算两者优势，开发预报模型，提高对灾害性空间天气的预报、预警能力。基于监督学习模式，开发基于信息熵的太阳耀斑预测模型和太阳质子决策树预测模型。基于无监督模式预测质子事件发生概率。基于集成学习模式构建最佳预测模型。

参阅材料 5-41　空间天气科技发展动态与趋势预测

空间天气指主要由太阳活动引起的地球大气以外的部分或整体空间磁场、粒子分布等的变化状况。空间天气对于人类的活动，特别是高科技系统和国家安全的影响程度越来越大。人类已经认识到日地空间环境与地球固体、海洋和大气环境一样，与人类的生存发展息息相关。随着人类文明的飞速发展，人类活动越来越多地依赖各种天基和地基系统，而这些系统却在极端空间天气面前显得非常脆弱。一些国家逐渐意识到极端空间天气的危害，纷纷制定空间天气计划，空间天气已成为国际科技活动的热点之一。

一、发展动态

从 20 世纪 90 年代开始，空间天气逐步进入公众的视野，继美国于 1995 年率先制定"国家空间天气战略计划"，并于 2010 年、2015 更新了该计划，法国、德国、英国、意大利、俄罗斯、加拿大、瑞典、日本、澳大利亚、韩国，以及中国等数十个国家也都制定了各自的空间天气计划。一些国际组织也开始进入空间天气领域，特别是世界气象组织（WMO，World Meteorological Organization）也意识到空间天气的重要性，先后成立国际空间天气计划协调组（ICTSW，The Inter-Programme Coordination Team for Space Weather，2010—2016）和国际空间天气信息、服务和系统小组（IPT-SWeISS，Inter-Programme Team on Space Weather Information，Systems and Services），开始组织协调空间天气事务。而国际民航组织（ICAO）也意识到空间天气对民航安全飞行带来的潜在影响，并于 2018 年 11 月正式开始引入空间天气信息服务来支撑国际航空导航业务。

2019 年，以美国为首的欧美航天大国，继续保持和发展全方位、多要素的空间天气观测能力，持续推进空间天气数值预报模式从科研向业务转化，同时加强对空间天气对应用服务的支持研究。

国内与空间天气相关的单位有二十余家，在不同领域具备各自的特色，如：中国科学院有关研究院所依托载人航天任务，开展了空间环境保障相关的研究和服务工作，中国气象局也成立了专门的空间天气业务机构。

中国气象局的空间天气业务在监测、预报和服务等方面发展比较平衡，已具备逐步增强的天基监测能力和日显规模的地基监测系统，形成了逐步完善的业务流程规范和预报技术规范，能够提供系列的空间天气服务产品，已多次为航天任务和重大任务提供空间天气保障服务。

二、趋势预测

以美国为首的航天大国在空间天气领域发展的总趋势主要体现在：发展全方位、多要素综合、天地配合、立体的空间天气观测能力，建立大型空间天气数据库，研发具有在线数据发布能力的空间天气数据库及其共享服务系统，以及开发空间天气预报模式和加强空间天气效应分析。我国空间天气业务发展趋势如下：

1. 监测发展趋势

局地和成像联合监测、多点联合监测和组网监测，关注空间天气事件发生、发展、传输及其地球物理效应的因果联系，关注日地系统的关键区域和多时空尺度的整体行为，形成对地球大气的无缝隙监测，将传统的气象监测领域和空间天气监测领域衔接起来。

2. 预报发展趋势

发展空间天气因果链关键节点多参数、多手段预报，空间天气因果链集成预报和数值预报，对太阳、太阳风、地磁、近地空间辐射环境、高层大气、电离层等各个节点进行预报，形成从源头到效应的完整预报。

3. 服务发展趋势

规范和凝练服务信息，做到及时、准确、有效的决策服务。以公众需求为牵引，形成服务与科普相结合公众服务。以效应为线索，细化专业用户分类，按需设计产品，提供从预报到评估的完整的专业服务。

5.3.1.10 增强全球气象服务能力

任务1 拓展国际重点区域气象防灾减灾服务

加强区域合作，优化完善亚洲区域多灾种预警信息发布系统，并通过中国与东盟、中亚等区域合作机制推动该系统在"一带一路"沿线国家的推广应用，打造气象防灾减灾区域合作示范。推进北京世界气象中心模式产品在东南亚地区和国家的应用。在西太平洋—南海—印度洋台风监测预报的基础上，逐步建立海上丝绸之路沿线和周边国家的台风影响预报服务业务，保障海上丝绸之路航行安全。加强对我国驻外使领馆、驻外企业等气象服务。

任务2 强化全球公众气象服务

围绕各国公众服务需求，扩大"中国天气"全球服务覆盖面，提升"中国天气"全球服务能力，打造"中国天气"全球服务品牌。开展全球重点城市、重点景区、重要机场等的气象服务。开展海上丝绸之路沿线国家港口、海岛、岛屿精细气象预报服务。开展陆上丝绸之路沿线国家机场精细气象预报服务。

任务3 深化风云气象卫星国际服务

完善风云气象卫星国际用户防灾减灾应急保障机制，为"一带一路"沿线国家提供风云气象卫星数据和产品服务，并通过技术援助培训，加强推广应用。建立健全风云气象卫星全球大气、陆地、海洋和空间天气四大类基础卫星遥感产品体系，实现典型气象灾害卫星监测评估服务常态化对外发布。为"一带一路"国家提供风云气象卫星数据绿色通道服务，实现覆盖"一带一路"国家的风云极轨和静止卫星全球监测产品在线浏览和检索。

5.3.1.11 构建现代气象科普宣传体系

任务1 加强气象科普体系建设

大力推动"互联网+"气象科普。以气象科普信息化建设为核心，带动气象科普理念、内容创作、表达方式、传播方式、运行机制、服务模式、业务平台的全面创新。大力推进气象科普实体场馆体系建设。充分调动各级气象部门气象科普的积极性和主动性，广泛吸纳社会力量和资源参与气象科普宣传工作。建立气象科普资源共建共享机制，保护科普作品、产品知识产权，形成气象科普资源汇聚和分享的新格局。

任务2 强化灾害应对科普宣教

通过建设应急预警科普众创平台、制作应急预警科普产品、建立预警综合制作传播分系统，对应急预警科普知识进行宣传普及和管理维护。通过多种途径向公众发布预警科普知识，引导公众参与创作和分享应急预警科普产品，提升公众面对突发事件时的应对能力。

5.3.2 关键技术

5.3.2.1 用户需求感知和挖掘技术

"十四五"时期，需重点推动研发和应用的技术包括：基于网络的用户需求智能挖掘和识别技术、基于位置的按需气象服务产品生成技术、用户市场需求调查技术（基于气象属性相关的用户行为、偏好、决策等）、跨行业用户需求大数据搜集分析技术（基于气象属性相关的网络行为、交易数据、社交属性等）等。

5.3.2.2 智能分析和服务技术

"十四五"时期，需重点推动研发和应用的技术包括：基于物联网的智能泛在社会化气象观测技术，气象与社会、人文、经济及不同行业领域相互作用影响和融合分析技术（包括能源、交通、旅游、生态环境、健康、农业、金融保险、航空航天等领域），基于位置、时间等的气象灾害影响或风险分析的预报预警和评估预估技术（重点灾害影响和致灾机理、灾害风险管理、预警发布），精准气象保障服务技术（特色气候资源开发认证、高分辨生态遥感信息应用解析、气候资源保护与风险预测预估、重大工程和项目气候可行性论证等），灾害天气影响评估技术，灾害天气精准预警产品制作技术，基于位置的按需气象服务产品生成技术，生态资源挖掘和评价技术，灾害性天气对生态资源影响评估技术，生态资源安全影响预警产品制作技术，美丽乡村资源挖掘和评估技术，交通高影响天气评估技术，风能太阳能资源利用评估技术，气候变化评估技术，气候变化对不同行业影响评估技术，气候变化对环境影响的评估技术，气候变化对物种和植物影响评估技术，气候景观、物种和花卉等资源挖掘和评估技术，气候景观预报技术等。

5.3.2.3 定制化产品加工制作技术

"十四五"时期，需重点推动研发和应用的技术包括：基于多源数据融合的预报服务产品制作技术，基于开放式基础框架的业务中台集成技术，乡村资源安全预警产品制作技术，交通高影响天气预警产品制作技术，城市积水预警产品制作技术，城市物流预报服务产品制作技术，天气风险保险产品制作技术，保险理赔气象服务技术，天气险种气象服务技术，全球气象服务产品制作技术，基于AI,4K,VR的下一代气象音视频节目制作技术，定制化产品的分众化、网络化、场景化加工技术，相关产品的支撑标准规范研制方法等。

5.3.2.4 数字化按需服务提供技术

"十四五"时期，需重点推动研发和应用的技术包括：精准预警发布技术、气象服务信息精准推送技术（基于用户特征的个性化智慧气象精准服务推送技术）、集约、高效的气象融媒体业务平台系统构建技术等。

5.3.2.5 气象服务效益评价评估技术

"十四五"时期，需重点推动研发和应用的技术包括：基于用户体验的服务产品评估技术，面向不同行业领域服务效益分析技术、服务效益评价指标体系和评价模型构建技术，基于服务影响的气象监测和预报检验技术等。

5.3.2.6 生态气象服务关键技术

生态气象基础理论，包括：气象景观出现条件、发生机理、数值模拟，气候要素与人体康养、疾病、心理健康等的关系和影响机理，避暑、避寒、冰雪运动等气候体验活动中关键气象参数和对体验活动的影响机制，影响农产品品质的关键生育期和气象参数阈值，气候条件对物候的影响及评估模型，生态安全和旅游安全的致灾气象条件及临界值，机器学习在气候资源识别、挖掘和评价中的应用技术等。

生态气候资源区划技术，包括：区划技术体系、区划模型、地理信息系统（GIS）空间分析、区划成果与不同行业的融合和信息挖掘等。

生态气候资源服务业务平台搭建技术，包括：多功能模块设计和集成设计技术，集合生态气候资源收集、行业大数据和地理环境信息收集、智能处理与分析、信息资源再加工，产品录入和输出功能设计技术等。

生态气象服务产品研发技术：定制化、分众化产品研制，5G 在产品形式、表现及分发中的应用技术等。

5.3.2.7 人工影响天气机理和应用技术

云降水和人工影响天气基础理论，包括：气溶胶-云（雾）-降水相互作用、不同降水云系的降水效率、冰雹云发展机理、云中水成物分布规律与特征研究、云水资源评估方法等。

云降水和人工影响天气外场观测综合试验方法，包括：云降水外场综合观测试验、人工影响天气外场催化试验、云降水和人工影响天气多源融合基础数据集与大数据分析技术、我国本底冰核普查与分布特征等。

云降水和人工影响天气数值模拟技术，包括：发展新一代云降水物理方案、具有同化能力和冷暖云催化模块的高分辨云降水数值预报模式等。

人工影响天气催化技术，包括：不同性质云体的人工影响天气催化技术，多用途催化作业技术，飞秒激光、大气电场干扰、超声波等人工影响天气新技术、新方法，新型绿色高效冷暖云催化剂等。

人工影响天气效果检验技术，包括：不同云系的人工影响天气催化效果检验外场试验，人工影响天气效果检验集合评估技术，人工影响天气活动对大气水循环影响等。

人工影响天气装备和探测技术，包括：人工影响天气探测关键设备、新型人工影响天气新技术和新方法的催化装备、无人机探测和作业装备及技术、气象卫星和雷达的人工影响天气探测技术、人工影响天气弹药安全技术、人工影响天气发射装置安全技术等。

5.3.2.8 空间天气保障技术

灾害性空间天气事件现象与机制研究，包括：太阳爆发活动、地磁暴及磁层亚暴、电离层/中高层大气扰动等。

空间天气监测研究，包括：天地一体化监测布局，业务型监测设备的技术指标、定标方法、数据应用等。

空间天气预报研究，包括：空间天气预报方法、预报结果检验方法、预报规范等。

空间天气效应研究，包括：航天系统、无线通信链路系统、地面技术系统、生物系统的空间天气效应研究等。

空间天气服务研究，包括：空间天气服务的对象、内容、形式、途径以及服务效果评估方法等。空间天气与气象关系的研究，包括：加深对整个日地系统的了解，探究剧烈气象活动与灾害性空间天气之间的相互关系等。

5.4　数据资料业务技术

5.4.1　重点任务

5.4.1.1　提高数据收集能力

任务 1　开展地球系统多圈层资料全球收集

适应天气气候一体化、地球系统模拟与预报模式发展需求，建立全球感知、合法采集、高效汇聚的地球系统多圈层数据收集平台。在世界气象组织全球气象数据共享框架下，全面动态跟踪全球气象数据资源，提高对美国国家海洋大气局（NOAA）、美国国家航空航天局（NASA）、哥白尼计划等国际大型数据中心开放数据资源的自动收集能力。重点加强全球多国、多组织各类卫星遥感观测及反演产品等历史数据的收集，为长时间序列地球系统再分析、人工智能海量训练数据集的建设夯实基础。加强与国内其他对地观测卫星遥感资料的共享交换。完善地球系统多圈层数据的源头管理，加强元数据管理和质量评估，确保进入数据平台的质量可靠，安全可信。

任务 2　建立新兴观测资料的收集与汇交机制

开展多源（气象行业观测、社会化观测、其他行业反演观测）、异构（数字、图像、视频等）观测数据的高效采集和汇集。强化新兴观测资料汇交与管理标准。探索建立与重点行业“以服务换数据、用服务促合作”的机制。引导规模化企业志愿汇交气象观测数据。发展数据资产管理与标识、数据实体溯源和质量动态追踪技术。基于先进的实况数据分析技术和更加接近“真值”的背景场，快速、准确地判别新兴观测资料的质量水平和可信度，确保最靠近极端天气气候事件核心的、最具代表性的观测资料在预报、预测和服务中得到充分利用。

5.4.1.2　提升数据分析水平

任务 1　发展多源资料融合与实况数据分析

开展大数据分析、机器学习等人工智能方法在气象资料分析中的应用研究。研制多源观测资料快速融合的实时分析技术。研制目标天气气候系统特征要素的实时分析产品。研究观测站点稀疏区、复杂下垫面以及中小尺度强天气影响区域内融合算法对观测信息疏密变化的敏感性。研制网格化实时分析技术，使网格化实况产品分辨率达全球 5 千米、中国区域 1 千米、局部区域百米级。开展实况分析产品时空尺度代表性、多维度“真实性”质量检验。建立天气气候预报真实性检验的实况数据集。

任务 2　开展中国第二代气候数据再分析

基于四维集合变分混合同化技术，建立全球-区域一体化的大气和陆面再分析业务系统，强化中国特有观测资料及风云气象卫星和雷达资料同化应用，研制全球-区域一体化大气和陆面再分析产品，实现全球产品水平分辨率 25 千米，区域产品水平分辨率 3 千米，时间分辨率 1 小时。建立中国大气化学-天气耦合再分析业务系统，研制中国区域大气化学-天气耦合再分析产品，实现水平分辨率 15 千米，时间分辨率 1 小时。建立资料再分析产品质量检验评估系统，加强全球区域一体化大气和陆面再分析产品的天气学、气候学等检验评估，为天气气候监测检测提供自主可控的再分析数据产品。

任务 3　推进历史资料拯救与数字化

推进历史资料拯救与数字化业务，完成对省级存档的高空气象报表资料、省级存档的农业气象报表资料、全国自记纸（降水、风向风速、气压、气温、湿度）及观测记录簿等分钟级以上纸质气象资料的拯救和数字化，以及馆藏约 120 万页 1841—1950 年珍贵气象记录档案的图像扫描和数据提取，实现对大数据云平台中数据资源的有效补充。

参阅材料 5-42　全球气象发展迈入地球系统时代

陆圈、冰冻圈、水圈乃至人类活动的生物圈，都与地球大气发生或近或远、或直接或间接的关联与耦合。随着气象科学研究的深入，世界气象组织第十八次世界气象大会明确提出了"地球系统方法"来重构全球气象业务、服务、科研与组织架构。全球综合观测系统、无缝隙地球系统模拟与预报、基于影响的气象环境预报，都对气象基础数据工作提出了挑战。面对更加复杂多元的地球多圈层信息，需要发展地球大气系统长时间序列、高质量的多圈层基础观测数据、分析数据集和面向应用的专题数据。英国气象局（UK Met Office）、美国天气局（NWS）和欧洲中期天气预报中心（ECMWF）出台的发展规划，也纷纷把"地球系统环境信息""高时空分辨率"等作为数据基础业务发展的关键词。但同时，随着各国陆续强化对数据安全的管理，地球系统基础观测数据的全球共享的开放度、自由度可能受到影响。此外，随着数据科学第四范式的兴起，基于数据驱动的地球系统研究方法越发显示出独特性和重要性。因此，拓展全球资料收集渠道，系统开展地球系统多圈层资料的历史收集，非常迫切。

1. 世界气象组织的无缝隙预报与地球系统的融合

世界气象组织在其 2030 年战略的发展愿景中提出：所有的国家，特别是最脆弱的国家，更有能力抗御极端天气、气候、水及其他环境事件的社会经济影响；通过提供尽可能最佳的陆地、海上或空中服务加强其可持续发展。实现这一愿景的技术基础便是"加强地球系统的监测预测"，以此作为 2030 战略的长期目标之一，也是世界气象组织开展业务领域的组织机构（技术委员会）整合与重组改革的设计依据和基本逻辑遵循。

地球系统的监测预测，核心在无缝隙全球资料处理与预报系统（Seamless GDPFS）的发展。世界气象组织提出要建立分钟到年的时空连续预报体系，要建立涵盖海洋、水文、环境、航空、农业等多领域专业气象预报能力，要实现基于影响的预报和基于风险的预警。无缝隙 GDPFS 发展面向气象服务经济社会发展的全方位需求打造综合支撑平台；无缝隙全球资料处理与预报系统的发展必然要求观测系统向地球系统多圈层延伸而成就全球综合观测系统（WIGOS）。无缝隙 GDPFS 是建立在现有世界气象组织业务中心三层架构的生态系统，必然需要信息支撑系统向着"协同、共享、互动"的云架构演进（WIS 2.0）。跨领域、跨学科发展需求也必然推动世界气象组织加大与外部组织、企业和科研机构合作。无缝隙 GDPFS 从地球系统模式发展获得核心支撑，也是科技向业务服务转化的最佳场景。无缝隙 GDPFS 实施计划由世界气象组织的大气科学委员会（CAS）的首席科学家牵头起草，然后由首席预报员牵头实施。世界气象组织《未来的一体化无缝隙 GDPFS 协作框架》正是强化科研-业务协同设计的体现。

总体而言，在世界气象组织改革进程中和设计层面上，海洋气象（JCOMM）、CAgM（农业气象）、CAeM（航空气象）、Chy（水文学）、气候学（CCl）、仪器与观测方法（CIMO）都拿出了与基础系统委员会的观测、预报和信息系统对接的框架方案，世界气象组织相关科学计划和项目(全球冰冻圈监测、全球大气监测等)也纷纷把观测和数据交换工作向 WIGOS 和 WIS 进行整合。

2. 欧洲中期天气预报中心(ECMWF)已逐渐全面转向地球系统方法

欧洲中期天气预报中心(ECMWF)已将其战略目标从原来的中短期天气预报向中尺度和延伸期天气预报延伸,从数据同化、模拟与预测、气候再分析向全面推进无缝隙预报方向发展(王毅,2019)。

同化系统:中期天气预报中心(ECMWF)数据同化系统包括大气、陆地表面、海浪、海冰和海温。ECMWF 的陆面和大气数据同化系统目前在 ERA5 和当前业务 NWP 系统中均处于弱耦合状态,CERA(大气海洋耦合再分析)已应用了海冰、海洋、大气强耦合。ECMWF 下一代再分析(包括 ERA6 和新的百年再分析)的同化系统还将应用大气、海洋、海冰和陆地之间的耦合方法,理想情况下是基于强耦合。

模拟与预测:欧洲中期天气预报中心(ECMWF)的核心业务系统——综合预报系统(IFS)对大气动力学和发生的物理过程(例如云的形成)以及地球系统中影响天气的其他过程(例如大气成分,海洋环境和陆地)进行建模。这需要加深对大气物理学、大气动力学、大气化学(成分)、陆面过程、海洋过程具有深刻认识。这个认识的加深,不仅需要理论的推演,更需要数据科学的支持,需要海量的多圈层数据驱动的规律呈现(如:机器学习规律)。

气候再分析:最新一代系统 ERA-5,将提供 1979 年(最终为 1950 年)以来每小时的大气,陆地表面和海浪的快照。它包括不确定性估计。该不确定性强调了再分析产品所依赖的观测系统的显著发展。此外,在气候再分析中,分别对海洋、大气成分、卫星资料等重要的独立成分进行了时间长度不等的资料重构。ECMWF 新的百年再分析将于 2021 年开始生产,理想情况下,这种重新分析应追溯到 1850 年,很可能与海洋结合在一起。耦合的强项优势是物理上通量的一致性,并且可以更好地表示所同化的 SST 场中未表现出的变异性(例如热带不稳定波)。ERA6 的生产将于 2023 年开始,理想情况下将基于其所有组件(大气,海浪,海洋,海冰和陆地表面)之间的强耦合。

EC-Earth:使用 ECMWF 的大气-土地成分综合预测系统(IFS)为基准,通过其他模型成分对此进行了补充,以模拟与气候相关的整个地球系统相互作用,构建地球系统模拟系统,提供可信赖的气候信息服务,并提高对地球系统的科学知识。其可变性,可预测性和由外部强迫引起的长期变化。EC-Earth 利用了地球系统多圈层数据,描述地球变化的“慢过程”。

3. 英美等国气象部门升级超级计算系统推动地球系统模式发展

英国气象局将在未来 10 年投入近 12 亿英镑采购超级计算机,用于支持下一代的无缝隙环境预报系统建设,朝着“高分辨率”和“集合预报”的方向发展。美国启动超级计算机的升级,运算峰值达到 4 亿亿次/秒左右,开始了的下一代全球预报系统 NGGPS 建设与运行,同时考虑融入大气化学、海洋环境信息,构建其地球模拟和预测系统。

5.4.1.3　制作高质量数据产品

任务 1　建立全覆盖、高质量的基础数据集

基于质量控制和评估结果,建立健全以大气圈为核心,涵盖地球系统相关专业行业及社会

化观测的多圈层、多要素、长序列基础数据集。完善地球对流层和平流层地球物理化学过程的基础数据，以及地－气相互作用通量等大气圈基础数据。建立海洋温盐流数据、水体参数、冰雪冻土等水和冰冻圈数据。建立影响热量、水汽交换的动态属性陆面基础数据。拓展建立生物与环境相关的生物/人类活动圈基础数据集。“十四五”末期，全球地面、海洋、高空、飞机观测、GNSS/MET、风廓线、酸雨以及大气成分等基础数据集的时空覆盖、完整性和质量达到发达国家数据中心同类产品水平。建立地面、高空、辐射等 1991—2020 年关键要素气候态数据产品，为气候变化研究提供最新的背景场参考。加强雷达、卫星等遥感遥测基础数据集研制，研究发展长时间序列卫星资料处理技术，建立全球长序列卫星数据产品集，完成天气雷达、风廓线雷达历史资料的整编。

任务 2　制作日值及以下时间尺度气候资料均一化产品

面向全球和区域天气气候监测、气候变化与适应等科学研究对长序列气候数据的需求，构建主客观结合、多方法集成、要素间物理关系协调的均一性分析技术体系。以气温、降水等基本气候变量(ECV)为重点，建立与气候变化监测及气象观测站网布局调整和仪器装备升级相适应的气候资料均一化业务。优化数据插补、偏差订正和不确定性分析技术，研制高质量、长序列、多层次、多圈层的气候数据产品。建立全球地面、高空日以下尺度的气候要素偏差订正数据集，发展第二代全球陆地气温、降水、海表温度及中国地面气压、相对湿度、风速等要素的月值均一化数据集，确保长序列气候资料的连续性和均一性。

任务 3　构建基础数据资源“一张图”

面向业务、科研、行业和社会应用对气象空间基础数据需求，加强新兴遥感遥测资料应用。研究多维地理空间数据协同处理技术。基于气象大数据云平台“天擎”，以统一的空间地理信息表示，整合天气气候观测信息、地表状况、生态资源、人类活动、社会经济、产业信息等自然与社会环境基础信息，建立“基础信息一张图”，提升气象大数据云平台的空间数据处理、管理与服务能力。以多重网格的气象全球实况“一张网”为基础，助力监测精密、预报精准、服务精细，推动气象大数据在各领域智慧应用，为保障国家战略、人民生产生活等重大活动提供可靠的数据支撑。

任务 4　构建多维气象实况“一张网”

面向社会需求，构建多维精细、高效稳定的多维气象实况“一张网”。基于多尺度融合分析、变分同化分析、大数据人工智能等关键技术，建设“全球－区域－局地”一体化多源数据融合实况分析系统，充分利用“海陆空天”多源观探测资料的完整信息，强化我国雷达、风云气象卫星融合应用能力，并不断提升多元数据吸纳能力，研制精准、稳定、快速更新的大气、陆地和海洋多维关键气象要素的“全球－区域－局地”多尺度一张网实况分析产品，不断逼近天气气候系统的“真实”状态。“十四五”末期，实现全球产品最高分辨率达到 5 千米、逐小时迭代更新，中国区域产品分辨率达到 1 千米，局部区域达到百米级、分钟级更新，质量达到或接近国际先进水平。

任务 5　推进气象大数据安全有序开放

落实国家有关法律法规的安全与开放的要求，定期更新气象数据开放目录，面向社会开放构建气象大数据安全开放空间，集成数据加密技术和分析计算环境，实现数据“算法靠近数据，易用而不可篡改”，既保证数据安全，又能充分发挥数据的社会经济应用价值。面向研究目的，支持机器学习为代表的气象大数据智能应用开发，为全社会用户提供定制的环境来帮助开展数据应用研究。完善气象大数据全球开放标准规范,跟踪世界气象组织多边框架、区域与双边框架、国际教育与研究以及科学试验数据全球共享等场景,建立定期更新数据分级分类开放清单规范与流程,把握数据开放及执行世界气象组织政策的主动权。按照 F. A. I. R(可发现、可访问、可互操作、可重用)的要求,完善并标准化开放数据的元数据体系、质量标签、数据格式、服务接口和使用的附加条件。

5.4.2　关键技术

5.4.2.1　数据质量控制与评估技术

研究不同来源观测要素解析变换和标准化处理技术,通过数据质量控制评估物理模型、统计模型与人工智能技术的组合应用,破解新兴观测随意性大、元数据可溯源低等难题。实现基本气候变量观测数据可融合、可同化。基于各圈层间物质和能量交换、不同下垫面特征、大气成分特征及变化等,研究发展多圈层观测数据相互协调的质量控制技术,实现由单圈层数据独立质量控制向多圈层、多学科观测数据综合、协调质量控制的升级。针对新建气候系统观测站网以及极地、冰川、高原、海洋等气候系统关键区、敏感区的观测数据,优化质量控制和评估模型,升级地面、高空、海洋等资料质量控制技术,研发温室气体、气溶胶等大气成分观测资料质量控制技术,提升质量控制整体能力。

优化质量评估算法,研发多来源、多圈层、多观测平台资料间的交叉检验以及同一种数据在不同生命周期间的协同验证质量评估方法。升级完善全球/中国地面、高空、海洋以及卫星、雷达遥感反演产品等多类数据的质量评估技术。建设基于数据分布特征分析的数据质量问题发现、追踪溯源和用户反馈闭环机制。建立基于层次分析法的数据质量评价标签,为数据集成与应用提供决策参考,提升数据质量判识能力。基于质量控制和质量评估优化模型,发展建设普适的、模块化的、权威的质量控制和质量评估实时业务支撑能力。建立"观测端-信息端-应用端"相互补充、动态反馈的质量控制与评估业务,使历史和实时数据质量控制能力达到国际先进水平。

5.4.2.2　偏差分析与均一化技术

研究基于空间一致、物理协调的参考序列构建技术。发展遥感、遥测产品与现场观测资料的交叉比对分析、协同验证评估及偏差分析订正技术。建立适用于不同时空尺度、概率分布的时频域均一化检验技术和序列偏差订正与均一化及订正效果不确定性误差分析技术,使气候数据均一化能力由年、月尺度逐步提升至日以下分辨率。充分挖掘元数据信息,优化和集成多个气候资料均一化方法,构建主客观结合、多方法集成且考虑要素间物理关系协同订正的气候数据均一性分析系统,实现关键要素定时值、日值、月值协同订正。

5.4.2.3　多尺度融合分析与实况分析技术

研究千米级至百米级多时空尺度下误差分析、偏差订正和融合分析技术。研究大数据分析、机器学习等人工智能方法和集合分析、变分同化、多时空尺度分析等技术在多源气象资料融合分析中的应用技术。研究从千米到米级多尺度非规则分析网格一体化表示技术。研究全球多卫星降水研制技术(唐伟和周勇,2019)。优化观测站点稀疏区、复杂下垫面及中小尺度强天气影响区域融合分析方法,提高观测稀疏区和复杂地形区域多源融合产品质量。研究土壤湿度、土壤温度、积雪等变量陆面数据同化技术。研究全球与区域协调一致多尺度多海洋气象要素融合分析技术。研究云微物理量廓线反演及融合分析技术。研究局地百米/分钟级多要素实况分析技术，加强区域及全球地面、卫星、雷达、数值模式和新型资料多源数据应用。建立千米级到百米级历史实时一体化全球-区域-局地多圈层多维实况分析系统。以解决气象实况分析产品的真实代表性为核心，开展科学客观的检验评估关键技术攻关，多角度探索建立合理、有效的实况产品检验评估标准。

5.4.2.4 集合变分混合同化技术

基于四维集合变分混合同化方法，研发全球和区域相互协调的大气、大气化学和陆面再分析技术。开展重处理的风云气象卫星资料同化应用研究。开展天气雷达、风廓线雷达等同化技术研究。优化历史时期卫星红外和微波观测资料偏差评估与订正技术，降低卫星观测系统变化导致再分析品不连续性。研究观测资料时空密度、质量、种类等对再分析产品影响。研究集合分析产品质量不确定性，以及不同历史时期背景误差协方差多尺度分析和估计技术（Hersbach et al.，2020）。面向同化应用研发区域地面自动站，地基 GNSS 水汽资料综合质量控制技术，优化探空，船舶浮标，飞机报，风廓线雷达，天气雷达资料的多要素协调综合质量控制技术和重处理算法，实现同化前质量控制系统优化升级。优化历史探空温湿度观测资料偏差订正技术，降低长序列探空资料非均一对再分析产品质量的影响。

5.4.2.5 大数据人工智能分析技术

发展机器学习模型和气象资料同化技术融合的新型人工智能同化技术。研究机器学习等方法在卫星、雷达等多源遥感遥测数据协同反演大气、陆地和海洋关键气象要素中的应用技术。研究人工智能分析技术在视频、5G 信号等新兴观测资料信息提取气象实况信息中的应用技术。研究复杂地表环境下，高时空分辨率（百米、分钟快速更新）地面要素的深度学习时空插补与降尺度技术。基于多源大数据回溯历史天气和气候事件，实现时空无缝隙气候场的重建。

5.4.2.6 长序列标准化气候系统数据集制作技术

研究多圈层、多要素协调的数据插补技术。研究人工智能重建时空无缝隙气候场技术。研发数据产品自动生产与评估技术。研制长序列、标准化覆盖大气圈基本气候变量的气候系统数据产品，并逐步向海洋、生态圈层拓展，关键变量覆盖全球，长度达到百年。研发基于数据清洗、数据标签的自动标注技术，研制月、季、年等关键气候变量预测的气候变化人工智能数据集。拓展社会经济数据收集范围，基于夜间灯光、数字高程模型（Digital Elevation Model）、土地利用等数据，采用多因子响应方法研制中国区域具备较高现势性的 1 千米社会经济（人口、GDP）网格化产品。

参阅材料 5-43 美国国家海洋大气局（NOAA）的资料质量控制技术

美国国家海洋大气局（NOAA）负责全球和美国卫星及其他来源气象资料的存档、加工处理、数据产品发展、共享服务以及气候变化业务和研究工作。其旗下的国家环境信息中心（NCEI）是全球最负盛名的气象数据服务中心之一，产品加工和业务运行均以强有力的科学基础支撑，这是 NCEI 多年保持世界顶尖数据中心称号的保障。在基础数据及统计分析产品方面，NCEI 已经形成了一整套成熟的数据产品业务体系，国际上众多知名（代表性）气象数据产品要么出自于 NCEI 的专家之手，要么是基于 NCEI 提供的基础数据进行研发的。

NOAA 在数据产品研发方面，秉承提供基于应用需求的科学服务这一思路，目标是尽可能并充分挖掘和提高资料长期使用价值，实现观测数据应用效益的最大化。NOAA产品研发涉及物理、化学、生物、地质、地球物理、海洋环境、大气、空间环境、土地等所有与环境相关观测的数据和元数据等多个方面。NOAA高度重视数据质量与可用性，将数据质量作为数据科学化管理中的重要环节。NOAA通过建立规范的产品生产链条和评价标准来进行数据产品研发不同阶段的数据管理，且重视数据管理实际效果与用户评价。

1. NOAA MADIS的实时质量控制技术

NOAA依托气象同化数据接收系统（MADIS，Meteorological Assimilation Data Ingest System）完成实时资料的质量控制。MADIS是一个全球气象观测数据库和数据传输系统。MADIS收集NOAA和非NOAA数据源的数据，对数据进行解码，然后将所有观测数据编码为统一观测单位和时间戳的通用格式，将数据集与一系列的质量标识码一起存放，表征质量控制后的数据质量。MADIS的质量控制系统涵盖了对地面气象站、道路天气信息、探空、风廓线、水文、车载天气信息、飞机、辐射等多类资料的质量控制。

2. 面向同化应用的综合质量控制

NOAA下属的美国环境预报中心（NCEP）研发了一套完善的常规资料预处理系统（PREPBUFR）。该系统采用综合质量控制实现了对探空、飞机报、风廓线多类观测资料实施综合质量控制。从规定等压面位势高度的综合质量控制开始，NCEP的探空资料综合质量控制逐渐发展形成一个包含了温湿特性层综合质量控制、多个余差分量的综合决策算法，可以可靠地决定或订正由人为因素导致的计算或传输错误。值得一提的是，其质量控制的目的不是简单地剔除与背景场存在显著差异的观测资料，而是剔除或订正那些错误的数据（即使这些数据和背景场的差异较小），最终实现通过多个误差增量的综合判别来达到所使用观测资料错误特征的最小化。

考虑到全球高空观测资料隐含了仪器换型、站点对原始资料处理方法等多种因素综合导致的系统偏差，美国从1964年开始采用辐射订正模块（Radiation Correction，RADCOR）对实时高空天气报的位势高度和温度进行调整。RADCOR早期的订正表假定探空温度系统偏差和太阳高度角相关，依据日间和夜间观测温度的差异确定，未考虑不同仪器之间的系统偏差。随着对比观测试验的开展以及数值天气预报精度和水平的提升，NCEP先后对RADCOR订正表进行了两次调整。作为PREPBUFR探空资料处理的一个子模块，MERRA、CFSR等多套美国大气再分析对全球探空资料的偏差订正均采用了NCEP RADCOR订正表。对常规资料的变分质量控制在同化分析阶段实现。

3. 数据产品研制阶段的质量控制

美国国家环境信息中心（NCEI）在研制全球常规地面、高空、海洋等基础数据集过程中，逐步建立了比较完善的质量控制技术体系，以此支撑ISD、GHCN、IGRA等多套数据集的研制。期间，结合观测资料时空分布等特征的变化，对传统的质量控制方法（特别是时间一致性检查和空间一致性检查算法）进行了完善。

在数据集研制过程中，质量控制方法判别的可信度是用户在使用经过质量控制的数据集时的一个关注焦点。为保证历史观测数据质量控制判别的高可信度，以Durre为代表的NCEI数据处理专家提出质量控制方案设计过程中应包含算法设计、单个检查步骤误判率（false-positive rate）和质量控制方案的总体误判、未检查出来错误类型的识别和影响评估、补充检查算法后的再次评估等多个步骤，并建立了一套比较成熟的质量保障系统评估策略。采用上述思路，NCEI完成了全球地面、高空历史资料的处理。对GHCN-Daily数据集的质量控制包含19个检查步骤，识别出最高/最低气温、降水、降雪、雪深观测资料中0.24%的错误，其误判率维持在1%～2%的水平。NCEI对探空温度的质量控制包含了14个检查步骤，各步骤设计的参数均通过一定区间范围内的优选确定，误判率约为10%。

5.5 信息网络业务技术

5.5.1 重点任务

5.5.1.1 优化全国气象业务云架构

任务1 发展“云-边”协同的全国一体化气象云

按照高效、节能的绿色数据中心要求，建设“主中心＋西安备份中心”的国家气象大数据中心，建设集成超级计算、智能计算以及分布式计算等的高性能计算基础设施。整合常规气象观测，卫星、雷达等遥感数据以及气象相关地球系统多圈层数据。统一计算方法与规范，逐步实现对多尺度数值预报、综合观测、无缝隙预报和基本公共服务等核心业务的一级集约支撑。省级气象部门发展为国家云“边缘”，建立服务导向、响应敏捷、应急自备份的边缘计算服务节点，与国家云中心“协同互操作”，充分利用地方政务云资源，支撑“省-市-县-现场”各级需求个性化的“端”应用和灵活多变的“微”服务，全面建成“云-边”协同的新型集约化业务格局。

任务2 构建要素充分流通的新型数据通信网

适应“云-端”业务模式，搭建主、备数据中心和国家级云中心之间，及其与社会超算中心之间的万兆以上骨干环网。气象专网融入“云＋5G＋互联网星链”的国家天地一体化网络，并充分利用气象卫星通信能力，实现国家级云中心高速连接公共云、全国省级云边缘节点和各级应用端，有效覆盖全球气象服务区和观测数据采集区，不断消除“信息服务盲区”。基于软件定义通信(SDC)技术，构建支持异构通信网络，提供全网消息中心服务的统一气象通信系统，实现“国-省-市-县-全球现场”间智能敏捷感知、高效协同互动，数据要素全网流通顺畅。

参阅材料5-44 国内外气象机构的业务科研集约化发展

气象发展进入地球系统时代，数据海量庞杂，业务关联复杂，服务动态多样，单纯追求速度、规模的气象现代化已经难以适应时代发展新特点。我国出台《关于促进大数据发展行动纲要》，提出了建设全国一体化国家大数据中心任务，以数据驱动国家治理能力现代化，支撑数字经济发展。欧美等发达国家气象机构纷纷把“集约化”“平台化”支撑大数据“智能”应用列入主要战略规划。这一类“云中心＋协处理节点”的一体化模式，具有很好的借鉴价值。

1. 中国：全国一体化的国家大数据中心

国家明确提出：“以推行电子政务、建设新型智慧城市等为抓手，以数据集中和共享为途径，建设全国一体化的国家大数据中心”“推进技术融合、业务融合、数据融合，实现跨层级、跨地域、跨系统、跨部门、跨业务的协同管理和服务”(三融五跨)，为发展全国性的大数据中心指明了方向。

全国一体化的国家大数据中心，在物理上不会集中在一个地方，但成熟的云计算的技术能够非常方便地做到资源“不为所有，但为所用”，整合成为一个整体，提供整体化的大数据中心云服务。要把业务系统纵向到底、横向到边，把“老系统”与新架构融合起来，把所有业务功能移植到新的平台上，实现全国一体化联动性电子政务办公，推动智慧城市实现区域协同发展，做到不同的区域之间互补、协同更加紧密，推进国家治理就能够进入一个新阶段。此外，数据中心作为数字经济的核心基础设施，我国数字经济的发展离不开数据中心的建设。

国家发展和改革委员会将制定了加快新型基础设施建设和发展的意见，并实施全国一体化大数据中心建设重大工程，将在全国布局 10 个左右区域级数据中心集群和智能计算中心。

2. 世界气象组织启动了全球数据共享“上云”的 WMO 信息系统 WIS 2.0 计划

随着卫星、雷达和数值模式产生的数据比以往任何时候都要多，数据变得太大而无法移动，无法足够快地下载数据以满足业务需求。WIS2.0 力图减少大量数据在全球各通信枢纽周转。在 WIS2.0 的云架构中，建有数据共享的云中心，以及收集、加工、分析数据的国家中心(NC)和数据处理中心(DPC)。通过云的架构，把世界气象组织的数据共享中心和全球资料处理与预报中心(GDPFS)连成一个协同的网络生态。

3. 美国国家海洋大气局(NOAA)的云计算战略

美国国家海洋大气局(NOAA)实施美国联邦政府的数据中心优化计划(DCOI)，保留气象行业数据中心，将现有的多个数据中心整合组建国家环境信息中心(NCEI)。美国国家海洋大气局(NOAA)出台了云计算战略(Cloud computing Strategy)，认为云战略实现信息技术环境现代化势在必行的路径之一。美国国家海洋大气局(NOAA)数据量非常庞大、复杂且分散，同时，处理、存储和传输这些数据的系统和基础架构也很复杂、分散，可以说是“烟囱林立”。在可预见的未来，随着新的观测系统和数据采集设备投入使用，数据量将呈指数级增长，需要扩展 IT 基础架构和服务以无缝、无限制适应这种增长。同时，为了使 NOAA 的服务不断满足需求变化，就需要协作和建立伙伴关系，以工业、学术界、政府机构和公众等用户需求的方式来提供数据和服务。

云战略为未来的云计划提供了共同的愿景和指南。NOAA 最近的云计划已经在数据存储，环境数值数据的访问和分析方面展示了巨大的改进潜力，这些领域包括数值天气预报，海洋模型，海洋生物资源评估以及大数据分析，存储和传播。展望未来，该战略旨在通过快速采用云服务来加速人工智能等领域的创新，确保向云的智能过渡，促进对 NOAA 数据的广泛而安全的访问，为共享的企业云服务开发有效的治理机制并支持云计算的员工队伍。NOAA 云战略还符合并利用了美国联邦政府云战略(CloudSmart)。

在未来的愿景中，该战略提出，理想的最终状态是将所有 NOAA 信息技术服务都托管在多租户商业云计算环境中。默认的 NOAA 体系结构是代理的、多供应商、多租户的美国联邦风险和授权管理计划(FedRAMP)商业云平台。

4. 美国国家海洋大气局(NOAA)的网络规划

早在 2012 年，为了迎接每日数据量为 100TB 的数值模式科研应用的挑战，NOAA 启动了 N-WAVES 项目,将 NOAA 总部主中心和分布美国本土的四个地点及夏威夷,以万兆网络连接成骨干环网,支持形成一体化的虚拟数据中心。最初为了科研目的,从 2019 年开始由 NOAA 的首席信息官(CIO)办公室接管设计,由 NOAA 网络运营中心(NOC)统一运营,面向全国提供给服务,以加强对科研和业务的支撑。各地方气象局(WFO)则通过专网连接到骨干环网,获取数据中心的数据服务,已经初步呈现出“云十端”的雏形(图 5.16)。

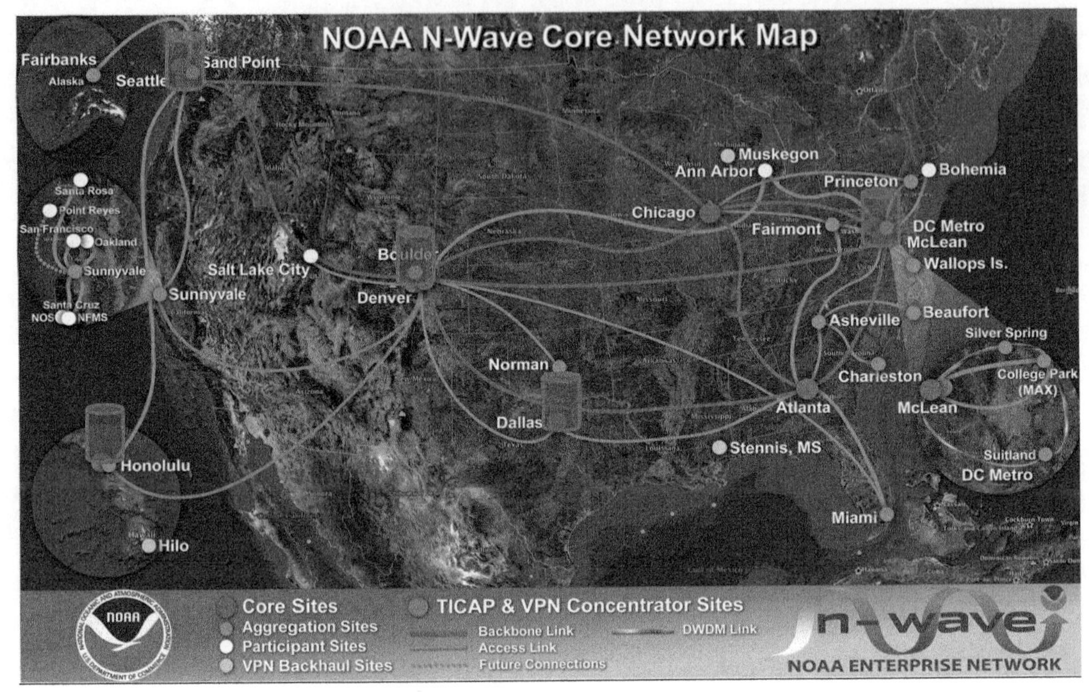

[彩]图 5.16 美国国家海洋大气局(NOAA)高速骨干环网 N-WAVE

此外,NOAA 还出台了网络服务战略规划(2017—2021 年)(Enterprise Network Service Strategic Plan),将多个网络管理机构整合成为一个网络运营中心,从全局层面对 NOAA 的多个网络形成集中管理和统一规划、优化,并为全美气象部门的互联网提供了统一的可信出口(TIC,Trusted Internet Connection),为 NOAA 的事业发展提供弹性、可扩展的安全网络空间。

5.5.1.2 建设气象云数字基础设施

任务 1 构建多样化的先进计算体系

适应数值预报模式、气象大数据智能应用和海量气象资料处理的算法特征,顺应“国产自主”生态构建的发展趋势,集成高性能并行计算、分布式高效计算、加速器智能计算和多任务虚拟计算等先进多样的算力体系。主要任务包括:建成峰值能力达到 100PFlops 以上的超级计算机系统,满足日增 400TB 和总量 400PB 数据的云智能计算能力需求。持续优化超级计算机系统调度策略。加强模式研发部门、科研院校和超算系统支撑部门的联合,从系统优化、代码设计、未来超算架构等多个方向提升模式的大规模并行计算能力。启动新一代模式和气象大数据智能应用的“CPU＋加速器”计算架构研发，开展超级计算机与人工智能一体化设计，提升全栈式(硬件芯片—系统平台—应用软件)优化的先进计算能力。

任务 2　升级气象大数据云智能平台

推进气象大数据云平台向“智能升级”和“协同升级”，发挥跨域分布式计算协同能力，实现全数据管理、全业务支撑、全流程智能，全面支撑“云＋端”业务模式。提升国家级云平台全量数据一级云存储、云备份、云开发及云服务能力。强化省级“边缘”云平台与国家级云平台跨域协同互动能力，有效支撑气象实况、区域信息共享等高实时性、高一致性业务，并可调用全网信息资源支持本地精细服务。推进大数据云平台“数、算、智、联”一体化发展，构建场景驱动的数据中台和数据驱动的智能中台。丰富业务共性产品和人工智能训练与标准测试数据集，沉淀经实战验证的可复用人工智能算法集，促使人工智能成为气象多领域业务的公共基础能力和气象业务转型升级的主要动力，成为全部门、全社会发现气象新知识、创造数据新价值的开放平台。

任务 3　完善综合业务监控运维体系

实现气象综合业务“全业务、全流程、全要素”监控，实现数据“全生命周期监管控”，支持可追溯的全链条数据质量管理，建立数据安全监视预警机制。实现资源资产的可视化管理及分配。实现核心业务故障根源分析、系统性能分析、用户行为分析等多种分析能力，实现智能驱动的自动化运维、业务预测和提前响应。建立全国气象业务运维协同在线模式，实现全国气象业务知识库共享、工单联动、故障处理等运维协同。挖掘分析气象监控运维大数据，支撑气象业务管理决策和信息资源的精益管理。

任务 4　构建治理有序的大数据管理体系

构建覆盖地球系统多圈层科学数据、气象业务运行与管理数据、气象相关行业基础信息等的气象大数据管理体系，促进业务服务高质量发展。建立数据“需求-收集-处理-存储-应用-服务-退役”的全生命周期管理，并贯穿数据标准管理、质量管理、资产管理和安全管理全过程。健全数据标准管理，建立气象部门统一的元数据、数据模型、主数据(气象基准数据)、参考数据和唯一标识符等管理。建立持续改进的数据质量管理流程，完善数据质量评估、质量控制、质量监控和反馈改进的需求、定义、标准和方法。建立气象数据资产管理，明确数据的权属界定、持续积累、开放共享、交易流通等标准和措施。完善数据安全管理，识别和分类气象敏感数据，确定各类数据资产的保护与许可使用方式。

参阅材料 5-45　国外气象机构大数据智能发展动态

一、地球系统大数据开放平台

1. 美国国家海洋大气局(NOAA)大数据项目(Big Data Project)赋能 AI 创新

美国国家海洋大气局(NOAA)通过建立健全公私营伙伴关系，将海洋、水文、气象的实时、历史数据包括雷达基数据资料推上亚马孙、谷歌、微软等云计算巨头的公共云，提供统一实时数据服务接口和大数据线上分析平台，在云上不断丰富共享的云开发工具来最大限度利用海量的 NOAA 大数据，为美国的社会经济发展注入创新活力。

微软公司对环境和自然资源数据实施有效治理，数据赋予丰富的标签和画像，转化为知识，以便用户可以将问题输入搜索引擎并获得响应。这不仅适用于已经存在答案的问题，还可以带来新的答案。这也带动了微软的 AI for Earth 软件的开发。AI for Earth 软件旨在从根本上改变人类社会监测，建模和管理地球自然系统的方式。这项为期 5 年，耗资 500 亿美元的计划于 2018 年初宣布启动，它是微软首次将其所有跨公司人工智能资源部署到一个垂直模型中的专用计划。该计划的三个支柱是：(1)通过赠款增加对云和人工智能技术的访问；(2)提供有关云和人工智能的教育，并通过软件社区增加协作；(3)通过微软研究和战略合作伙伴推动创新。该计划在 66 个国家/地区拥有 400 多个受赠方，全部采用“基于机器学习的方法”来应对气候，水，农业和生物多样性挑战中的问题。此外，亚马孙公司提出了 Earth on AWS 计划，将地球系统数据置于云中，将数字地球作为一个开放的开发平台。

2. 英国气象局数据平台：良好治理下的“数据湖＋数据模型库”

英国气象局(Met Office)在其 2030 年创新与研究战略规划中，明确提出“充分利用数据科学的新实践”，建立传输、存储和处理数据所需的技术和方法，并设计灵活的数据处理平台(Data platform)以将预测和观测数据转化为客户直接需要产品。

英国气象局数据平台首先是打造地球系统“数据湖”。“数据湖”实施分区分级分类管理，开展全生命周期血缘追踪、质量管理、安全和隐私管理以及使之成为可复用数据的资产管理。“数据湖”是细颗粒度的治理模式，直接提供服务一般效率低下，且可能需要用户实施复杂的计算过程。因此，需要面向科研用户，下游用户和业务系统的实际需求迭代开发产品，并沉淀成为可复用数据模型库，提供用户直接应用。

3. 欧盟旗下地球科学组织协同发展“数字孪生地球”

欧洲中期天气预报中心(ECMWF)：提出应用先进的超级计算、大数据和人工智能方法学突破性地在现实中创造数字孪生地球(Digital Twin of the Earth)。2019 年，ECMWF 科学家在美国橡树岭国家实验室的 SUMMIT 超算系统上成功运行了全球一千米分辨率天气气候模拟场，可以看作是对数字孪生地球大气部分的原型贡献。注：SUMMIT 超算系统是混合了众核 CPU(IBM 和 AMD)以及 GPU(NVIDIA 和 AMD)的异构众核超算系统。每个计算节点都具有多个 GPU(6 个 NVIDIA Volta 100 与 4 个专用的 AMD Radeon Instinct GPU)和多核 CPU(2 个 IBM Power9 CPU 与 1 个 AMD EPYC CPU)。

哥白尼计划(Copernicus Programme)：是由欧洲委员会和欧洲太空总署联合倡议启动的一项重大航天发展计划，目标是实现环境与安全的实时动态监测，为决策者提供数据，以帮助制定环境法案，或是对诸如自然灾害和人道主义危机等紧急状况做出反应。哥白尼计划希望过构建一个无缝的数字区域(ECMWF、Eumetsat、欧洲航天局(ESA)等的数据贡献)，提供 PB 级数据给百万级用户使用，以促进基于数据的新产品和服务的开发。哥白尼计划正在建设支持深度神经网络开发、包括百万样本的人工智能训练数据集，并基于实时地球系统监测数据，构建数字孪生地球(DTE, Digital Twin Earth)。

欧洲天气云(European Weather Cloud)：是欧洲云计划(European Cloud Initiative)的一个组成部分，由 ECMWF 和 EUMETSAT 联合创建，为欧洲气象基础设施组织(EMI)及其用户提供数据访问和基于云的处理功能。技术进步提供了新的可能性，使跨接的大型数据中心能够对在线数据进行统一的在线访问。在云中处理数据可以实现新功能，包括在靠近数据来运行算法，而不是在用户本地下载大量数据。ECMWF 和 EUMETSAT 拥有不断增长的用于气象应用的数据存储资源，并已启动“欧洲天气云”试验，提高基于云架构的天气和气候大数据便捷处理能力。

二、地球科学领域的人工智能战略

1. 美国国家海洋大气局(NOAA)人工智能(AI)战略:推进 AI 成为 NOAA 业务基础设施

美国国家海洋大气局(NOAA)的人工智能战略主要目的是:利用人工智能来推进需求驱动型业务并降低数据处理成本,为社会提供更高质量、更及时的科学产品和服务。事实证明,人工智能在提升业务水平的同时,可以大幅降低成本、减少计算时间。

此项人工智能战略包括五个具体目标:建立一个高效的组织架构和流程,以支持 NOAA 所有部门推进人工智能技术;推进人工智能研究和创新,以支持 NOAA 的任务执行;加快人工智能从研究到应用的转化过程;加强和扩大人工智能研发合作;提升员工应用人工智能的水平。

NOAA 将探索建立一个人工智能中心或类似机构,以协调人工智能研究、算法开发、数据采集、应用、信息交换等任务。通过在整个研究过程中采用人工智能技术并将其规范化,NOAA 将在各个任务领域推进基于人工智能的环境研究和创新工作。为此,NOAA 将优先考虑基于人工智能的方法,并在"联邦资助机会"(FFO)、研究经费等方面给予支持,以推动人工智能研究。为确保人工智能战略使 NOAA 在业务水平、技巧和效率等方面取得变革性进步,NOAA 正在制订《人工智能战略实施计划》,在资源允许的条件下明确具体行动项目、截止时间和责任分工。

2. ECMWF 超算与人工智能的融合发展

全工作流 AI:ECMWF 从资料预处理、模式同化、物理过程优化、模式输出后处理全面引入人工智能技术。以机器学习为代表的人工智能,帮助更好识别数据质量问题,在数据同化过程中更好估计误差。深度学习可以利用大规模实况数据来了解复杂物理过程的运作方式,并为它们开发更加准确有效的模型,而且计算速度比传统方法快得多。传统上,气候和天气模型要解决大型的耦合非线性偏微分方程系统,这是非常耗费计算的。深度学习用非常高效和快速的物理过程仿真器来增强甚至取代这些模型的一部分。ECMWF 已经开始利用机器学习模型替换天气预报模型的某些复杂云过程,并取得了很好的成效。在模式后处理部分,深度学习既可以通过大规模数据学习来处理非线性复杂过程的变量关系,还可以通过低分辨率实况模拟数据与高分辨率实况模拟建立的复杂非线性关系来实现对于粗分辨率模式输出产品的高分辨降尺度。

超算与 AI 加速器的融合配置(HPC-AI):一开始超算面临无法承受的能耗和不断提升计算能力的矛盾,思考模式运行模块在更加低耗、简单指令加速器(GPU/FPGA/ASIC)上的移植问题,成为一个被动选择。随着人工智能建模引入对于某些复杂物理过程的替代,加速器配置已经成为超算配置的一个主动需要。

3. 超级计算机系统的异构众核架构发展

当计算峰值规模超过 40PFlops,继续以 CPU 主导的架构已经无法满足速度提升、绿色能耗、环境友好的要求,必须转向"CPU+加速器"的架构,否则仅电费就是一笔可怕的支出。而事实上,如果要继续保持摩尔定律的有效,必须转向异构多核加速模式。目前,天河二号、太湖之光,以及排名超算计算能力前列的超算系统,大多是 CPU+GPU 或者 CPU+众核的混合异构系统。一般 CPU:加速器的比例为 1∶3 或者 1∶4。这就意味着,如果模式的研发，不转向混合异构，那么只能用到其 1/3 或 1/4 的 CPU 能力。

国外气象机构已经纷纷开始了异构超算的模式升级研究。瑞士气象局已经实现了全面运行于英伟达(NVIDA)GPU 之上的区域中尺度模式 COSMO 改造。美国国家大气研究中心(NCAR)研发的 WRF 模式也开发了 GPU 版本。欧洲中心则更具雄心，希望打造与硬件无关的模式软件包 DSL(Domain Specific Language)。

5.5.1.3 发展云原生的气象端应用

任务 1 完善支撑云原生应用体系

推进气象应用系统开发从“对接云平台”“融入云平台”到“云平台原生”应用为主，防止数据上云、业务融入云平台后可能产生的云算法壁垒和云数据孤岛。利用气象云平台，高效调度算力和数据资源，实现算力服务、数据服务和算法服务各项独立服务模式向复合微应用的云上协作服务转变。通过云原生支撑的数据与技术中台，促使应用所需要服务全部来自共享云服务，减少用户对资源和数据的直接操作，充分有效地利用计算和存储资源，实现弹性的资源调度，实现更广泛的数据产品和算法共享。

任务 2 发展自主可控的端应用

适应云原生的要求，推进“国-省-市-县-现场”的气象业务应用系统建设，实现从“无自带数据库”到“无专属服务”再升级。按照云应用程序接口(Cloud API)优先原则，开发气象端应用。通过注册开发符合规范、可共享复用的公共 API，逐步减少对软件开发商的绑定依赖，提升对软件的自主可控力。

5.5.1.4 强化多网融合下的云安全

任务 1 构建防控智能的气象信息安全体系

贯彻落实《中华人民共和国网络安全法》《中华人民共和国数据安全法》等国家信息安全相关法规要求。建立全国统一网络安全中心，落实各级气象部门网络安全职责，健全信息通报、监测预警、应急处置、预案管理等工作机制。完善多网融合场景下的业务、数据和网络整体安全体系设计。落实网络安全等级保护制度，确保各级安全防护合规达标，提高气象关键信息基础设施和重要信息系统的网络安全防护能力。推进重要信息系统国产密码应用、重要软硬件设备国产化应用。加强对气象数据全生命周期的管控，对气象数据实施安全分类分级管理，提高对气象数据资产保护的能力，建立气象数据开放清单管理制度，强化气象数据开放共享的实时流向监视和技术监管。

5.5.2 关键技术

5.5.2.1 高效可扩展并行计算技术

推进天气、气候数值预报模式在自主可控的异构众核超级计算机上研发和运行，力求在系统功耗、性能、规模以及多核可扩展性等效能指标上达到国际先进水平。对数值预报模式进行“芯片到应用”的全栈优化，通过重构模式算法，将计算任务精准分配给到硬件，以实现整体最优。探索硬件无关的数值模式系统支撑技术，探索发展跨平台的异构模式套件，使模式具有不同规模计算机系统的自适应性。面向未来数值模式每日数百 TB 增量的海量数据后处理，研发异构混合内存体系下并行处理以及大容量数据流管理等应用技术。

5.5.2.2　平台、中台与云原生技术

气象信息业务必须走集约化发展之路才能最大限度发挥海量地球系统大数据的优势，才能适应地球系统多圈层、跨区域协调的固有特征。气象信息业务集约化发展的载体是平台，成果是中台，结晶是云原生。中台的建设有助于确保数据和算法在接入气象大数据云平台前得到有效处理，有助于持续沉淀迭代发展的知识资产。云原生则可用于确保"端"应用的后台服务支持全部来自于自主可控、可复用的共享服务，从而在"端"侧保持轻量级应用。

——构建需求驱动的数据中台

随着气象数据规模不断扩大、业务与服务的不断多元化，必须兼顾气象数据治理的稳定性和气象业务服务的敏捷性两方面需求。否则，一方面数据中心无法应对集约化带来的业务大集中和各方用户的数据产品需求，另一方面应用单位也将因为无法满足需求而甩开数据中心构建自己的数据管理平台，造成新一轮的"烟囱竖井"和"信息孤岛"。数据中台服务架构应运而生。

数据中台是指通过数据技术，对海量数据进行采集、计算、存储、加工，同时统一标准和口径。数据中台把数据统一之后，先形成标准数据，再进行存储，进而形成大数据资产层，为用户提供高效服务。数据中台比早先的数据仓库更强调全局数据服务中间件的能力。数据中台包括数据模型、算法服务、数据产品、数据管理等，这些组件和气象业务、服务和科研有较强的关联性，是气象业务独有的且能复用的，它是气象业务和数据的沉淀。采用数据中台技术，不仅能降低重复建设、减少"烟囱式"协作的成本，也是差异化竞争优势所在。

构建气象数据中台，有助于实现数据的有效重用。气象数据中台建于气象大数据基础平台基础之上，抽象、凝练各类气象数据服务开发的共性特征，形成基础模型。无论应用的数据模型有多复杂，总是能溯源到气象大数据云平台的基础数据表，这奠定了数据核对和认知的基础，最大程度的避免了重复数据抽取和维护带来的成本浪费。

气象数据中台也可以成为培育业务创新的土壤。气象业务创新，可以依数据中台为基础，而不必"事事从零做起"——从对原始数据的最基本处理做起。实践表明，利用机器学习开展人工智能预报，花费时间最多的不是算法开发过程，而是数据准备过程(如:规整数据)。以临近预报和灾害预警的算法创新为例，如果没有一套足够时间长度、标注了短临天气特征和灾害事件的智能训练数据集，其业务创新过程将异常艰辛。互联网时代，大数据是行业转型发展的一个核心驱动力，但仅拥有大数据是不够的，将其与数据中台相结合，可以有效降低试错成本，这一点对于"敏捷开发"尤为重要。

构建气象数据中台有助于提高研发效率。当前，各业务部门自行开发系统，大多是"烟囱式"数据生产模式或者是项目制建设方式，数据和知识难以得到快速沉淀、共享和持续发展，难以形成可重用的组件以支撑高效的数据分析和创新。在这种发展方式下，数据模型和算法不能得到有效复用，并将导致同功能数据模型和算法的低效反复开发。建设数据中台，有助于解决这一问题，为各项业务提供共性算法资源，从而把宝贵的研发资源从低效重复劳动中解脱出来，用于对算法的高效迭代升级。

此外，构建数据中台也有利于培育气象数据科学家队伍，使气象工作者快速构筑起自己的知识体系，加速成为气象数据领域的专家。

——构建数据驱动的智能分析中台

没有包打天下的"终极算法"，也没有"通用人工智能平台"可以解决所有业务问题。由于

气象服务涉及与各行各业的广泛融合，而人工智能应当从"窄应用"出发，难以面面俱到。因此，"十四五"时期气象人工智能平台的建设，宜先从智能预报领域入手，而智慧服务的人工智能设计，则先以个案出发，不断完善共性算法和模型，为智慧服务的中台系统打好基础。

地球观测系统的分辨率再高，也不能完全真实再现地球系统的初始状态。数值预报模式再精细，也不能保证物理过程刻画得完全准确性。大气固有的混沌特性，使得预报始终具有不确定性。各具特色的全球模式、区域模式和集合预报将长期并存，在不同领域发挥各自作用。气象预报领域因而加速进入信息爆炸的大数据时代，气象科学研究也将更多借助"数据密集型科学发现"的第四范式，利用机器学习、大数据挖掘、人工智能等技术，从海量的观测数据、预报数据中提炼有价值的信息和知识。气象大数据智能和气象大数据的重要制造者——数值预报模式，将在新一代预报员掌控下，各擅其长，长期协同，成为驱动全球气象事业现代化发展的"双引擎"。

构建智能分析中台，包括：构建专题数据集、构建靶向算法服务和有效利用加速器件。

构建专题数据集。是否具备与求解问题和设计算法在时间长度上、空间密度上相适应的高质量数据集供训练之用，是人工智能气象应用面临的关键问题之一。对于深度学习，如果用于训练的数据量不足，事件标注少，可能会出现"过拟合"，使预测结果出现大的偏差，甚至得出复杂人工智能算法不如简单的统计回归分析的结论。这也是业务问题需要"窄化"和具体化的原因。因此，需要发展高频次更新、高时空分辨率、多圈层多要素协调的高质量实况数据产品（1 千米水平分辨率），并开展 5～10 年的回算，整合防灾减灾数据、行业与社会数据以及地理空间数据等，联合形成支持人工智能应用的训练资源库和标准测试数据集。对于气象要素的预报预测，还需要发挥另外一个"业务引擎"——数值模式的作用，此时，真实的气象观测和"准真实"的气象实况分析网格数据将成为模式数据集的密集标注数据。扎实做好气象数据图谱的规划和资源准备，是人工智能应用的基础之一。

构建靶向算法服务。只有明确业务场景，才能转化为机器学习的问题范式，进而选择合适的算法（聚类分析、关联分析、回归分析、卷积神经网络空间特征识别、循环神经网络的时序演变、智能推荐等）开展智能学习。例如：卷积神经网络（CNN）为基础的深度学习技术适合用于强对流天气等二维、三维雷达特征识别，循环神经网络（RNN）中的长短期记忆网络（LSTM）用于学习相邻时次的变量变化规律等。多数情况下，气象应用不仅仅有空间分布规律的提炼，还有时间序列的演变规律的学习，因此，一种结合了卷积神经网络 CNN 和长短期记忆的卷积长短期记忆网络（ConvLSTM）在降水短时临近预报中的应用，显著提升了 1～2 小时定量降水预报能力。由于 ConvLSTM 算法同样适用于时空序列分析，被谷歌的 TensorFlow 和 PyTorch 等深度学习算法平台纳入为标准算法。在深度学习模型的基础上引入增强学习，对于正确的预报给予奖励，对于错误的预报给予惩罚，建立预报的动态订正机制，将可能进一步提高预报质量。突发事件预警信息发布的序贯决策、多目标决策过程，知识图谱将有可能更加适合于把专家知识、应急预案和动态信息协同组织起来，形成智能决策。有序规划适合气象业务的技术算法图谱，将是未来聚合成为气象行业人工智能应用平台——"气象智脑"的需要走的路。

有效利用加速器件。自从深度学习于 2016 年的 ALPHAGO 大放异彩以来，GPU 计算走入我们的生活并日益普及。大规模深度神经网络训练的性能瓶颈已被一定程度上突破。气象相较于图像类二维为主的识别，有多维数据深度学习的需求，在芯片研制的早期，把气象问题抽象为流体力学、自然科学的通用问题，把气象特有的多维时空信息深度学习算法模型固化到芯片设计，再通过智能分析中台释放其加速计算的潜力，将可成为进一步提高数据处理能力的一种方式。

——充分利用云原生技术

云计算实现了对计算、网络、存储、数据、技术和算法等各种信息资源集约管理、弹性调度，以网络服务形式像水电一样按需组合、灵活供给。云计算一般被分为基础设施云(或称“设施即服务(IaaS)”)、平台云(或称“平台即服务(PaaS)”)和应用云(或称“应用即服务(SaaS)”)。这三者紧密结合，对于每一项业务都存在三种云资源的最佳配置和协调搭配。但在广告宣传(特别是对“公有云”服务的宣传)中常见：申请 IaaS 资源，搭建用户专属的 PaaS，开发用户自己的 SaaS 应用程序，从而导致用户应用的自然封闭，极易产生新的“云孤岛、云烟囱”。

中台技术有益于打破云上的信息孤岛，支撑场景驱动的应用。借助中台技术，应用程序将可以更好地根植于云的“土壤”中，从而推进“云原生”的发展。云原生本质上是调用云中的最优整合的微应用服务。这种微应用服务可以高效整合 IaaS、PaaS、SaaS 资源，从而实现“端”应用的轻量化开发。

云原生技术有利于用户在公有云、私有云和混合云等新型动态环境中，构建和运行可弹性扩展的应用程序。云原生的代表技术包括：容器、服务网格、微服务、不可变基础设施和声明式应用程序接口(API)等。采用“云原生”技术方法，意味着云管理中心必须介入微应用服务的开发，并接管其运行和维护。

5.5.2.3　跨域分布式协同计算技术

跨域分布式协同计算技术是支撑“云-边”有效协同的关键技术之一。边缘云计算(EC，Edge Cloud)不是单一的部件，也不是单一的层次，而是涉及 IaaS、PaaS、SaaS 各层面的全面协同。典型的边缘计算节点一般涉及网络、虚拟化资源、实时操作系统、数据面、控制面、管理面、行业应用等，其中网络、虚拟化资源、实时操作系统等属于 EC-IaaS 能力，数据面、控制面、管理面等属于 EC-PaaS 能力，气象服务地方事业、服务行业应用属于 EC-SaaS 范畴。

EC-IaaS 与云中心 IaaS 应可实现对网络、虚拟化资源、安全等的资源协同。EC-PaaS 与云中心 PaaS 应可实现数据协同、智能协同、应用管理协同、业务管理协同。EC-SaaS 与云中心 SaaS 应可实现服务协同。

资源协同：边缘节点提供计算、存储、网络、虚拟化等基础设施资源，具有本地资源调度管理能力，同时可与云端协同，接受并执行云端资源调度管理策略，包括：边缘节点的设备管理、资源管理以及网络联接管理等。

数据协同：边缘节点主要负责现场/终端数据的采集，按照规则或数据模型对数据进行初步处理与分析，并将处理结果以及相关数据上传给云中心。云中心提供海量数据的存储、分析与价值挖掘。边缘节点与云中心的数据协同有助于形成完整的数据流转路径，降低数据全生命周期管理与价值挖掘的成本。

智能协同：边缘节点按照人工智能模型执行推理，实现分布式智能服务。云中心开展人工智能的集中式模型训练，并将模型下发边缘节点。

应用管理协同：边缘节点提供应用部署与运行环境，并对本节点多个应用的生命周期进行管理调度。云中心主要提供应用开发、测试环境，以及应用的生命周期管理能力。

业务管理协同：边缘节点提供模块化和微服务化的应用、数字孪生、网络等应用实例。云中心主要提供按照客户需求实现应用、数字孪生、网络等的业务编排能力。

服务协同：边缘节点按照云中心策略实现部分 EC-SaaS 服务，通过 EC-SaaS 与云中心

SaaS 的协同实现面向客户的按需 SaaS 服务。云中心主要提供 SaaS 服务在云中心和边缘节点的服务分布策略，以及云中心承担的 SaaS 服务能力。

为了实现上述“云-边”协同能力，还需要改进信息系统架构与技术。信息系统架构设计时需要考虑下述因素：

连接能力：有线连接与无线连接、实时连接与非实时连接，以及跨域连接协议等。

信息特征：持续性信息与间歇性信息，高时效性信息与一般时效性信息，结构性信息与非结构性信息等。

资源约束性：不同位置、不同场景的边缘计算对资源约束性要求不同，带来边云协同需求与能力的区别。

资源、应用与业务的管理与编排：需要支撑通过边云协同，实现资源、应用与业务的灵活调度、编排及可管理。

根据上述考量，国省两级“云-边”协同的总体参考架构应该包括下述模块与能力：

省级边缘计算节点：

· 基础设施能力：需要包含计算、存储、网络、各类加速器（如人工智能加速器），以及虚拟化能力。同时，考虑嵌入式功能对时延等方面的特殊要求，需要直接与硬件通信，而非通过虚拟化资源。

· 边缘平台能力：多功能模块，包含：数据协议模块、数据处理与分析模块、数据协议模块等。可扩展性，以支撑各类复杂的行业通信协议。数据处理与分析模块需要考虑时序数据库、数据预处理、流分析、函数计算、分布式人工智能及推理等方面能力。

· 管理与安全性能：管理包括边缘节点设备自身运行的管理、基础设施资源管理、边缘应用管理、业务生命周期管理，以及边缘节点和所连接的终端管理等。多层次安全，包括芯片级、操作系统级、平台级、应用级安全等。

· 应用与服务能力：需要考虑两类场景，一类场景是边缘侧和云中心为客户提供不同的应用与服务，如：实时控制类应用部署在边缘侧，非实时控制类应用部署在云中心；另一类场景是同一应用与服务，部分模块部署在边缘侧，部分模块部署在云中心，边缘侧协同云中心共同为用户提供整体应用与服务。

国家级云中心：

· 平台能力：包括边缘接入、数据处理与分析、边缘管理与业务编排等。数据处理与分析需要考虑时序数据库、数据整形、筛选、大数据分析、流分析、函数、人工智能集中训练与推理等方面能力。边缘管理与业务编排需要考虑边缘节点设备、基础设施资源、终端、应用、业务等生命周期管理，以及各类增值应用和网络应用的业务编排。

5.5.2.4 气象数据治理技术与方法

地球系统观测资料呈现海量、多样化发展趋势，5G 时代进一步促使万物互联，互联网和物联网的大量观测数据、生物圈层（包括人类活动的社会经济类）数据、用户行为数据等，将促使数据管理将更加复杂。

随着大数据在各个行业领域应用的不断深入，数据作为基础性战略资源的地位日益凸显。数据标准化、数据确权、数据质量、数据安全、隐私保护、数据流通管控、数据共享开放等问题越来越受到国家、行业、企业各个层面的高度关注。随之，数据治理的概念越来越多受到各界关注，成为大数据产业生态系统中的新热点。

在数据治理方面，国内外已有一些较为成熟的技术体系和框架模型，如：国际数据管理协会(DAMA)的数据管理知识框架体系、数据治理协会(DGI，The Data Governance Institute)的数据治理框架模型，以及我国的数据管理能力成熟度评估模型、数据中心服务能力成熟度模型等。

国际数据管理协会(DAMA)数据管理知识框架体系。在 20 世纪 80 年代，随着数据随机存储和数据库技术应用，产业界首次提出了数据管理的概念。2009 年，国际数据管理协会(DAMA)发布了数据管理知识体系 DMBOK1.0，成为了行业最权威的数据管理理论模型。DAMA 数据管理模型包括 9 个职能，分别是：数据架构管理、数据开发、数据操作管理、数据安全管理、参考数据和主数据管理、数据仓库和商务智能管理、文档和内容管理、元数据管理和数据质量管理。2017 年，DAMA 发布的 DBMOK2.0 中又将该模型扩展为 10 个活动职能。

国外其他数据治理框架模型。2012 年，数据治理协会(DGI)提出了 DGI 数据治理框架模型。2014 年，美国软件工程研究所(SEI)基于软件能力成熟度集成模型(CMMI)，提出数据能力成熟度模型(DMM)。2015 年，一个主要面向金融保险行业数据管理的公益性组织——企业数据管理协会(EDM Council)提出了数据管理能力评价模型(DCAM)。此外，高德纳(Gartner)公司提出的企业信息能力成熟度模型(EIM Maturity Model)、IBM 企业数据管理能力成熟度模型以及一些咨询公司如毕马威、普华永道等发布的细分行业数据管理体系架构等，都具有一定的国际影响力。

《数据管理能力成熟度评估模型》——侧重于数据供给侧的国家标准。近年来，国内各行业大型企业也纷纷发起企业内部数据治理项目，制定数据治理规范，成立专业的数据管理实体团队来开展企业数据治理工作。特别是在 2018 年 4 月，国家大数据标准化工作组正式发布了国家标准《数据管理能力成熟度评估模型：GB/T 36073—2018》(简称《DCMM 模型》)，并于 2018 年 10 月 1 日起正式实施。DCMM 定义了数据能力成熟度评价的八大能力域：数据战略、数据治理、数据架构、数据标准、数据质量、数据安全、数据应用、数据生命周期管理，以及相关的 28 个能力项。

《数据中心服务能力成熟度模型》——侧重于数据需求侧的国家标准。数据中心服务能力成熟度是指一个数据中心对其提供服务的能力实施管理的成熟度，即从数据中心相关方实现收益、控制风险和优化资源的基本诉求出发，确立数据中心的目标以及实现这些目标所应具备的服务能力。《数据中心服务能力成熟度模型》提出：服务能力按特性划分为 3 个能力域(战略发展能力、运营保障能力和组织治理能力)和 33 个能力项。每个能力项基于实证进行评价得出其成熟度，各能力项成熟度经加权计算后得到数据中心服务能力成熟度。

此外，大数据治理的理论和模型仍在发展之中。

5.6　检验评估业务技术

5.6.1　重点任务

5.6.1.1　筑牢检验评估业务发展基础

任务 1　健全检验评估业务体系

构建涵盖发展进程评估、运行现状评估和未来发展预评估的完整业务体系。通过发展进程评估，对已完成的业务、科研项目、工作任务等进行分析评估，用以总结经验、查找问题。通过运行现状评估，对正在开展的科研、业务、服务、保障工作的进度、质量、效益等进行检验评估，用以加强管理、提高质量。通过未来发展预评估，对计划发展的业务、科研项目进行预评估，分析判断其可行性及投入产出效益等，用以指导规划、辅助决策。

任务 2　统筹检验评估业务布局

检验评估需要多项业务间前后互动、上下联动、左右协同。要强化统筹协调，优化业务布局，避免全国检验评估业务出现“先乱后治”的局面。在业务分工上，既要明确分领域检验评估工作承担单位，又要设定全局检验评估业务的总牵头单位，采用分类分级的方式，国家和地方各有侧重。涉及社会效益、政府职能、行业管理等方面的检验评估工作，要充分利用第三方评估机制，以提高评估工作的独立性、专业性和公信力。

任务 3　推进检验评估关键技术研究

推进检验评估业务向着“定量为主、定性为辅”的方向发展，将涉及到大气科学、信息科学、社会科学等多学科多领域知识。其中，观测布局对预报的影响评估、人工影响天气作业效果评估等涉及大气科学理论和技术问题，气象服务效益评估和满意度调查涉及社会科学问题，建设自动化、智能化的检验评估业务平台和科研成果评测平台(或“中试平台”)涉及大数据、人工智能等信息新技术应用问题，宜安排相应研发项目，组织跨部门联合科技攻关。此外，“贫”数据情况(如:疫情、战争、地缘政治关系等引起的国内外数据异常缺失)及其他突发事件的影响评估，关乎国家安全大局，应考虑优先安排研究课题。

任务 4　完善评估结果反馈和业务改进机制

加强相关管理制度建设，切实发挥检验评估业务对气象事业高质量发展的促进作用。中国气象局职能司加强对各级业务单位检验评估工作的组织管理，通过编发业务规范规定，从制度上保障检验评估业务的地位和业务流程的规范与合理，树立检验评估的权威性。要进一步完善评估结果反馈和业务改进机制:一方面，要畅通反馈渠道，使检验评估结果能够及时送达相关业务单位和管理部门，做到应知尽知；另一方面，要与绩效考核挂钩，使相关领导和职工重视评估结果并自觉改进，做到应改尽改。

5.6.1.2　强化发展进程评估

任务 1　开展重大政策和工程项目效益评估

对已经出台并执行的业务体制改革、科技体制改革、数据共享开放政策措施、中国气象局局属企业改革、行政管理改革措施、气象防灾减灾体制改革、行业和社会监管措施等重要政策进行跟踪评估，广泛听取相关方意见和建议，采用内部评估和外部评估相结合的方式，引入并推广第三方评估机制，提高政策措施评估的客观性与科学性。按照生态、社会、经济协调发展的内在要求，建立并完善气象工程效益评估机制，推进国内外项目管理标准规范在气象工程效益评估领域的应用，使气象工程效益评估的内容和过程更加规范化。建立良好的反馈机制，将评估结果及时反馈给政策制定者和工程项目管理者，为改进工作提供参考。

任务 2　持续开展气象现代化评估

根据“十四五”时期气象服务和业务技术发展的新形势，修订《国家级气象业务现代化指标体系和监测评价实施办法》和《省级气象现代化指标体系和评价实施办法》。完善气象现代化指标体系。逐年开展气象现代化评估，对国家级和省级气象现代化总体情况、分项指标情况、既定目标完成度和年度进展等进行了分析，并对取得的成绩和存在问题给出相应的评论和政策建议。编制各年度国家级和省级《气象现代化评估报告》。

任务 3　开展国务院 3 号文件执行情况评估

深入了解《关于加快气象事业发展的若干意见》(国发〔2006〕3 号，简称“国务院 3 号文件”)贯彻执行总体进展情况和预期目标的完成情况，客观评价取得的成效，综合分析存在的问题。编制《中国气象局贯彻实施〈国务院关于加快气象事业发展的若干意见〉评估报告》。提出由国务院出台下一阶段(10～15 年)指导性文件的内容建议。

参阅材料 5-46　《国务院关于加快气象事业发展的若干意见》评估结果摘要

全国 31 个省(区、市)人民政府全部出台了具体实施方案，将气象事业发展的主要任务、重大政策进一步分解落实到各市、县人民政府，纳入到当地经济社会发展总体规划。气象事业发展受到各级党委政府高度重视。

面对全球气候变化背景下极端天气气候事件频繁发生的严峻形势，面对全面建设小康社会和转变发展方式对气象服务日益增长的迫切需求，面对世界气象科技竞相发展的国际环境和我国气象事业艰巨繁重的改革发展任务，中国气象局党组带领全国气象部门，坚持“公共气象、安全气象、资源气象”的发展理念，着力强化综合观测基础、提升预报预测水平、加快气象科技创新，扎实推进气象现代化体系建设，紧紧围绕经济社会发展需求，充分发挥气象在保障人民安康福祉、促进经济社会可持续发展中的基础性作用，开创了气象事业发展新局面，开拓了气象事业科学发展新境界。

气象事业发展成就巨大辉煌。气象对经济社会发展、国家安全和可持续发展支撑作用日益凸显，重大气象灾害预警服务和突发公共事件应急气象保障能力更加有力。“党委领导、政府主导、部门联动、社会参与”的气象灾害防御体系建设取得历史性突破，“桑美”超强台风、南方低温雨雪冰冻、汶川特大地震、甘肃舟曲特大山洪泥石流等重大自然灾害气象保障取得重大胜利，谱写了中国气象防灾减灾史上新篇章。全国因气象灾害造成的人员死亡数明显降低，造成的经济损失占 GDP 的比例明显降低，气象防灾减灾取得了显著的经济、社会和生态效益，为推动经济社会发展、保障人民安康福祉做出了突出贡献。北京奥运会残奥会、国庆六十周年庆典、上海世博会、广州亚运会等重大活动气象保障取得圆满成功，载人航天、探月工程嫦娥二号等重大工程气象保障能力明显提升。社会公众对公共气象服务的满意度显著提高。应对气候变化科技支撑作用日益突出，气象在国家应对气候变化总体格局中的地位大幅提升。气候资源的开发利用得到加强，为建设“资源节约型、环境友好型社会”作出了巨大贡献。农村防灾减灾、农业生产和国家粮食安全的气象服务水平不断提升，为我国农业连续增产作出了突出贡献。

大气监测自动化系统、气象监测与灾害预警工程、新一代天气雷达和气象卫星工程等重大气象工程建设稳定推进，举世瞩目的气象现代化体系建设取得重大进展。公共气象服务业务、预报预测业务、综合气象观测业务发展取得重大进展。预报预测准确率和精细化程度不断提高，台风 24 小时和 48 小时路径预报、人工影响天气作业等某些领域达到世界先进水平。气象卫星的技术水平和应用能力取得重大突破，世界上规模最大的天气雷达观测网具有世界先进水平。气象科技创新取得新成果，气象人才队伍整体素质显著提高。

气象事业发展的环境明显优化，重要领域和关键环节的改革不断推进，开放合作步伐进一步加快，气象法规体系日趋完善，标准化建设得到加强。气象部门党的建设和气象文化建设取得新成果，广大气象干部职工的精神风貌昂扬向上，积极性、主动性、创造性得到激发，凝聚力和向心力得到增强。气象事业面貌发生了显著的变化。

总体而言,中国气象事业的整体实力已经达到了20世纪末世界先进水平,国务院3号文件提出的第一阶段奋斗目标已经基本实现。中国气象事业在气象现代化的道路上又迈出了坚实的一步。

任务4　开展"十三五"规划终期评估

把握方向、突出重点,对气象事业发展"十三五"规划实施情况(特别是中期评估之后的工作进展)进行全面评估,客观分析取得的进展和存在的困难问题,为今后气象事业发展提出意见和建议,为编制"十四五"规划提供依据。

参阅材料5-47　《全国气象发展"十三五"规划》中期评估摘要

"十三五"以来,中国气象局以《全国气象发展"十三五"规划》为蓝图,各项政策措施得力,资金保障稳定增长,现代气象监测预报预警体系、现代公共气象服务体系、气象科技创新和人才体系、现代气象管理体系构成的气象现代化体系不断完善。"十三五"规划确定的8个具体目标领域均取得预期进展。"十三五"规划提出的19项气象发展主要指标大部分呈现了改善和提升的总体态势,其中5项指标提前完成目标。但有4项指标进度滞后,主要是反映核心科技能力的全球数值天气预报水平尚未能在较短时间快速提高。气象部门预算收支总规模一直持续稳中有升,规划中提出的20项全局性重点工程开展建设的有15项,正处于立项前期阶段的3项,未单独立项纳入其他工程建设的2项,重点工程总体进展良好,有效支撑了"十三五"规划各项战略任务落实。

评估表明,在落实"十三五"规划的实际工作中也存在许多不足,发展还面临不少挑战,主要表现在:战略谋划不够深入,规划引领作用亟待发挥;个性化、专业化、精细化服务产品供给不足,气象服务供给侧结构性改革亟待推进;东、中、西部气象事业发展不够平衡;气象科技距离世界先进水平还有较大差距,高层次领军人才依然缺乏;参与全球气象服务和应对全球气候变化力度不够;思想观念束缚和体制机制障碍依然存在,助推气象发展的社会资源和力量亟待凝聚,气象治理体系和治理能力还有不少薄弱环节。

评估提出,要采取进一步全面深化气象部门改革、推动气象服务供给侧结构性改革、动员社会力量加强气象服务创新、加强组织领导推进重大工程建设、优化支出结构和落实经费保障等措施,有效应对发展挑战,确保规划目标的全面实现。

5.6.1.3　开展运行现状评估

任务1　完善全流程全要素气象产品检验评估

加强对精细化天气气候演变过程的认知,创新评估方法,优化检验指标或方法,实现对各类预报预测产品的端到端精细化跟踪检验,构建覆盖从分钟到年代际的多时空尺度、多气象要素、灾害性天气、重要过程、气候现象、区域性高影响灾害性事件的预报预测质量检验评估指标体系。开展全流程全要素气象产品检验评估技术研究,提高定量化客观评估水平。将检验评估纳入产品性能评价、技术方法研究、科研融入业务建设的各个环节中,增强技术研发的科学性和成果评估的客观性。

任务2 改进气象服务满意度调查和效益评估

根据“生命安全、生产发展、生活富裕、生态良好”的要求，健全气象服务满意度指标体系。深化与国家统计局等部门和地方政府的合作，加大第三方评估的推广力度，通过权威社会调查、客观评估分析，进一步了解社会公众对气象服务的满意程度和需求，为气象部门改进气象服务工作提供依据。加强在气象服务满意度调查和效益评估评估标准化、规范化建设，提高评估工作的科学性和规范性。

任务3 加强数据质量控制和检验评估

针对各类陆基、海基、空基和天基观测原理及观测数据特点，结合大气运动物理规律，开展多圈层、多要素协调的综合质量控制和偏差订正技术研究，提高质量控制和检验评估科技水平，改进技术方法，完善业务规程。综合利用大数据、机器学习等人工智能分析技术，研究数据质量检验评估新方法。与世界气象组织全球综合观测系统(WIGOS)衔接，开展全球观测资料的质量控制和评估，建立世界气象组织Ⅱ区协 WIGOS 区域中心业务系统，使其具备地面、垂直、遥感等八类观测数据监视评估功能，实现Ⅱ区协区域内常规气象观测数据实时监视与异常数据管理、跟踪和反馈。

任务4 扩展业务运行检验评估范畴

除了强化气象部门既有检验评估业务，从观测、数据共享、预测、预报预警系统覆盖面等方面进行评估外，针对观测社会化、服务市场化、平台多元化、运维外包化等新形势新动向，研究制定针对社会化观测、企业气象服务、租用系统平台等运行质量的检验评估标准、技术和方法。以检验评估为基础，推动建立健全气象服务市场监管体系、业务外包管理办法、外部资源(如：观测数据、信息系统等)业务准入和退出机制等。

5.6.1.4 加强未来发展预评估

任务1 强化不同业务间互动效应评估

加强观测与预报之间的互动机理研究，探索基于伴随和基于集合的方法定量评估多种观测对预报贡献的技术方法。建立观测对数值预报贡献评估业务，结合我国业务模式预报，综合评估“陆-海-空-天”一体化观测布局的效益。研发诊断工具，基于不断变化的观测系统评估模式和观测的不确定性。建设观测与预报互动示范系统，进行观测系统模拟试验，进行观测与预报互动的评估结果试验验证，指导未来观测系统规划设计。

参阅材料5-48 观测与预报互动效应评估

观测系统是模式预报准确性提升的有力支撑，模式预报准确性也是观测系统评估与优化的重要依据。一方面，基于预报的观测站网评估方式逐渐增多，包括观测系统试验(OSE)、观测系统模拟试验(OSSE)、预报对观测的敏感性(FSO)、集合卡尔曼变换(ETKF)分析方法等。另一方面，基于观测与预报互动的评估结果，将更有针对性地指导观测系统的科学建设，也能更加快速地提高观测系统的应用效益。

国际上，观测资料对数值预报的作用被日益被重视。世界气象组织通过世界天气研究计划(WWRP)支持开展“观测系统研究与可预测性实验(THORPEX)”计划，发展定量评价观测系统作用的方法，通过观测与预报的互动试验，提出适应性观测的概念。世界气象组织每4年召开一次(目前已经召开7届，最近一次是2020年召开的第七届)观测对预报贡献的国际研讨会。欧洲中心、美国、英国、德国、澳大利亚等气象局均开展了观测对数值预报贡献评估的业务。

任务 2 健全气象工程项目效益预评估

对“十四五”时期即将启动建设和拟申请立项的重点工程项目开展经济效益、社会效益和生态环境效益预评估。研究制定气象类工程项目效益预评估方法指南，提高预评估工作的规范性。加强气象业务服务质量与其他行业量化关系研究，提高气象类工程项目效益量化评估的科学性和准确性。建立工程项目实际效益与预评估效益跟踪比较分析系统，以大数据为依托，不断积累经验，修正预评估参量，提高预评估工作质量。健全业务分工布局，按业务分类合理安排国省两级工程项目预评估机构，通过工程设计单位与效益预评估机构分离、分责，并加强审核，促进发挥效益预评估对改进设计的促进作用。

5.6.2 关键技术

检验评估业务涉及多领域、多学科知识和技术（图 5.17）。除了通用的基础数理方法和专用于特定业务领域的气象专业技术方法外，还包括新技术新方法的引入和使用。

5.6.2.1 基础数理统计分析方法

数理统计方法的应用目的就是在保证获取可靠和可解释的信息，满足精度和可靠度的前提下减少大量的数据冗余，利用监测对象的一般统计特征参数值（包括：平均值、中值、极大值、极小值、方差等）来确定、评价研究区监测对象的整体变化特征。检验评估业务中常用的数理统计方法包括：综合指数法、层级分析法（Analytic Hierarchy Process，AHP）、全生命周期投入产出法（Input-Output Life Cycle Assessment，IO-LCA）、数据包络分析法（Date Envelopment Analysis，DEA）、模糊综合评价法、熵值法和改进熵值法、逼近理想求解的排序法（TOPSIS）、有无对比分析法、线性加权法等。

5.6.2.2 预报预测业务相关检验评估技术

加强对精细化天气气候演变过程的认知，创新评估方法，优化检验指标或方法，实现对各类预报预测产品的端到端精细化跟踪检验，构建覆盖从分钟到年代际的多时空尺度、多气象要素、灾害性天气、重要过程、气候现象、区域性高影响灾害性事件的预报预测质量检验评估指标体系。研究基于可预报性的温度、风、能见度等要素的检验技术。研究多种集合预报构成的超级集合预报的检验方法。研究不同季节、不同区域下垫面等天气气候背景条件下的分类检验技术、基于天气系统识别技术。研究不同影响系统下降水过程自动分类和检验技术。研究不同物理量配置以及特征指数条件下的分类检验技术。研制对观测预报大数据的透视检验技术，包括时序分析检验、时空剖面分析检验、跨越不同地形的空间剖面分析检验等技术。将检验评估纳入产品性能评价、技术方法研究、科研融入业务建设的各个环节中，增强技术研发的科学性和成果评估的客观性。

5.6.2.3 综合观测业务相关检验评估技术

“十四五”时期，需要关注和发展的综合观测业务相关检验评估技术主要包括：多平台多要素综合观测数据相互检验补序技术，设备级采样、观测数据的质量控制算法和技术，中心级多要素协调的综合质量控制评估订正技术，中心级高影响天气、极端天气气候、复杂地形等数据偏差检验订正技术，基于服务影响的气象监测和预报检验技术等。

5.6.2.4 气象服务效益评价评估技术

“十四五”时期，需要关注和发展的气象服务效益评价评估相关技术主要包括：基于用户体

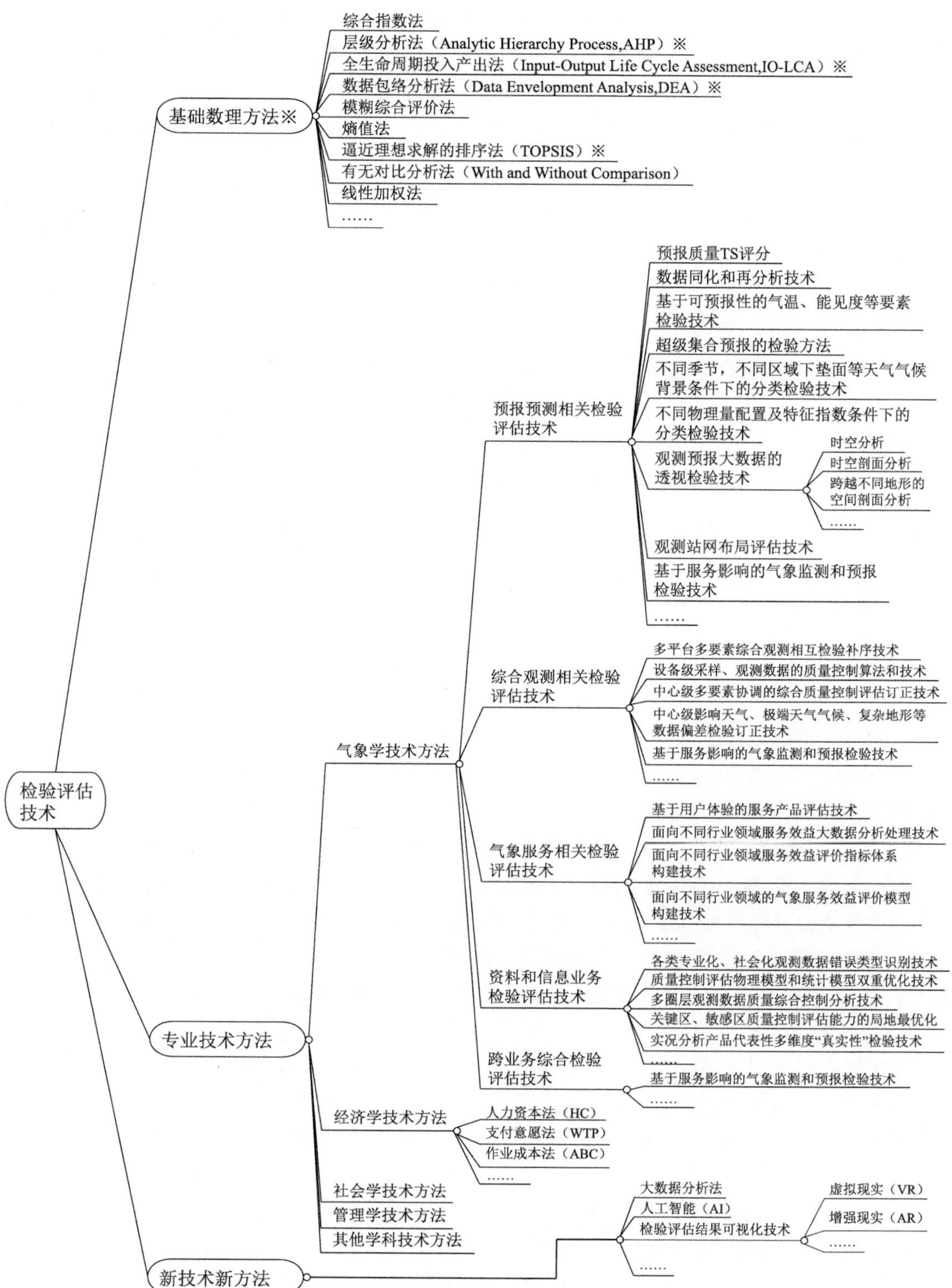

图 5.17　检验评估技术图谱

验的服务产品评估技术、面向不同行业领域服务效益大数据分析处理技术、面向不同行业领域服务效益评价指标体系构建技术、面向不同行业领域的气象服务效益评价模型构建技术、基于服务影响的气象监测和预报检验技术、基于用户体验的服务产品评估技术、面向不同行业领域服务效益大数据分析处理技术、面向不同行业领域服务效益评价指标体系构建技术、面向不同行业领域的气象服务效益评价模型构建技术等。

5.6.2.5 资料和信息业务检验评估技术

"十四五"时期,需要关注和发展的资料和信息业务检验评估技术主要包括:各类专业化观测、社会化观测数据错误类型识别技术,质量控制评估物理模型和统计模型双重优化技术,多圈层观测数据质量综合分析技术,关键区、敏感区质量控制评估能力的局地最优化,实况分析产品时空尺度代表性、多维度"真实性"检验技术等。

5.6.2.6 跨业务综合检验评估技术

"十四五"时期,需要关注和发展的跨业务综合检验评估技术主要包括:基于服务影响的气象监测和预报检验技术,人力资本法(HC)、支付意愿法(WTP)、作业成本法(ABC 法)等经济学技术方法,社会学技术方法,管理学技术方法,以及大数据分析法、人工智能技术(AI)、虚拟现实(VR)和增强现实(AR)等检验评估结果可视化展示技术等新技术新方法。

5.7 跨领域前沿技术与潜在颠覆性技术

5.7.1 人工智能技术

人工智能涵盖了计算机科学、统计学、脑神经学、社会科学等诸多领域,是一门典型的交叉学科。根据《人工智能标准化白皮书》定义,人工智能是利用数字计算机或者数字计算机控制的机器模拟、延伸和扩展人的智能,感知环境、获取知识并使用知识获得最佳结果的理论、方法、技术及应用系统。算法是人工智能的核心,主要包括机器学习和深度学习算法。而用于培训的数据集的质量、完整性和准确性,对机器学习和深度学习的效果有着深刻的影响。

人工智能发展已经进入了跨界融合新阶段,呈现出深度学习、跨界融合、人机协同、群智开放、自主操控等新特征。多国政府已将人工智能列为引领未来的战略性技术,将其作为提升国家竞争力、维护国家安全的重大战略,先后出台了多项相关规划和政策,力图在新一轮国际科技竞争中掌握主导权。

人工智能在气象领域的应用已引起中外政府重视。国务院印发的《新一代人工智能发展规划》、美国国家科学技术委员会发布的《国家人工智能研究和发展战略计划》和《国家人工智能研究和发展战略计划:2019 更新版》等中外人工智能发展规划计划中均提到与气象应用相关内容。

目前,美国在气象领域人工智能研究与应用方面处于国际领先地位,其研究方向包括:观测数据质量控制、数值模式资料同化、数值模式参数计算(如云和对流参数化)、模式产品后处理、天气系统识别、可再生能源行业应用、航空湍流预报、业务流程优化、智能决策辅助系统等,其中对强风暴天气(破坏性直线大风、龙卷和冰雹灾害等)预报和飓风识别、预报等领域关注相对较多。同时,欧洲中心也在关注人工智能在数值模式资料同化中的应用。(朱玲和吴心玥,

2019;唐伟和周勇,2019)

目前,我国气象领域对人工智能的研发应用能力仅次于美国,大幅领先于其他国家(图 5.18、图 5.19)。我国已经在观测识别、数据处理、短时临近预报、多源融合定量降水预报、强对流潜势预报、雾霾预报、相似台风检索、预报预警自动制作等多个领域取得若干研究成果。其中,部分成果已具备国际领先水平。但同时,绝大多数成果尚处在研发阶段,距离业务应用还有一段距离(刘雅忱,2020)。

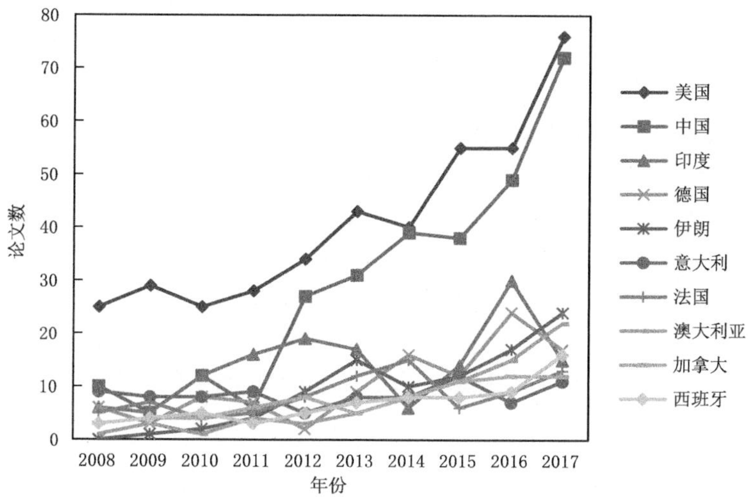

[彩]图 5.18　“气象和大气科学”领域发表论文数前十名的国家

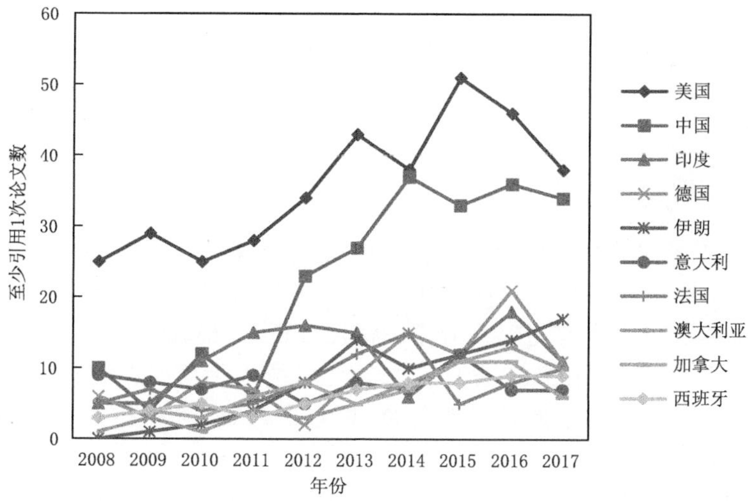

[彩]图 5.19　“气象和大气科学”领域至少被引用一次的论文数前十名的国家

在气象领域,人工智能可以快速而有效地解决图像识别(如极端天气型分类和异常检测)、超分辨率处理(气候模式降尺度)、时间预测和空间预测等问题,并且能提高精度而无需使用主观的经验判断或依赖于其他变量的预定义阈值的方法。但也存在着诸多挑战:一是可解释性,二是物理一致性,三是数据的复杂和不确定性,四是缺少标记样本数据集,五是对计算能力需求的满足程度(贾朋群和张萌,2020)。

预期在"十四五"时期,随着 5G 的部署及物联网的进一步发展,人工智能市场总体规模将继续保持高速增长,在部分领域将呈爆发式增长。人工智能将会广泛、深入地融合到气象观测、预报、服务和信息网络等全业务链条中。

在观测方面,利用人工智能技术和大数据识别方法,一是可以实现天气实况自动判识和观测质量诊断,增强自动气象站和天气雷达等观测设备根据天气实况自动调整观测模式的能力,提升针对灾害性天气的协同观测能力。二是实现气象要素和天气现象观测的多源校验。三是实现对冰雹、雷暴、大风、强降水、高温等高影响天气的实时、精准监测预警(蒋宗孝和李良宗,2019)。

在预报方面,人工智能暂不会取代气象预报的核心技术——物理驱动的数值预报模式,而是成为数值模式的补充。通过研究物理过程和数据驱动模型之间的各种协同作用(改进模式参数化、代替半经验的子模型、数值模式订正、气候模拟等),处理目前预报中存在的一些不确定性问题,最终形成混合建模方法。

在服务方面,一是可提高从杂乱的社会化观测、互联网、社交媒体等多源数据中提取气象信息并预判用户需求的能力。二是可以提升专业气象服务的精细化和个性化服务能力。三是利用大数据、云计算和人工智能等技术建立基于影响的气象风险评估和预警模型,提升对高影响天气、缺资料地区的服务能力。

在数据和信息网络方面,建立基于大数据的人工智能数据中台,有助于实现高效准确的多源资料融合,实现数据流程体系的趋势预测和实时优化分析。

而更长远来看,人工智能对气象部门的影响将涉及到人事和体制等更深层次。待实用性人工智能技术的业务应用成熟以后,可能带来人力资源需求下降和岗位技能需求的变化,干部职工转岗、转型问题将会日益突出。而且,在数据开放和人工智能技术的双重促动下,目前的大部分公共气象服务需求将能由用户自行满足,气象部门的部分职责和定位将被迫调整,体制机制改革将势在必行。

5.7.2 大数据分析技术

大数据数据分析技术分为联机分析处理(OLAP,Online Analytical Processing)和数据挖掘(Data Mining)两大类。大数据分析技术的发展主要集中在两个方向以寻求突破:一是对体量庞大的结构化和半结构化数据进行高效率的深度分析,挖掘隐性知识,如从自然语言构成的文本网页中理解和识别语义、情感、意图等。二是对非结构化数据进行分析,将海量复杂多源的语音、图像和视频数据转化为机器可识别的、具有明确语义的信息,进而从中提取有用的知识。

大数据分析技术一般包括大数据采集与预处理、大数据存储与管理、大数据计算模式与系统、大数据分析与可视化等。目前,以深度神经网络等为代表的大数据分析技术在目前已得到一定发展,随着互联网与传统行业融合程度日益加深,对于互联网数据的挖掘和分析成为了需求分析和市场预测的重要手段。

国内外气象部门在大数据分析领域尚处于打基础阶段,重点在于大数据采集、存储和处理平台的构建。美国主要依靠商业企业,我国政府信息化建设则是重要的主导力量之一。美国国家海洋大气局(NOAA)正在实施大数据工程(Big Data Project),与 IBM、谷歌、亚马孙、微软等商业公司共同挖掘气象数据价值。IBM 公司利用大数据技术向风力、光伏发电企业提供风、光高精度一体化发电功率预测解决方案，精确预测发电功率。在国内，中国气象局 2017 年底编发了《气象大数据行动计划(2017—2020 年)》，明确了气象部门大数据发展的目标和任务。阿里云与中国气象局合建“物流预警雷达”物流数据平台，为物流公司提供科学的、精细化的、针对性的气象服务。京东物流利用格点化天气预报优化仓储点运行。从长远看，气象行业应用大数据技术，主要是为了对数量巨大、来源分散、格式多样的数据进行关联分析，从中发现新知识、创造新价值、提升新能力。大数据正在改变着气象服务供需关系和业务格局(沈文海等，2020)。

大数据分析技术在气象领域应用非常广泛。一方面，气象大数据分析技术是强化气象行政事中事后监管的有力手段。另一方面，大数据分析技术为促进预报准确率的提高带来了另外一种思路。大数据分析技术将有力提升数值预报释用技术水平，大数据思维模式和分析技术的发展，对海量气象数据相关关系和规律进行分析和挖掘，有可能将推动数值模式产品释用技术的进步，从而提高预报准确率。社会化观测将弥补气象观测站网布局的不足，在人人都可能是观测员的发展趋势下，社会化加密气象观测数据和灾情监测数据的应用为预报预测精准度的提高提供了可能。

对气象部门而言，大数据领域最大的困难不是技术问题，而是数据共享问题，尤其是社会大数据对气象部门的共享和实际应用问题。因此，未来需重点加强社会大数据的获取及使用工作以及社会大数据在气象服务领域的实际业务应用，尤其是与人工智能等新兴技术有机结合的、应用于智慧城市、智慧农业、智慧交通和智慧旅游等更广阔领域的跨学科应用，以促进这些领域结合气象服务业务的共同健康发展。此外，还应注重数据处理、数据挖掘、数据可视化等技术的研究，推动大数据在质量控制、数值产品释用、基于影响预报模型、气象灾害管理、精准气象服务等方面的应用。

5.7.3　先进计算技术

先进计算是指利用高性能超级计算机和网络系统，构建下一代信息基础设施，使分散在不同地理位置的计算机组成一台庞大的虚拟超级计算机，实现网上各种资源的全面互联和共享。先进计算融合计算、存储、网络、控制等技术，构建新一代信息基础设施，实现人、机、物的互联互通、信息共享和智能应用。其技术发展方向包括云计算、并行计算、边缘计算、雾计算、量子计算和智能化计算等(邢帆，2017)。

云计算、并行计算已属相对成熟的技术，并在多领域得到广泛应用。边缘计算是一种在网络边缘执行计算的新型计算模型，与云计算相辅相成，共同为万物互联时代的大数据处理提供软硬件支撑平台。雾计算是介于云计算和终端用户的虚拟化中间层，由多个相互独立的雾计算节点组成，主要包含雾计算存储节点、雾计算节点管理器和雾计算网络等几个主要部分。量子计算是一种遵循量子力学规律调控量子信息单元进行计算的新型计算模式，能够实现真正意义上的“并行计算”，从而实现计算能力的跃升。智能化计算包括认知计算、机器学习和智能计算(杨宏 等，2018)。

根据不同的特性，各类先进计算技术具有不同的产业应用前景(表 5.29)。我国也已出台了相关政策支持先进计算的发展和产业应用。

表 5.29　先进计算的产业应用

序号	技术分类	产业应用
1	边缘计算	梯联网、智联网、智能路灯、智能楼宇、智能车联网和智能农机
2	雾计算	智能汽车、交通管制、视频安全、监控方案和智能城市方案
3	海云计算	无从驾驶、智能交通、环境监测和入侵监测
4	量子计算	天气精准预测、交通拥堵、航空航天软件开发、人工智能
5	异构计算	图像理解、质点示踪、声束形成、气候建模、多媒体查询等
6	高性能计算	大飞机研发、高铁列车设计、石油、天气预报、核能模拟
7	认知计算	自动驾驶汽车、自动化数据输入、自动化手写识别、语音识别
8	机器学习	辅助驾驶、个性化推荐、环境监测、国家安全、互联网广告
9	智能计算	信息处理、自动化、工程建设、经济、医学和科研领域

“云＋边缘”计算模式已开始应用于中国气象局全国综合信息共享系统(CIMISS)的建设，在国省两级推进统一的数据环境，为业务的集约化发展奠定了良好基础。预期在“十四五”时期，“云＋边缘”计算模式将得到更为广泛的应用，通过集约、弹性的云计算，支持气象大数据高效分析处理。省、市、县各级都可以成为边缘计算的范畴，通过快速处理和分析更靠近生成数据源的数据，为感知和响应用户需求提供直接的敏捷计算支持，同时响应国家级云中心的事件驱动，开展本地化的分析。

基于“CPU＋加速器”架构的超算技术还将延续一段时间，并逐步转向异构多核加速模式。更为重要的是面向无缝隙精细化气象预报预测模式的发展，需要集中精力解决好超大规模并行化计算的瓶颈问题，研究模式与超级计算机系统高效适配的超大规模并行计算技术和可扩展性(王彬和孙婧，2018；赵立成 等，2016)。

量子计算和目前尚在实验室阶段的光子计算、分子计算、立体晶体计算、纳米碳管计算等，成熟度低，预期尚难在“十四五”时期发挥作用(周勇 等，2018)。

5.7.4　5G 移动通信技术

第五代移动通信(5G)作为新一代信息通信技术的主要发展方向，具备高速率(理论峰值速率 10Gbps，用户体验速率可达 100Mbps 至 1Gbps)、低时延(毫秒级)、流量密度大(10Mbps/米^2)、支持高移动性(500 千米/小时以上)和海量用户连接能力(100 万个/千米^2)等显著特征，已在自动驾驶、重大活动保障、远程医疗和机器人等领域的应用中取得广泛应用。

我国政府高度重视 5G 发展，已将 5G 技术研发与应用上升为国家战略。我国通信技术经历了 2G 跟随、3G 参与到 4G 同步之后，业界普遍认为，在 5G 时代，我国已成功跻身第一梯队，并在 5G 承载标准制定、5G 产业链方面走在了世界前列。

虽然目前国内外尚缺 5G 在气象领域业务应用的成熟案例，但在若干领域已经开展了尝试，如：基于 5G 的气象信息采集和气象服务信息发布、北京冬奥会气象应急保障车载应用等。

人口密集地区的 5G 移动网络，结合边远地区的高速卫星通信，将可形成覆盖全国乃至全球的高速率、移动式气象通信基础架构，大幅提升观测分辨率、预报精细度和服务覆盖面，并促发业务体制向着更加扁平化的方向演进。

在观测业务方面，5G 将推动其向高密度、广覆盖、智能化、社会化方向转变。5G 时代，更多观测设备可以直连到大数据云平台，实现数据直接上“云”。这种“测站一云端”的两级业务体制在数据存储、处理和服务等方面存在诸多优势。5G 连接密度大，支持可穿戴设备和高速移动交通工具，促进物联网发展，为大规模社会化观测奠定基础，借此将大幅增强灾害监测预警能力。此外，5G 也可促进数据质量控制、应急观测、远程巡检等业务流程进一步优化，减少中间环节或把部分功能移向设备端(徐海明，2019)。

在预报业务方面，5G 将助力灾害监测预警预报能力提升，提高中小尺度监测和预警水平。5G 使气象观测密度提升，有利于进行更精细的预报预警和实时检验，气象部门将有能力开展包括“龙卷”灾害在内的小尺度天气预警业务。对基层气象部门而言，灾害监测数据的汇集和质量控制、灾害分析识别、预警提示时效缩短到分钟级，能开展更具针对性、靶向型的灾害预警。

在服务业务方面，5G 将加速其向融媒体方向发展，并拓展更多新兴服务领域。5G 时代，短视频、虚拟现实(VR)等应用将更加普及，使可视化气象服务产品更加丰富。结合用户交互功能的提升，会促使气象服务产品的形态和传播方式发生重大变革。5G 的发展将催生出许多新生事物，更多穿戴设备、电器、汽车、门锁、监控、桥梁、建筑等实现联网，与气象条件的关联度增加，将进一步扩大气象服务领域(卜京楠，2019)。

5.7.5 卫星互联网

卫星互联网主要是指以卫星为接入手段的互联网宽带服务模式，属于“新基建”中的信息基础设施。目前卫星互联网较多的是指利用地球低轨道卫星实现的低轨宽带卫星互联网。相比高轨卫星，它具有低时延、易于实现全球覆盖的特点。地面网络靠基站通信，卫星互联网则是基于卫星通信技术接入互联网，相当于将地面的基站搬到了太空中，每一颗卫星就是一个移动的基站。同样卫星互联网与 5G 通信网络的融合互补，有望成为 6G 通信的发展趋势，值得关注(柏亮，2020；黄志澄，2020)。

高轨卫星：轨道距离地面约 3.6 万千米，也叫对地静止轨道(风云 2 号和 4 号气象卫星均搭载了卫星通信模块)。高轨卫星覆盖的地区也是固定，因此，建立通信服务比较容易。通过高轨卫星实现宽带通信，而且所需的卫星数量较少。但高轨卫星对地距离 3.6 万千米以上，一来一回，再加上信号处理等过程，导致时延较大，对实时性要求高的应用则无法满足需求。此外，远距离接受地面接收高轨卫星信号的终端必须做得比较大、功耗也大。

低轨卫星：在 500～5000 千米范围内的近地轨道上，地面和卫星之间的通信传输时延缩短到毫秒级，能够满足车联网和自动驾驶等需求，更容易配备手持式接收终端，也更有利于智能手机的接入。将卫星互联网纳入新基建，反映了数字化、信息化带来的新需求。而随着航天和通信技术的进步，又使得提供这种服务成为可能。低轨卫星绕地球一圈大约 100 分钟，通过成百上千个(乃至上万)颗卫星在这个轨道高度组成星座(如：美国 SpaceX 公司的星链计划部署 4.2 万颗卫星)，从而实现对全球的无缝覆盖。对用户来说，尽管卫星始终在运动，但每时每刻都有卫星飞过头顶，网络信号始终保持稳定覆盖(王子剑 等，2020)。

2018 年，中国航天科工集团有限公司牵头研制的覆盖全球的低轨宽带通信卫星系统“虹云工程”首发星(即技术验证卫星)被送入轨道，标志着我国低轨宽带通信卫星系统建设迈出实质性步伐。“虹云工程”计划通过搭建由 156 颗小卫星组成的卫星互联网系统，实现全球无死角的自由接入宽带互联网。这颗试验星用户体验速率超过 10Mbps。同年，中国航天科技集团自主建设的低轨卫星通信系统"鸿雁"星座首发星也成功发射并进入预定轨道,计划用 60 颗核心骨干卫星和数百颗宽带通信卫星组成系统,实现全球任意地点的互联网接入(刘暾,2020)。

卫星互联网的优势在于,无论用户身处高山、沙漠还是极地远洋,抑或是飞机上,都能享受到与在家里一样的上网速度和服务体验。卫星互联网和地面网络(如 5G 网络)将是互补关系。在大城市等地面通信发达地区,用户优先使用地面网络,而在地面网络不能到达的地区(如:南北极科考、户外探险等场景)则更适合使用卫星互联网。卫星互联网能够满足信息基础设施薄弱地区的通信需求,填补信息鸿沟。

卫星互联网有助于实现气象信息全球服务无盲区、气象观测收集无盲区。其重点应用方向有:

边远及海外区域观测数据实时传输。低轨卫星互联网的无缝隙覆盖优势可用于解决传统高轨卫星的两极盲区以及海上无法建设基站等问题,能够实现船只、人员跟踪导航,为极地科学考察人员、海上作业人员等提供基于卫星的宽带连接。稳定的网络连接能够帮助作业人员或科考人员及时回传考察数据,保持与外界的通信,提升科学考察的高效性与安全性。另外,随着"一带一路"建设,中国境外建设的各类观测数据,也可以通过卫星互联网实施传输,与国内的高时效观测数据同步。

重大灾害应急现场观测和应急通信。部分边远自然保护区、特殊地形区、灾难多发区、极端气候地区的网络通信基础设施薄弱,难以保证天气气候环境监测结果、实地勘探数据、紧急呼叫等信息的及时传输。采用低轨卫星互联网,能够提高天气、气候、生态环境保护数据和自然灾害预警的传输速度,实时监控并高速稳定地反馈信息,以提高防护工作效率。此外,在台风、暴雨、泥石流、地震等重大灾害发生时,地面通信基础设施可能会因损毁而无法保持通信畅通。在这些情况下,卫星通信将为进入灾区的救援人员、应急服务专家等提供通信保障。

5.7.6 非常规观测技术

非常规观测主要是指跳出现有常规观测业务布局和技术手段以获取气象观测信息的方式。随着以微电子技术、传感器技术、计算机技术、通信与控制技术、纳米技术等为代表的信息技术与制造技术的日新月异,气象探测设备逐渐朝着微小型化、集成化、网络化和智能化方向发展。搭载着探测温、压、湿、风等气象要素传感器的小型和微型智能观测设备完全可以在智能终端、可穿戴设备和公共设施上搭载,从而实现气象观测随时随地、自适应观测和社会化观测。

微型化、智能化和网络化代表着非常规观测的技术发展趋势。基于微机电系统(MEMS)的微传感器,其内部结构一般在微米甚至纳米量级,是一个独立的智能系统,只需要从附近的路由器获取能量便可正常工作。智能灰尘属于一种分布式的传感器网络系统,非常适合进行灾害监测或广域无人区域的气象监测。当前市场上已经出现了空气果、空气盒子等用于气象观测和空气质量检测的智能传感设备,准专业化的小微型智能气象探测设备也已问世。

随着更多类型终端集成搭载气象传感设备,未来的气象观测将无所不在。例如,直接在手机上安装温度、气压、湿度传感器等传感器,即可以直接获取相应的气象探测数据。已有学者在欧洲地球物理学会上介绍了其对手机内置气压传感器信息进行收集并加工处理的结果。虽然手机气压传感器获取信息的绝对测值与观测站的准确气压相比存在较大误差,但其变化趋势表现出了很好的一致性。此外,还可通过智能终端拍摄图片和视频等来描述天气状况。

基于非气象观测设备的气象信息反演技术也在不断发展。例如，德国汉诺威大学的研究人员开发了一种利用汽车雨刷器变化速度与 GPS 定位信息相结合，获取降雨量信息的系统。卢森堡大学和美国爱荷华大学研究人员，介绍了利用卫星通信网络信号强度变化对降雨强度分布进行估算的方法。

综上，微型智能观测设备具备如下新特点：一是随时观测。安装在各种移动终端上的设备可随时传输观测数据，不受固定数据采集传输的影响。二是随处观测。观测地点的选择更为自由、便利和广泛，甚至可由无人机进行抛洒到常规观测传统仪器不易进入的地方。三是自适应观测。传感与计算一体化以及物联特性，使得仪器定标、质量控制等具备"智慧化"特点。四是社会化观测。微小型化及低廉的成本使得人人都能进行观测。可见，随着非常规观测的不断发展，未来的气象观测范围越来越大、观测要素越来越多，综合观测能力不断提升，社会化普及率也会越来越高。

同时，随着微型和智能观测技术的不断成熟，普及率越来越高，若广泛应用到气象观测业务中，将会对现有气象观测技术选择和业务组织管理等产生多方面的影响：一是技术选择。如何处理并应用微型智能观测设备所产生的海量观测数据并将其应用到气象预报预测和服务业务中，将会成为未来气象科技研究的重要关注点之一。将数据融合分析、人工智能相关理论等引入到气象科研技术体系之中，加强大数据挖掘技术的研究和应用，推动气象创新发展具有广阔前景。二是组织管理。短期来看，微型智能观测设备主要被用作专业气象观测的补充，暂时还不能替代国家统一布局气象观测系统。但可以预见，这类观测将的不断发展壮大，将会触动和转变现有的观测业务布局方式，如：业务布局上，由"自上而下"统一布局向"自下而上"接纳适应转变；业务组织上，由定时、定点观测向广覆盖的随机观测转变；业务流程上，向"敏捷"业务模式转变；数据质量控制上，向加强设备端质量控制转变。

此外，非常规观测技术还包括从非气象观测数据中提取气象信息的相关技术，包括：基于大数据分析和人工智能的数据关联性分析技术、多源异构数据智能化采集技术、基于人工智能的大数据的信息挖掘技术、天气要素与其他自然现象和社会现象的量化关联性分析技术、非标准化数据存储管理技术、基于物联网和 5G 等数据采集新技术等。

5.7.7　地理信息气象融合应用技术

应用地理信息系统（GIS）、遥感（RS）、全球定位系统（GPS）技术（即："3S"技术），建立面向能够直接可视化表达、管理以及分析气象数据信息的气象地理信息融合平台，也是国内外气象业务技术发展的突出特点之一。结合气象监测和遥感卫星数据，依靠地理信息系统（GIS）的强大空间分析和图形可视化功能，为天气过程的分析和展示提供新方法，可以有效提高预报员和气象服务人员的工作效率。整合空间定位数据、图形数据、遥感图像数据、属性数据等空间基础数据，突破气象网格海量数据并行处理瓶颈，可以推动实现气象数据二维（平面）、三维（立体）和四维（三维＋时间序列动画）网络服务及可视化，提高利用气象数据资源解决复杂规划、决策和管理问题的可用性、便捷性（胡争光 等，2020）。

围绕城市建设需求，融合气象数据、基础地理、地表覆盖/土地利用、遥感影像等空间基础数据和社会经济数据，开展空间基础数据标准化处理及统一管理与展示，构成标准化、开放的空间地理数据制备融合及服务平台，在智慧城市、"城市大脑"、数字孪生城市建设中的作用正日益凸显。

第6章 气象科技发展专项工程

6.1 气象卫星相关建设内容

国家级主要建设任务包括：继续开展风云三号、风云四号气象卫星建设；启动下一代气象卫星研制工作；改进卫星资料业务定位定标系统；建设全链路卫星观测仿真系统；建立基于变分(FSO)和集合方法(EFSO)的观测敏感性评估系统；建设行业遥感共性应用技术支撑平台，开展行业遥感应用示范。

省级主要建设任务包括：建设省级卫星遥感业务中心(实体化)；进行一体化业务平台本地化改造。

市(地)和县级主要建设任务主要在于相关地基真实性检验台站的建设。

6.2 气象雷达相关建设内容

在我国东南部年降水量超1000毫米的区域升级或补充建设S/C波段双偏振天气雷达。在京津冀、长三角和珠三角等地区的中小尺度灾害天气多发区域建设X波段雷达，使天气雷达网在1千米高度覆盖率达到35%。

按照西部和北部地区平均站网间距200～300千米，京津冀、长三角和珠三角等区域平均站网间距100～200千米的覆盖目标，建设风廓线雷达网。

在京津冀、长三角和珠三角等地区建设“气象激光雷达试验网”和激光雷达标定中心。

6.3 综合观测系统建设内容

新建或改造地面基准气候观测站，覆盖全国65个气候区。推进气候系统关键观测区24个国家气候观象台建设，使我国具备多圈层和生态系统观测能力。增建大气本底站，形成覆盖中国16个气候关键区的大气本底观测网。完善生态和大气成分站网，建设陆地生态站、省级大气本底站、区域生态大气环境监测网。

以高精度卫星导航探空系统代替当前L波段雷达探空体制，增建高空基准站，满足全球气候观测系统基准高空网(GRUAN)指标要求。优化基准辐射站布局，升级辐射观测设备。

建设青藏高原及重点灾害区立体监测网。在京津冀、长三角和珠三角等三大城市群，建立精细化三维大气观测网络，形成针对强对流、城市污染等监测产品体系。建设空基平台及卫星组成台风协同观测系统，建设高性能无人机、下投探空、自动探空、平流层飞艇，填补我国在台风和南海季风空基探测空白。建设精细化的国家闪电探测网，以及京津冀、长三角和珠三角重点区域加密闪电探测网。在我国西南水汽通道、东南水汽通道、长江流域和我国北方地基

GNSS/MET 台站分布稀疏区域加密观测站网，使测站总量达到 1800 个，京津冀、长三角和珠三角区域平均站间距达到 50 千米。

在南北两极遴选合适地区增建极地观测站，同时在观测站增加生态气象、大气成分等观测类别。加强海上石油平台、港口等气象观测设施建设，并综合利用沿海、岛礁、船舶、无人机、平流层飞艇、雷达、卫星等多种观测手段，提升海洋气象观测能力。

6.4　全球和区域数值预报业务系统建设内容

持续改进升级全球数值天气预报模式和气候预测模式，建设高分辨率区域对流尺度灾害性天气快速同化预报系统和中国区域气候模式精细化预测系统，开展多尺度数值模式试验，着力提升数值预报核心业务技术能力。具体建设内容包括：

(1)升级国家级业务单位全球区域一体化同化预报系统(GRAPES)全球数值天气预报系统。持续改进 GRAPES 全球同化预报系统，升级模式框架，优化完善物理过程，提高水平和垂直分辨率以及模式层顶，提升预报性能。升级 GRAPES 四维变分同化系统，建立全球资料同化监视和同化效果分析评估系统，提升卫星资料同化占比。改进全球模式预报产品后处理和检验评估系统，丰富模式输出产品。改进全球模式并行算法，提升业务运行效率。升级 GRAPES 全球集合预报、台风预报和专业预报模式系统。“十四五”时期，拟将 GRAPES 全球业务模式分辨率提升至 5～9 千米，卫星资料占比提升至 88%左右，北半球可预报天数提升至 8 天。

(2)在国家级业务单位建设地球系统气候模式预测系统。实现 T382L70 高分辨率 BCC-AGCM 大气环流模式定版，优化平流计算过程，提高模式动力框架的并行规模和计算效率。完善重力波参数化方案，增加对平流层关键动力过程的描述，更新微物理参数化方案，增强对云和降水过程的模拟能力，提高模式运行效率，应用新的物理过程参数化方案，把大气模式全球分辨率提高到 30 千米。基于海-陆-气-冰耦合气候系统模式，耦合大气化学、气溶胶等地球生物化学过程，建立包含大气、陆面、海洋、海冰、气溶胶、碳循环、植被生态和大气化学模块的地球系统模式，使其具备对次季节到年代际尺度气候变率、长期气候变化，以及全球范围臭氧、气溶胶、植被生态过程等生态环境指标的模拟和预测能力。建立能够完整模拟气溶胶、温室气体、平流层臭氧等大气化学过程的地球系统模式。

(3)在国家级业务单位建设多尺度一体化数值预报原型系统，并进行原型系统在天气气候端的场景测试。开发适合天气气候多尺度数值模式的动力框架系统。发展改进与模式分辨率相匹配的尺度自适应物理过程参数化方案，并完成与动力框架的耦合。搭建多尺度一体化数值预报原型系统，并开展试验，保证动力框架系统的精度和守恒性。

(4)在国家级和部分区域中心部署建设区域对流尺度灾害性天气快速同化预报系统。面向灾害性天气精准预报需求，发展小尺度高密观测资料融合和同化分析技术，提升高时空分辨率遥感同化资料，特别是国产卫星、雷达、地面等快速更新资料的获取、存储、检索、质量控制与同化应用能力。改进云微物理模型，发展高精度预报模型和超级计算方法。改进完善对流尺度快速循环预报和集合预报模式系统。完善高分辨率模式检验评估系统。“十四五”时期，把对流尺度模式分辨率提升到 1～3 千米，更新时间提高到 1 小时，中国区域对流尺度集合预报业务模式分辨率提升至 3 千米。

(5)在国家级业务单位建设中国区域气候模式精细化预测系统。构建适合中国气候特点的高分辨率区域气候模式(10～15 千米分辨率)。建设基于高分辨率区域气候模式的中国区域气候精细化预测系统。结合模式订正和集合预测方法,建立我国高分辨率区域气候模式预测业务体系。开发中国区域延伸期、月、季尺度气候预测产品,实现动力降尺度技术在国家气候中心预测业务中的应用。

6.5 全球气象监测预报业务系统建设内容

建设全球气象监测预报业务系统,形成完备、智慧、高效、先进的全球气象业务体系,全面提升全球灾害性天气气候监测预警预报能力,为中国全球合作,尤其是“一带一路”建设,提供更加及时、精准、专业的气象监测预报及保障服务。具体建设内容包括:

(1)在国家级业务单位及部分省(区、市)建设全球天气精细化监测系统。建设海洋、陆地资料的融合应用和精细化监测系统,实现监测时间段从日级别向小时级发展,支持开展多源基于卫星资料快速反演和多源观测资料快速融合的多种灾害性天气(暴雨、高温、强对流、热带气旋、雾霾、沙尘等)及森林火点、洪水、干旱等灾害自动识别监测。

(2)在国家级业务单位及部分省(区、市)建设全球灾害性天气预警系统。建设全球短时强降水、台风、雷暴、闪电、沙尘、雾霾等灾害性天气逐 3 小时滚动更新预警系统,提升灾害性天气预报能力,实现全球灾害性天气主客观融合预报和预警提示,支撑开展全球灾害性天气网格预报和城市预报。

(3)在国家级业务单位及部分省(区、市)建设全球极端天气中期延伸期系统。建设全球气象要素中期延伸期预报及极端天气过程预报系统,实现全球灾害性天气关键影响系统的中期、延伸期预报、全球灾害性天气概率以及极端性预报、全球极端指数预报产品及极端天气早期预警。

(4)在国家级业务单位及部分省(区、市)建设全球气象精细化预报检验系统。建设覆盖全时效、全要素、全流程的全球气象精细化预报检验系统,实现逐 3 小时、逐 6 小时时间分辨率的站点预报和格点预报产品检验、关键环流系统检验及模式预报偏差对比分析和灾害性天气短中期、延伸期预报检验。

(5)完成全球气象综合保障服务系统建设和在国家级业务单位及部分省(区、市)的部署。建设全球气象综合保障服务系统,提升重大活动、重大外交、全球救援、全球突发事件应急等专项气象保障服务支撑能力。建设“草原丝绸之路”、洋浦国际中转港、远东地区气象预报预警服务系统,提升对“一带一路”建设及其他行业的气象保障服务能力。

(6)在国家级业务单位及部分省(区、市)建设基于灾害天气的影响评估和预估系统。建设基于灾害天气的影响评估和预估系统,实现对台风、暴雨、高温、雾霾、沙尘等灾害的影响评估和预评估、中小河流和山洪灾害气象风险预警、全球重点产粮区的农业气象灾害评估以及国际河流、海洋船舶气象导航、航空气象等专业气象预报。

(7)在国家级业务单位建设全球气象预报服务及培训平台。建设全球气象预报服务综合平台,实现气象监测预报预警、气象灾害及影响等信息快速更新和共享服务。升级世界气象中心(北京)“一带一路”培训平台,支撑开展相关国际气象业务培训。

(8)在国家级业务单位建设全球气象数据资源服务支撑系统。建设支撑全球气象预报服务业务的气象数据资源服务系统,提升全球数据资源收集、整理和服务应用能力,实现对近海远洋、全球卫星遥感以及“一带一路”沿线地区气象观测、监测等数据资源收集整编，提升面向全球预报预警应用的地球系统数据管理能力。

(9)在国家级业务单位及部分省(区、市)建设全球高影响气候事件监测评估系统。研发全球海洋、陆地历史资料和实时资料融合方法，实现全球气候要素和高影响气候事件的实时监测和评估。陆面高影响事件包括高温、干旱、强降温、强降水、雾霾、沙尘暴等，海洋高影响事件包括台风、厄尔尼诺/南方涛动(ENSO)、海面风、海雾、海冰等。发展面向站点极端气候时间、区域性极端气候事件、重大灾害性气候时间的气候监测和诊断方法，建立重大气候时间影响的定量化评估技术，提升全球灾害性气候事件的综合监测和分析能力。

(10)完成全球热带海洋的精细化监测、智能化诊断、精准化业务系统建设及在国家级业务单位和部分省级业务单位的部署。基于国内外多源资料(再分析资料和卫星资料)开展热带太平洋、印度洋、大西洋的海表温度、次表层海温及相关海气相互作用特征量(关键区 OLR、高低层风场、SOI 等)的实时监测和诊断分析，建立全球海洋的监测评估和诊断分析的业务系统。

(11)完成全球关键环流特征量和主要季风系统的精细化监测、智能化诊断、定量化影响评价分析的业务系统建设及在国家级有关业务单位和部分省级业务单位的部署。基于多源资料，开展影响上述主要灾害性天气气候事件的关键环流特征量(南北极涛动、南亚高压、阻塞高压、副热带高压等)和主要季风系统(东亚季风、南亚季风、亚澳季风等)的实时监测、诊断和影响评估分析一体化业务。

(12)在国家级业务单位及部分省(区、市)建设全球气候监测预测评估一体化平台。在现有气候信息交互显示与分析平台(CIPAS)基础上，针对全球气候业务和服务发展需求，开展全球基本气候要素的实时动态监测。建设基于多源资料与多种算法相结合的气候预测与重大气候事件监测评估一体化业务平台，支持全面开展全球气候监测预测和评估业务。

6.6　快速更新短时临近预报预警系统建设内容

建设全国快速更新短时临近预报预警系统，完善短时临近天气预报业务体系，提升灾害性天气短时临近预警预报能力。具体建设内容包括：

(1)在国家级业务单位及部分省(区、市)建设短时临近预警预报关键技术支撑系统。建设基于人工智能、云计算和大数据分析的智能监测和临近预警技术支撑系统，实现基于雷达资料的分钟级快速更新预报，提升短临预报预警准确率和时间提前量。

(2)建设省市县一体化的灾害性天气实时监测和临近预警业务系统，实现快速滚动更新的 0～2 小时逐 10 分钟和 2～12 小时逐小时间隔的水平分辨率 1～5 千米的突发灾害性天气落区监测预警和气象要素网格预报。

(3)在国家级和省级建设智能化短时临近预警预报平台。建设新一代智能化短时临近预警预报平台，实现多源资料的智能分析、自动报警、智能指导、自动化生成产品等功能，支撑全国各级开展短时临近预警预报业务。

6.7　精准化、数字化的智能网格预报系统建设内容

建设精准化、数字化的智能网格预报系统，实现“预报预测精准、科技支撑有力、核心技术

自控、系统平台智能、人才队伍优化、管理科学高效”，支撑从零时刻到月、季、年的智能网格预报业务。具体建设内容包括：

(1)在国家级业务单位及部分省(区、市)建设智能网格预报关键技术支撑系统。建设基于动力诊断、大数据分析、数理统计和集合统计降尺度等动力统计方法的延伸期客观预报技术系统，支撑短中期智能网格预报和多要素、多时间尺度协同的预报订正融合。

(2)建设智能网格预报业务系统，具备主客观预报智能编辑与融合、预报场智能重构和预报产品智能生成等功能，实现 0～24 小时逐小时间隔的网格预报以及 1～10 天逐 3 小时间隔、水平分辨率为 5 千米的全国气象要素和灾害性天气(暴雨、寒潮、高温、大风等)网格预报，支撑全国开展短中期、灾害性天气智能网格预报业务。

(3)建设智能气候预测关键技术支撑系统并在部分区域气候中心的部署。利用多源观测、再分析和多模式回算数据，采用神经网络等机器学习算法，建设主要气候现象和气温、降水等基本要素的智能气候预测关键技术支撑系统。

(4)建设延伸期、月和季节网格预报业务系统并在部分区域气候中心的部署。基于国家气候中心和欧、美等国内外先进次季节-季节动力模式，发展针对降水和气温等要素动力一统计降尺度和模式误差订正技术，建设中国和东亚区域延伸期-月季-年际网格预报业务系统。

(5)建设延伸期-月-季-年一体化中国多模式集合气候预测系统并在国家级业务单位及部分省(区、市)部署。完善多模式集合预测系统，建设基于动力统计、机器学习、大数据分析等气候诊断预测技术方法的延伸期-月-季-年一体化中国多模式集合气候预测系统，实现多初值、多模式的全球及中国主要气候现象和关键气候要素的客观化、精细化、智能化预测，支撑开展全球及中国的多模式集合智能网格预报业务。

(6)在国家级业务单位和部分省级业务单位建设全球气候精细化检验系统。系统开展模式对延伸期—月—年际尺度全球格点的基本要素、关键环流特征量、主要季风系统，及重点区域的主要气候灾害、全球重要气候现象代表性指标的预报性能检验评估，建设包含历史回报检验资料库和实时预报检验产品的模式预测检验评估业务系统。

6.8 气象大数据云平台建设内容

依托公共云资源，搭建智慧气象服务大数据云平台。应用大数据管理和分析技术，基于分布式计算、内存计算、流式计算等大规模实时处理技术，提高气象大数据处理和管理能力。建立全国统一的公共气象服务基础资源池，实现国省两级服务系统计算、存储和网络资源的统一分配。建立共享共用的公共气象服务数据资源池，实现国省两级气象服务数据的收集、存储和产权管理，并通过统一接口为服务系统提供数据。面向国省两级服务系统，建立基于类库调用的大数据分析服务，提供适用于气象数据分析的人工智能算法和模型，提升大数据分析能力。发展众创服务产品加工算法，降低人工智能方法在气象服务中应用门槛，鼓励气象服务人员挖掘数据价值。完善大数据云平台的运行管理，优化公共云基础资源，推进业务云端部署，加强应用系统迁移准入以及业务运维、数据安全、业务安全。建立公共云安全运行标准体系。

6.9　超级计算支撑平台建设内容

持续推动超级计算能力建设，提高对数值模式业务和科研的支撑能力。面向无缝隙精细化气象预报预测模式发展，研发模式与超级计算机系统高效适配的超大规模并行计算技术。开展新型硬件加速架构在模式计算上的应用研发，开展模式并行可扩展性和细粒度并行计算加速研发。探索新兴计算技术在数值模式上的应用，基于可重构计算、量子计算，结合新型数值模式动力框架发展，开展气象领域应用算法的设计研发。建立数值预报模式设计与数值分析的高性能数值算法库。适合气象超级计算与科学可视化的软硬件一体化设计，研发资源智能化动态管理技术，实现资源最优化利用与弹性调度使用。

6.10　智慧气象服务融媒体平台建设内容

运用云计算、大数据、移动互联网等技术实现对传统气象服务业务的整合，推进国省地县多种服务平台、多种气象服务提供方式的上下贯通和资源共享。依托"台、网、微、端"全方位投放气象影视服务产品，融合媒体服务、党建服务、政务服务、公共服务、增值服务、行业监管等多种功能，建成集传播平台、交互平台、内容平台、用户平台、商业平台、监管平台于一体的智慧气象服务融媒体平台，提升气象服务的针对性、普惠性、便捷性和实用性。

6.11　科技成果转化中试平台建设内容

瞄准气象预报、气象服务、仪器与观测方法、数据分析处理、气象探测装备等主要领域，依托各类创新资源集聚区域，建设一批科技成果中试平台，搭建业务仿真环境，实现应用类科技成果的测试、二次开发和业务准入认证等功能。打通科技成果向业务服务能力转化通道，持续推进业务系统迭代升级，提出适合中试生产和投放市场的产品路线。建立健全中试平台管理办法。

分级分类开展科技成果中试熟化与产业化开发，提供全程技术研发解决方案，加快科技成果转移转化。支持各地因地制宜，建设通用性或行业性技术创新服务平台，提供从实验研究、中试熟化到生产过程所需的仪器设备、中试生产线等资源，开展研发设计、检验检测、科技咨询、技术标准、知识产权、投融资等服务。统筹推动各类气象技术开发类科研基地合理布局，促进科研基地科技成果转移转化。

6.12　人工影响天气综合科学试验示范基地建设内容

根据中国不同地理区域的天气气候背景和生态修复型人工影响天气作业等服务保障需要，针对典型的作业天气类型和作业云系、结合不同作业目的，建设和改造人工增雨、人工防雹、人工消雾试验示范基地和高山云雾试验示范基地及云雾物理实验室。建立外场试验区，有组织地设计和开展人工影响天气综合科学试验示范，支持多部门协同开展人工影响天气机理研究、催化剂有效性和反应机制研究，为相似类型作业服务的推广提供科技指导，并为增强作业效益的评估能力提供科技支撑。

6.13　空间天气灾害一体化监测分析与预报预警平台建设内容

推进空间天气监测卫星的建设，应用新设备新仪器，提升空间天气天基监测能力。建立易受空间天气事件影响的脆弱领域的风险评估和预测模型。研发空间天气综合预报业务平台，提高对空间天气事件的预测预警准确率、精细度和提前量。建立空间天气虚拟星座应用示范系统，利用多源数据提高空间天气预报和服务能力。整合我国卫星/电离层资料及观测资源，研发电离层闪烁组网观测示范系统，开发电离层应用服务产品。研发易懂易用的空间天气决策服务产品，提高基于影响的空间天气预报预警和辅助决策能力。建立空间天气事件跨部门快速通报预警机制和支撑平台，确保政府与私营部门在高风险空间天气事件发生时能迅速响应，有效应对、快速恢复。

6.14　应对气候变化业务系统建设内容

在气候系统模式中耦合大气化学、气溶胶等地球生物化学过程，建立包含大气、陆面、海洋、海冰、气溶胶、碳循环、植被生态和大气化学模块的30千米分辨率地球系统模式。在地球系统模式耦合平台上，基于集合卡曼滤波方法建立全球海、陆、气、冰、大气化学等多分量的弱耦合同化系统，实现对不同分量的多源观测资料的协调同化。基于地球系统模式建立气候生态环境预报系统，具备对次季节到季节尺度气候变率以及全球范围臭氧、气溶胶、植被生态过程等生态环境要素的模拟和预测能力。针对主要农作物类型发展作物模式，能够模拟自然因素及人类活动（施肥、灌溉等）对作物产量的影响，预测作物收成年景。

参考文献

柏亮,2020.卫星互联网的技术体系、发展趋势与应用[J].通信电源技术,37(7):181-193.

卜京楠,2019.5G移动通信技术的发展与气象融媒体服务应用趋势[J].新媒体研究,5(16):46-49.

曹海翊,高洪涛,赵晨光,2018.我国陆地定量遥感卫星技术发展[J].航天器工程(4):7-15.

郭凤娥,2020.国内外科技创新驱动发展模式比较研究[J].中国经贸导刊(中)(9):39-42.

何慧东,2019.立方体卫星发展及应用分析[J].卫星应用(6):45-50.

胡争光,薛峰,于连庆,2020.海量气象数据计算处理及可视化在决策气象服务移动平台上的应用[J].气象科技,48(5):615-621,730.

黄志澄,2020.卫星互联网:太空新型基础设施[J].太空探索(6):48-53.

贾朋群,张萌,2020.EC携ML洗牌预报模式:2020年代NWP的重要标签[N].中国气象报,2020-06-03.

蒋兴伟,何贤强,林明森,等,2019.中国海洋卫星遥感应用进展[J].海洋学报,41(10):113-124.

蒋宗孝,李良宗,2019.地面气象观测智能监控平台设计[J].海峡科学(8):20-24.

梁海河,等,2020.综合气象观测数据质量控制系统(天衡)操作手册[M].北京:气象出版社.

廖捷,周自江,2018.全球常规气象观测资料质量控制研究进展与展望[J].气象科技进展,8(1):56-63.

廖文和,2015.立方体卫星技术发展及其应用[J].南京航空航天大学学报,47(6):792-797.

刘暾,2020.卫星互联网发展研究及建议[N].中国计算机报,2020-07-20.

刘雅忱,2020.人工智能下深度学习在气象预报中应用综述[J].计算机产品与流通(9):121-122.

全国气象防灾减灾标准化技术委员会,2011.气象服务分类术语:GB/T 27961—2011[S].北京:中国标准出版社.

容新尧,李建,陈昊明,等,2019.CAMS-CSM模式及其参与CMIP6的方案[J].气候变化研究进展,15(5):540-544.

沈文海,周勇,等,2020.试论“数字气象”[J].气象软科学,126(2):32-40.

沈学顺,苏勇,等,2017.GRAPES_GFS全球中期预报系统的研发和业务化[J].应用气象学报(1):1-10.

沈学顺,王建捷,李泽椿,等,2020.中国数值天气预报的自主创新发展[J].气象学报,78(3):451-476.

世界气象组织,2020.世界气象组织/全球大气观测计划(WMO/GAW)执行计划(2016—2023年)[M].张晓春,余万明,纪翠玲,等,译.北京:气象出版社.

宋振亚,鲍颖,乔方利,2019.FIO-ESM v2.0模式及其参与CMIP6的方案[J].气候变化研究进展,15(5):558-565.

孙丽,赵姝慧,2018.探空仪湿度测量误差研究现状及其对云识别的影响[J].地球科学进展,33(1):85-92.

孙伟伟,杨刚,陈超,等,2019.中国地球观测遥感卫星发展现状及文献分析[J].遥感学报,24(5):479-510.

唐伟,周勇,2019.我国气象领域应用人工智能技术的现状和国际对比[J].气象科技进展(5):55-56.

唐彦丽,俞永强,李丽娟,等.FGOALS-g模式及其参与CMIP6的方案[J].气候变化研究进展,2019,15(5):551-557.

王彬,孙婧,2018.气象高性能计算系统的业务发展概述[J].气象科技进展(1):287-290.

王子剑,杜欣军,尹家伟,等,2020.低轨卫星互联网发展与展望[J].电子技术应用,46(7):49-52.

辛晓歌,吴统文,张洁,等,2019.BCC模式及其开展的CMIP6试验介绍[J].气候变化研究进展,15(5):533-539.

邢帆,2017.先进计算:将获全产业链式发展[J].中国信息化(11):14-15.

徐海明,2019. 5G 通信在气象业务中的应用场景[J]. 电子技术与软件科学(12):35-36,77.

许小峰,2020. 气象小卫星:拓展天基气象观测的新领域[N]. 中国气象报,2020-07-13.

许小峰,张萌,2014. 气象科技发展历程的若干回顾及启示[J]. 气象科技进展(6):6-12.

杨宏,郭雄,李孟良,等,2018. 先进计算技术与标准研究[J]. 中国标准化(20):243-345.

余立中,山广林,1997. 表层漂流浮标及其跟踪技术[J]. 海洋技术,16(2):1-11.

张文建,2010. 世界气象组织综合观测系统(WIGOS)[J]. 气象(3):1-8.

章大全,郑志海,陈丽娟,等,2019. 10～30d 延伸期可预报性与预报方法研究进展[J]. 应用气象学报,30(4):416-430.

赵立成,沈文海,肖华东,等,2016. 高性能计算技术在气象领域的应用[J],应用气象学报,27(5):550-558.

郑国光,2016. 中国气象百科全书·综合卷[M]. 北京:气象出版社.

朱玲,吴心玥,2019. 人工智能在气象领域的应用述评[J]. 广东气象,41(1):35-39.

BAO Q, WU X F, LI J X, et al, 2019. Outlook for El Niño and the Indian Ocean Dipole in autumn-winter 2018—2019[J]. Chinese Sci Bull, 63, 73-78. doi: 10. 1360/N972018-00913.

BASART S, PéREZ C, NICKOVIC S, et al, 2012. Development and evaluation of the BSC-DREAM8b dust regional model over Northern Africa, the Mediterranean and the Middle East[J]. Tellus B: Chemical and Physical Meteorology, 64(1): 18539.

BERNARD B, MADEC G, PENDUFF T, et al, 2006. Impact of partial steps and momentum advection schemes in a global ocean circulation model at eddy-permitting resolution[J]. Ocean dynamics, 56(5): 543-567.

BOWLER N E, ARRIBAS A, MYLNE K R, et al, 2008. The MOGREPS short-range ensemble prediction system[J]. Quarterly Journal of the Royal Meteorological Society, 134(632):703-722.

CAO Jian, MA Libin, LI Juan, et al, 2019. Introduction of NUIST-ESM model and its CMIP6 activities[J]. Advances in Climate Change Research, 15(5): 566.

CLARK A J, JIRAK I L, DEMBEK S R, et al, 2018. The Community Leveraged Unified Ensemble (CLUE) in the 2016 NOAA/Hazardous Weather Testbed Spring Forecasting Experiment[J]. Bulletin of the A-merican Meteorological Society, 99(7):1433-1448.

CLARK P, ROBERTS N, LEAN H, et al, 2016. Convection-permitting models: a step-change in rainfall forecasting[J]. Meteorological Applications, 23(2): 165-181.

DEMORY M E, VIDALE P L, ROBERTS M J, et al, 2014. The role of horizontal resolution in simulating drivers of the global hydrological cycle[J]. Climate dynamics, 42(7-8): 2201-2225.

ECMWF. ECMWF STRATEGY 2021—2030[DB/OL]. (2021-01-27). https://www. ecmwf. int/sites/de-fault/files/elibrary/2021/ecmwf-strategy—2021—2030-en. pdf.

ECMWF. ECMWF Strategy 2021—2030[Z]. 2020.

ECMWF. ECMWF's strategy 2016—2025: The strength of a common goal. ECMWF Rep. , 2016, 32 pp. www. ecmwf. int/sites/default/files/ECMWF_Strategy_2016—2025. pdf.

FCMSSR. Strategic Plan for Federal Weather Enterprise(Fiscal Years 2018—2022)[Z]. 2017.

GRABOWSKI W W, SMOLARKIEWICZ P K, 1999. CRCP: A cloud resolving convection parameterization for modeling the tropical convecting atmosphere[J]. Physica D: Nonlinear Phenomena, 133(1-4): 171-178.

GRELL G A, SCHADE L, KNOCHE R, et al, 2000. Nonhydrostatic climate simulations of precipitation o-ver complex terrain[J]. Journal of Geophysical Research: Atmospheres, 105(D24): 29595-29608.

HALL D M, ULLRICH P A, REED K A, et al, 2016. Dynamical Core Model Intercomparison Project (DC-MIP) tracer transport test results for CAM-SE[J]. Quarterly Journal of the Royal Meteorological Society, 142(697):1672-1684.

HAUSTEIN K, PéREZ C, BALDASANO J M, et al, 2012. Atmospheric dust modeling from meso to global scales with the online NMMB/BSC-Dust model-Part 2: Experimental campaigns in Northern Africa[J]. Atmospheric Chemistry and Physics, 12(6): 2933-2958.

HÓLM E, FORBES R, LANG S, et al, 2016. New model cycle brings higher resolution[J]. ECMWF Newsletter, 147: 14-19.

JI D, WANG L, FENG J, et al, 2014. Description and basic evaluation of Beijing Normal University Earth System Model (BNU-ESM) version 1[J]. Geosci Model Dev, 7, 2039—2064, doi: 10. 5194/gmd-7—2039—2014.

JABLONOWSKI C, ULLRICH P A, REED K A, et al, 2017. Highlights from the 2016 Dynamical Core Model Intercomparison Project (DCMIP—2016)[J]. EGUGA: 19539.

JIAO W,HAGLER G, et al,2016. Community Air Sensor Network (CAIRSENSE) project: evaluation of low-cost sensor performance in a suburban environment in the southeastern United States[J]. Atmos Meas Tech(9):5281-5292.

JMA. Data Assimilation Systems[DB/OL]. (2021-02-18). https://www. jma. go. jp/jma/jma-eng/jma-center/nwp/outline2019-nwp/pdf/outline2019_02. pdf.

JONES J, GUEROVA G, DOUŠA J, et al, 2020. Advanced GNSS Tropospheric Products for Monitoring Severe Weather Events and Climate. COST Action ES1206 Final Action Dissemination Report[M]. New York: Springer.

KENDON E J, ROBERTS N M, FOWLER H J, et al, 2014. Heavier summer downpours with climate change revealed by weather forecast resolution model[J]. Nature Climate Change, 4(7): 570-576.

KHAIROUTDINOV M F, RANDALL D A, 2001. A cloud resolving model as a cloud parameterization in the NCAR Community Climate System Model: Preliminary results[J]. Geophysical Research Letters, 28 (18): 3617-3620.

KLEIST D T, IDE K, 2015. An OSSE-based evaluation of hybrid variational-ensemble data assimilation for the NCEP GFS. Part I: System description and 3D-hybrid results[J]. Monthly Weather Review, 143(2): 433-451.

LI J, CHEN H, RONG X, et al, 2018. How well can a climate model simulate an extreme precipitation event: A case study using the Transpose-AMIP experiment[J]. Journal of Climate, 31(16): 6543-6556.

LI J, YU R, YUAN W, et al, 2015. Precipitation over E ast A sia simulated by NCAR CAM5 at different horizontal resolutions[J]. Journal of Advances in Modeling Earth Systems, 7(2): 774-790.

LIN Yanluan, HUANG Xiaomeng, LIANG Yishuang, et al, 2019. The Community Integrated Earth System Model (CIESM) from Tsinghua University and its plan for CMIP6 experiments[J]. Advances in Climate Change Research, 15(5):545.

MALARDEL S, WEDI N P, 2016. How does subgrid-scale parametrization influence nonlinear spectral energy fluxes in global NWP models? [J]. Journal of Geophysical Research: Atmospheres, 121 (10): 5395-5410.

MIYAMOTO Y, KAJIKAWA Y, YOSHIDA R, et al, 2013. Deep moist atmospheric convection in a subkilometer global simulation[J]. Geophysical Research Letters, 40(18): 4922-4926.

MUELLER M, MEYER J, HUEGLIN C, 2017. Design of an ozone and nitrogen dioxide sensor unit and its long-term operation within a sensor network in the city of Zurich[J]. Atmos Meas Tech, 10, 3783-3799.

NOAA. Scenarios for 2035:Long-Term Trends,Challenges and Uncertainties Facing NOAA[Z]. 2009.

NWS. National Weather Service Strategic Plan 2019—2022[Z]. 2019.

ZHANG P, CHEN L, XIAN D, XU Z,2020a. Recent progress of Fengyun meteorology satellites[J]. Chin J Space Sci(5):788-796.

ZHANG P, LU N, LI C,et al,2020b. Development of the Chinese Space-Based Radiometric Benchmark Mission LIBRA[J]. Remote Sens(12):2179.

ZHANG P, LU Q F, HU X Q,et al,2019. Latest progress of the Chinese meteorological satellite program and core data processing technologies[J]. Adv Atmos Sci(9):1027-1045.

PéREZ C, HAUSTEIN K, JANJIC Z, et al, 2011. Atmospheric dust modeling from meso to global scales with the online NMMB/BSC-Dust model-Part 1: Model description, annual simulations and evaluation [J]. Atmospheric Chemistry and Physics, 11(24): 13001-13027.

PREIN A F, LANGHANS W, FOSSER G, et al, 2015. A review on regional convection-permitting climate modeling: Demonstrations, prospects, and challenges[J]. Reviews of geophysics, 53(2): 323-361.

PRINN R G, WEISS R F, ARDUINI J, et al,2018. History of chemically and radiatively important atmospheric gases from the Advanced Global Atmospheric Gases Experiment (AGAGE) [J]. Earth Syst Sci Data,10(2),985-1018.

PRITCHARD M S, MONCRIEFF M W, SOMERVILLE R C J, 2011. Orogenic propagating precipitation systems over the United States in a global climate model with embedded explicit convection[J]. Journal of the Atmospheric Sciences, 68(8): 1821-1840.

PUTMAN W M, SUAREZ M, 2011. Cloud-system resolving simulations with the NASA Goddard Earth Observing System global atmospheric model (GEOS-5)[J]. Geophysical Research Letters, 38(16). L16809.

SCHMECHTIG C, MARTICORENA B, CHATENET B, et al, 2011. Simulation of the mineral dust content over Western Africa from the event to the annual scale with the CHIMERE-DUST model[J]. Atmospheric Chemistry and Physics, 11(14): 7185-7207.

SCHWARTZ C S, KAIN J S, WEISS S J, et al, 2009. Next-day convection-allowing WRF model guidance: A second look at 2-km versus 4-km grid spacing[J]. Monthly Weather Review, 137(10): 3351-3372.

STEVENS B, SATOH M, AUGER L, et al, 2019. DYAMOND: the DYnamics of the Atmospheric general circulation Modeled On Non-hydrostatic Domains[J]. Progress in Earth and Planetary Science, 6(1): 1-17.

THOPPIL P G, RICHMAN J G, HOGAN P J, 2011. Energetics of a global ocean circulation model compared to observations [J]. Geophysical Research Letters, 38 (15). https://doi. org/10. 1029/2011GL048347.

ULLRICH P A, JABLONOWSKI C, KENT J, et al, 2017. DCMIP2016: a review of non-hydrostatic dynamical core design and intercomparison of participating models[J]. Geoscientific Model Development, 10: 4477-4509.

WEF. The Global Risks Report 2021(16th Edition)[DB/OL]. http://www3. weforum. org/docs/WEF_The_Global_Risks_Report_2021. pdf,2021-08-15.

WEUSTHOFF T, AMENT F, ARPAGAUS M, et al, 2010. Assessing the benefits of convection-permitting models by neighborhood verification: Examples from MAP D-PHASE[J]. Monthly Weather Review, 138 (9): 3418-3433.

WHITAKER J S, HAMILL T M, WEI X, et al. Ensemble data assimilation with the NCEP Global Forecast System[J]. Monthly Weather Review, 2008, 136(2): 463-482.

WHITAKER J S, HAMILL T M, 2002. Ensemble data assimilation without perturbed observations[J]. Monthly weather review, 130(7): 1913-1924.

WMO CIMO, 2018. Guide to Meteorological Instruments and Methods of Observation [Z]. Geneva: WMO-

No. 8.

WMO,2015. Valuing weather and climate: Economic assessment of meteorological and hydrological services [EB/OL]. Geneva: WMO-No. 1153. (2021-05-22). https://library. wmo. int/doc_num. php? explnum_id=10168.

WMO,2019. Progress Activity Report of the Eighteenth Session of the World Meteorological Congress (Cg-18) [DB/OL]. ,(2021-04-22). https://library. wmo. int/doc_num. php? explnum_id=9797.

WMO,2019. Vision for the WMO Integrated Global Observing System in 2040(2019 edition)[DB/OL]. (2021-05-25). https://library. wmo. int/doc_num. php? explnum_id=10278.

WMO,2019. WMO Strategic Plan 2020—2023[EB/OL]. (2021-04-22). Geneva: WMO-No. 1225. https://library. wmo. int/doc_num. php? explnum_id=9939.

WMO,2019. WMO技术规则:附录八——WMO全球综合观测系统手册(2019年版)[EB/OL]. (2021-05-22). Geneva: WMO-No. 1160. https://library. wmo. int/doc_num. php? explnum_id=10168.

WMO,2019. WMO全球综合观测系统2040年愿景(2019年版)[EB/OL]. Geneva: WMO-No. 1243. (2020-08-22). https://library. wmo. int/doc_num. php? explnum_id=10280.

WMO,2019. 日内瓦宣言——2019:构建天气、气候和水行动共同体[EB/OL]. Geneva: WMO-No. 1153. (2021-08-15). https://library. wmo. int/doc_num. php? explnum_id=103710.

WU T W, LU Y X, FANG Y J, et al, 2019a. The Beijing Climate Center climate system model (BCC-CSM): The main progress from CMIP5 to CMIP6[J]. Geosci Model Dev, 12:1573-1600. doi: 10. 5194/gmd-12-1573-2019.

WU T W, ZHANG F, ZHANG J, et al2019b. The Beijing Climate Center earth system model version 1 (BCC-ESM1): Model description and evaluation[J]. Geosci Model Dev Diss, doi: 10. 5194/gmd-2019-172.

ZHOU T J, CHEN Z M, ZOU L W, et al, 2020. Development of climate and earth system models in China: Past achievements and new CMIP6 results[J]. Journal of Meteorological Research, 34(1): 1-19.

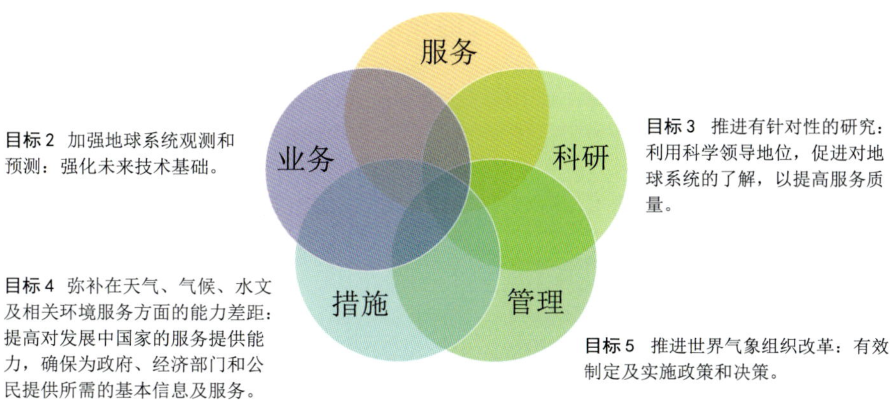

图 1.1 《世界气象组织战略计划(2020—2023 年)》主要目标和任务

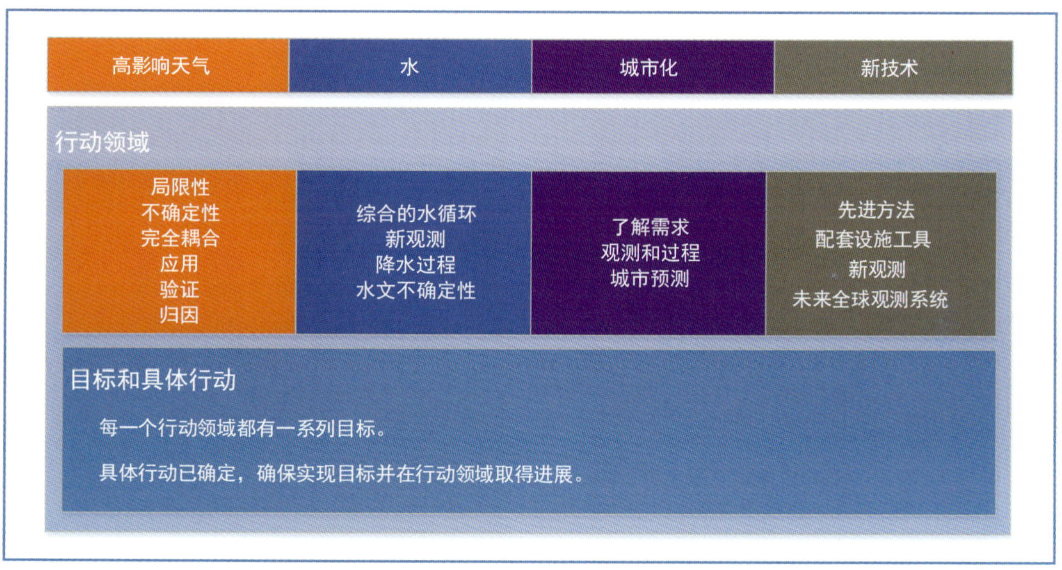

图 1.6 世界天气研究计划(WWRP)的 18 个行动领域

(图片来源：WWRP Implementation Plan 2016—2023)

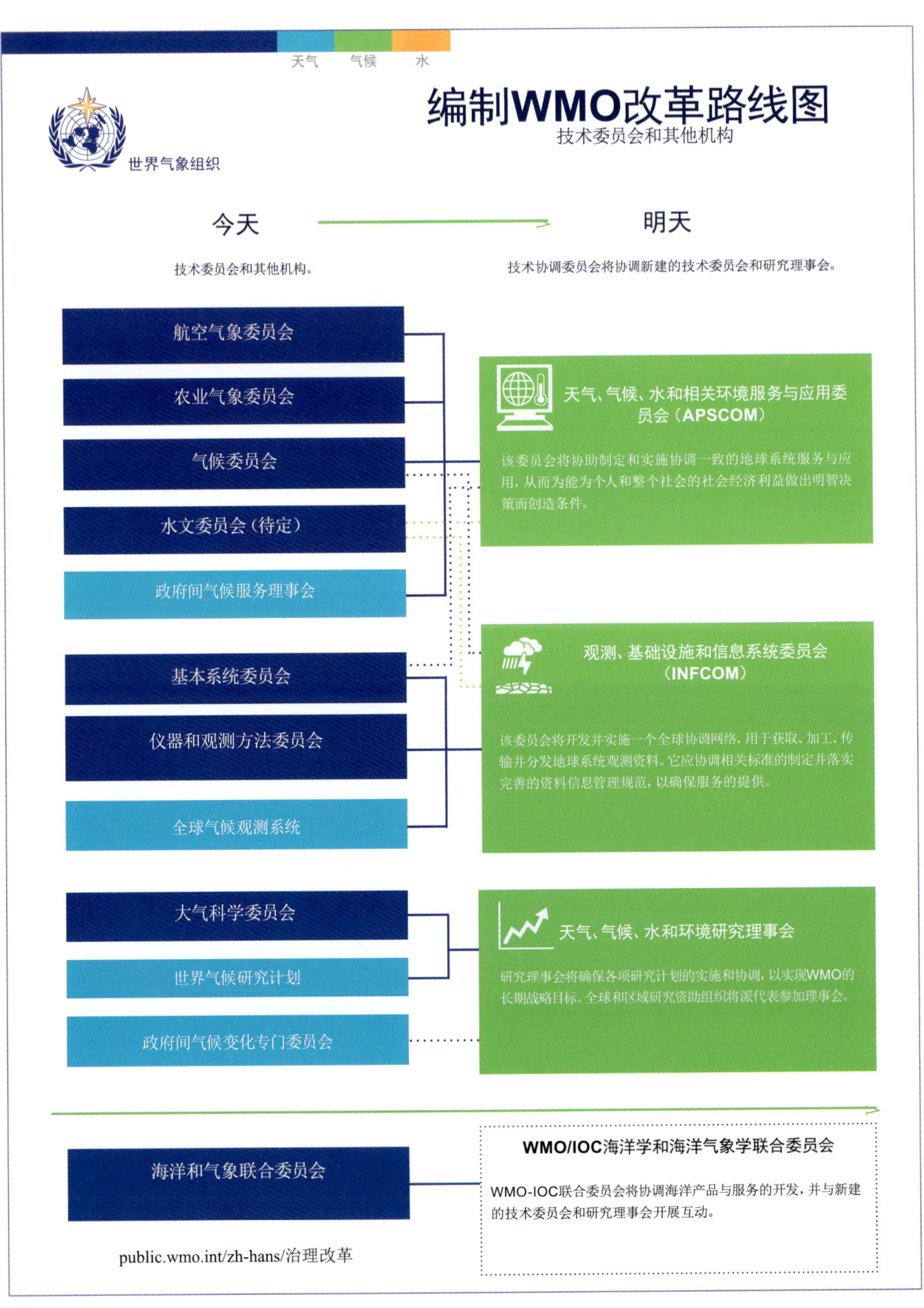

图 1.7　世界气象组织技术委员会和其他机构改革路线图

（来源：WMO 官方网站）

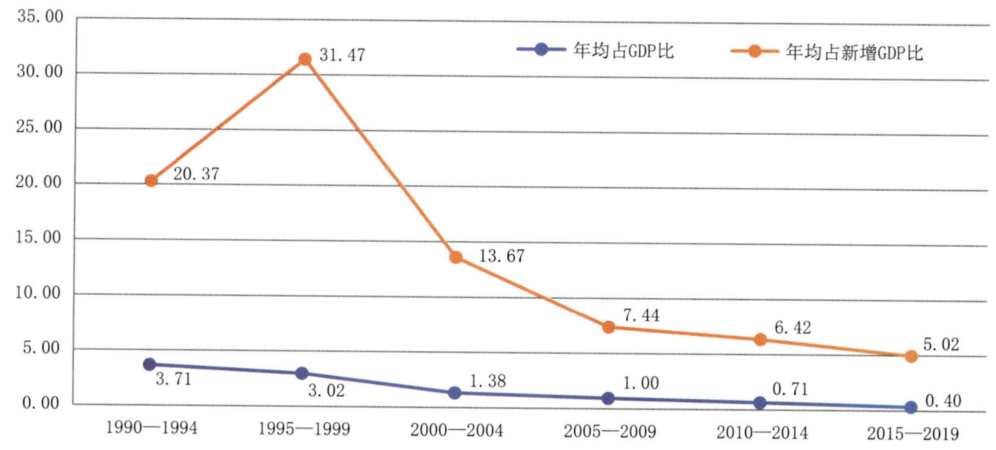

图 2.4　每 5 年年均气象灾害直接经济损失占 GDP 比重(单位:%)

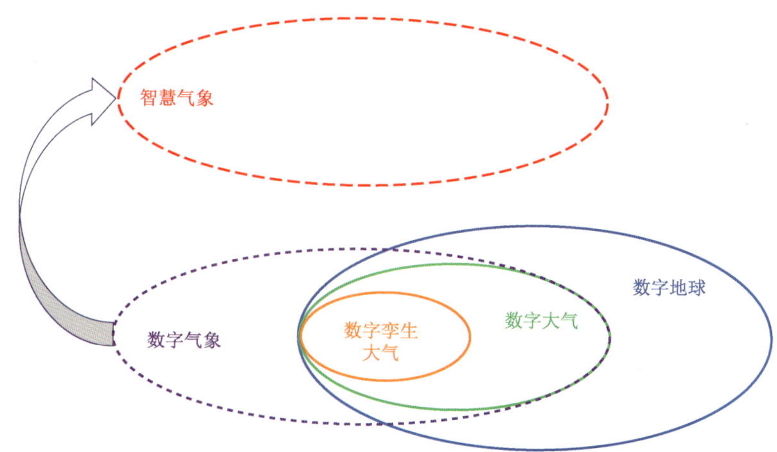

图 4.9　数字大气与相关或相似概念辨析

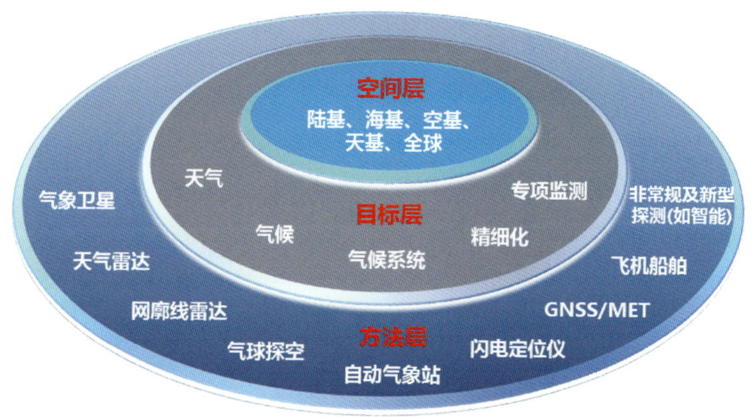

图 4.10　综合观测业务体系结构

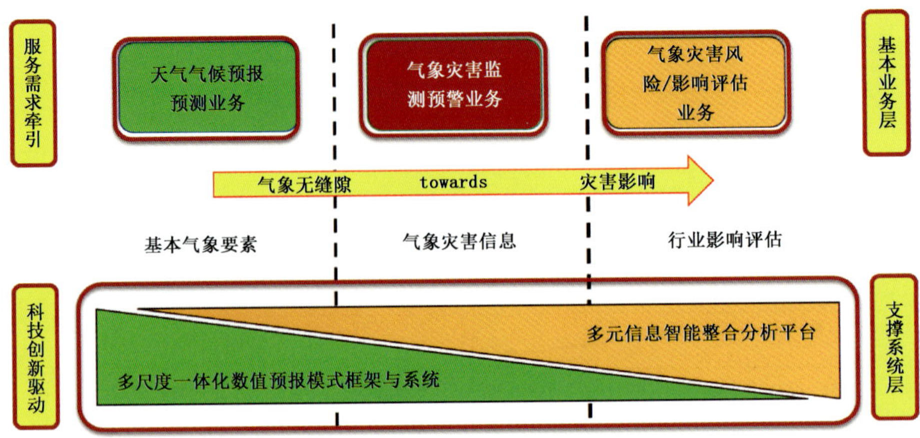

图 4.12　新型气象预报预测业务体系构成逻辑框图

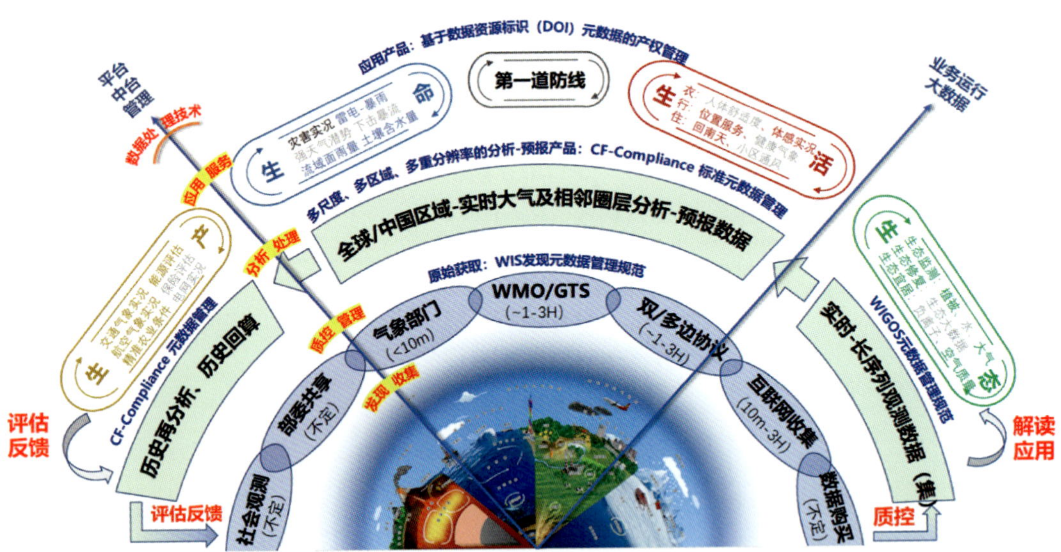

图 4.14　气象数据分级分类体系

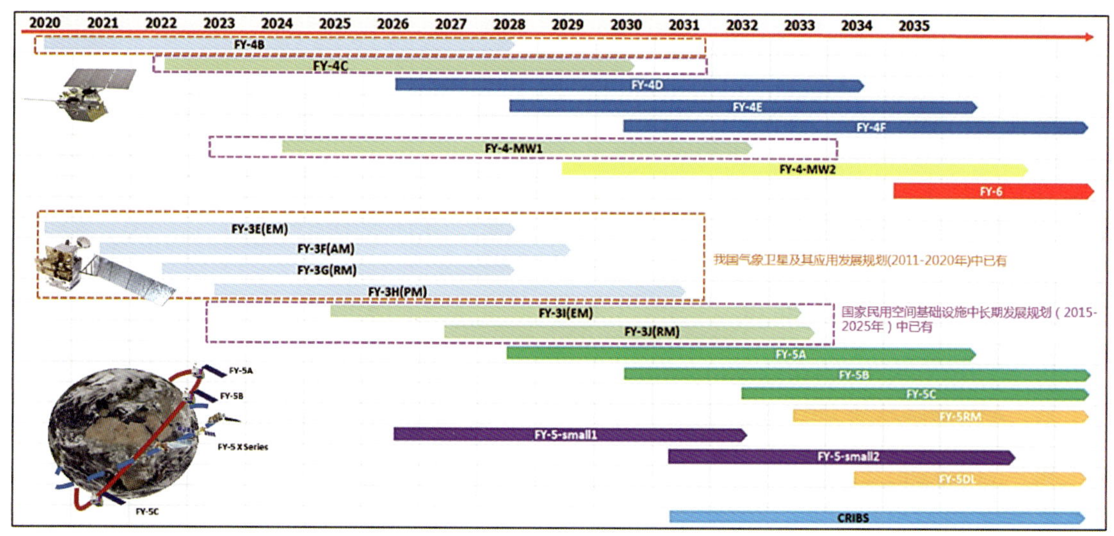

图 5.1　2020—2035 年气象卫星发射计划

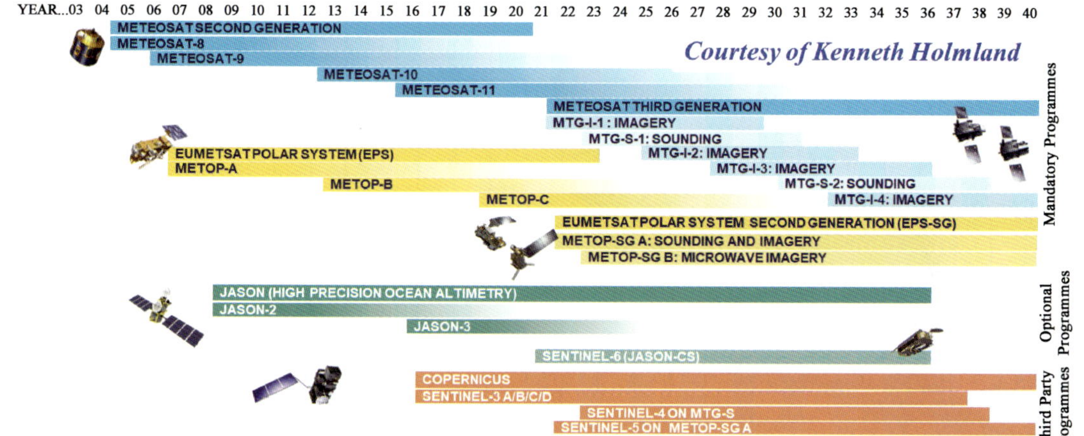

图 5.2　欧洲气象卫星开发组织(EUMETSAT)的业务卫星发展计划
(引自:Kenneth Holmland 博士 2019 年在海南第六届风云气象卫星发展国际咨询会的报告)

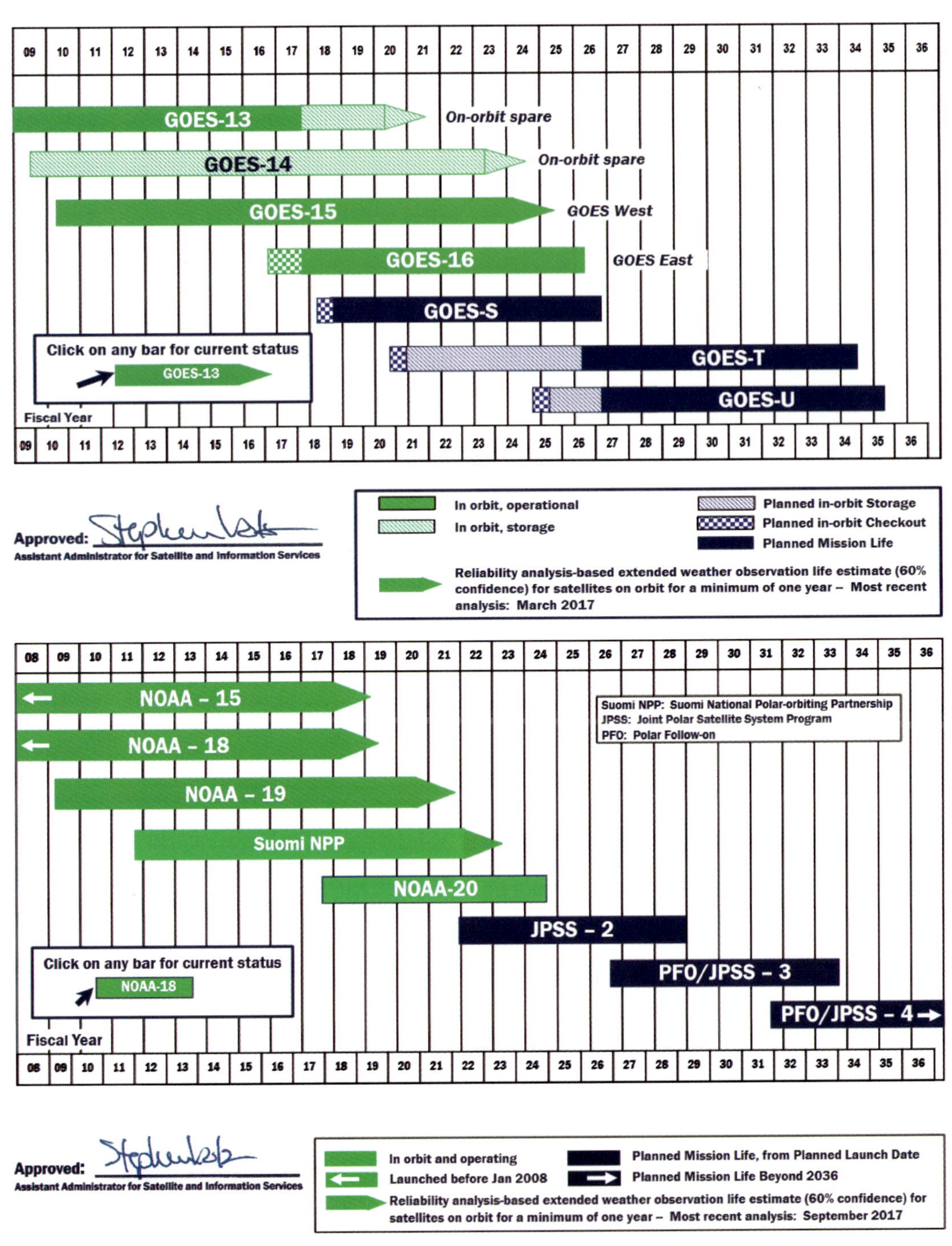

图 5.3 美国 NOAA 的业务卫星发展计划

（引自：Mitch Goldberg 博士 2019 年在海南第六届风云气象卫星发展国际咨询会的报告）

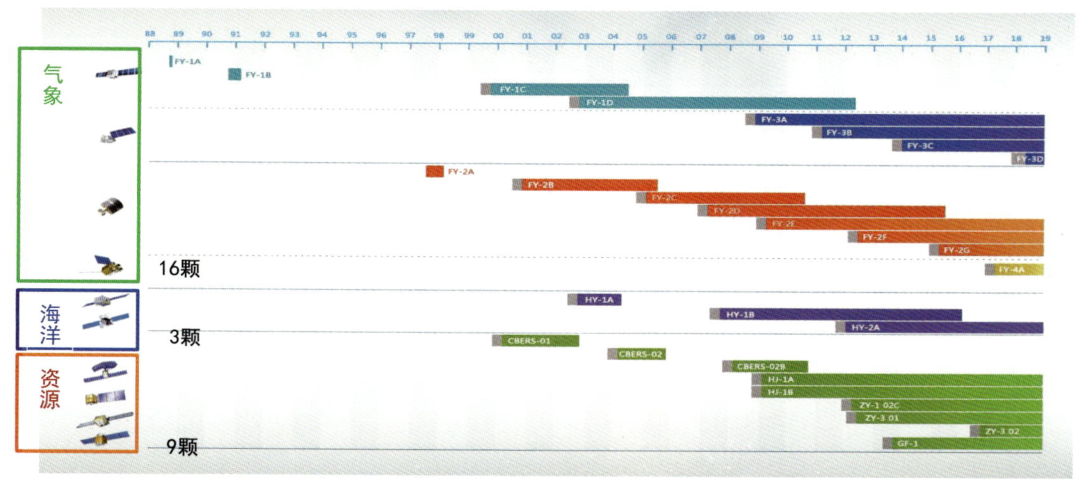

图 5.4　国产卫星发展现状(气象、海洋、资源系列)
(资料来源:张鹏,国家卫星气象中心 2018 年工作报告)

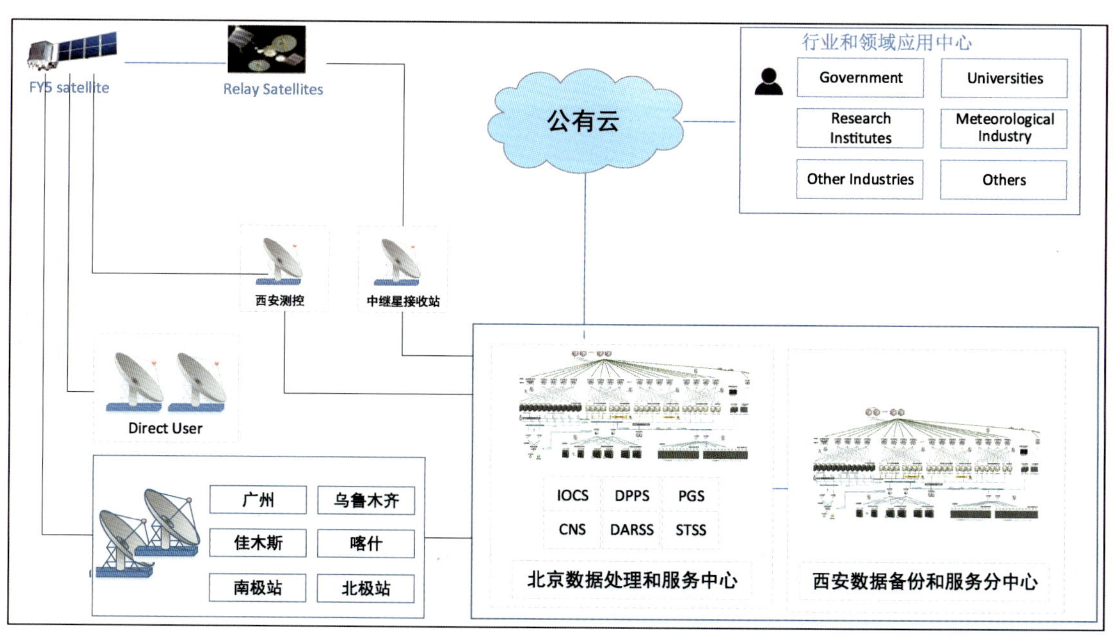

图 5.5　中国新一代气象卫星地面系统布局

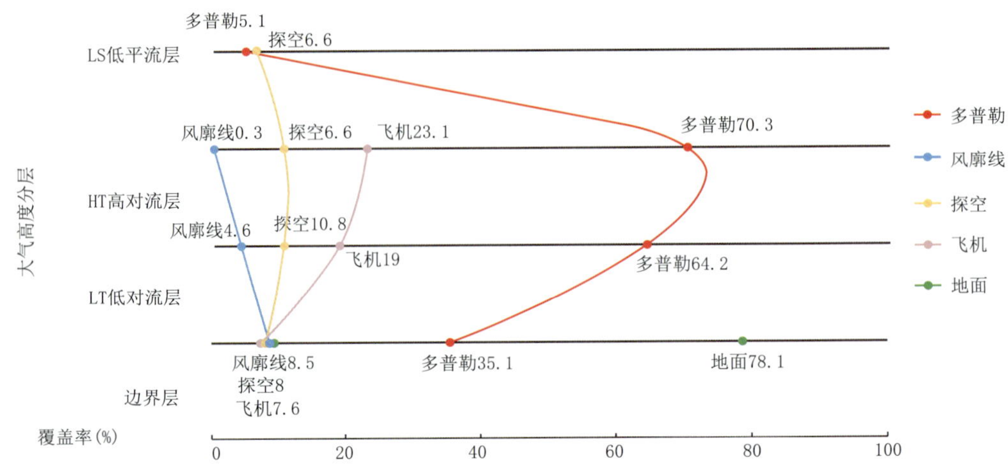

图 5.9　全国各类观测系统垂直覆盖率

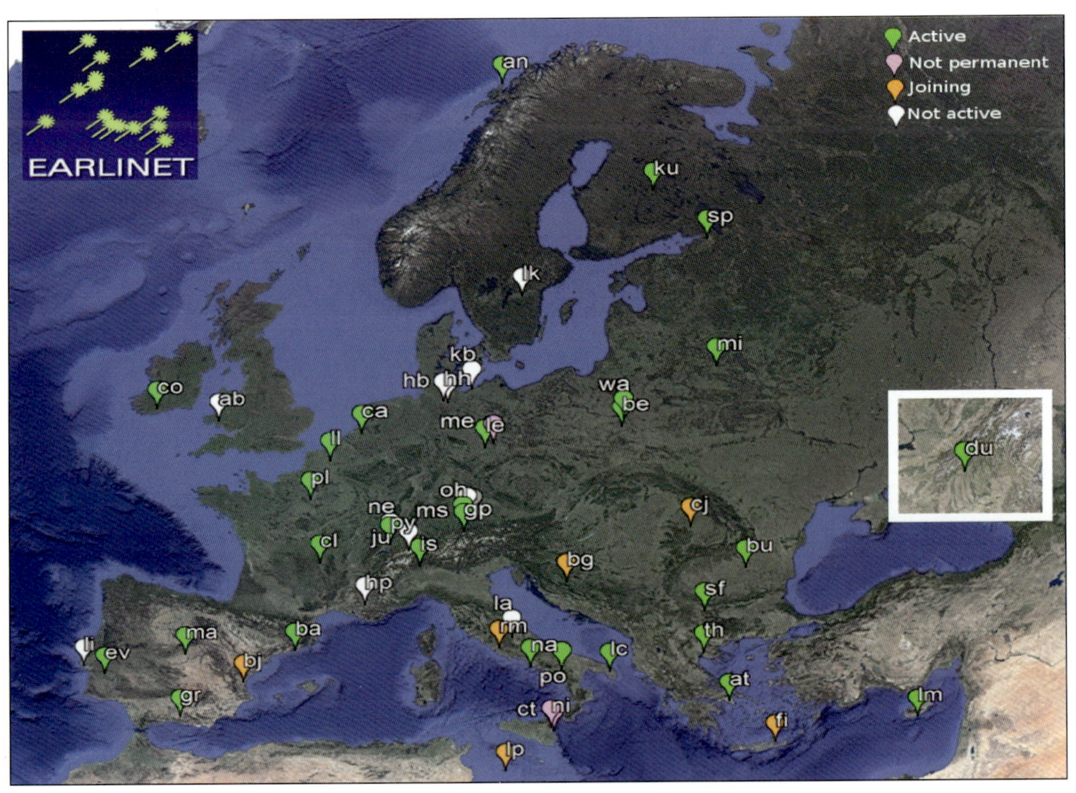

图 5.10　欧洲 EARLINET 激光雷达网布局

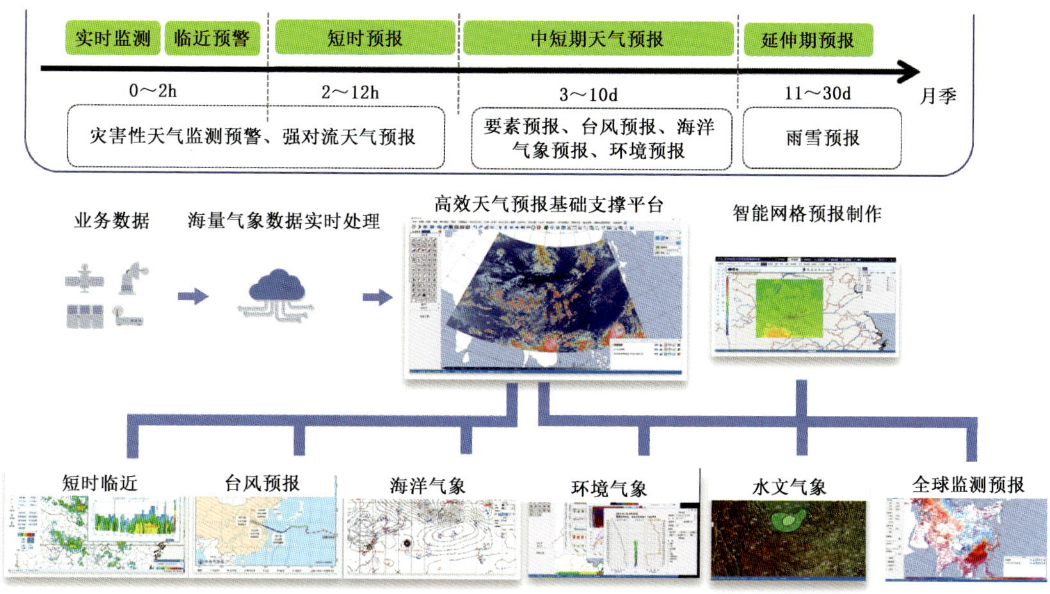

图 5.11　无缝隙全覆盖精细化智能气象预报业务技术体系

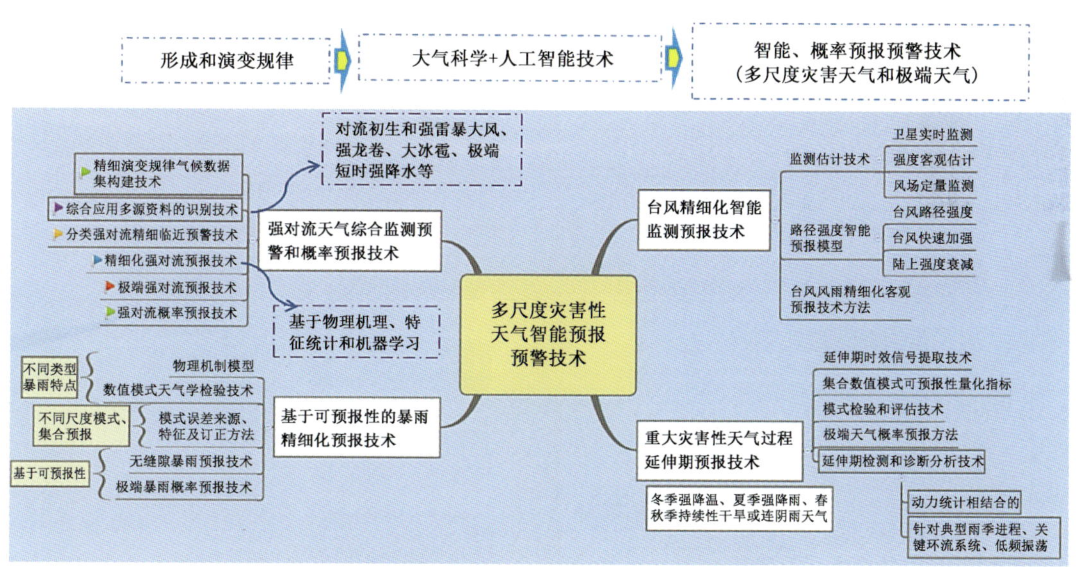

图 5.12　多尺度灾害性天气智能预报预警技术体系

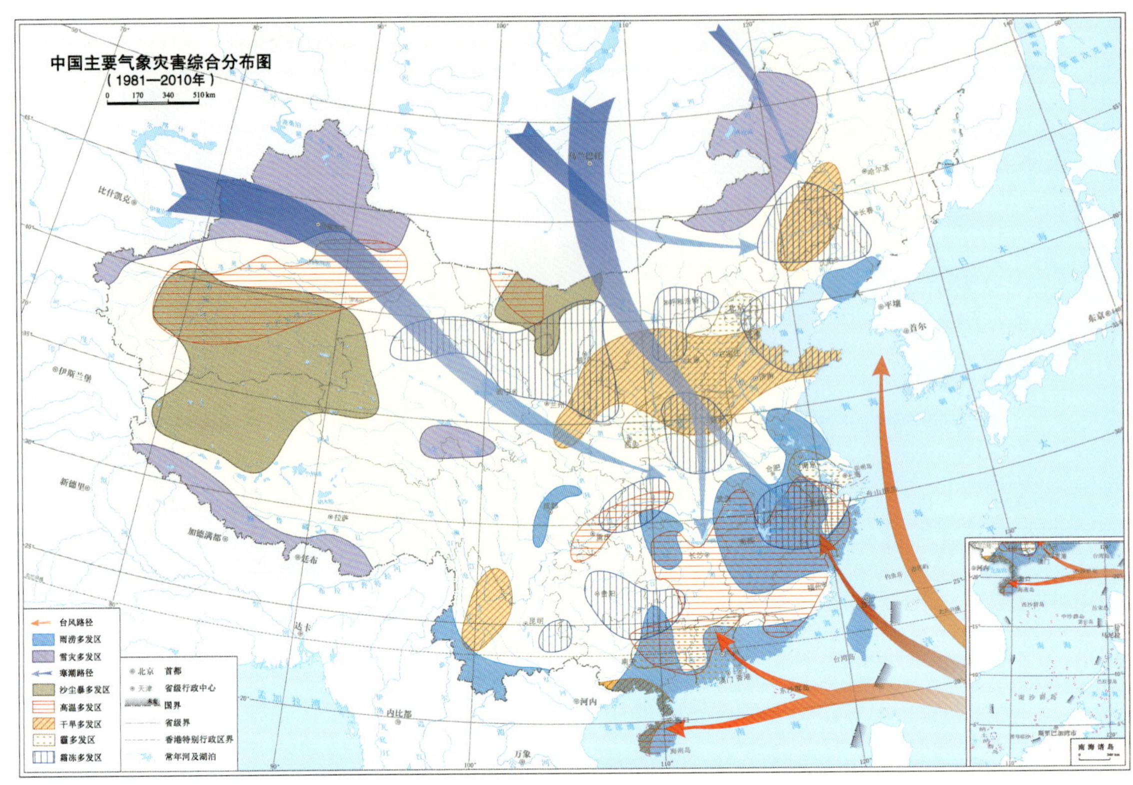

图 5.13 我国主要气象灾害分布示意图

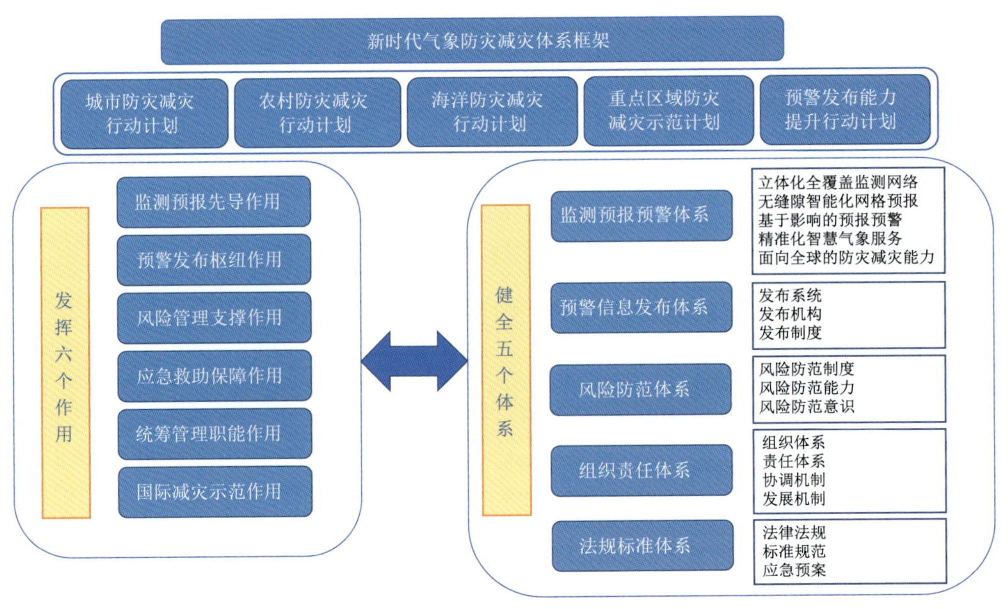

图 5.15 新时代气象防灾减灾体系框架

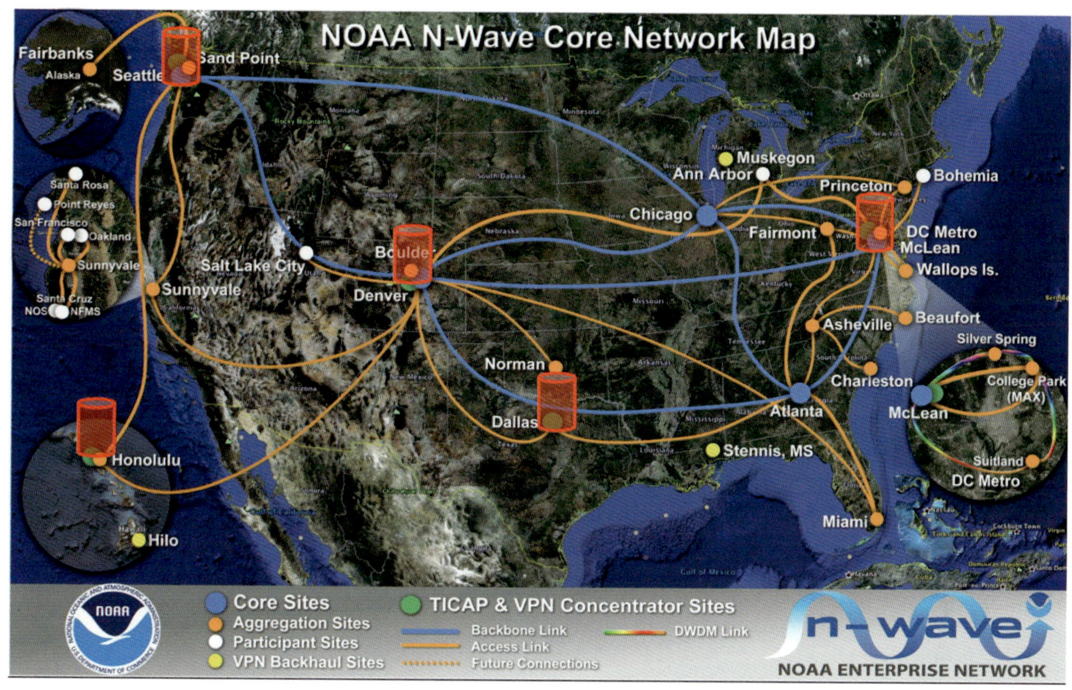

图 5.16 美国国家海洋大气局(NOAA)高速骨干环网 N-WAVE

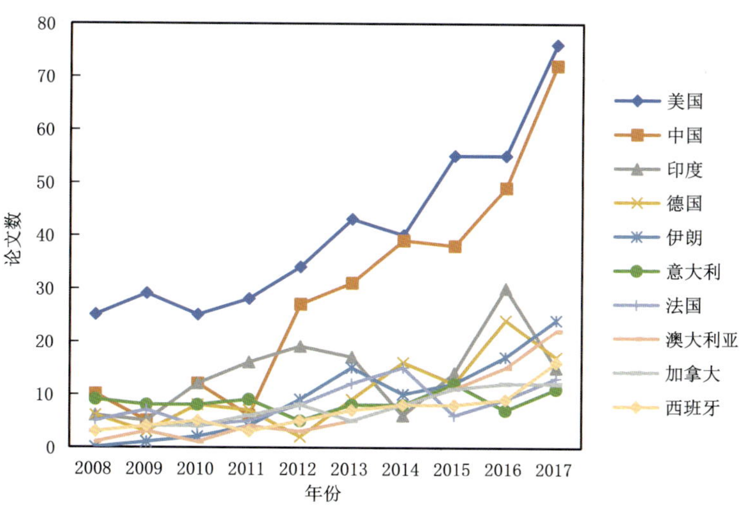

图 5.18 “气象和大气科学”领域发表论文数前十名的国家

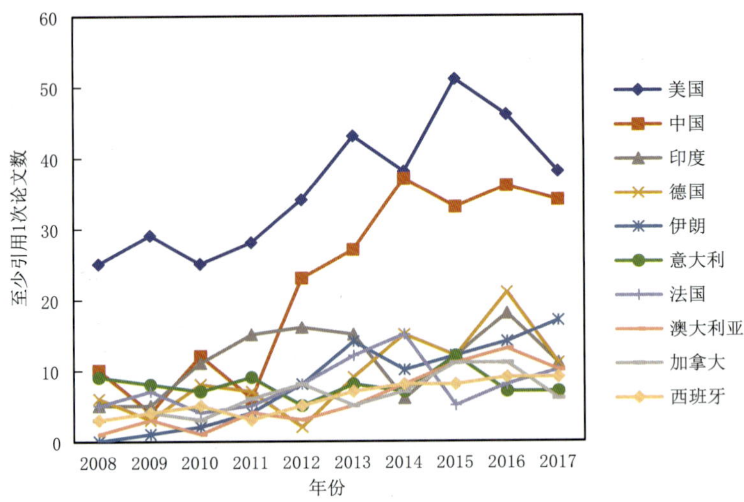

图 5.19 “气象和大气科学”领域至少被引用一次的论文数前十名的国家